惠民凹陷深层沉积体系与油气成藏条件

张　宇　著

中国石油大学出版社

图书在版编目(CIP)数据

惠民凹陷深层沉积体系与油气成藏条件/张宇著
—东营:中国石油大学出版社,2011.5
ISBN 978-7-5636-3487-3

Ⅰ.①惠… Ⅱ.①张… Ⅲ.①坳陷—沉积体系—油气藏形成—研究—惠民县 Ⅳ.①P618.130.2

中国版本图书馆 CIP 数据核字(2011)第 098627 号

书　　名:惠民凹陷深层沉积体系与油气成藏条件
作　　者:张　宇

责任编辑:王金丽(电话 0532—86983567)
封面设计:赵志勇

出 版 者:中国石油大学出版社(山东 东营　邮编 257061)
网　　址:http://www.uppbook.com.cn
电子信箱:shiyoujiaoyu@126.com
印 刷 者:青岛星球印刷有限公司
发 行 者:中国石油大学出版社(电话 0532—86981532,0532—86983437)
开　　本:185 mm×260 mm　印张:14.5　字数:370 千字
版　　次:2011 年 5 月第 1 版第 1 次印刷
定　　价:45.00 元

前言 Preface

惠民凹陷位于济阳坳陷西南部，北为埕宁隆起，南为鲁西隆起，东西分别与东营凹陷及临清坳陷、禹城凹陷相接，轴向北东东(NEE)，东西长约 90 km，南北宽约 70 km，面积约 6 000 km^2。惠民凹陷可进一步划分为滋镇、临南、阳信、里则镇四个次级洼陷和林樊家构造、中央隆起带、惠民南斜坡三个正向构造带。其主力生油洼陷——临南洼陷面积约 2 900 km^2。

截至 2004 年 10 月底，惠民凹陷共完成三维地震 3 179.98 km^2，完钻各类探井 609 口，总进尺 1 300 km，探井密度 0.1 口/km^2，属于中等勘探程度的凹陷。发现了古生界、古近系、新近系等多套含油层系，找到了临盘、商河、玉皇庙、临南、曲堤、江家店、阳信和八里泊等 8 个油气田，探明石油地质储量达 3.0×10^8 t，探明天然气储量约 45.4×10^8 m^3，控制石油地质储量约 0.29×10^8 t。目前找到的油气资源主要集中在中浅层即埋深小于 3 500 m、层位为沙三段及其以上的层系中。近年来在沙三下亚段、沙四上亚段的深层勘探也取得了许多新的成果。如在江家店油田，深层油气勘探取得新的进展，夏斜 96、夏 66、夏 960 井钻探沙三下亚段、沙四上亚段构造-岩性油藏获得成功，表明江家店油田东扩见到明显成效，证实了江家店地区东部存在大型构造-岩性油藏的预测，一个中等规模油田初见端倪。另外，盘河地区沙四段预测含油面积约 54.6 km^2，预测石油地质储量约 $2\ 981\times10^4$ t；大芦家地区沙三下亚段预测含油面积约 35.1 km^2，预测石油地质储量约 $2\ 282\times10^4$ t，合计预测石油地质储量约 $5\ 263\times10^4$ t，充分说明惠民凹陷的深层勘探具有较大的勘探潜力。

通过近年的研究和生产实践表明，在惠民凹陷的深层研究和勘探中还有很多问题尚未完全解决，总结起来主要有几个方面：① 深层地震资料的采集、处理技术尚不过关，资料品质较差，其信噪比和分辨率不能满足深层构造解释和砂体预测的需要，而且由于深层地震资料的品质普遍较差，且随着深度的增加深层分辨率越来越低，客观上严重制约了深层勘探研究的深入，使得深层沉积储层的精细研究比较困难。② 由于受到了多期构造运动的改造，深层原型盆地特征不清，如何认识盆地的演化历史本身，恢复盆地充填演化和沉积规律是一个急待解决的问题。③ 对红层有效地划分与对比一直是一个困扰人们的问题，红层地层格架的建立对该区的石油地质研究及勘探评价十分重要，包括建立地层划分对比的标准，并进行横向对比。④ 对深层烃源岩尤其是孔二段烃源岩的分布和生烃潜力认识不清。由于洼陷深层缺乏钻井资料，因此无法对深部烃源岩的有机质类型、丰度、成熟度等方面的生烃指标进行直观的评价。

本专著就是针对上述问题，以惠民凹陷沙四段—孔店组研究为重点，以储层沉积学、石油天然气地质学、储层地质学、层序地层学和油气成藏动力学为理论指导，综合利用地质、地球化学、地球物理、分析化验资料，建立惠民凹陷沙四段—孔店组的等时层序地层格架，明确该区构造演化对沙四段沉积的影响；在基础地质研究基础上，综合研究惠民凹陷沙四段—孔店组沉积演化特征、沉积相和储集砂体、成岩作用与储层性质、油藏类型及成藏控制因素，搞清惠民凹陷沙四段—孔店组沉积体系类型及储层展布规律，建立沙四段—孔店组成藏组合模式；在对构造、沉积和有利储集体综合地质分析的基础上，预测描述不同类型有利储集体的分布范围，确定沙四段—孔店组油气成藏主控因素，并以此指导勘探部署，提出具体勘探目标。该研究对惠民凹陷沙四段—孔店组的整体勘探部署具有现实的指导作用，同时对该区今后的勘探开发、储量接替都具有重要的战略意义。

研究工区范围包括惠民凹陷滋镇洼陷、临南洼陷、阳信洼陷、里则镇洼陷和林樊家构造、中央隆起带、惠民南斜坡以及邻区的流钟洼陷等地区，研究层位的成图单元为沙四上亚段、沙四下亚段、孔一段和孔二段。

本专著在充分吸收和消化前人研究成果的基础上，利用钻井岩心、测井、三维地震和现代分析化验资料，在研究区内层序地层格架、沉积体系和沉积相分析的基础上，综合地质、物探、实验室分析的新技术和新理论，对惠民凹陷沙四段—孔店组烃源岩和储集岩的主要类型和分布特征进行分析，搞清该区油气藏形成的主控地质因素等一系列关键性问题，最终达到开拓油气勘探新领域、发现新的储量、实现良好勘探效益的目的。本书共分为九章，第一章讲述了惠民凹陷的构造背景及构造特征；第二章研究了惠民凹陷的层序界面特征及识别标志以及层序地层格架的建立；第三章着重对经常用来作为确定沉积环境、物源区的常量元素和微量元素进行探讨，对惠民凹陷孔店组至沙三下亚段的沉积环境、母岩性质、物源区等方面进行了研究；第四章研究了惠民凹陷孔店组沉积体系及沙四段和沙三下亚段的沉积相与沉积模式；第五章研究储层的微观组成和储集空间类型，确定储层的成岩作用类型、阶段及演化特征，分析沉积相带和成岩作用与储集岩储集性质的关系，提供储层评价的主要依据；第六章拟从不同构造带上原油的地球化学特征入手，剖析其成因类型，查明烃源岩的层位、沉积环境和平面厚度变化，研究生烃层系的有机质丰度、类型和热演化程度，并根据烃源岩评价标准进行潜力评价；第七章将系统论与含油气系统形成分布原理及其方法体系相结合，采用从“源岩到圈闭”的观点，并从系统整体到勘探目标，按层次进行全凹陷分析，建立含油气系统形成模式，确定含油气系统的时空展布及其油气主要运聚状况，进行各自独立的含油气系统综合评价；第八章在区带成藏条件和油气分布控制因素研究的基础上，对惠民凹陷沙四段—孔店组不同区带的成藏机理进行分析，确定沙四段—孔店组的勘探潜力及其分布，优选主要的勘探区域和勘探类型；第九章为结论。

著　者

2011 年 1 月

目录 Contents

第一章 地质背景

Chapter one

第一节 区域地质背景

惠民凹陷位于济阳坳陷西南部，北为埕宁隆起，南为鲁西隆起，东西分别与东营凹陷、临清坳陷相接，轴向北东东(NEE)，东西长约 90 km，南北宽约 70 km，面积约 6 000 km^2(图 1-1-1)。

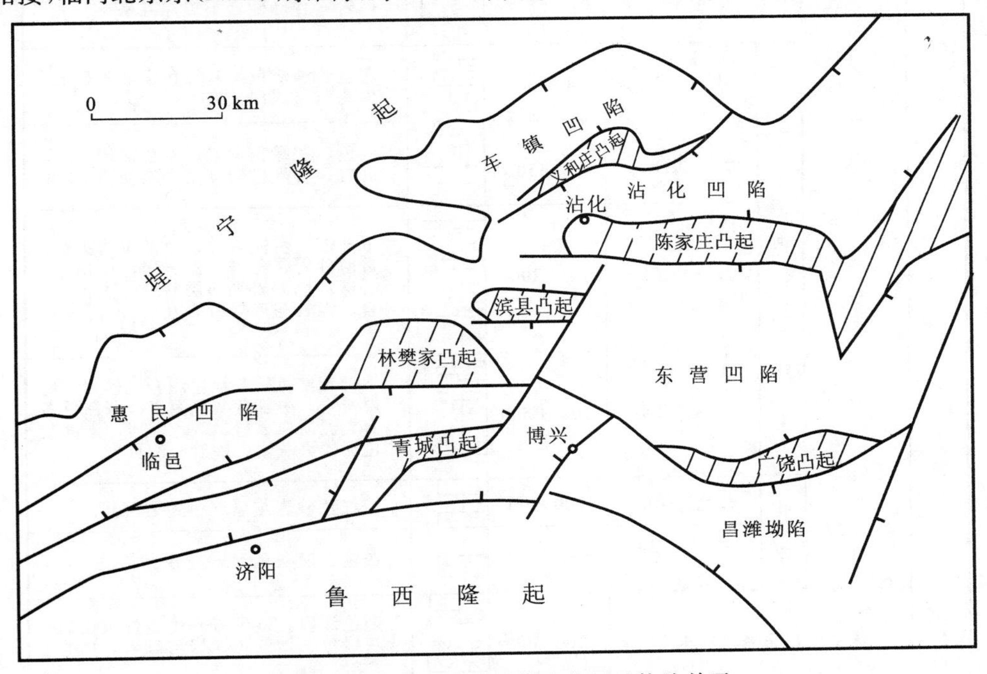

图 1-1-1 济阳坳陷区域构造位置及构造单元

自 1960 年钻探华 7 井开始，惠民凹陷经历了 50 年的勘探历程。截至 2010 年年底，完钻各类探井 699 口，总进尺 198×10^4 m，探井密度 0.1 口/km^2，属于中等勘探程度的凹陷。目前发现了古生界、古近系、新近系等多套含油层系，找到了临盘、商河、玉皇庙、临南、曲堤、江家店、阳信和八里泊等 8 个油气田，探明石油地质储量 3.5×10^8 t，探明天然气储量 29.8×10^8 m^3，控制石油地质储量 0.5×10^8 t。

一、惠民凹陷地层发育特征

惠民凹陷主要形成于古近纪，地层发育自下而上为：下古生界寒武系、奥陶系，上古生界石炭系、二叠系，中生界侏罗系、白垩系，新生界古近系、新近系和第四系(图 1-1-2)。由于盖层沉积厚度比较大，再加上井深有限，目前在惠民凹陷钻遇基底的井不多。新生界古近系及其下伏地层不同程度地向北西倾斜，新近系与下伏地层呈明显的角度不整合，并近于水平覆盖全区。这里只对新生界进行简述。

界	系	组段		地层厚度/m	岩性剖面	岩性解释
新生界	第四系	平原组(Q)		250~350	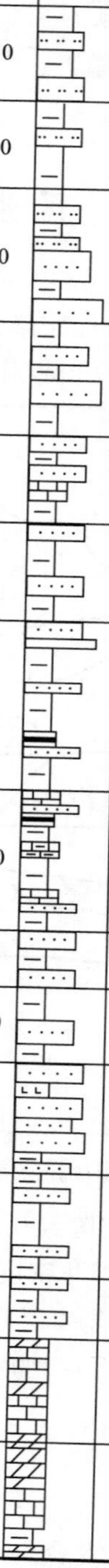	黄色、灰色粘土岩夹粉砂岩
	新近系	明化镇组(Nm)		100~120		棕黄、棕红色泥岩夹浅灰色粉砂岩
		馆陶组(Ng)		300~400		下段厚层灰白色砾岩、含砾砂岩、砂岩夹绿色、紫红色泥岩，上段紫红色、灰绿色泥岩与粉砂岩互层
	古近系	东营组(Ed)		0~800		灰绿色、灰色、少量杂色泥岩与砂岩、含砾砂岩不等厚互层
		沙河街组	沙一段(Es_1)	0~450		灰色、深灰色、灰绿色泥岩夹砂岩、生物灰岩、白云岩
			沙二段(Es_2)	0~350		红色、灰绿色泥岩、灰色泥岩与砂岩、含砾砂岩互层夹炭质页岩
			沙三段(Es_3)	0~1 200		下部深灰色泥岩、褐色油页岩夹少量薄砂岩、砂岩、白云岩，中部厚层深灰色泥岩夹薄层砂层，上部灰岩、泥岩与厚层砂岩互层
			沙四段(Es_4)	100~1 500		下部紫红色、灰绿色泥岩夹砂岩、薄层灰岩，中部蓝灰色泥岩、灰白色石膏夹泥质白云岩、杂色泥岩，上部灰色泥岩夹灰岩、砂岩、油页岩
		孔店组	孔一段(Ek_1)	200~500		棕红色砂岩与紫红色泥岩互层
			孔二+三段(Ek_{2+3})	400~2 500		灰色、深灰色泥岩夹砂岩
中生界	侏罗—白垩系（J—K）			200~500		杂色泥岩、砂砾岩夹中基性火山岩，灰绿色、紫红色泥岩与砾岩、砂岩互层
古生界	二叠系(P)			100~200		底部黑色泥岩、砂岩夹煤层，中部灰色泥岩、砂岩夹煤层，上部红色泥岩夹砂层
	石炭系(C)			200~250		深灰色泥岩、砂岩夹煤层
	奥陶系(O)			400~800		白云岩、角砾灰岩、深灰色块状灰岩、豹皮灰岩
	寒武系(∈)			600~800		底部紫色红色页岩夹白云岩，鲕粒灰岩、竹叶灰岩，顶部白云岩

图 1-1-2　惠民凹陷地层发育表

（一）古近系(E)

1．孔店组

根据惠民凹陷的划分方案，孔店组由下至上可分为孔三段、孔二段和孔一段。

孔三段(Ek_3)：惠民凹陷仅林2井钻穿了107 m，以棕色泥岩为主，普遍含灰质、砂质及小砾石，并含大量方解石脉，砂岩、砾岩分选很差。

孔二段(Ek_2)：岩性主要以深灰色、灰绿色、棕色泥岩，灰色、棕色砂岩为主，夹少量薄煤层及安山岩。见有被子植物的三沟粉属、网面三沟粉属、漆粉属以及蕨类的水龙骨单缝孢属等孢粉化石。

孔一段(Ek_1)：岩性以棕色、红色粉砂岩、细砂岩夹紫红色泥岩为特征。自然电位见大段负异常，电阻率曲线呈齿状，见被子植物、裸子植物及蕨类的孢粉化石。

2．沙河街组

沙河街组由下至上可分为沙四段、沙三段、沙二段和沙一段。沙四段与孔店组间呈区域不整合接触，沙四段又可分为上、下两个亚段。

沙四下亚段(Es_4x)：地层岩性多为红色泥岩和红色、灰色粉砂岩互层。以“双红”即红色泥岩和红色粉砂岩为标志。自然电位曲线呈尖峰状，幅度中等，电阻率低值，曲线平缓，呈小齿状。见有藻类、蕨类、裸子植物、被子植物等孢粉化石及介形虫化石。

沙四上亚段(Es_4s)：在惠民凹陷西部边缘以灰色、灰褐色砂岩和泥岩互层为特征，夹少量炭质页岩，自然电位曲线呈指状，幅度中—低，电阻率低值，曲线平缓，呈小齿状。在东部商河地区岩性以褐色油页岩为主，自然电位靠近泥岩基线，电阻率曲线值高、尖峰状。见有蕨类、裸子植物及被子植物等孢粉化石，以及介形虫化石和藻类化石。

沙三段与沙四段之间大多为不整合接触，可进一步分为上、中、下三个亚段。

沙三下亚段(Es_3x)：在惠民凹陷西部以灰白色粉细砂岩和灰色泥岩为主，夹薄层炭质页岩。自然电位曲线呈尖峰状偏负，幅度小；顶部为大套砂岩，自然电位曲线呈指状，幅度中等，电阻率低值，曲线呈小齿状。在东部商河地区以油页岩、灰质泥岩为主，见介形虫化石，孢粉组合为裸子植物和被子植物。

沙三中亚段(Es_3z)：以灰色、深灰色泥岩和褐色油页岩为主，夹岩浆岩，在中部临商结合带见有大套灰色砂岩夹泥岩。自然电位曲线总体表现为靠近泥岩基线，砂岩含量较多的部位表现为幅度高，呈指状或箱状。电阻率曲线上部较低，呈小齿状；下部很高，呈尖峰状。见介形虫化石，孢粉组合为裸子植物和被子植物。

沙三上亚段(Es_3s)：岩性以灰白色粉砂岩和灰色、深灰色泥岩互层为特征，以及炭质页岩间夹少量薄煤层，局部含侵入岩。自然电位曲线呈指状、箱状，幅度大，电阻率曲线中等，呈齿状。含介形虫化石。

沙二段与沙三段为整合接触，自下而上可分为下、上两个亚段。

沙二下亚段(Es_2x)：岩性以灰色、棕色泥岩为主，夹砂岩，自然电位曲线靠近泥岩基线，电阻率低，曲线呈小齿状。见介形虫化石，孢粉组合为裸子植物和被子植物。

沙二上亚段(Es_2s)：岩性以灰绿色、紫红色泥岩与灰色砂岩互层为特征，夹少量炭质页岩，自然电位曲线呈指状偏负，幅度中等，电阻率低值，曲线呈小齿状。见介形虫化石，孢粉组合为蕨类、裸子植物和被子植物。

沙一段(Es_1)：与沙二段为假整合接触，岩性下部为灰色、紫红色泥岩与灰白色粉砂岩、细砂岩互层，夹少量生物灰岩、灰岩和白云岩；中部为生物灰岩、鲕状灰岩、针孔灰岩、灰岩及白云岩与泥岩呈薄互层出现，夹少量油页岩；上部以灰色泥岩和棕褐色油页岩为主，夹少量白云岩和粉砂岩。含介形虫化石及螺化石。

3. 东营组(Ed)

东营组与沙一段为整合接触，与新近系的馆陶组间呈不整合接触。具有明显两分性，可再分为东二段、东一段。

东二段(Ed_2)：灰白色粉、细砂岩与灰色泥岩互层。含介形虫化石。

东一段(Ed_1)：以灰、灰绿、棕红色泥岩为主，夹少量粉砂岩和薄层泥灰岩。含介形虫化石。

(二) 新近系(N)

1. 馆陶组(Ng)

馆陶组与下伏地层为区域不整合接触，岩性为灰色、灰白色厚层块状砾岩、含砾砂岩、砂岩夹灰色、灰绿色、紫红色泥岩、砂质泥岩，厚度一般为 230～400 m。

2. 明化镇组(Nm)

明化镇组岩性为棕黄色、棕红色泥岩夹浅灰色、棕黄色粉砂岩及部分海相薄层。与下伏馆陶组呈整合或假整合接触。

(三) 第四系

平原组(Q)由杂色黄土、砂泥岩及疏松的砂砾岩组成，厚度为 250～350 m。

二、区域构造演化特征

惠民凹陷是济阳坳陷的一个次级凹陷，因此其形成受控于整个济阳坳陷的构造演化。济阳坳陷是叠置在华北克拉通古生界盖层之上的中、新生代断陷盆地沉积区，区内太古界、古生界和中生界的古潜山数量众多、规模较大。济阳坳陷新生代发育了一套生油岩和区域性盖层的沉积组合，受构造运动的作用及构造变动的影响，形成了多种类型的圈闭和复杂的油气藏。从整体构造演化上看，新生代古近纪孔店组沉积时期是中生代向新生代转化的关键时期，孔店组的构造形态在很大程度上受中生代构造形态的影响。

(一) 中生代构造分期与地壳运动

济阳坳陷中生界都是陆相碎屑岩和火山岩沉积，主要的建造类型有陆相砂泥岩建造、暗色含煤碎屑岩建造、火山岩及火山碎屑岩和红色碎屑岩建造等。根据沉积建造、接触关系及构造变形，济阳坳陷中生代分期如表 1-1-1 所示。

表 1-1-1 中生代构造分期及地壳运动(据谯汉生等,2001)

地质时代	地层代号	同位素年龄值/Ma	构造-成盆期	地壳运动
古近纪	E		喜山运动	
		75		晚燕山运动
晚白垩世	K_2		燕山晚期	
		97		中燕山运动
晚侏罗世—早白垩世	J_3—K_1		燕山中期	
		160		早—中燕山运动 早燕山运动
早、中侏罗世	J_{1-2}		燕山早期	
		240		晚印支运动
晚三叠世	T_3		印支晚期	
		250		早印支运动
早、中三叠世	T_{1-2}		印支早期	
				晚海西运动
二叠纪	P		海西晚期	

1. 印支期

印支期包括早期(早、中三叠世)和晚期(晚三叠世)。印支早期的构造活动性较弱,是海西期的延续和渐进发展,古地理和古构造面貌没有根本改观。印支晚期,华北板块分别与西伯利亚板块和扬子板块碰撞对接形成南北向挤压应力,致使板块内部整体抬升遭受剥蚀。由于受郯庐断裂左旋挤压的影响,济阳坳陷尤其是东北滨海地区受到北东方向的水平挤压,古生界褶皱变形,构造高部位遭受不同程度的剥蚀,中生界中、下侏罗统煤系地层直接上超于下古生界寒武系和奥陶系之上,这便是印支期的正反转构造活动。

2. 燕山期

印支末期,中、下侏罗统沉积在正反转构造的向斜区内,对原地形进行了填平补齐。燕山期开始后由于西太平洋板块俯冲带进一步向欧亚大陆板块俯冲,导致郯庐断裂带发生大规模的左行走滑拉张作用,济阳坳陷出现了大规模火山喷发,形成了一系列北西向负反转断层和负反转褶皱,断陷盆地初具规模。燕山末期济阳坳陷遭受挤压,再次形成正反转构造,使得整体抬升剥蚀。

(二)各期盆地演化特征

1. 三叠纪逆冲造山运动

印支运动期,济阳坳陷大体上曾存在五条北西向延伸的逆冲断裂带(图 1-1-3),由东北向西南分别是五号桩—埕北逆冲断裂带、孤西—埕南逆冲断裂带、陈南—罗西—车西逆冲断裂带、石村—阳信逆冲断裂带及仁风—滋镇逆冲断裂带。区内断面倾向均为南西向,延伸长度为60～170 km。

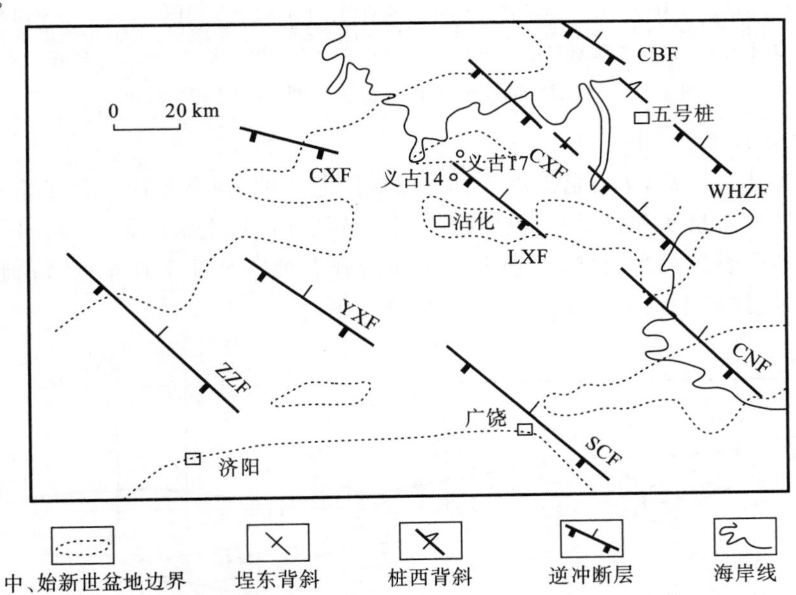

CBF—埕北断层; WHZF—五号桩断层; GXF—孤西断层; CXF—车西断层;
LXF—罗西断层; CNF—陈南断层; SCF—石村断层; YXF—阳信断层; ZZF—滋镇断层

图 1-1-3　济阳坳陷三叠纪压性构造模式图(据宗国洪,1999)

2. 早—中侏罗世盆地

该期盆地是在南、北造山带和郯庐断裂左行走滑活动控制下形成的。在济阳坳陷内,早、中侏罗世地层除凸起主体部位因后期剥蚀而缺失外,在凹陷和一些凸起边坡部位都有分布。

3．晚侏罗世—早白垩世盆地

晚侏罗世—早白垩世，中国东部主要受太平洋构造域控制，郯庐断裂带发生大规模左行走滑活动，形成众多断陷盆地。济阳坳陷发生了大规模火山喷发，形成了一系列北西负反转断层和负反转褶皱，断陷盆地初具规模（图 1-1-4）。

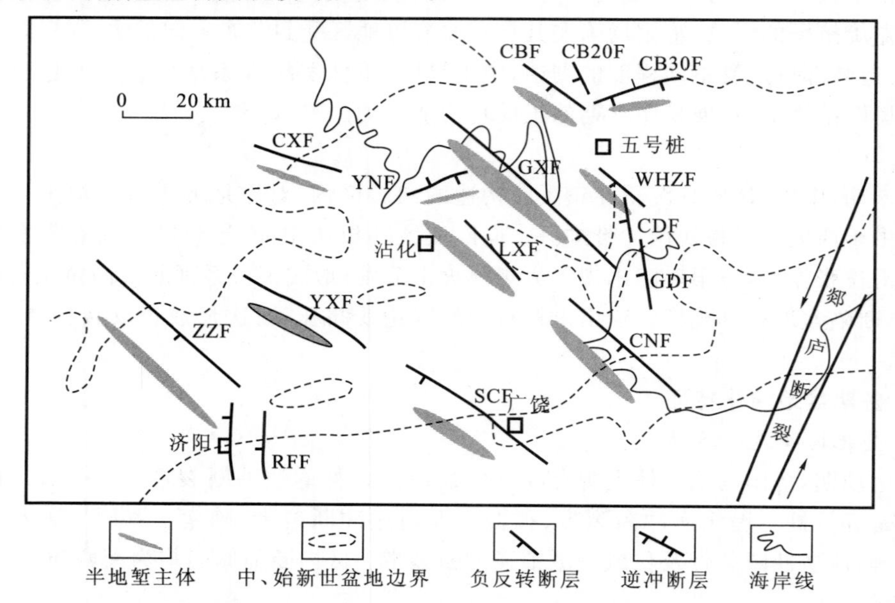

CBF—埕北断层；WHZF—五号桩断层；GXF—孤西断层；CXF—车西断层；LXF—罗西断层；CNF—陈南断层；SCF—石村断层；YXF—阳信断层；ZZF—滋镇断层；CDF—长堤断层；GDF—孤东断层；RFF—仁风断层；CB20F—埕北20断层；CB30F—埕北30断层；YNF—义南断层

图 1-1-4　济阳坳陷晚侏罗世构造模式图（据宗国洪，1999）

4．晚白垩世盆地

晚白垩世即燕山尾幕，华北盆地的大部分地区隆起剥蚀，在隆起背景上零星分布有晚白垩世盆地。该时期发生挤压和正反转，整体抬升剥蚀特征在区域上清晰可见，其间形成的挤压褶皱构造在滨海地区表现尤为明显，而它表现出的抬升剥蚀特征几乎在全区 Tr 地震反射上都可以明显看出来，区域上剥蚀程度差别也较大（图 1-1-5）。

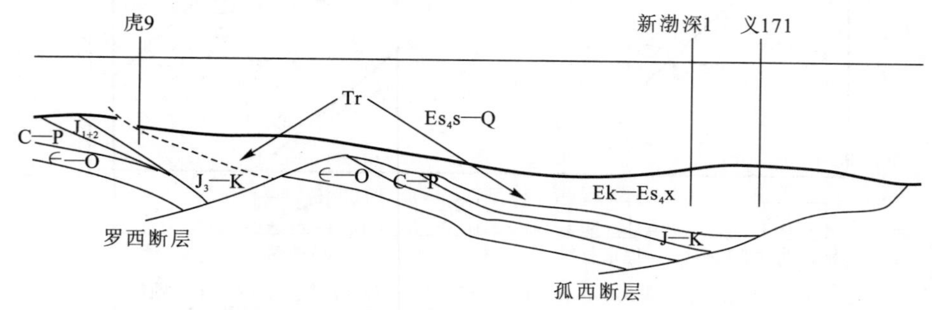

图 1-1-5　济阳坳陷 NE 向虎 9—新渤深 1—义 171 井地层剖面

（三）惠民凹陷中生代演化特征

印支末期，惠民凹陷主要发育北西向的滋镇断层和阳信断层。此时期这两条断层为逆冲断层，在平面上平行排列，剖面上表现为叠瓦状排列。燕山早期，北西向断层的活动速率下降；燕山中、晚期，断层由逆冲断层转变为正断层；燕山末期，惠民凹陷的两条北西向断层活动性逐渐减弱至停止活动(图 1-1-6)。由于惠民凹陷两条北西向断层埋藏较深,在地震剖面上的中生代地层同向轴反射散乱,故两条断层位置表现不明显。总体可以看出中生代盆地中,北西向断层控制了凹陷的沉积,古近系北西向断层停止了活动后,北东向断层控制了凹陷的沉积。

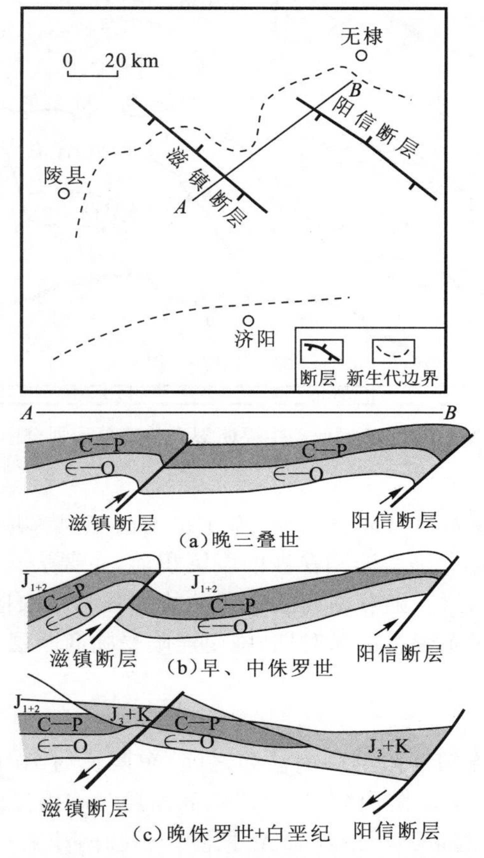

图 1-1-6 惠民凹陷中生代断层平面分布及演化剖面

三、惠民凹陷构造单元特征

惠民凹陷进入古近纪以来,持续遭受强烈的伸展作用,经历了孔店组—沙四段、沙三段—沙二段、沙一段—东营组三阶段的断陷。古近纪后惠民凹陷划分成北部陡坡带、南部缓坡带、中央隆起带(中央断裂背斜带)、洼陷带四个次级单元,其内部可进一步划分出次一级正、负向构造单元,即洼陷和构造带。惠民凹陷负向构造单元包括滋镇洼陷、临南洼陷、阳信洼陷和里则镇洼陷;正向构造单元包括中央隆起带、林樊家凸起和曲堤地垒带(图 1-1-7)。在惠民凹陷的西部,滋镇—临南洼陷为一不对称地堑组合型式,中央隆起带将其从中间分开。在凹陷的东北部,阳信—里则镇洼陷为统一的半地堑洼陷,中间被林樊家凸起分割为两个洼陷。在凹陷的南部,夏口断层将临南洼陷与南部斜坡带分开。

1. 滋镇洼陷

滋镇洼陷位于惠民凹陷的西北部,长约 60 km,宽约 20 km,面积约 1 200 km^2。滋镇洼陷古近系持续受宁南断层控制,经历了孔店组、沙四段、沙三段和沙一段四个构造演化期,每个时期盆地的沉降有所不同。现今滋镇洼陷主体是指沙三段沉积时期的洼陷。滋镇洼陷内断层不发育,多在沙一段停止活动,油气以侧向运移为主。

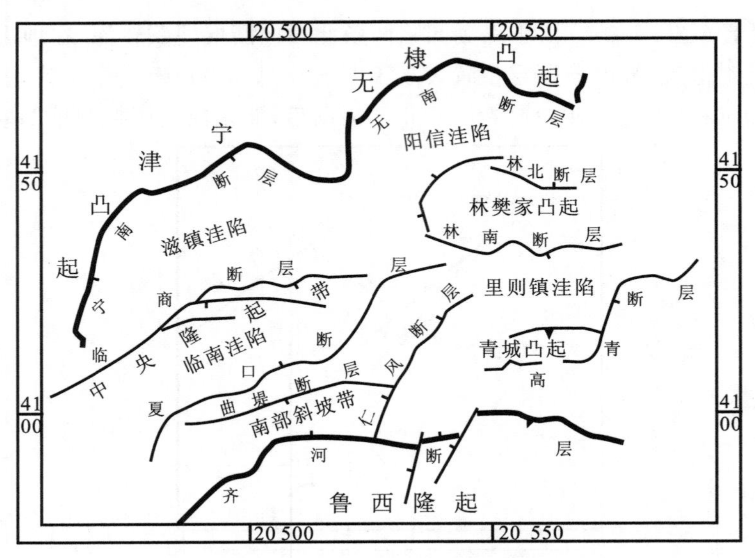

图 1-1-7 惠民凹陷主要断裂及构造单元划分图

2. 临南洼陷

临南洼陷位于临商断层与夏口断层之间，为北东东向不对称地堑式洼陷，长约 70 km，宽约 15 km，面积约 1 000 km^2。临南洼陷在沙四段沉积前，主要表现为临邑—滋镇大洼陷的一部分，直到沙四段沉积时期开始，随着临商断层活动的加强和中央隆起带的形成，临南洼陷才成为独立的洼陷。沙三段—东营组沉积时期，临南洼陷受临商断层与夏口断层控制，形成双断式洼陷。

3. 中央隆起带

惠民中央隆起带位于滋镇洼陷与临南洼陷之间，东西长约 70 km，南北宽约 15 km，面积约1 000 km^2，北以斜坡向滋镇洼陷内倾伏，南以临商断层与临南洼陷分隔。沙四段沉积时期，临商断层活动剧烈，中央隆起带不断抬升，最终把滋镇—临南洼陷一分为二。中央隆起带东西向表现为两高一沟的构造格局，即西部为盘河背斜构造，中部为宿安沟，东部为商河背斜构造。惠民中央隆起带是惠民凹陷油气最富集的二级构造带，盘河背斜构造、商河背斜构造以断块油藏为主，中部的宿安沟内广泛分布盘河、基山三角洲滑塌浊积砂体，是岩性油藏勘探的有利地区。

4. 阳信洼陷

阳信洼陷位于惠民凹陷东北部，界于无棣凸起和林樊家凸起之间，东西长约 50 km，南北宽约 25 km，面积约 1 250 km^2，是在两沟一梁的古滑脱面的基础上，持续受无南断层控制形成的古近系箕状洼陷。洼陷主体指沙三段—东营组构造层部分，洼陷中心临近无棣凸起一侧，地层向南超覆在林樊家凸起的沙四段之上。从纵向上分析，阳信洼陷由孔店组、沙四段、沙三段和沙一段四个生烃盆地由南向北叠置而成，整体走向近东西向。在孔店组—沙四段构造层发育时期，该区接受了巨厚的沉积，洼陷中心在南部斜坡带。由于林樊家凸起发展的不均衡性，导致孔店组—沙四段构造层和沙三段—东营组构造层之间存在明显的角度不整合。洼陷内断层大多在沙一段沉积时期活动减弱，东部地区沙四段—馆陶组沉积时期伴生多期次火山喷发和侵入。

5. 里则镇洼陷

里则镇洼陷位于惠民凹陷东部，东西长约 38 km，南北宽约 14 km，面积约 530 km^2，北以林南断层与林樊家凸起分隔，向南超覆于青城凸起之上，是沙四段沉积时期开始形成的北断南超的箕状洼陷。洼陷中断层走向以北东东向为主，古近系—新近系岩浆岩广泛发育，从沙三段到馆陶组沉积初期均有分布。

6. 林樊家凸起

林樊家凸起位于惠民凹陷东部，是分割阳信洼陷与里则镇洼陷的一个构造单元。林樊家凸起地层北倾，向南通过林南断层与里则镇洼陷相接，向北倾覆于阳信洼陷内，是孔店组—沙四段构造层继承性发育形成的大型背斜构造带，面积约 500 km^2。沙四段中、晚沉积期，惠民凹陷东部沉积中心仍在阳信断层一侧，南部林南断层活动加剧，最终导致林樊家及阳信南部地区全面暴露地表，构造高部位孔一段以上地层遭受强烈剥蚀，直接被馆陶组覆盖，向西、北保留沙四段以下地层，新近系与沙四段、孔店组均为角度不整合。隆起轴线在林樊家地区为近东西向。

7. 南部斜坡带

惠民凹陷南部斜坡带东西长约 90 km，南北宽约 16 km，面积约 1 600 km^2，北部通过夏口断层与临南洼陷相隔，东南部由齐河断层与鲁西隆起相接，西南部中、古生界超覆在鲁西隆起之上。南部斜坡带受基底结构控制，是沙河街组的油和石炭—二叠系煤成气聚集的有利构造带，目前已发现钱官屯含油构造带、曲堤油田及曲古 1 沙二段的煤成气藏。

第二节　惠民凹陷构造特征

一、断裂活动分析

断裂作用是盆地形成、演化的必要条件，盆地的产生一般是通过断裂作用而实现的，没有断裂就没有盆地。不同性质的断裂伴生不同类型的盆地，惠民凹陷断裂体系较为发育，数量多，活动强度大。这些断层控制了盆地的发育演化和油气的集散。

（一）断层活动性定量分析方法

断层活动性定量分析方法主要有三种：断层生长指数法、断层落差法和断层活动速率法。基于对这三种方法的分析，本书中主要采用断层活动速率法来反映惠民凹陷区盆内断层的活动特点。

断层活动速率（v_f）为某一地质时期内的断层落差与时间跨度的比值，该参数既保留了断层落差的优点，又弥补了由于缺少时间概念所带来的不足，能够更好地反映断层的活动特点。

鉴于断层活动对两盘地层所造成的沉积、剥蚀作用的差异性，我们针对不同类型的断层，确定了不同的计算方法：

同沉积正断层：

$$\text{断层活动速率}(v_f)=\frac{\text{上盘沉积厚度}-\text{下盘沉积厚度}}{\text{时间}}\quad (v_f>0)$$

边界正断层：

$$\text{断层活动速率}(v_f)=\frac{\text{上盘沉积厚度}+\text{下盘剥蚀厚度}}{\text{时间}}\quad (v_f>0)$$

逆断层：

$$断层活动速率(v_f)=\frac{-上盘剥蚀厚度-下盘沉积厚度}{时间} \quad (v_f<0)$$

当断层发生构造反转，由逆断层转变为正断层时，v_f 的值则表现为由负值到正值的转变。

（二）断层活动性分析

对惠民凹陷不同级别和期次断层的活动速率进行研究，分析各期次断层对沉积的控制作用，对于恢复惠民凹陷新生代盆地演化具有重要的意义。

新生代惠民凹陷内断层十分发育，按断层规模和控凹程度，可将新生代断层分为四级：一级控凹断层，主要控制着凹陷的沉积和构造特征；二级控洼断层，主要控制着凹陷内部次级构造单元的分布，以近东西向、北东（东）向展布为主；三级及四级断层为受控于一、二级断层的较小断层。

惠民凹陷新生代断裂发育不均匀，凹陷南部的夏口断裂带、临商断裂带、仁风断裂带附近是应力集中区，次级断层发育较多，控制了次级洼陷的沉积；凹陷北部的宁南断层和无南断层控制了凹陷的北部边界，林樊家凸起和阳信洼陷构造单元上的次级断层发育较弱。

通过对惠民凹陷地震剖面进行分析，依据断层的活动特点及规模，将惠民凹陷的断层划分为北东（东）向控凹断层、北东（东）向控洼断层、东西向断层，并对各组断层的活动特征进行了分析（表 1-2-1）。

表 1-2-1　惠民凹陷新生代主要断层活动特征

断层类型	断层名称		断层走向	长度/km	倾角/(°)	活动时期	高峰时期	断层特征
控凹断层	宁南断层	西段	NE25°～30°	80	30～70	Ek—Ed	Ek，Es_4—Es_3	惠民凹陷受南北断层的控制，具有“双断控凹”的特点，Ek—Es_2 是凹陷主要发育时期
		东段	NEE75°～80°					
	无南断层	西段	NE70°～75°	84	20～50	Ek—Ed	Ek—Es_4	
		东段	NEE115°～120°					
	齐河断层	西段	NE45°～50°	65	40～70	Ek—Es_1	Ek	
		东段	NEE80°～85°					
控洼断层	临商断层		NEE60°～65°	80	50～70	Ek—Ed	Es_4	控洼断层活动规律有一定的差别，其中夏口断层和临商断层控制了惠民凹陷西部的构造格局
	夏口断层		NEE65°～70°	90	30～70	Ek—Ed	Ek，Es_3	
	仁风断层		NE40°～45°	40	40～70	Ek—Ed	Es_4	
	林北断层		WE	40	40～70	Ek—Ed	Es_4—Es_2	
	林南断层		WE	45	30～70	Ek—Ed	Es_4	
	高青断层	西段	WE	70	50～55	Ek—Ed	Es_3—Es_1	
		东段	NE30°～35°					
	曲堤断层		NEE75°～80°	40	40～65	Ek—Ed	Es_3—Es_2	

1．北东（东）向控凹断层

北部宁南断层、无南断层和南部齐河断层控制了惠民凹陷的发育。三条控凹断层在孔店组沉积时期已经开始活动，南北两侧断层同时活动使惠民凹陷成为济阳坳陷内唯一有“双断”特征的凹陷。

（1）宁南断层

宁南断层也称滋镇断层，为滋镇洼陷的北部边界，是惠民凹陷与宁津凸起的分界断层。断层南倾呈弧形，其平面延伸近 80 km，西段走向北东，东段走向北西，下降盘的派生断层多与主断层相交。该断层为大型铲形基底滑脱断层，上部倾角可达 60°～70°，向下迅速变缓，断层面倾角约 30°，断层滑脱面向南延伸 30～40 km，断层样式属坡坪式断层。宁南断层控制了惠民凹陷西部的构造演化及沉积特征，基本限定了整个惠民凹陷的西北部边界。该断层长期活动，且活动强度不一，从孔店组至沙二段沉积时期断层活动速率比较大，说明该时期宁南断层活动比较强烈。其中孔店组—沙四段沉积时期断层活动最为强烈，断层活动速率最大可达 150 m/Ma 以上。地震剖面上，孔店组反射已发生明显倾斜，由北向南逐渐被抬升，且南部厚度大于北部，说明孔店组沉积时期断层为坡坪式，由北向南逐渐变缓；而孔店组沉积时期以后的宁南断层活动主要以滑脱为主，加上中央隆起带的形成，造成了北倾的地震反射特征。宁南断层活动性由孔店组沉积时期到沙二段沉积时期逐渐减弱，沙二段沉积时期以后断层活动性急剧减小。沙一段—东营组沉积时期断层活动速率降至 20 m/Ma 以下。

（2）无南断层

无南断层也称阳信断层，是惠民凹陷与无棣凸起的分界断层，为阳信洼陷的北部边界。断层南倾呈弧形，断层延伸约 84 km，西段走向北东，东段走向北西西。在主断层的下降盘派生出一系列的次级断层，东段派生断层多，西段派生断层少。该断层与宁南断层的地理位置相邻，发育时间相同，产生和发育的地质背景也很相似，所以它们的构造特征很相似。断层总体向南倾斜，下部倾角比较平缓（约 20°）。该断层控制了惠民凹陷东部的构造演化及沉积特征。该断层长期活动，且活动强度不一，孔店组和沙四段沉积时期，断层活动较为强烈，从沙三段—东营组沉积时期，断层活动逐渐减弱。从平面上来看断层活动性西部强于东部。

（3）齐河断层

齐河断层为惠民凹陷的南部边界，是惠民凹陷与鲁西隆起的分界线，断层西部走向近北东，而东部走向近东西向，平面延伸长度约 65 km。该断层的剖面形态为板式断层，断层北倾，断层倾角为 40°～70°，属于较高角度。断层上升盘为鲁西隆起，断层西部下降盘为古近系及基底地层。整体来看，该断层孔店组沉积时期活动较为强烈，其后断层活动明显减弱。孔店组沉积时期断层东部活动强烈，断层落差最大可达 830 m，断层活动速率最大达 75.6 m/Ma，以后断层活动性逐渐减弱，沙一段沉积时期以后断层基本停止活动。虽然此断层为惠民凹陷南部的边界，但对内部的沉积影响较弱。

2. 控洼断层

（1）临商断层

临商断层也叫临邑断层，是惠民凹陷内部规模最大的二级断层，位于滋镇洼陷与临南洼陷之间。断面南倾，平面上延伸长度达 80 km，西段走向北东，中段走向近东西，东段走向北东东。临商断层限定了临南洼陷的北部边界。临商断层在盘深 2 井以东地区分为三支呈向东撒开、向西收敛的形态。该断层及其分支断层共同构成了临商断裂背斜带（即中央隆起带），成为惠民凹陷中油气最为富集的一个构造带。临商断层在不同部位的特征各有差别，除了走向不同以外，剖面形态在不同部位也各不相同：西段剖面形态是一个上部陡、中间平缓、下部陡的坐椅式断层；中段以上陡、下缓的犁式为主；东段剖面形态为平直式。

临商断层在孔店组沉积时期开始活动，到沙四段沉积时期活动最为强烈。断层活动速率可达 60 m/Ma，以后逐渐减弱，到沙一段和东营组沉积时期，断层落差只有 100 m，断层活动速率降到 10 m/Ma 以下。沙四段沉积时期，宁南断层以滑脱为主，使得孔店组沉积体向南滑移，而此时临商断层活动剧烈且中央隆起带形成，阻碍了北部孔店组向南滑脱，因此中央隆起带北部孔店组向北倾斜。临商断层东部活动较西部强烈。平面上自西向东呈帚状展布，其断裂系统向北凸出，向西收敛。断层皆南倾，每条断层的平面形态呈弧形，断距自下而上变小。主断层及其伴生断层，自北向南阶梯状排列，控制了临南洼陷沙河街组—东营组沉积特征。

（2）夏口断层

夏口断层是在鲁西隆起北坡形成的北倾断层，是临南洼陷和惠民南坡的分界断层，断层走向以北东、北东东向为主，倾向北西，平面延伸长约 90 km。夏口断层在其下降盘派生出一系列走向近东西的次级断层，这些次级断层与主断层斜交，说明断层带具有右旋走滑性质。该断层为大型铲式断层，断层上部倾角 70°左右，向下逐渐减小，底部倾角 30°左右。该断层为临南洼陷的南部边界。断层平面上呈向南凸出的弧形，呈北东东向延伸。该断层与临商断层一起，构成了临南洼陷的地堑式结构，也控制临南洼陷的形成。该断层在孔店组沉积时期活动最为强烈，断层活动速率最大达 165 m/Ma。由活动速率可知，孔店组沉积时期夏口断层活动性要明显大于齐河断层，而孔店组沉积时期临商断层刚刚形成，活动性差，因此惠民凹陷西部主体是受宁南断层和夏口断层控制，虽然齐河断层是惠民凹陷南部的边界断层但它对惠民凹陷沉积的控制作用要小于夏口断层。

（3）曲堤断层

曲堤断层呈弧形位于惠民凹陷的南部，断面南倾，平面延伸长度约 40 km，断层走向为北东东向。其西段与夏口断层平行，两者组成曲堤地垒，东段北西西向延伸，两盘派生断层较多。该断层为一铲式断层，但是断层剖面弧度不大，断层上部倾角 65°左右，向下迅速减小，到断层下部倾角约为 40°。该断层在孔店组沉积时期就已经发育，沙三段—沙二段沉积时期断层活动整体上达到最强，断层活动速率最大达 44 m/Ma。断层活动强度不均，整体上东部的活动强度大于西部。

（4）林北断层

林北断层是林樊家凸起的北界断层，是阳信洼陷与林樊家凸起的分界，近东西向延伸约 40 km。该断层为板式断层，断面北倾，断层倾斜可达 40°～70°，派生断层数量较少，与主断层走向一致。林北断层整体上分为东、西两部分，其中西段主要是在孔店组沉积时期和孔店组沉积时期以前活动，断层落差达 500 m；而东部的主要活动时期为沙四段沉积时期和沙三段—沙二段沉积时期，沙四段沉积时期断层活动速率达 123 m/Ma，沙三段—沙二段沉积时期断层落差最大可达 990 m，断层活动速率达 146 m/Ma。

（5）林南断层

林南断层是林樊家凸起的南界断层，也是林樊家凸起和里则镇洼陷的分界断层。该断层断面南倾，平面上延伸约 45 km，近东西向延伸。派生断层与主断层斜交，数量较少。该断层与临商断层是同一时期发育的断层，为大型板式断层，断层倾角在 30°～70°之间，在孔店组沉积时期开始活动，到沙四段沉积时期活动最为强烈，断层活动速率达 93 m/Ma，沙四段沉积时期以后活动性逐渐减弱。该断层东部断至古生界，向西断距变小，控制了里则镇洼陷沙三段的沉积。

（6）高青—平南断层（EW 向花沟段）

高青—平南断层位于东营凹陷西部，该断层从地壳深部发育，向下延伸，最后消失在中地壳的低速体中，为基底断裂。高青—平南断裂带总体走向呈北东—南西向，倾向南东，在平面上呈“S”形展布，长度在 60 km 以上。根据走向在平面上的变化可将其大致分为三段，即近 EW 走向的花沟段，NNE 走向的平南段和 NE 走向的滨南段。该断层从孔店组沉积时开始发育，至沙三段沉积时活动强度达到高潮，并伴随着玄武岩喷发。此后该断层活动强度逐渐减弱，但在东营期和馆陶期是高青—平南断裂带一次重要的岩浆活动期，至明化镇末期断层停止活动。

(7) 仁风断层

仁风断层位于青城凸起的西侧，北北东向延伸，水平延伸约 40 km，其南端与齐河断层相交。该断层为一铲式断层，断面西倾，上部倾角可达 75°，向下逐渐减小到 40°左右。该断层孔店组和沙四段沉积时期活动强烈，孔店组沉积时期断层活动速率达 50 m/Ma，而沙四段沉积时期断层活动速率达 86 m/Ma。沙四段沉积时期以后断层活动强度减弱。

(三) 断层组合特征

依据断层活动特征分析，将惠民凹陷的发育分为印支末期(T_3)，燕山早期(J_{1+2})，燕山中、晚期(J_3+K)，燕山—喜马拉雅过渡期($Ek—Es_4$)，喜马拉雅早、中期($Es_3—Ed$)，喜马拉雅晚期(N—Q)六个期次。印支末期，济阳坳陷内开始发育多条北西向逆冲断层，其中惠民凹陷为滋镇断层和阳信断层；燕山早期，北西向断层的活动速率下降；燕山中、晚期，断层由逆冲断层转变为正断层；燕山末期，惠民凹陷的两条北西向断层活动性逐渐减弱至停止活动。中生界盆地长轴方向为北西向，北西向断层控制了凹陷的沉积。古近系北西向断层停止活动后，凹陷内北东向断层开始大规模发育，惠民凹陷主体受北东向断层的控制。因此，惠民凹陷具有中生界和新生界的沉积受近乎垂直的两种断层的影响，整个盆地具有叠合盆地的性质。

惠民凹陷古近纪明显活动的断层如图 1-2-1 所示，断层整体呈北东向。孔店组沉积时期惠民凹陷北界的无南断层和宁南断层及凹陷南部的夏口断层活动较为剧烈，控制了惠民凹陷孔店组的沉积。整体上看，孔店组沉积呈现从夏口断层向北西方向逐渐减薄的楔形体。特别是夏口断层的剧烈活动，使得惠民凹陷中部剧烈沉降，形成巨大的地堑式深水盆地，为孔店组的沉积提供了较大的可容空间。

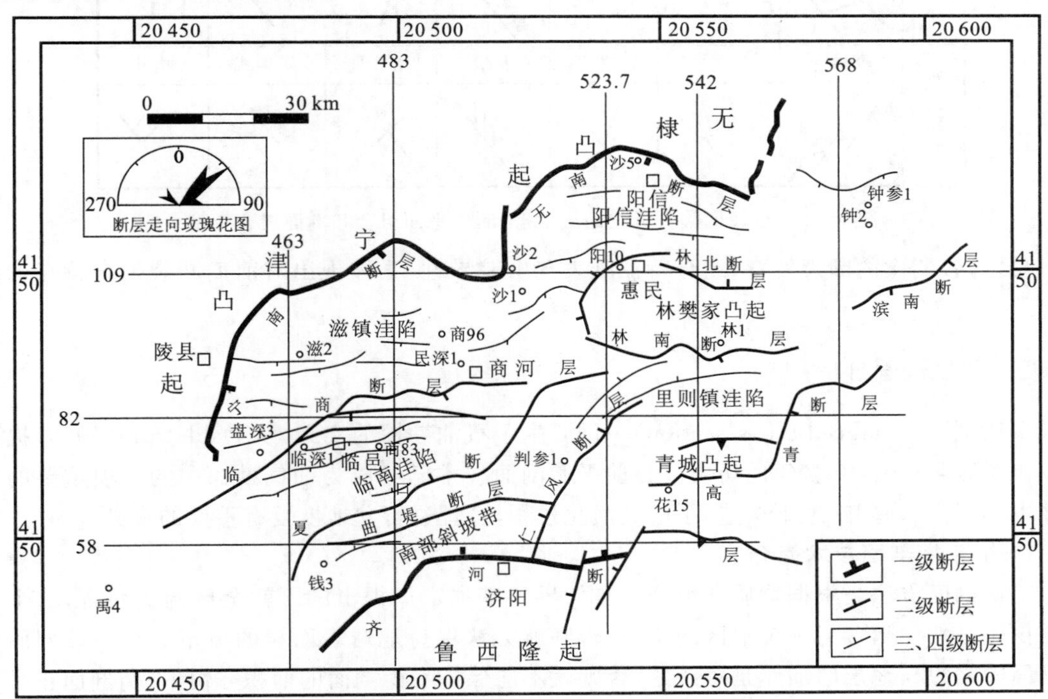

图 1-2-1 惠民凹陷古近纪主要断层平面分布及走向图

沙四段沉积时期惠民凹陷北部边界宁南断层、无南断层和凹陷中部的临商断层活动性逐渐增强，夏口断层活动强度减弱，从而形成了滋镇洼陷和临南洼陷。该时期夏口断层南部的曲堤断层活动性逐渐增强，曲堤地垒逐渐形成。林樊家地区的林北断层、林南断层活动加剧，加上北部无南断层的滑脱，使得林樊家地区的孔店组逐渐被抬升并遭受剥蚀。总体来看，惠民凹陷沙四段断层平面展布和组合特征与孔店组相比具有很大的继承性，这些断层对沉积也有明显的控制作用。沙三段—沙二段沉积时期宁南断层、无南断层、临商断层活动性减弱，而夏口断层活动性又重新加强，使得临南洼陷沉积了较厚的沙三段。喜山构造阶段晚期，整个惠民凹陷进入拗陷发育阶段，整体沉降，断裂活动明显减弱，多数断裂消亡。

古近纪孔店组—沙四段沉积时期，惠民凹陷边界控凹断层和凹陷内部一些较大断层开始发育，在平面上形成侧列式、锯齿状、分叉状、羽状等断层组合，在剖面上断面形态主要为板状、铲状和坡坪状。断面组合可见"λ"形、"Y"形、阶梯状、羽状等组合形式(图 1-2-2)。古近纪沙三段—东营组沉积时期，断层数量增多，组合类型复杂，断层活动强度较大。断层平面组合类型有侧列式或斜列式、锯齿状、网格状、叉状、羽状等；剖面组合类型有阶状组合、"Y"形组合、"λ"形组合、复式半地堑等，断面形态以板式、铲式为主。

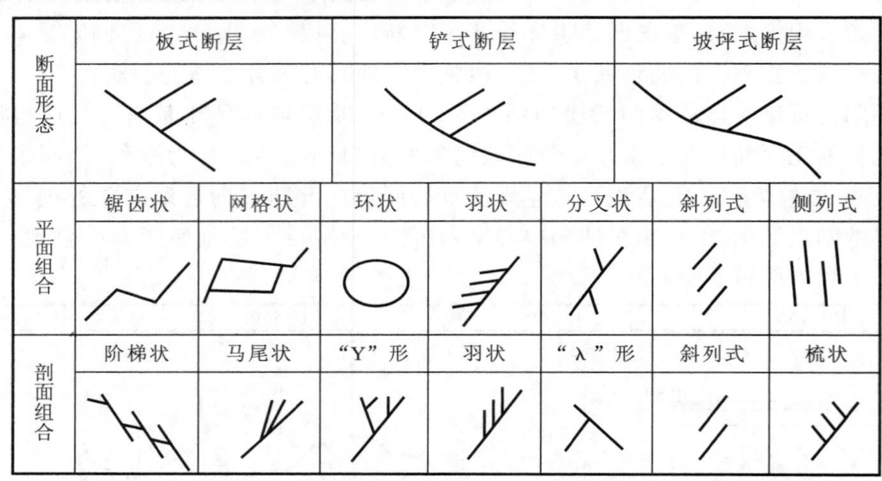

图 1-2-2　惠民凹陷古近纪断层形态、断层平面组合和剖面组合类型

总之，各期次的断裂发育、组合特征既表现出差异性，又体现出对前期断裂发育特点的继承性。

二、平衡剖面分析

平衡剖面(balanced cross section)一词诞生于石油勘探的实践，从 Dahlstrom(1969)提出这一概念至今已有 40 多年的历史。目前平衡剖面技术已经成为油气勘探中的一项重要的实用技术，对于正确判断地下构造，了解其演化过程，合理进行盆地恢复有重要的意义。

(一) 平衡剖面技术简介

平衡剖面方法是根据物质守恒这一自然界的基本定律提出的。就全球构造而言，一个地区的拉张必然伴随着另一个地区的压缩，否则就无法保持地球表面积的恒定。对一条剖面而言剖面的缩短与地层的加厚是一致的，否则就不能保持平衡剖面的面积守恒，平衡剖面正是根据这一原理提出了一系列几何学法则，并以此制约在剖面解释中的随意性。

制作平衡剖面一般遵守四个几何原则：第一是面积守恒原则，指剖面由于缩短所减少的面积应当等于地层重叠所增加的面积，变形前后只是剖面的形态发生了变化，剖面的总面积没有改变;第二是层长一致原则,在面积守恒的基础上简化而来,其前提条件是在变形过程中地层的厚度未发生明显的变化,地层只是发生了断裂褶皱,而没有发生透入性变形;第三是位移一致性原则,岩石发生断裂后沿断裂面发生位移,原则上沿同一条断层各对应层的断距应当一致,但实际上断距不一致的情况却很常见,应当作出合理的解释;第四是缩短量一致原则,是指造山带中各剖面应当具有大致相同的缩短量。

(二) 平衡剖面技术在惠民凹陷古近系的应用

下面就通过对惠民凹陷两条基于测线 463 和 523.7 进行的平衡剖面分析,来研究惠民凹陷古近系的演化过程。

1. 463 测线平衡剖面分析

在早古生代,惠民地区地壳抬升,全区缺失下奥陶统和志留系。在晚古生代,惠民地区呈南隆北倾的构造格局,南部遭受剥蚀并发育调节性的逆冲断层。早中生代,惠民凹陷继承了晚海西期以来的构造格局,地形呈现南隆北倾构造形态。印支期,在近北东向挤压应力作用下,形成了北西向的逆冲断层。在燕山运动早期,在北西西和南东东向挤压应力下,开始出现北东向断层。燕山运动期,区域受北西—南东向拉张应力作用,大量发育北东向断层(图 1-2-3)。

孔店组沉积早期,夏口断层以南地区地势较高,相对平坦,沉积较薄,甚至在靠近鲁西隆起地区缺失孔店组;而北部基底老地层经长期构造运动,与上覆孔店组呈角度不整合关系,发育以中生代地层为底的基底断层。孔店组沉积初期惠民凹陷宁南断层、无南断层向南逐渐变得平缓,最终与南部的夏口断层形成一个南深北浅的簸箕状盆地。孔店组沉积中后期,西太平洋板块转为向西俯冲于亚欧大陆(华北)板块之下,产生弧后拉张效应,在惠民凹陷产生巨大的拉伸应力场,致使惠民凹陷内部断层发育,如临商断层开始发育,但孔店组沉积中心位于夏口断层以北至滋镇之间的区域内。孔二段+孔三段最厚可达 1 500 m,孔一段沉积末期,该区仍主要处于拉伸应力场,使北部发育大量张性正断层,沉积中心有向北迁移的趋势。

沙四段沉积时期控盆边界断层为北部宁南断层,孔店组随基底断层面向南发生滑动;同时临商断层活动加剧,使得临商断层北部的孔店组抬升,中央隆起带随之形成,使得滋镇—临南沉积区一分为二。北部的滋镇洼陷北断南超,沉积沉降中心位于宁南断层的下降盘,地层向南渐薄。南部的临南洼陷则主要由临商断层所控制。在临南洼陷内,发育平行于夏口断层的同生断层(图 1-2-3)。

沙三段—沙二段沉积时期,掀斜运动仅在靠近临商断层地区发育,大部分断层明显活动减弱或停止活动。夏口断层活动速率要强于沙四段沉积时期,临南洼陷沉积了较厚的沙三段—沙二段。夏口断层以南隆起并遭受剥蚀,沙一段—东营组沉积时期,东营运动使全区整体抬升和剥蚀,在临南、滋镇洼陷内沙一段—东营组沉积中心向北迁移(图 1-2-3)。新近纪开始,随着地壳均衡作用使裂陷作用转变为整体下沉的拗陷作用,故沉积了平缓的新近系。

2. 523.7 测线构造演化分析

在早古生代,惠民地区地形呈北高南低。中奥陶统沉积之后,受加里东运动的影响,全区地壳抬升并长期遭受剥蚀,全区整体缺失志留系和泥盆系。在晚古生代,惠民地区整体呈南隆北倾的构造格局,此时发育一些具调节性的基底断层。

在中生代,北东向挤压应力产生了北西向的逆冲断层,后期的负反转构造使得 523.7 测线所处的位置发育了以北西向为长轴的沉积区。燕山运动期,惠民凹陷北部产生北东向断层。燕山后期,北东向断层开始活动。

进入孔店组沉积期,断层发育以近东西向断层起控制作用。孔店组沉积初期,无南断层呈

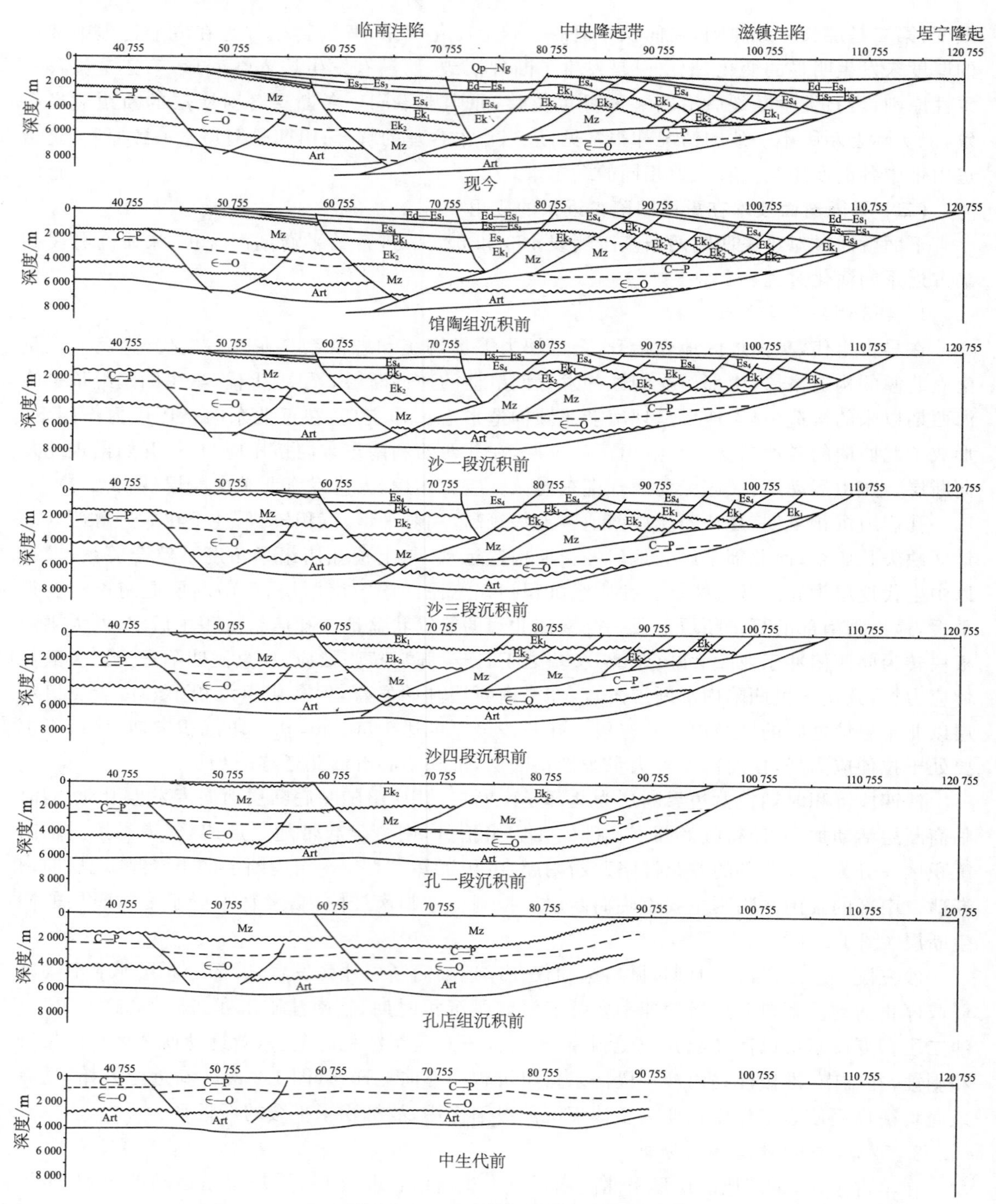

图 1-2-3　463 测线平衡剖面分析

坡坪状向南延伸，在现今与高青凸起北部断层一起控制了孔店组的沉积，特别是孔二段沉积时期，沉积了较厚的地层。孔店组沉积末期，在盆地伸展过程中北部无南断层继续剧烈活动，南部林樊家地区逐渐抬升，沉积中心向北移动。同时在王判镇附近，北东向仁风断层继续发育，控制地层稳定的沉积，以南地区长期隆起，遭受剥蚀(图 1-2-4)。

在拉张应力场持续作用下，沙四段沉积初期，林北断层以北地层发生右旋掀斜运动，造成林樊家凸起及其北部部分地区沉积地层减薄，甚至缺失沙四段，局部孔一段遭受剥蚀。林樊家凸起的形成使得孔店组沉积时期的一个沉积中心分为阳信洼陷和里则镇洼陷两个沉积中心，且阳信洼陷表现为北断南超的形态。王判镇附近继续发育同生北东或北东东向断层。

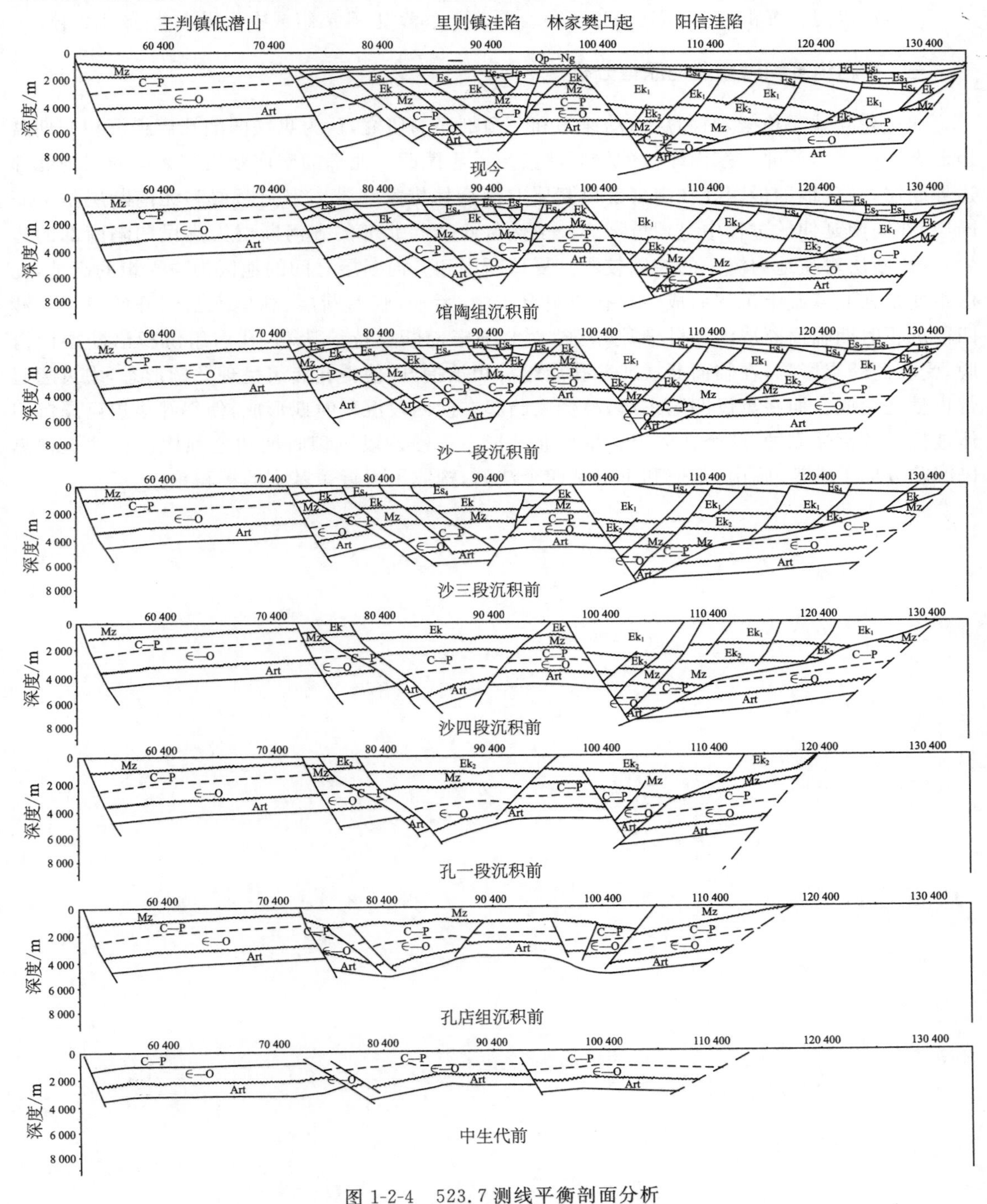

图 1-2-4　523.7 测线平衡剖面分析

沙三段—沙二段沉积时期，北部掀斜运动继续发育，沉积中心向北转移，林樊家地区在该时期遭受剥蚀，没有沉积该时期地层。王判镇附近继续发育同生断层，发育小型洼陷。沙三段一沙二段沉积末期，区域断陷活动趋于消亡，由裂谷断陷逐渐转变为拗陷，扭张力开始松弛。除南部隆起地区继续遭受剥蚀外，全区沉降了一套稳定的沙一段—东营组，北部沉积略微厚些。东营组沉积末期，发生了区域升降运动，大部分的断裂活动已经停止。

馆陶组以泥岩沉积为主，呈区域性不整合覆盖于东营组、孔店组或中生界之上(图1-2-4)。

三、孔店组沉积时期盆地原型分析

通过建立地层格架，对断层活动速率和平衡剖面的研究，认为惠民凹陷孔店组沉积初期盆地形态为一个由西北向东南缓倾的簸箕状盆地。惠民凹陷北部的宁南断层和无南断层为北部边界断层，而盆地的最深处在南部夏口断层上盘至林樊家一带。宁南断层和无南断层是基底断层，在向南延伸的过程中呈现坡坪式。虽然鲁西隆起北部的齐河断层为惠民凹陷南部的边界，但该断层对盆地内沉积的控制较弱。夏口断层和齐河断层之间的地区为一平坦的高地，孔店组便是在此基础上沉积而成。在孔店组沉积中、后期，临商断层、林樊家凸起开始发育。沙四段沉积时期临商断层活动性急剧增强，而北部宁南断层持续活动，孔店组沉积沿断层面滑脱，受临商断层影响，在临商断层北部孔店组沉积被抬升，使得孔店组呈现北倾形态，中央隆起带也随之形成。而在惠民凹陷东部，林樊家凸起在沙四段沉积时期形成，使得孔店组巨厚沉积体被抬升并遭受剥蚀，整个孔店组也呈现北倾形态。沙四段沉积时期的这种构造运动也把惠民凹陷分成了滋镇、临南、阳信和里则镇四个洼陷，构成了古近系基本的沉积单元。

第二章 高分辨率层序地层学研究

Chapter two

第一节 层序界面特征及识别标志

高分辨率层序地层学研究从层序的划分入手，总结出各层序地层单元及其界面在露头、岩心、测井和地震资料中的判识标志，在细分各阶段基准面旋回基础上，逐步进行研究，从而建立全区的高分辨率层序地层格架，进而达到更有效地预测储层分布的目的。在高分辨率层序地层学研究中，关键是层序划分和对比，而层序划分、对比的关键是层序界面的识别。

层序特征主要包括两个方面的内容：一是层序边界的特征，二是层序内部反射结构特征，其中边界特征是识别层序类型的主要标志。

一、地震剖面上层序边界特征

地震层序是从地震剖面上识别出来的以不整合面及与之可对比的整合面为界的、内部反射相对整一的地震反射单元。识别它的主要依据是地震反射的终止方式，即：削蚀、上超、下超、顶超，兼顾内部总体反射特征。地震剖面应用于层序划分和基准面旋回识别的关键是层序边界的识别。

（一）目的层段主要反射界面特征

本次研究中，主要选定了T6,T7,T8,Tr四个反射界面为主要的解释层位，经层位标定后建立了四个反射层与地层界面之间的对应关系。各反射界面与地层界面之间的对应关系如表2-1-1所示。各地震反射界面的反射特征为(图2-1-1)：

表2-1-1 目的层段地震反射界面与地层界面的对应关系

地震反射层	地层界面	接触关系
T6	沙四段顶界面	整合、不整合
T7	孔店组顶界面	角度不整合
T8	孔一段与孔二段顶界面	角度不整合
Tr	孔店组底界面(古近系底界面)	角度不整合

T6：深度一般在1 500～3 000 m之间。地震反射强度总的规律是：在洼陷区靠近凸起的地方反射比较弱，靠近沉积中心的地方反射比较强；在凸起区，剥蚀地区为强反射，而其他地区由于埋深比较浅，所以呈现弱—中强反射。具体地说，在滋镇洼陷南部为弱—中强反射，北部为强反射；在中央隆起带东部为强反射，西部除削蚀地区为强反射外，其余地区为弱—中强反射；在临南洼陷东部为强反射，西部为弱—中强反射；在南部斜坡带，由于埋深比较浅，地震反射相对较强，呈弱—中强反射；在阳信洼陷则是西部为强反射，东部反射强度相对较弱为中强

反射；在林樊家凸起上为中强反射。

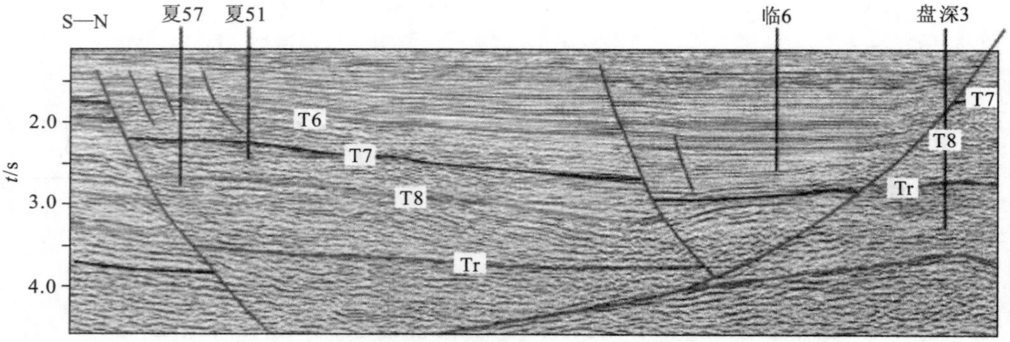

图 2-1-1　惠民凹陷主要地震反射标准层反射特征（测线 463）

T7：T7 反射界面在北部滋镇—阳信洼陷，从临近凸起区到洼陷沉积中心，其地震反射强度变化规律为弱反射—强反射—弱反射；在临南洼陷，由于 T7 界面整体埋深很大，而且断层复杂，所以界面整体呈弱反射；在中央隆起带上为弱反射；在南斜坡和林樊家凸起上均为中强反射。

T8：T8 反射界面在惠民凹陷局部分布，在洼陷内反射强度由近凸起区至洼陷沉积中心变化规律为弱反射—强反射—弱反射，在凸起上一般为中强反射。

Tr：在整个惠民凹陷均有发育，全区易于追踪对比，连续性中等到较好，振幅中等偏强。

（二）地震层序边界的识别

地震层序边界可理解为不整合面或与之可对比的整合面在地震剖面上的响应。地震层序边界识别的主要依据是地震反射终止方式、内部反射结构和外部反射特征等。

惠民凹陷沙三下亚段—孔店组存在削蚀、上超、下超和顶超四种不整合类型。沙四段顶界，是惠民凹陷的一个区域性不整合面，其削蚀现象非常明显（图 2-1-2），因此，沙四段顶界面是一个层序界面（SB5）。孔店组底界面，即中生界底界面，与下伏古生界呈明显的削蚀接触（图 2-1-3）。沙三下亚段上超在沙四段之上，这再次说明沙四段顶界面是一个层序界面（图 2-1-4）。沙四段、孔店组底界均有下超现象出现（图 2-1-5），这说明沙四段和孔店组底界沉积时期出现沉积间断。沙三下亚段顶界面是惠民凹陷的一个明显的湖泛面，在地震剖面上下超现象明显，表现为沙三中亚段下超在沙三下亚段顶面之上。惠民凹陷沙四段在部分地区与沙三段底界面呈顶超接触关系（图 2-1-6）。

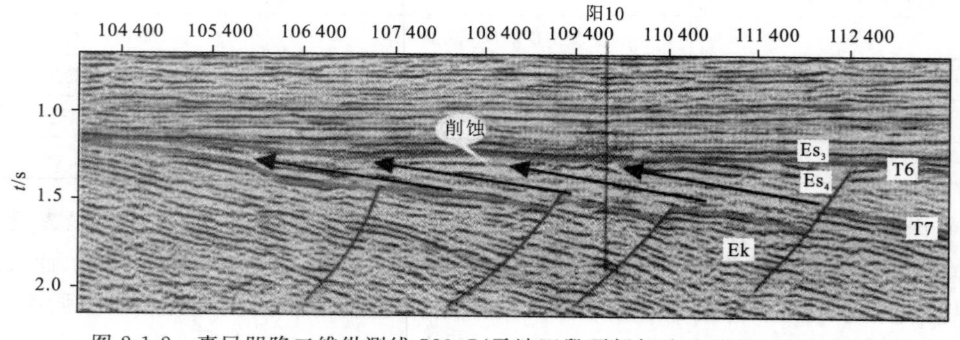

图 2-1-2　惠民凹陷二维纵测线 523.7（示沙四段顶部与沙三段底界面的削蚀现象）

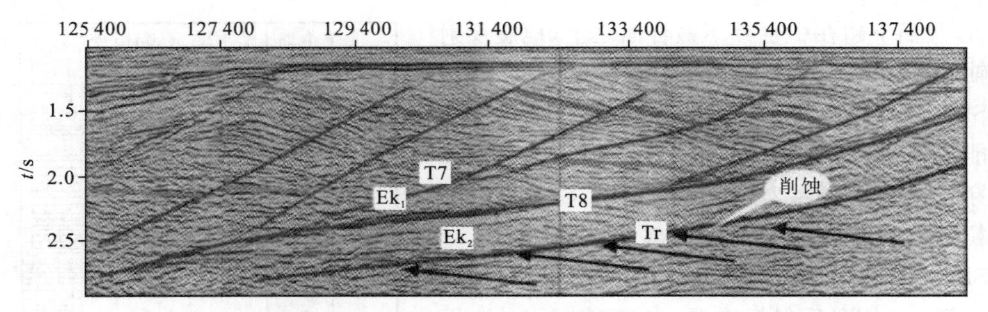

图 2-1-3　惠民凹陷二维纵测线 542(示孔店组底界面古生界的削蚀接触)

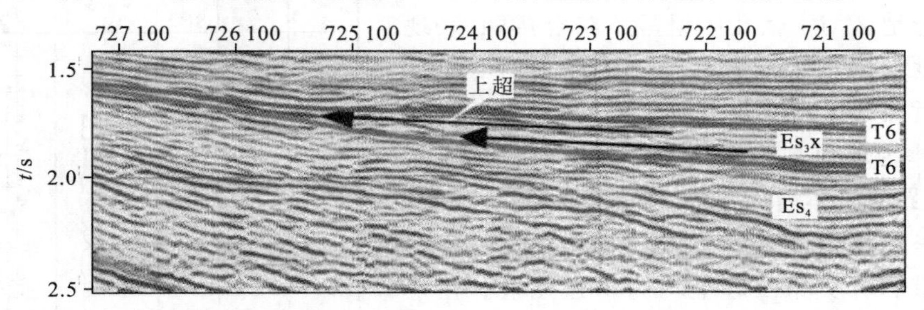

图 2-1-4　惠民凹陷二维横测线 109(示沙三下亚段与沙四段顶界面的上超现象)

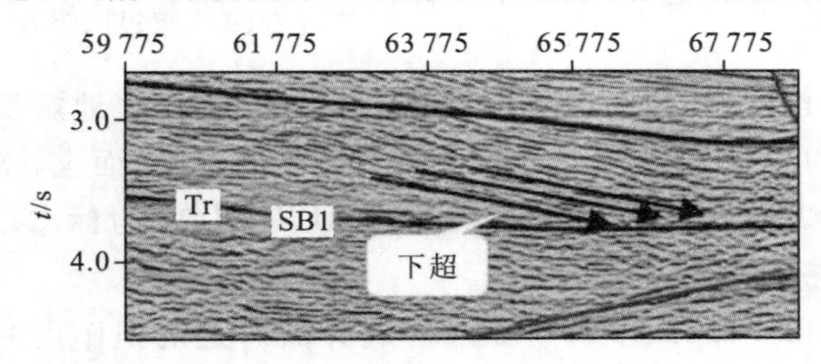

图 2-1-5　惠民凹陷二维纵测线 463(示孔店组底界面下超在中生界顶面之上)

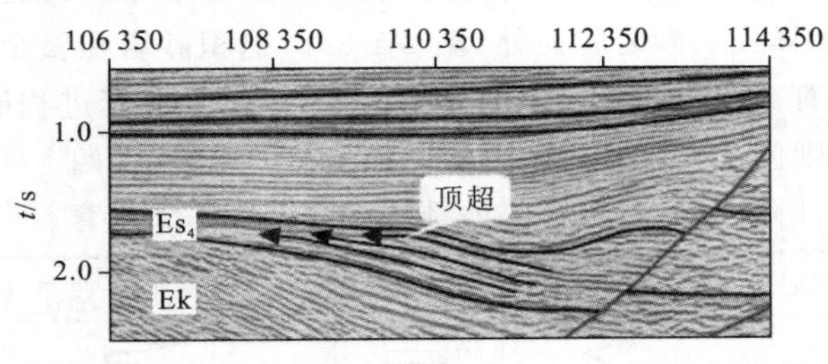

图 2-1-6　惠民凹陷二维横测线 483(示沙四段与沙三段底界面的顶超现象)

二、层序界面的特征及识别

本次研究运用层序地层，特别是高分辨率层序地层研究方法，钻井层序分析与地震层序分析相辅相成，以钻井资料为基础，结合地震资料、地震反射标志层等各种信息进行井-震标定后，在沙三下亚段—孔店组识别出 11 个具有时间-地层对比意义的界面。其中，基准面下降到上升的转换面(层序界面)自下而上为：SB1，SB2，SB3，SB4，SB5，SB6；基准面上升到下降的转换面(湖泛面)自下而上为：FS1，FS2，FS3，FS4，FS5。

(一) 基准面下降到上升的转换面(层序界面)

SB1：对应孔店组底界面(古近系底界面)，相当于地震反射 Tr 标准层。在惠民凹陷，钻遇孔店组的井很少，因此无法通过测井资料反映 SB1 层序界面的特征。在惠民凹陷骨干地震剖面上，该界面下超在中生界不整合面之上，地震反射同相轴连续性中等到较好，振幅中等偏强(图 2-1-5)。

SB2：为孔二段与孔三段的分界面，在地震剖面上不能很好地识别。惠民凹陷钻井中也只有林 2 井钻穿孔二段。在林 2 井录井剖面上，SB2 位于厚层粗粒沉积，如玄武质砾岩的底部(图 2-1-7)。

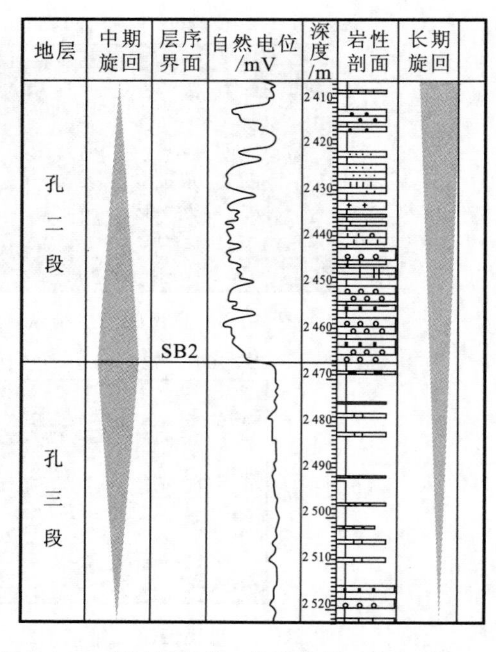

图 2-1-7　惠民凹陷林 2 井层序界面 SB2 特征

SB3：为惠民凹陷沙河街组沙四段底界面，相当于地震剖面上 T7 反射标准层。地震剖面上，该界面在大部分地区与下伏孔店组呈不整合接触，表现为对下伏地层的削蚀现象和与上覆地层的下超接触。从临近凸起区到洼陷沉积中心，其地震反射强度变化规律为弱反射—强反射—弱反射。在临南洼陷，由于界面整体埋深很大，而且断层复杂，所以界面整体呈弱反射；在中央隆起带上为弱反射；在南部斜坡带和林樊家凸起上均为中强反射。在录井剖面上，该界面常位于紫红色砂岩底部和棕红色、紫红色泥岩的顶部。

SB4：沉积作用的转化面，是沙四上亚段和下亚段的分界面。地震反射特征不明显，仅在 109 测线阳信洼陷地区可以识别并局部追踪。在测井曲线上，界面上、下岩石颜色变化明显。界面之下为红色泥岩和红色、灰色粉砂岩间互沉积，即以“双红”为标志；界面之上以灰色泥岩(间夹红色泥岩)和灰色粉砂岩为主要特征。

SB5：相当于沙四段顶界面(或沙三下亚段的底界面)，是沉积作用的转换面，在地震剖面上表现为 T6 反射层，在钻井曲线上比较容易识别。该界面钻井剖面上主要表现为一套呈进积叠加样式和退积叠加样式的砂岩转换处(图 2-1-8)。退积砂岩在整个惠民凹陷厚度变化较大，大部分地区不太发育。当退积砂岩不太发育时，SB5 位于一套进积砂岩的顶部；而当进积砂岩不太发育时，SB5 则位于大段退积砂岩的底部。总的来说，沙四上亚段顶部的进积砂岩全区发育较好，仅在临南洼陷西部、滋镇洼陷西部的少数井区不太发育。

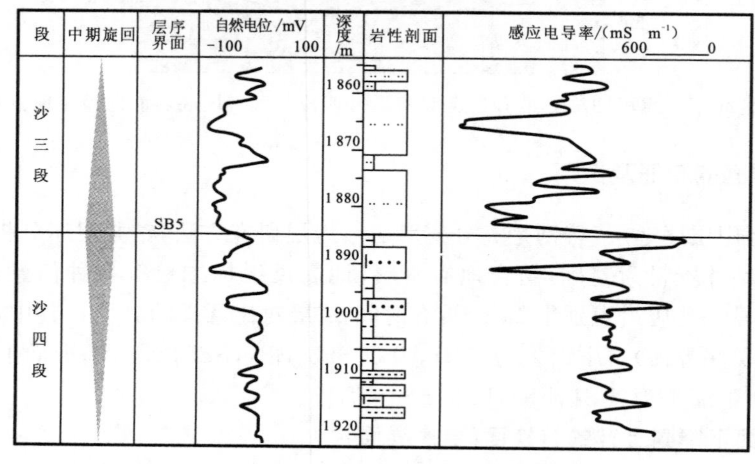

图 2-1-8　盘 6 井层序界面 SB5 识别标志

SB6：是沉积作用的转换面，位于沙三下亚段内部，只能依据钻、测井资料进行识别。在钻、测井剖面上表现为一套呈进积叠加样式与退积叠加样式砂岩（盘河砂岩）的转换处。当退积砂岩不太发育时，SB6 则位于一套进积砂岩的顶部（图 2-1-9）。

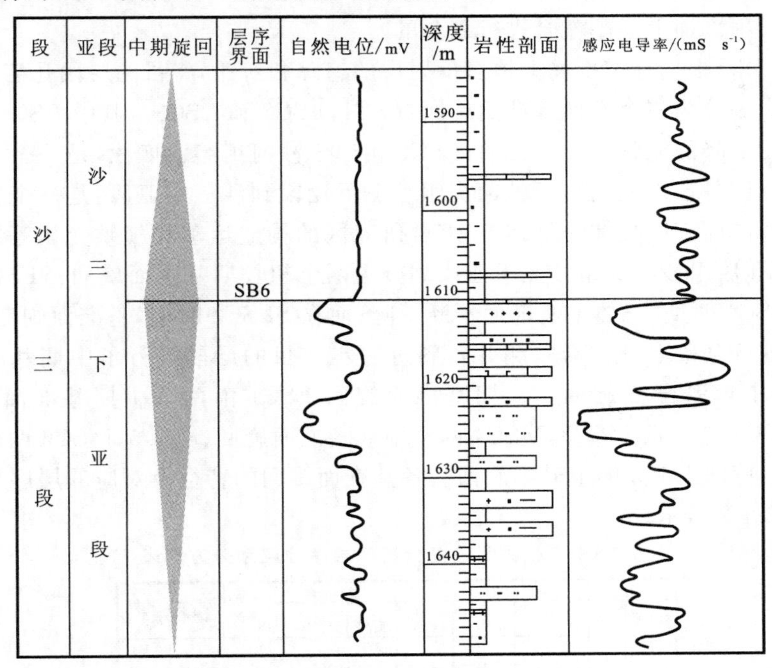

图 2-1-9　临 58 井层序界面 SB6 识别标志

（二）基准面上升到下降的转换面（湖泛面）

惠民凹陷沙三下亚段—孔店组发育五个湖泛面：FS1，FS2，FS3，FS4，FS5。其中 FS1，FS5 为长期旋回湖泛面，可以在地震剖面上识别；FS2，FS3，FS4 为中期旋回湖泛面，只能在钻、测井剖面中识别。

FS1：该界面相当于孔一段与孔二段的分界，在地震剖面较易识别。地震反射同相轴连续性中等到较好，振幅中等偏强，大部分地区与下伏地层整合接触，仅在部分地区为不整合，主要表现为上覆地层的下超。

FS2 和 FS3：分别发育于沙四下亚段和沙四上亚段内部，在此不对其详细论述。

FS4：位于沙三下亚段的下部，该湖泛面在地震剖面上不能全区追踪，主要是依靠钻、测井剖面识别出来的。在钻、测井剖面上，该界面位于层序界面 SB5 之上呈退积叠加样式砂岩顶部或进积叠加样式砂岩底部的厚层深灰色泥岩或油页岩发育段。

FS5：沙三下亚段的顶界面，相当于本次研究中的地震 T6 反射层。该界面是沙三段—沙二下亚段长期基准面旋回的最大湖泛面，在地震剖面上可以全区追踪。在钻、测井剖面上，FS5 位于一厚层油页岩的顶部或大段深灰色、灰褐色泥岩的顶部，代表了盆地范围内大范围的湖进过程。

三、高分辨率层序地层划分

超长期基准面旋回的形成、发育、结束与不同时期的构造幕有关。因此，超长期基准面旋回的界面应为与区域构造事件符合、反映构造应力场转换的区域大不整合面。惠民凹陷沙三下亚段—孔店组盆地演化发育了两个较大的区域性不整合面或局部不整合面，在地震剖面上相当于地震标准层 Tr 和 T6，由此将惠民凹陷沙三下亚段—孔店组划分为两个超长期基准面旋回，控制着惠民凹陷古近系沙三下亚段—孔店组沉积盆地演化阶段的形成。长期基准面旋回为超长期基准面旋回内部的次一级旋回，它以区域性较大不整合面或局部不整合面为界，主要是根据地震反射剖面上的不整合进行划分的。

在本次研究中，根据地震剖面上地震反射层的追踪和对比，将目的层段孔店组到沙河街组沙三下亚段整个划分为三个长期基准面旋回：LSC1，LSC2 和 LSC3。其中 LSC1 对应孔店组，是一个先上升后下降的完整的长期旋回；LSC2 相当于沙河街组沙四段，是一个不完整的长期基准面上升半旋回；LSC3 则对应于沙河街组沙三下亚段到沙三中亚段，是一个完整的基准面旋回。在长期基准面旋回叠加的基础上，综合研究区的构造运动和气候变化等影响基准面变化的因素，又将孔店组沙河街组沙三下亚段划分为两个超长期基准面旋回：SLSC1 和 SLSC2。超长期旋回 SLSC1 时期，总体上基准面不断下降；而在 SLSC2 时期，基准面则变为不断上升。在长期基准面划分基础上，结合钻、测井资料进一步在目的层段进行了中期基准面旋回的划分，共分为六个中期基准面旋回。长期基准面旋回 LSC1 由两个中期基准面旋回（MSC1，MSC2）组成；LSC2 则包括 MSC3，MSC4 两个中期基准面旋回；MSC5，MSC6 两个中期旋回则叠加组成了长期旋回 LSC3 的上升半旋回。各基准面旋回的特征及对应的层序界面特征和地震反射层如表 2-1-2 所示。

表 2-1-2　惠民凹陷高分辨率层序地层划分方案表

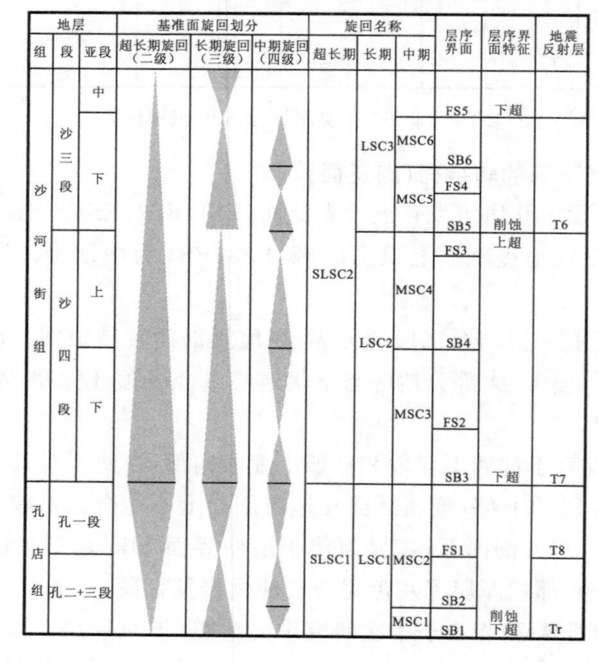

地层			基准面旋回划分			旋回名称			层序界面	层序界面特征	地震反射层
组	段	亚段	超长期旋回（二级）	长期旋回（三级）	中期旋回（四级）	超长期	长期	中期			
沙河街组	沙三段	中				SLSC2			FS5	下超	
		下					LSC3	MSC6	SB6		
								MSC5	FS4		
									SB5	削蚀	T6
	沙四段	上					LSC2	MSC4	FS3	上超	
									SB4		
		下						MSC3	FS2		
									SB3	下超	T7
孔店组	孔一段					SLSC1	LSC1	MSC2	FS1		T8
	孔二+三段								SB2		
								MSC1	SB1	削蚀 下超	Tr

第二节　层序地层格架的建立

一、LSC1 旋回（孔店组）层序对比格架

惠民凹陷钻遇孔店组的井很少，对孔店组层序地层的分析主要是通过惠民凹陷的几条骨干地震剖面，结合区域构造特点进行的。

LSC1 为一个完整的长期基准面旋回。基准面上升半旋回相当于孔店组孔二段和孔三段，基准面下降半旋回对应于孔一段。从惠民凹陷的几条骨干地震剖面可以看出(图 2-2-1～图 2-2-3)：

在临南洼陷 LSC1 旋回发育好，地层厚度较大，基准面上升时期沉积的地层厚度大于下降时期的地层厚度，旋回具不对称结构。顶、底界面 SB1 和 SB3 在临南洼陷地震剖面上容易被识别追踪，基准面上升到下降的转换面 FS1 基本上也可以被识别追踪。

在滋镇洼陷，LSC1 变化较大。从 463 测线地震剖面可以看出(图 2-2-1)：LSC1 旋回在洼陷西部对称性较好，基准面上升和下降时期沉积的地层厚度大致相同；从西向东 LSC1 上升半旋回发育逐渐变差，其对应的孔二段、孔三段逐渐变薄，LSC1 旋回变为以下降半旋回为主的不对称旋回。至 483 测线经过地区，LSC1 旋回期沉积的孔店组，下降半旋回对应的地层厚度远远大于上升半旋回对应的地层厚度。

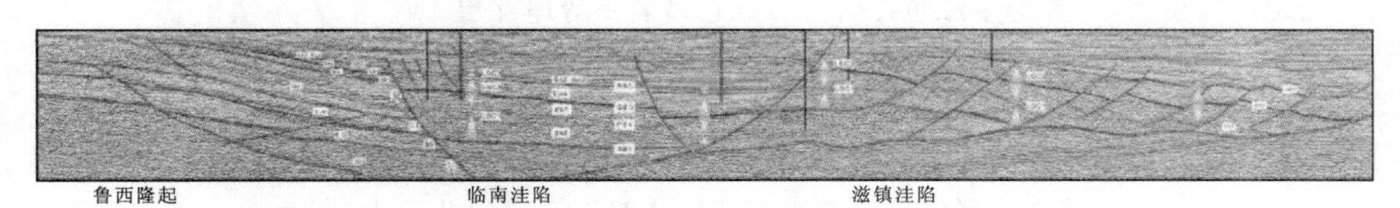

图 2-2-1　惠民凹陷二维纵测线 463

LSC1 在阳信洼陷旋回厚度大，基准面上升到下降的转换界面 FS1 可以很好地被识别。在洼陷中心，地层厚度接近最大，基本为对称结构，为该时期的一个沉积中心；在洼陷边缘，基准面下降半旋回明显比上升半旋回发育，LSC1 旋回地层厚度明显变薄，在洼陷东部，其厚度甚至小于 LSC2 旋回时期沉积的沙四段厚度。

从 523.7 测线剖面可以看出(图 2-2-2)：LSC1 在里则镇洼陷沉积的地层厚度相对变薄，基准面上升到下降的转换面 FS1 也不易被识别、追踪。相对于 523.7 测线，542 测线中 LSC1 旋回在里则镇洼陷的沉积地层厚度更薄，也就是说，在里则镇洼陷，LSC1 旋回厚度自西向东逐渐变薄。

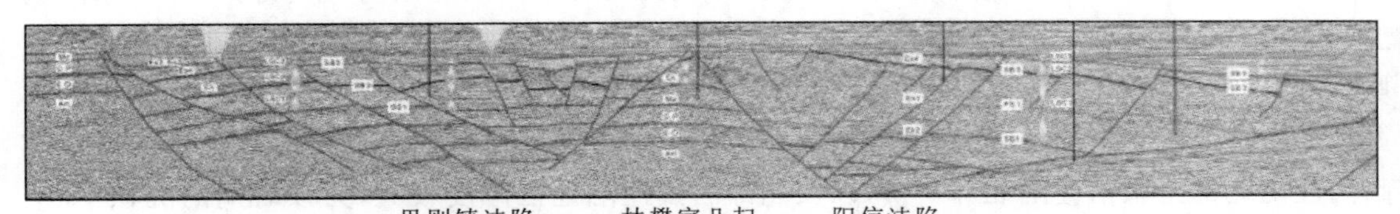

图 2-2-2　惠民凹陷二维纵测线 523.7

在林樊家凸起，LSC1 旋回上覆地层基本上被剥蚀而缺失，在凸起中部，LSC1 旋回顶部也被剥蚀，基准面下降到上升的转化界面不易被识别。

与临近的临南洼陷相比，LSC1 旋回在曲堤地垒上虽然发育，但沉积的地层明显变薄。

流钟地区 LSC1 旋回发育时期沉积的地层总体来说具有北厚南薄的特点，下洼地区厚度最薄，在南部靠近滨县凸起位置地层稍变厚，向北部逐渐变厚。从 586 测线地震剖面可以看出，流钟地区物源主要来自南部滨县凸起和北部陈家庄凸起(图 2-2-3)。

总的来说，LSC1 旋回时期沉积的地层，沿夏口断层以北临南洼陷带至阳信洼陷中部一带厚度较大，在阳信洼陷中部厚度最大；夏口断层以南地区因隆起而使孔店组遭受剥蚀，靠近鲁西隆起地区孔店组尖灭缺失；阳信洼陷中部和临南洼陷是该时期的两个沉积中心，地层具有自

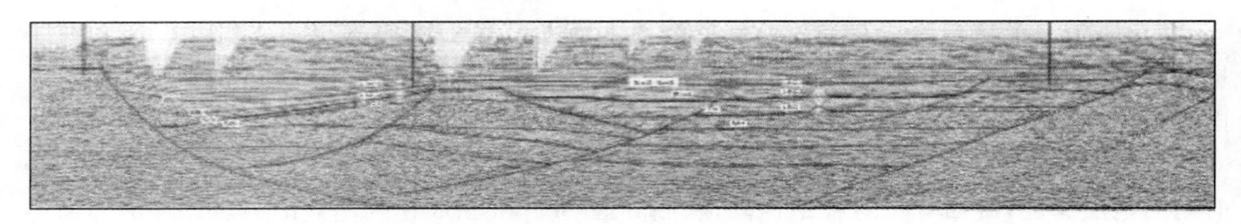

图 2-2-3　惠民凹陷二维纵测线 586

西向东变薄的趋势。该旋回形成于凹陷断陷初期，气候干旱，湖盆水体较浅，为末端扇沉积体系。物源供给充足，沉积了一套厚层的以紫红色砂泥岩沉积为主的孔店组。旋回发育期间，湖盆水体出现小规模扩张，相应地，基准面出现短暂上升，使得可容纳空间有一定增大，沉积了一套灰色、灰绿色泥岩夹砂岩沉积；基准面下降期，各个物源体系向盆地推进，沉积物补给充分，沉积的地层厚度大，主要为紫红色泥岩与棕红色砂岩不等厚互层。

二、LSC2 旋回(沙四段)层序对比格架与分析

惠民凹陷钻遇沙四段的井主要集中在北部盘河—商河地区及南部钱官屯和曲堤地区。在临南洼陷及其西部—北部地区钻遇沙四段尤其是沙四下亚段的井很少，因此本次对沙四段长期基准面旋回 LSC2 的分析是结合地震、钻井资料进行的。

长期基准面旋回 LSC2 对应于沙河街组沙四段，为一个可容纳空间不断增大、湖水不断扩张的基准面上升半旋回。在地震剖面上，该长期旋回的顶、底界面分别对应于地震 T6 和 T7 反射标准层。旋回内部可进一步划分为两个完整的中期基准面旋回，两个中期旋回的分界面为层序界面 SB4。

LSC2 旋回在临南洼陷发育最好，沉积地层较厚，洼陷北部比南部更厚；滋镇洼陷次之，在滋镇洼陷东部，LSC2 沉积地层厚度较薄，远远小于 LSC1 时期沉积的地层厚度；在滋镇洼陷靠近中央隆起带附近，层序顶部被剥蚀；阳信洼陷带该旋回时期沉积的地层厚度相对变薄，且洼陷南部比北部更薄。在洼陷南部，靠近林樊家凸起位置，沙四段逐渐尖灭变薄，在林樊家凸起上，甚至缺失该旋回时期沉积的沙四段。流钟地区 LSC2 时期沉积的沙四段具有南北两边较厚，中间较薄的特点。南部靠近滨县凸起处，沙四段最厚，这可能是来自滨县凸起的充足的物源沿斜坡下滑沉积形成，向北在下洼地区地层最薄。总的来说，LSC2 旋回时期沉积的地层在临南洼陷北部至阳信洼陷北部一带，以及北部滋镇洼陷地区厚度较大，为该时期的沉积中心。相对于 LSC1 时期来说，沉积中心有向北迁移的趋势，在东西方向上，与 LSC1 时期沉积的地层相反，具有东厚西薄的特点。

LSC2 沉积初期(MSC3 发育时期)，盆地进一步断陷，惠民凹陷西北部埕宁隆起前缘断裂活动强烈，为主要的控盆断裂。整体上可容纳空间有一定增加，但由于该旋回发育前期惠民凹陷南部的隆起、剥蚀，该时期湖盆水体较浅，气候仍然相对干旱。中间又有一次明显的构造抬升，因此，可容纳空间相对不足，沉积物保存程度差，靠近物源及边界断裂附近主要为冲积扇沉积(如阳信洼陷北坡)，向盆地方向则发展为辫状河、辫状河扇沉积(滋镇洼陷、商河地区)，以紫红色泥岩与褐色、棕褐色砂岩、粉砂岩互层沉积为主。

旋回发育末期(MSC4 沉积时期)，盆地继续断陷，气候也由初期的干旱变得湿润，湖水大范围扩张，可容纳空间有了较大增加，MSC4 旋回后期有一次较明显的构造抬升。这次构造抬升是在可容纳空间较大、湖水较深的条件下发生的，因此对层序的影响不大。总的来说，

MSC4 旋回时期主要为滨浅湖—半深湖沉积。在较高的可容纳空间条件下，靠近边界断层附近物源区发育的三角洲、扇三角洲沉积地层得以很好地保存，进入湖盆内部的物源碎屑在湖水的再次改造下形成滨浅湖的滩坝，形成了厚层的灰色、深灰色砂泥岩沉积。

三、LSC3 旋回(沙四段)层序对比格架与分析

长期基准面旋回 LSC3 由沙三段和沙二下亚段组成，是湖盆强烈断陷时期形成的。其中沙三下亚段对应长期基准面上升半旋回，可以进一步分为两个中期基准面旋回 MSC5 和 MSC6。通过对研究区的连井剖面分析得出，LSC3 旋回的发育在研究区变化较大，沉积中心在滋镇洼陷、临南洼陷西部唐庄、临邑地区以及阳信北坡地区。总的来说，沙三下亚段沉积时期，整个惠民凹陷湖水扩张，此时物源向盆地边缘退缩。

MSC5 为一个完整的对称型中期基准面旋回，但在研究区对称性发育较差，常常只发育上升或下降半旋回；MSC6 为一个不完整的上升半旋回。该时期湖水大范围扩张，盆地基底强烈下沉，可容纳空间迅速增大，盆地内形成厚层的油页岩、深灰色泥岩沉积。

第三章 沉积地球化学特征及物源分析

Chapter three

元素地球化学方法在判别地质过程、地质构造以及岩石起源研究中得到了广泛应用。利用岩石常、微量元素特征研究形成沉积岩的古地理环境和成岩作用环境，已成为沉积地球化学的一项重要内容。本章共分析和收集了398块砂岩的常、微量元素资料，30块泥岩样品的氧化钾-硼含量（质量分数）资料，30个砂岩样品的稀土元素和氧化物含量（质量分数）资料，据此定量计算了惠民凹陷孔店组至沙三下亚段沉积时期的古盐度、古气候指数，分析了元素平面分布规律以及古水深变化，探讨了物源区情况，此外还对砂岩化学岩石学特征作了初步分析。这些样品分布于不同的地区和不同的层位，在横向和纵向上大体能反映整个惠民凹陷孔店组至沙三下亚段的古环境特征以及砂岩的地球化学特征。

第一节 古环境分析

济阳坳陷古近系某些地层的岩石地球化学指标接近于海洋沉积，因此常被作为遭受“海侵”的证据。但是，这种简单的类比往往缺乏系统性。一些学者习惯把盐度较高的沉积看作是海相，事实上咸化湖泊或盐湖沉积虽然有较高的盐度，却是陆相。所以有必要对地球化学指标进行研究。本节对惠民凹陷孔店组至沙三下亚段样品的Fe，Mg等常量元素和B，Sr，Ba等微量元素以及碳、氧同位素和稀土元素进行分析，以期从地球化学特征角度为确定惠民凹陷孔店组至沙三下亚段的沉积环境提供依据。

一、古盐度

（一）硼含量分析

对惠民凹陷孔店组至沙三下亚段的30块泥岩样品进行了硼含量分析，根据英国杜维(Dovey)的经验公式计算出对应的古盐度值（表3-1-1）。可以看出，从孔店组至沙三下亚段沉积时期，惠民凹陷古盐度比较高，且盐度变化比较大，其变化范围为4.2‰～26.3‰。

孔一段有一块样品对应的古盐度值为26.3‰，按传统的分类标准（表3-1-2），属于半咸水的多盐水，按威尼斯盐度分类方案（表3-1-3），属于混盐水的多盐水。沙四下亚段的古盐度值为13.5‰～22.8‰，平均为18.4‰，按传统的分类标准，属于半咸水的中盐水和多盐水，按威尼斯盐度分类方案，属于混盐水的多盐水和中盐水α型。沙四上亚段的古盐度值为11.8‰～21.3‰，平均为16.7‰，按传统的分类标准，属于半咸水的中盐水和多盐水范围，按威尼斯盐度分类方案，属于混盐水的多盐水和中盐水α型。沙三下亚段的古盐度值为4.2‰～24.2‰，平均为12.1‰，按传统的分类标准，属于半咸水的少盐水至多盐水，按威尼斯盐度分类方案，属于混盐水的少盐水α型至多盐水范围。

表 3-1-1　惠民凹陷孔店组至沙三下亚段古盐度值

<table>
<tr><th>编号</th><th>井号</th><th>深度/m</th><th>层位</th><th>岩性</th><th>B含量/(μg·g^{-1})</th><th>校正B含量/(μg·g^{-1})</th><th>相当B含量/(μg·g^{-1})</th><th>古盐度/‰</th></tr>
<tr><td>1</td><td>商743</td><td>3 401.47</td><td rowspan="7">沙三下亚段</td><td>泥岩</td><td>32.2</td><td>311</td><td>160</td><td>8.6</td></tr>
<tr><td>2</td><td>商743</td><td>3 290.42</td><td>泥岩</td><td>39.4</td><td>165</td><td>115</td><td>4.2</td></tr>
<tr><td>3</td><td>商744</td><td>3 513.93</td><td>泥岩</td><td>26.8</td><td>429</td><td>252</td><td>17.6</td></tr>
<tr><td>4</td><td>商745</td><td>3 304.47</td><td>泥岩</td><td>33.7</td><td>264</td><td>159</td><td>8.5</td></tr>
<tr><td>5</td><td>夏33</td><td>3 282</td><td>泥岩</td><td>31.9</td><td>288</td><td>198</td><td>12.3</td></tr>
<tr><td>6</td><td>新商60</td><td>3 207</td><td>钙质泥岩</td><td>28.6</td><td>631</td><td>320</td><td>24.2</td></tr>
<tr><td>7</td><td>阳18</td><td>2 470.4</td><td>泥岩</td><td>36.1</td><td>238</td><td>165</td><td>9.1</td></tr>
<tr><td>8</td><td>阳12</td><td>1 807.5</td><td rowspan="19">沙四上亚段</td><td>粉砂质泥岩</td><td>49.2</td><td>232</td><td>202</td><td>12.7</td></tr>
<tr><td>9</td><td>阳12</td><td>1 816</td><td>泥岩</td><td>53.0</td><td>235</td><td>211</td><td>13.6</td></tr>
<tr><td>10</td><td>阳12</td><td>2 314</td><td>泥岩</td><td>53.0</td><td>210</td><td>193</td><td>11.8</td></tr>
<tr><td>11</td><td>阳18</td><td>3 000</td><td>泥质砂岩</td><td>40.8</td><td>275</td><td>235</td><td>15.9</td></tr>
<tr><td>12</td><td>阳8</td><td>2 242</td><td>泥岩</td><td>103.4</td><td>405</td><td>284</td><td>20.7</td></tr>
<tr><td>13</td><td>阳8</td><td>2 247.4</td><td>泥岩</td><td>75.7</td><td>315</td><td>275</td><td>19.8</td></tr>
<tr><td>14</td><td>阳8</td><td>2 314.1</td><td>钙质泥岩</td><td>70.0</td><td>278</td><td>253</td><td>17.7</td></tr>
<tr><td>15</td><td>阳8</td><td>2 314.4</td><td>钙质泥岩</td><td>55.7</td><td>233</td><td>210</td><td>13.5</td></tr>
<tr><td>16</td><td>阳8</td><td>2 321.6</td><td>砂质泥岩</td><td>62.5</td><td>268</td><td>252</td><td>17.6</td></tr>
<tr><td>17</td><td>阳8</td><td>2 437</td><td>泥岩</td><td>48.9</td><td>279</td><td>248</td><td>17.2</td></tr>
<tr><td>18</td><td>阳8</td><td>2 437.3</td><td>泥岩</td><td>74.2</td><td>246</td><td>200</td><td>12.5</td></tr>
<tr><td>19</td><td>阳8</td><td>2 586.6</td><td>泥岩</td><td>63.6</td><td>264</td><td>247</td><td>17.1</td></tr>
<tr><td>20</td><td>阳8</td><td>2 719.6</td><td>泥岩</td><td>59.1</td><td>260</td><td>249</td><td>17.3</td></tr>
<tr><td>21</td><td>阳8</td><td>2 838.87</td><td>泥岩</td><td>73.6</td><td>278</td><td>266</td><td>18.9</td></tr>
<tr><td>22</td><td>阳8</td><td>2 990.1</td><td>泥岩</td><td>62.1</td><td>230</td><td>290</td><td>21.3</td></tr>
<tr><td>23</td><td>阳8</td><td>3 118</td><td>砂质泥岩</td><td>63.6</td><td>254</td><td>242</td><td>16.6</td></tr>
<tr><td>24</td><td>阳8</td><td>3 266.91</td><td>泥岩</td><td>61.0</td><td>255</td><td>227</td><td>15.1</td></tr>
<tr><td>25</td><td>阳8</td><td>3 400</td><td>泥岩</td><td>79.5</td><td>307</td><td>262</td><td>18.6</td></tr>
<tr><td>26</td><td>阳8</td><td>3 545.89</td><td>泥岩</td><td>98.1</td><td>389</td><td>280</td><td>20.3</td></tr>
<tr><td>27</td><td>阳8</td><td>3 791.72</td><td rowspan="3">沙四下亚段</td><td>泥岩</td><td>73.0</td><td>580</td><td>305</td><td>22.8</td></tr>
<tr><td>28</td><td>阳8</td><td>3 967</td><td>泥岩</td><td>62.3</td><td>253</td><td>210</td><td>13.5</td></tr>
<tr><td>29</td><td>阳12</td><td>2 113.18</td><td>泥岩</td><td>64.4</td><td>377</td><td>265</td><td>18.8</td></tr>
<tr><td>30</td><td>夏23</td><td>2 603.1</td><td>孔一段</td><td>泥岩</td><td>87.7</td><td>360</td><td>341</td><td>26.3</td></tr>
</table>

表 3-1-2　水体盐度类型对照表

<table>
<tr><td>威尼斯分类</td><td>淡水</td><td colspan="2">少盐水</td><td>中盐水</td><td>多盐水</td><td colspan="2">真盐水</td><td colspan="3">超盐水</td></tr>
<tr><td>传统分类</td><td>淡水</td><td colspan="5">半咸水</td><td colspan="2">咸水</td><td colspan="2">盐水</td></tr>
<tr><td>盐度/‰</td><td>0～0.5</td><td>0.5～1</td><td>1～5</td><td>5～18</td><td>18～30</td><td>30～35</td><td>35～40</td><td>40～50</td><td>50～60</td><td>>60</td></tr>
</table>

表 3-1-3　威尼斯盐度分类方案(1958)

类别			盐度/‰		含氯度/‰
淡水			0～0.5		＜0.3
混盐水	少盐水	β	0.5～5.0	0.5～3.0	0.3～3.0
		α		3.0～5.0	
	中盐水	β	5.0～18.0	5.0～10.0	3.0～10.0
		α		10.0～18.0	
	多盐水		18.0～30.0		10.0～16.5
真盐水			30.0～40.0		16.5～22.0
超盐水			＞40.0		＞22.0

(二) 元素比值分析

随着咸化程度的增高，$w(B)$，$w(Sr)/w(Ba)$，$w(Sr)/w(Ca)$等地球化学指标对盐度的相对指示作用越来越明确(表 3-1-4)。而当 B，$B_{相当}$含量超过一般咸水指示范围时，应特别注意可能是陆相盐湖沉积环境，但要注意其中的其他判别标志，尤其是生物(化石)标志，以免与海洋封闭泻湖环境相混淆(表 3-1-5)。然而，当这些值小于表 3-1-5 中所列的数值时，也不一定不是盐湖，但这时单就元素化学指标而言已经很难与海相或过渡相进行区别。

表 3-1-4　元素地化指标的盐度指示意义(据邓宏文等，1993)

沉积环境	$w(B)/(\mu g \cdot g^{-1})$	$w(B_{相当})/(\mu g \cdot g^{-1})$	$w(B)/w(Ga)$	$w(Sr)/w(Ba)$
咸水	＞100	300～400	＞4	＞1
半咸水	60～100	200～300	3～4	＞1
淡水	＜60	＜200	＜3	＜1

表 3-1-5　海洋封闭泻湖和内陆盐湖相似的元素地化值

$w(B)/(\mu g \cdot g^{-1})$	$w(B_{相当})/(\mu g \cdot g^{-1})$	$w(B)/w(Ga)$	$w(Sr)/w(Ba)$
＞120	＞400	5.0～7.0	＞2.0

选取惠民凹陷孔店组至沙三下亚段的盘深 3 井、阳 8 井和夏 942 井的 $w(Sr)/w(Ba)$比值进行了分析，其纵向变化趋势如图 3-1-1～图 3-1-3 所示。

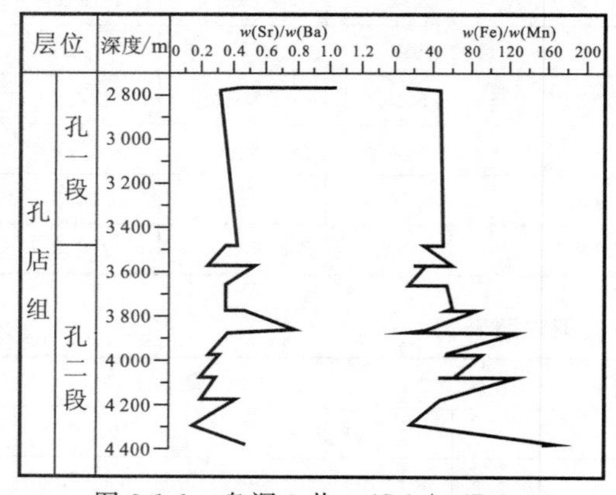

图 3-1-1　盘深 3 井 $w(Sr)/w(Ba)$，$w(Fe)/w(Mn)$比值

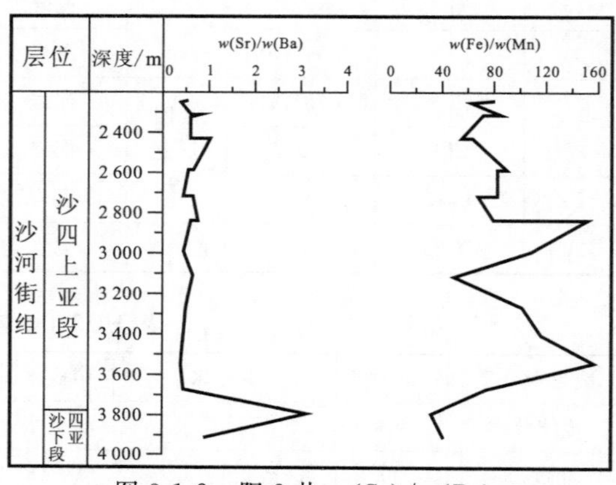

图 3-1-2　阳 8 井 $w(Sr)/w(Ba)$，$w(Fe)/w(Mn)$比值

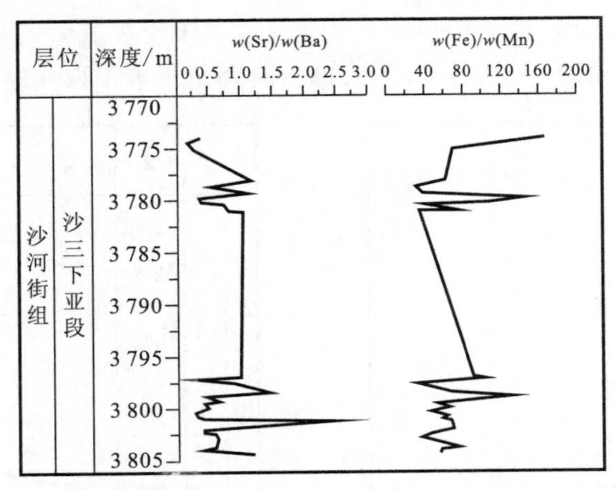

图 3-1-3　夏 942 井 $w(Sr)/w(Ba)$、$w(Fe)/w(Mn)$比值

由盘深 3 井 $w(Sr)/w(Ba)$比值变化图可知，孔二段 $w(Sr)/w(Ba)$比值较孔一段偏低，其平均值分别为 0.35 和 0.60，反映了惠民凹陷孔店组沉积时期的古盐度变化趋势为：孔一段>孔二段。阳 8 井沙四下亚段 $w(Sr)/w(Ba)$高于沙四上亚段，其平均值分别为 2.0 和 0.59，反映了前者古盐度高于后者。夏 942 井 $w(Sr)/w(Ba)$比值随深度变小有降低的趋势，反映了沙三下亚段沉积时期，古盐度有向上变小的趋势。可以认为，在无海水入侵的湖相沉积中，$w(Sr)/w(Ba)>1$ 应标识湖水开始咸化，$w(Sr)/w(Ba)<1$ 应为淡水沉积。由 $w(Sr)/w(Ba)$变化曲线可以看出：惠民凹陷孔店组—沙三下亚段沉积时期咸水环境和淡水环境交替出现。$w(Sr)/w(Ca)$与 $w(Sr)/w(Ba)$具有相似的特征，其高值也反映了古盐度较大。

一般认为沉积物中 $w(Fe)/w(Mn)$高值对应于温湿气候，低值对应于干热气候。由盘深 3 井 $w(Fe)/w(Mn)$比值变化图可知，孔二段 $w(Fe)/w(Mn)$值高于孔一段(图 3-1-1)，其平均值分别为 59.0 和 19.3，反映了惠民凹陷孔店组沉积时期的古盐度变化趋势为：孔一段<孔二段。阳 8 井沙四上亚段 $w(Fe)/w(Mn)$值高于沙四下亚段(图 3-1-2)，其平均值分别为 86.8 和 37.1，反映了前者古盐度较高。夏 942 井 $w(Fe)/w(Mn)$比值随深度的变小有降低的趋势，反映了沙三下亚段沉积时期，古盐度有向上变小的趋势(图 3-1-3)。

二、古气候

一般认为，在潮湿气候条件下，沉积岩中 Fe，Al，V，Ni，Ba，Zn，Co 等元素含量较高，说明湖水淡化，为高湖面期；而在干燥气候条件下，由于水分的蒸发，Na，Ca，Mg，Cu，Sr，Mn 大量析出形成各种盐类，所以它们的含量相对增高，为低湖面期。

(一) 古气候指数

利用以上两类元素的相对比例关系计算出古气候指数“C”值$\{C=\sum[w(Fe)+w(Mn)+w(Cr)+w(V)+w(Co)+w(Ni)]/\sum[w(Ca)+w(Mg)+w(Sr)+w(Ba)+w(Na)+w(K)]\}$。根据对盘深 3、阳 8 和夏 942 井砂岩样品古气候指数的计算(图 3-1-4～图 3-1-6)可知：惠民凹陷孔店组—沙三下亚段沉积时期气候干燥，大部分时期属于干燥气候($0.2<C\leqslant0.4$)，部分时期为极干燥气候($C\leqslant0.2$)，小部分时期为半干燥气候($0.4<C\leqslant0.6$)、半潮湿气候($0.6<C\leqslant0.8$)或潮湿气候($0.8<C\leqslant1.0$)。孔二段 C 值平均为 0.34，绝大部分时期为干燥气候。孔一段 C 值平均为 0.195，大部分时期属于极干燥气候。沙四下亚段 C 值平均为

0.30，属于干燥气候。沙四上亚段 C 值平均为 0.42，属于干燥气候或半干燥气候。沙三下亚段沉积时期，C 值变化范围为 0.10～0.87，大部分时期属于半干燥气候或潮湿气候。

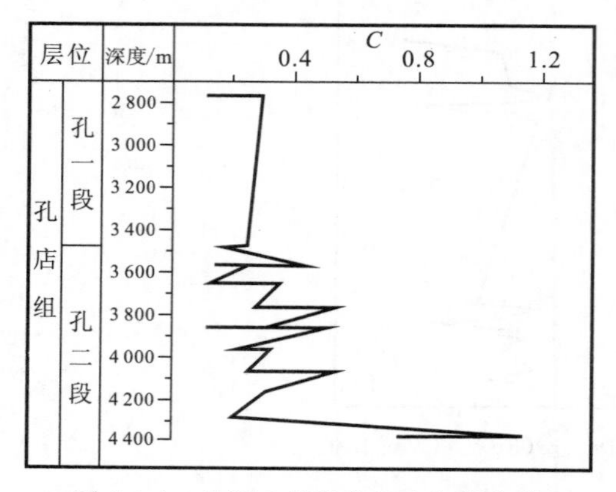

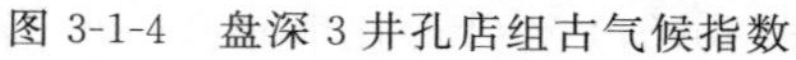
图 3-1-4　盘深 3 井孔店组古气候指数

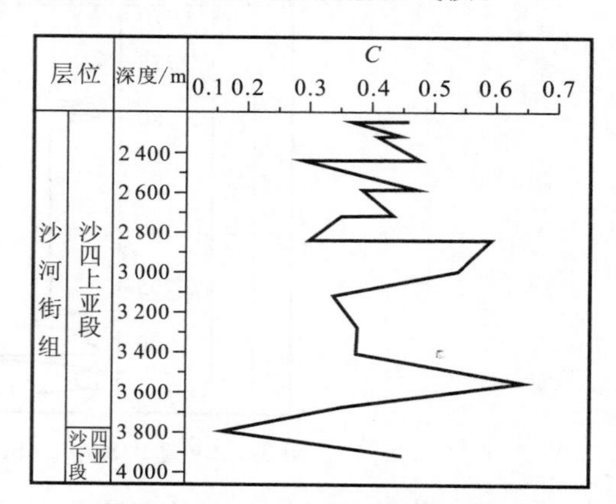

图 3-1-5　阳 8 井沙四段古气候指数

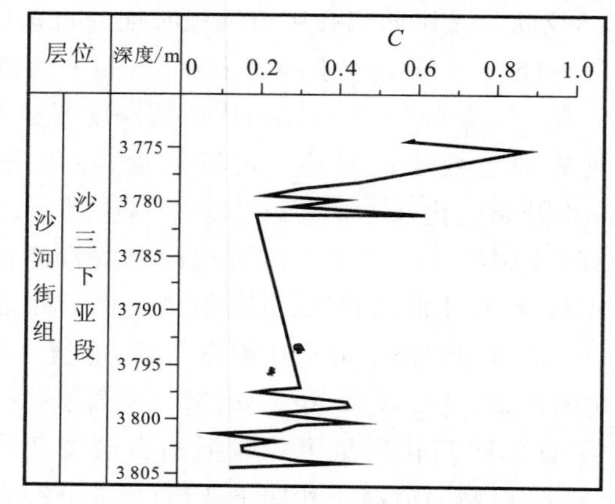

图 3-1-6　夏 942 井沙三下亚段古气候指数

（二）元素变化特征

惠民凹陷盘深 3 井元素含量具有明显的变化特征（图 3-1-7），例如孔二段 Mn 含量平均为 350 μg/g，孔一段平均为 810 μg/g，孔一段与孔二段分界处出现异常值。阳 8 井沙四下亚段沉积时期，Mn 含量平均为 869 μg/g，沙四上亚段平均为 457 μg/g（图 3-1-8）。夏 942 井沙三下亚段沉积时期，Mn 含量平均为 247 μg/g，有向上变小的趋势；元素 Mg，Ca，Sr 含量与 Mn 含量有相似的变化趋势；而 Fe，Ni，Ba，Zn，Co 元素与 Mn 含量变化趋势相反（图 3-1-9）。

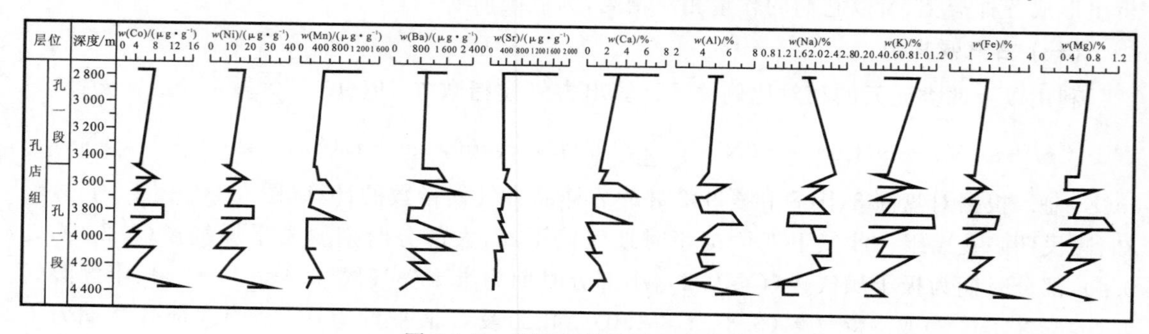

图 3-1-7　盘深 3 井元素变化曲线

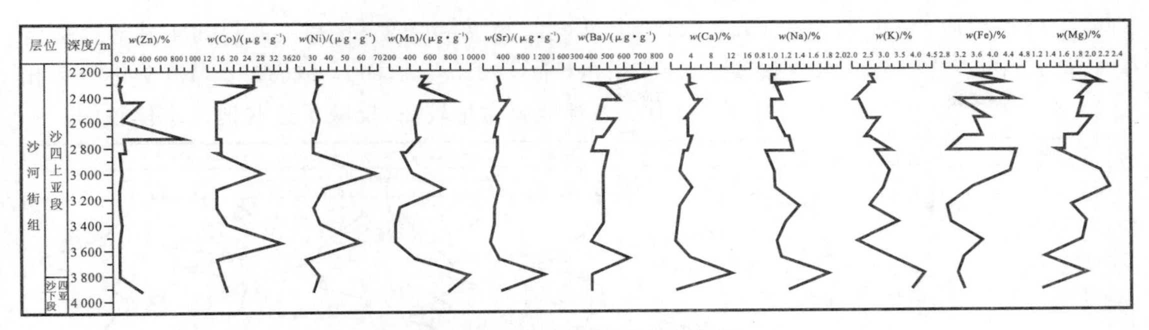

图 3-1-8　阳 8 井元素变化曲线

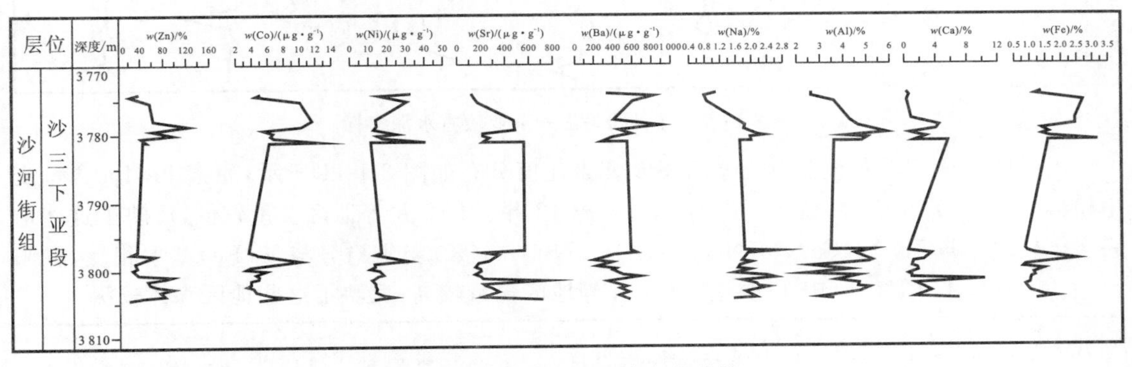

图 3-1-9　夏 942 井元素变化曲线

Mn 在湖水中常以 Mn^{2+} 稳定存在，只有当湖水强烈蒸发而使 Mn^{2+} 浓度饱和时，它才会大量沉淀，从而在岩石中显示高值。因此，其高值应是炎热干旱气候的标志，而平稳变化的低值区则表明为持续的温湿或半干旱气候。Sr 的高含量或者是干旱炎热气候条件下湖水浓缩沉淀的结果，或者是温湿气候条件下海侵所致。在惠民凹陷古近系至今并未见到海侵的证据，而且 Sr 的高值区恰好是灰岩和碱层的强烈发育层段，因此可以认为，Sr 的高值应是惠民凹陷古湖泊炎热干旱气候的证据，其低值则指示较潮湿气候。

综合以上分析可以认为，孔店组—沙三下亚段沉积时期干旱程度和古盐度有如下变化趋势：孔一段沉积时期＞孔二段沉积时期，沙四下亚段沉积时期＞沙四上亚段沉积时期＞沙三下亚段沉积时期。

（三）元素（化学）地层学

由盘深 3 井、阳 8 井和夏 942 井元素变化曲线（图 3-1-7～图 3-1-9）可以看出：元素 Mg，Ca，Sr 与 Mn 含量有相似的变化趋势，孔店组沉积时期，孔二段比孔一段含量低，沙四段沉积时期，沙四下亚段比沙四上亚段含量要高，沙三下亚段这些元素从下向上均有降低趋势；而元素 Fe，Ni，Ba，Zn，Co 与这些元素含量变化趋势大致相反。由上述分析可知，Sr，Mn 的高含量是气候干旱的结果。在地层分界处，各元素都出现强烈的变化，这也与层序地层的划分相吻合。

三、古水深

研究认为，$w(Fe)$，$w(Ba)$，$w(K)$，$w(Ca)$，$w(Ni)$，$w(Sr)$ 和 $w(Sr)/w(Ba)$ 以及 $w(Fe^{3+})/w(Fe^{2+})$ 比值可以作为古水深指标。

惠民凹陷沙三下亚段各地区的元素含量及元素比值分布如图 3-1-10 所示，元素 Fe，Ba 含量变化趋势相似，在商 743 井、商 744 井、商 745 井、夏 95 井、夏 503 井、夏斜 504 井等地区含量较低，反映了这些地区水体较浅。w(K)，w(Ca)，w(Ni)，w(Sr)，w(Sr)/w(K)变化趋势相似，在夏 47 井、夏 460 井、夏 941 井、夏 105 井等地区含量较高，反映了这些地区水体较深。

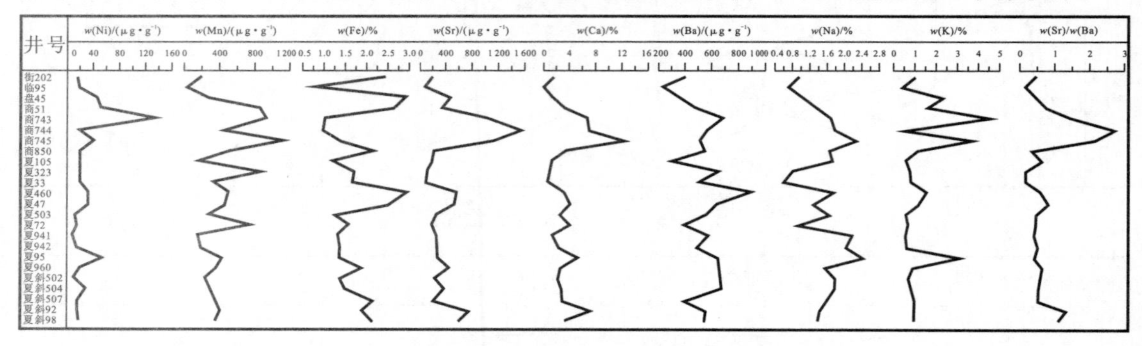

图 3-1-10　惠民凹陷沙三下亚段古水深指标

惠民凹陷沙四段各地区的元素含量及元素比值分布如图 3-1-11 所示，元素 Fe，Ba 含量变化趋势相似，在商 745 井、临 82 井、夏 36 井、阳 18 井、阳 12 井等地区含量较低，反映了这些地区水体较浅。w(K)，w(Ca)，w(Ni)，w(Sr)，w(Sr)/w(K)变化趋势与 w(Fe)基本相反，在阳 27 井、商 102 井、阳 2 井、阳 12 井、阳 101 井等地区含量较高，反映了这些地区水体较深。

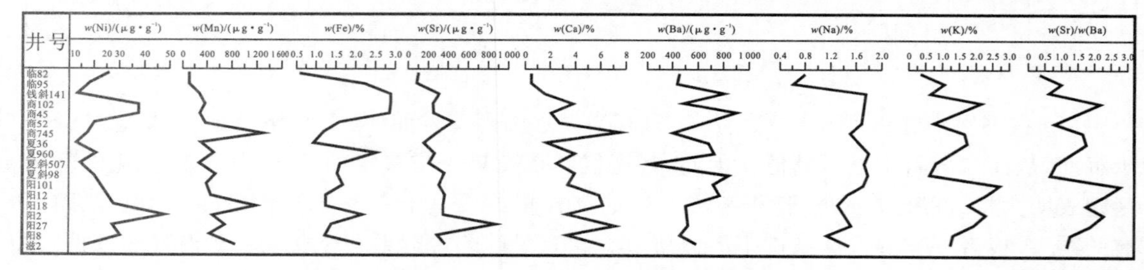

图 3-1-11　惠民凹陷沙四段古水深指标

第二节　稀土元素分析

稀土元素在不同的地质或表生地球化学过程中，会发生一定程度的分馏。因此，稀土元素配分模式特征常用来判别一些地质过程，特别是用于讨论沉积物的物质来源；另外，稀土元素的变化也常被用来探讨沉积环境的某些特性。本研究对惠民凹陷孔店组至沙三下亚段的 31 个砂岩样品用中子活化分析法测定了 14 种稀土元素的含量。

一、稀土元素特征

惠民凹陷孔店组至沙三下亚段砂岩样品稀土元素含量变化较大，变化范围为 93.7～276.0 μg/g。

沉积物$(La/Yb)_N$ 值变化较大，变化范围为 10.86～19.26，说明轻、重稀土元素的分馏程度变化较大。$(La/Sm)_N$ 值为 4.10～6.37，$(Gd/Yb)_N$ 值也基本都大于 1，说明轻稀土元素(LREE)相对于重稀土元素(HREE)分馏程度高，LREE 富集。惠民凹陷孔店组至沙三下亚段的绝大多数砂岩样品的稀土元素配分模式相似，均属轻稀土富集型，并显示出相互平行的特点，表明稀土含量大致同步变化。

二、物源分析

整个惠民凹陷孔店组—沙三下亚段稀土元素配分模式具有以下共同特征：第一，曲线都呈右倾斜，曲线的前半部斜率大，表示轻稀土元素含量高，后半部分斜率低，表示重稀土元素含量低；第二，分布曲线表现出 Eu 的弱负异常（δEu＜1）或无 Eu 的负异常；第三，分布曲线都表现为 Ce 的弱负异常。稀土元素配分模式的相似性说明了沉积物具有同源性，并且是在相似的构造环境下形成的，可以推断深部物质对经常性的沉积层没有什么贡献，盆地中央的沉积物来源于周围的沉积地层。如图 3-2-1 所示，各沉积时期砂岩稀土总量及轻、重稀土比值均主要在花岗岩区，说明其母岩应该为花岗岩类。

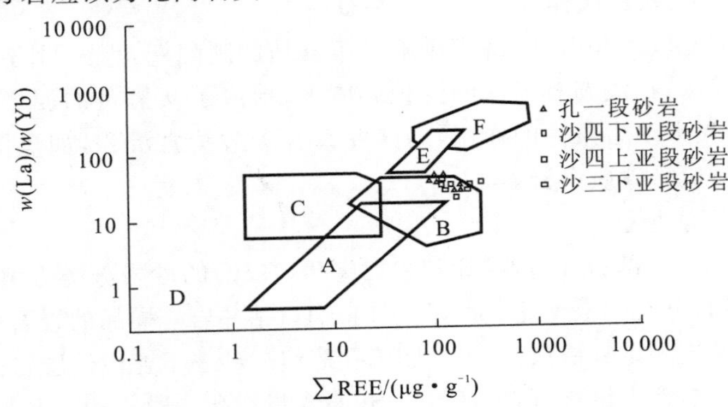

图 3-2-1　惠民凹陷孔一段至沙三下亚段砂岩 $w(\mathrm{La})/w(\mathrm{Yb})$-$\sum$REE 图解（据 Allegre，1978）

惠民凹陷孔一段至沙三下亚段砂岩样品的 δEu 值为 0.59～1.14，绝大多数在 0.80 左右，表现为弱负异常。孔一段、沙四下亚段、沙四上亚段、沙三下亚段 δEu 平均值分别为 0.85，0.84，0.88 和 0.95。另外，整个盆地的 $(\mathrm{La/Lu})_N$ 值较大，变化范围为 11.29～19.82，Eu 的负异常和较高的 $(\mathrm{La/Lu})_N$ 值说明了母岩多为酸性岩；随着 δEu 值的增大，母岩中的中性岩含量可能增加，如英云闪长岩和花岗闪长岩。

三、沉积环境分析

（一）古水深分析

Ce 常常出现异常化学行为而与其他稀土元素发生分离，使稀土元素组成中出现 Ce 的明显亏损或富集。一般来讲，深水盆地沉积物中明显贫 Ce。

惠民凹陷孔一段至沙三下亚段砂岩样品 Ce 表现为负异常，沙三下亚段 δCe 变化范围为 0.795～0.813。夏 47 井、临深 1 井、滋 2 井和夏 510 井 δCe 较高，说明这些井区水体相对较浅；夏 105 井区 δCe 较低，说明该井区水体相对较深。沙四上亚段夏 47 井、钱斜 10 井、钱斜 5 井、盘 45 井等地区 δCe 较高，反映了水体较浅；滋 2 井、阳 101 井、夏 960 井、商 52 井、夏斜 98 井、阳 8 井和临 201 井等地区 δCe 较低，反映了水体较深。沙四下亚段钱斜 10 井、夏 225 井和钱 402 井 δCe 较高，说明这些井区水体相对较浅；阳 12 井、阳 8 井和禹 4 井 δCe 相对较低，说明这些井区水体相对较深。

（二）沉积古水介质氧化、还原性的判别

研究表明，沉积物 δCe＞1 时，代表氧化环境；δCe＜1 时，代表还原环境。

惠民凹陷孔一段至沙三下亚段沉积时期砂岩样品的δCe值变化范围为0.795～0.844，略显负异常。孔一段、沙四下亚段、沙四上亚段、沙三下亚段的δCe值平均分别为0.821，0.816，0.808和0.806。因此，惠民凹陷孔一段至沙三下亚段沉积时期古沉积环境还原性强度为：沙三下亚段＞沙四上亚段＞沙四下亚段＞孔一段。

第三节　岩石学特征及物源分析

一、岩石类型及特征

（一）惠民凹陷古近系深层储层岩石分布特征

孔二段到沙三下亚段沉积时期，济阳坳陷处于盆地的断陷期，惠民凹陷受控于全盆地沉积格局。凹陷内水体较深，在浅湖—半深湖沉积环境下，形成了灰黑色的泥岩、油页岩和砂岩沉积，同时由于波浪等强水动力条件的作用，局部发育有碳酸盐岩沉积，如盘深2井的包粒石灰岩及盘45井的泥灰岩、粉砂质白云岩。

（二）碎屑岩岩石学特征

本书中主要参考"能源部石油行业标准"和刘宝珺(1980)的砂岩分类方案，并结合本区的勘探程度对储集砂岩进行分类。根据此分类，对区内27口钻井岩心样品的岩石薄片、铸体薄片、阴极发光、电子探针等鉴定测试分析认为，惠民凹陷孔店组—沙三下亚段储层岩性总体上以长石砂岩和岩屑长石砂岩为主，含少量长石岩屑砂岩。长石含量在孔二段—沙三下亚段变化不大，均在33%～34.5%之间。石英含量变化也不大，仅仅在孔一段和沙四段含量相对较高(高于50%)，而在孔二段和沙三下亚段含量相对较低(低于50%)。岩屑含量则正好相反，在孔一段和沙四段含量相对较低，在孔二段和沙三下亚段含量相对较高。如表3-3-1和图3-3-1所示。

表3-3-1　惠民凹陷各区岩石碎屑成分及胶结物平均百分含量特征(单位：%)

地区	层位	石英	长石	岩屑				胶结物								面孔率
				岩浆岩	变质岩	沉积岩	总岩屑	自生石英	自生长石	方解石	白云石	绿泥石	伊利石	伊蒙混层	高岭石	
临邑地区	Ek_2	41.66	34.74	5.23	17.18	1.47	23.60	2.22	0.76	4.84	0.16	1.16	0.72	0.00	0.70	7.88
	Ek_1	42.35	35.58	3.88	17.06	1.13	22.06	1.83	0.50	2.50	0.83	1.00	0.50	0.00	0.17	15.67
	Es_4x	52.27	31.60	7.08	4.67	5.71	16.13	—	—	—	—	—	—	—	—	—
	Es_4s	53.78	34.15	3.54	5.19	3.43	12.07	1.63	0.19	3.00	1.46	0.54	0.46	0.35	1.54	12.94
	Es_3x	55.77	30.96	4.51	4.13	5.27	13.27	—	—	—	—	—	—	—	—	—
商河地区	Ek_2	57.00	34.46	3.81	2.68	2.55	8.54	—	—	—	—	—	—	—	—	—
	Ek_1	56.32	36.11	3.03	2.32	3.32	7.57	—	—	—	—	—	—	—	—	—
	Es_4x	56.31	36.25	2.00	2.09	4.88	7.44	—	—	—	—	—	—	—	—	—
	Es_4s	60.69	33.06	2.00	3.30	3.32	6.25	2.50	0.38	1.13	2.88	0.38	0.63	0.00	3.38	13.38
临南洼陷	Es_4s	44.63	30.56	4.06	16.27	4.15	24.81	2.33	0.36	2.64	1.20	0.66	0.80	0.23	2.09	10.86
	Es_3x	43.98	34.72	4.36	13.17	3.66	21.29	—	—	—	—	—	—	—	—	—
阳信洼陷	Es_4s	42.60	34.95	8.15	9.78	5.38	22.45	1.81	0.63	2.73	1.02	0.73	0.52	0.17	1.60	14.04
	Es_3x	44.00	12.50	20.00	23.25	0.50	43.50	—	—	—	—	—	—	—	—	—

续表

地区	层位	石英	长石	岩屑				胶结物								面孔率
				岩浆岩	变质岩	沉积岩	总岩屑	自生石英	自生长石	方解石	白云石	绿泥石	伊利石	伊蒙混层	高岭石	
林樊家凸起	Ek_2	53.29	29.55	5.44	9.00	3.18	17.16	—	—	—	—	—	—	—	—	—
	Ek_1	53.09	34.64	7.00	12.12	4.00	12.27	—	—	—	—	—	—	—	—	—
南斜坡	Es_4x	48.20	27.60	7.60	13.00	3.10	24.20	0.00	0.00	1.50	0.00	0.50	0.00	3.00	0.00	11.50
曲堤地垒	Ek_1	54.58	30.52	3.83	9.74	4.25	14.90	—	—	—	—	—	—	—	—	—
	Es_4x	54.75	35.39	3.38	5.50	3.78	9.86	—	—	—	—	—	—	—	—	—

备注：表中“—”为未测试。

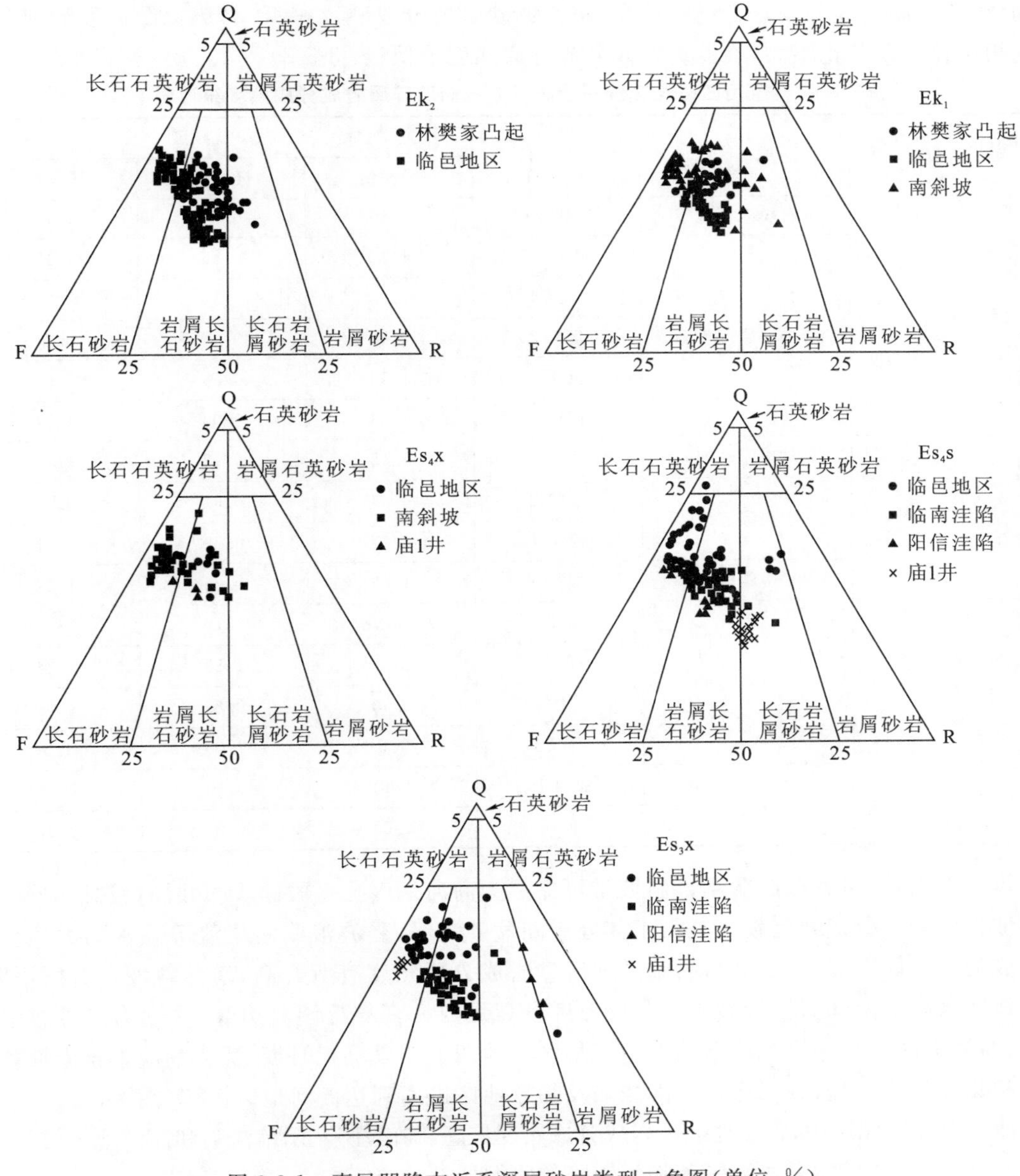

图 3-3-1　惠民凹陷古近系深层砂岩类型三角图(单位：%)

（三）碳酸盐岩岩石学特征

惠民凹陷孔二段—沙三下亚段储层中很少见到碳酸盐岩，仅在部分层段见到。盘深 2 井碳酸盐岩属生物亮晶石灰岩，含有较多的生物碎屑和鲕粒。盘 45 井的碳酸盐岩则属于白云岩，含泥质较多。

（四）碎屑岩成分成熟度

惠民凹陷各区由于所处的沉积体系不同，物质来源不同，碎屑沉积物经过的搬运距离远近不一，因此砂岩成分成熟度有所差异。

孔二段沉积时期，中央隆起带商河地区砂岩成分成熟度最高，林樊家凸起次之，临邑地区碎屑岩成分成熟度最低（表 3-3-2）。由此推测商河地区孔二段储层的物源中的一支是来自林樊家凸起或来自惠民凹陷周围凸起或是途经临邑地区最终到达商河地区。研究区孔一段储层中，商河地区砂岩成分成熟度仍然最高，南斜坡砂岩成分成熟度稍低，林樊家凸起砂岩成分成熟度相比孔二段变化不大，临邑地区砂岩成分成熟度最低（表 3-3-2）。

表 3-3-2　惠民凹陷孔二段—沙四下亚段储层碎屑岩成分成熟度统计表

层　位	地　区	井　号	成分成熟度		
			最大值	最小值	平均值
Ek_2	林樊家凸起	林 2	1.65	0.69	1.16
	中央隆起带	临深 1	1.78	0.85	1.13
		盘深 1	0.85	0.82	0.835
		盘深 2	0.85	0.67	0.77
		盘深 3	1.02	0.54	0.69
		商深 1	1.63	1.00	1.34
Ek_1	林樊家凸起	林 2	1.48	0.92	1.14
	中央隆起带	盘深 3	0.94	0.61	0.74
		商深 1	2.13	0.89	1.31
	南斜坡	曲 1	1.86	0.25	1.27
Es_4x	中央隆起带	临 57	0.79		
		盘 1	1.38	1.13	1.24
		盘 2	1.38	0.25	1.05
		商深 1	1.5	1.08	1.3
	南斜坡	钱斜 10	1.13	0.82	0.94
		曲 1	2.33	0.25	1.27

可以看出，林樊家凸起和南部斜坡带可能成为商河地区孔一段储层的共同物源区，同时南部斜坡带砂岩成分成熟度较高是由于其处于湖盆的边缘，受波浪和沿岸流等强水动力条件作用造成的。沙四下亚段沉积时期，临邑地区砂岩成分成熟度有所升高，南部斜坡带有所下降，商河地区最高。南部斜坡带砂岩成分成熟度较高是因为其靠近湖盆边缘，水动力条件较强的缘故；商河地区则是碎屑沉积物的集中聚集区。沙四上亚段沉积时期，沉积物应来自南部鲁西隆起和北部宁津凸起，分别途经临南洼陷及临邑地区进而到达商河地区沉积（图 3-3-2）。惠民凹陷沙三下亚段储层中，临邑地区砂岩成分成熟度最高，临南洼陷、阳信洼陷和商河地区较低（图 3-3-3）。临邑地区成为商河地区和临南洼陷的物源区。

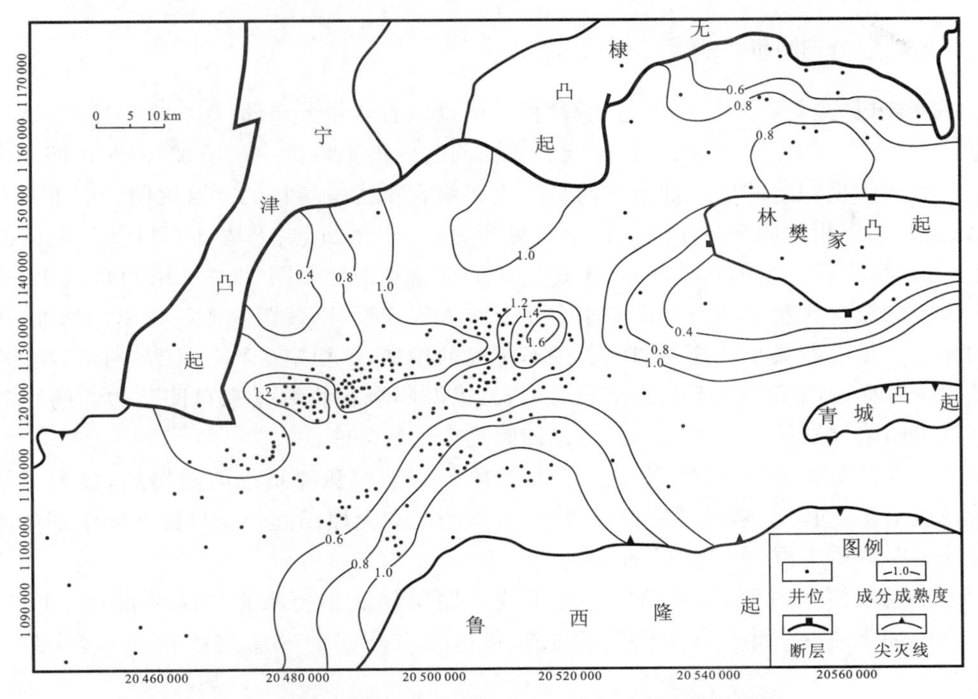

图 3-3-2 惠民凹陷沙四上亚段碎屑成分成熟度等值线图

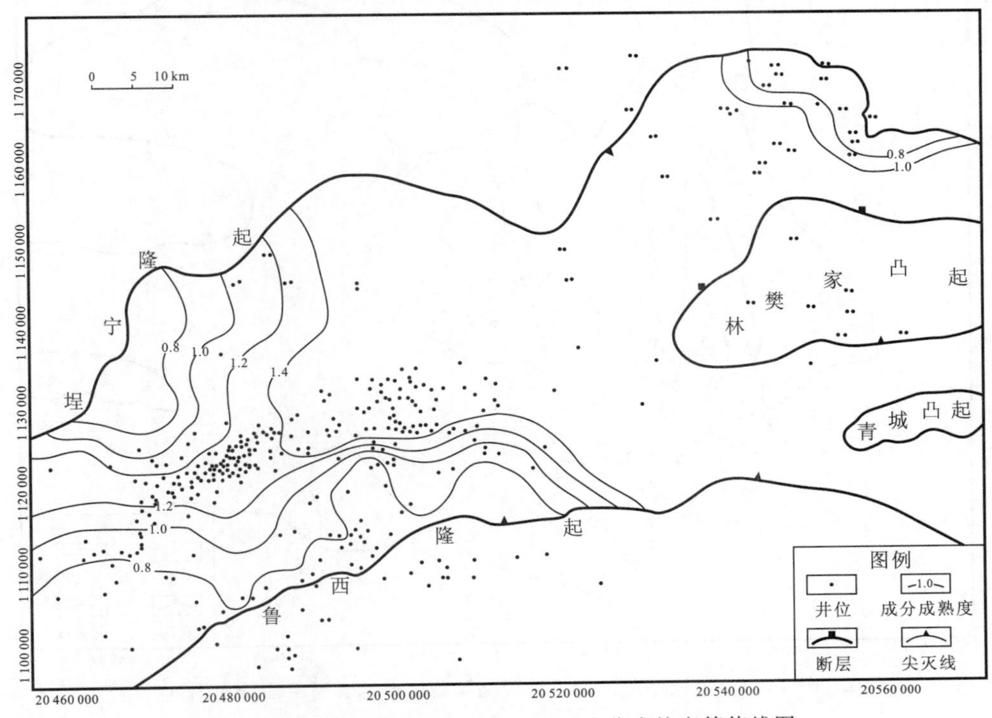

图 3-3-3 惠民凹陷沙三下亚段碎屑成分成熟度等值线图

（五）碎屑岩的结构成熟度

临南洼陷和商河地区碎屑岩结构成熟度最高，林家樊地区、盘河地区、里则镇洼陷及钱官屯地区中等，阳信洼陷较差。

二、重矿物分布特征

沙四下亚段“金红石＋锆石＋电气石”稳定矿物组合含量分布图(图 3-3-4)显示，稳定重矿物含量由凹陷边缘的鲁西隆起、宁津凸起和无棣凸起向凹陷内部逐渐增加，同时由凹陷内部的林樊家凸起向阳信凹陷的中心地带方向稳定重矿物含量也是增加的。这说明沙四下亚段沉积时期，惠民凹陷沉积物源来自于凹陷周边的鲁西隆起、宁津凸起、无棣凸起以及凹陷内的林樊家凸起。由“绿帘石＋角闪石＋辉石”不稳定矿物含量平面分布图(图 3-3-5)可以看出，惠民凹陷不稳定矿物组合含量分布与稳定矿物含量分布大致相反，随着距物源区距离的增加，不稳定矿物的相对含量逐渐减小。这说明随着搬运距离的增加，不稳定矿物受外界条件影响，逐渐分解。从另一方面说明了沙四下亚段沉积时期，惠民凹陷沉积物源是来自凹陷边缘的隆起和凸起带。其中凹陷周围的一系列凸起是惠民凹陷主要的物质来源。

沙四上亚段沉积时期，林樊家凸起、阳信洼陷的碎屑沉积物贡献明显增加，成为阳信洼陷主要的物质来源，同时凹陷周围的鲁西隆起、宁津凸起和无棣凸起仍是惠民凹陷中部沙四上亚段储层的主要物质来源(图 3-3-6，图 3-3-7)。

沙三下亚段沉积时期，惠民凹陷沙三下亚段储层物质主要来自凹陷北部埕宁隆起的西部和南部的曲堤地垒，而来自埕宁隆起东部和林樊家凸起的碎屑沉积物并不多(图 3-3-8，图 3-3-9)。

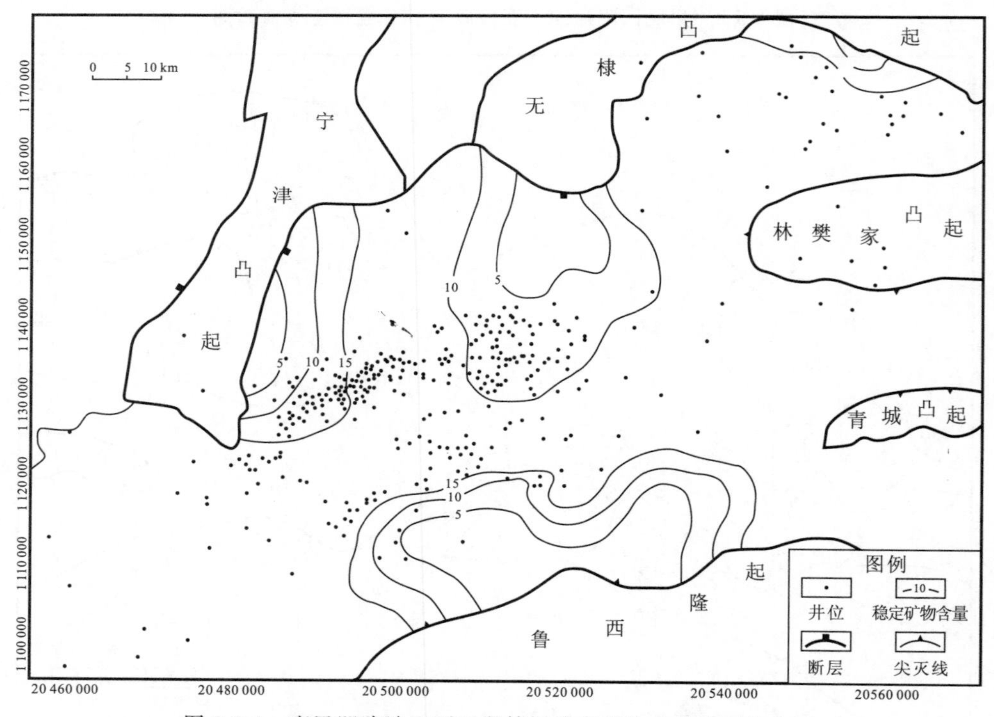

图 3-3-4 惠民凹陷沙四下亚段储层稳定矿物含量平面分布图

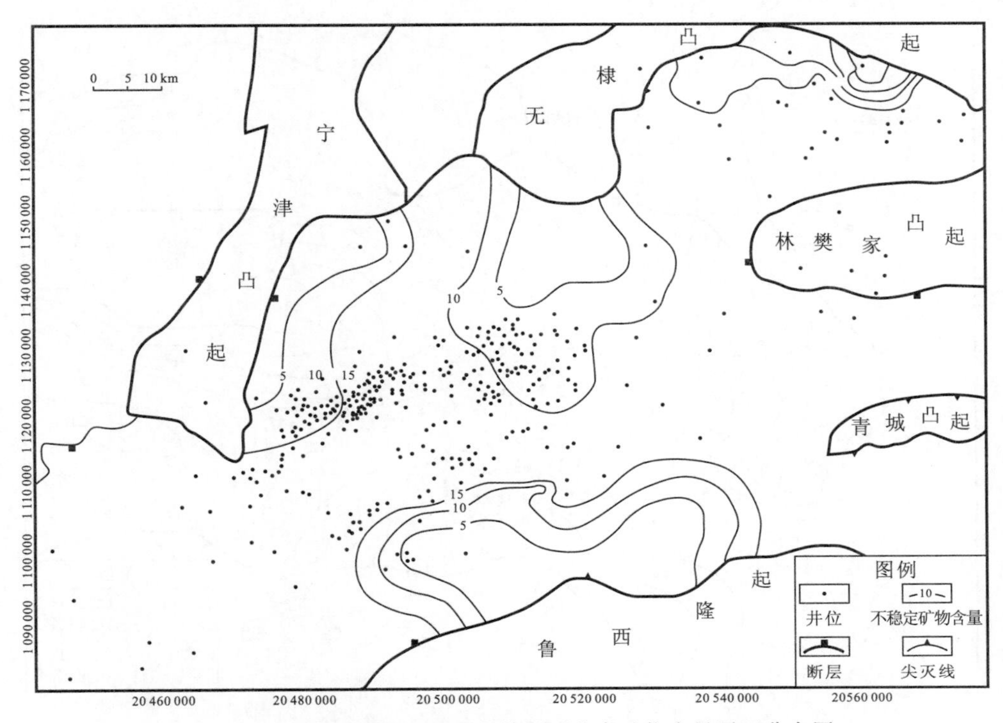

图 3-3-5　惠民凹陷沙四下亚段储层不稳定矿物含量平面分布图

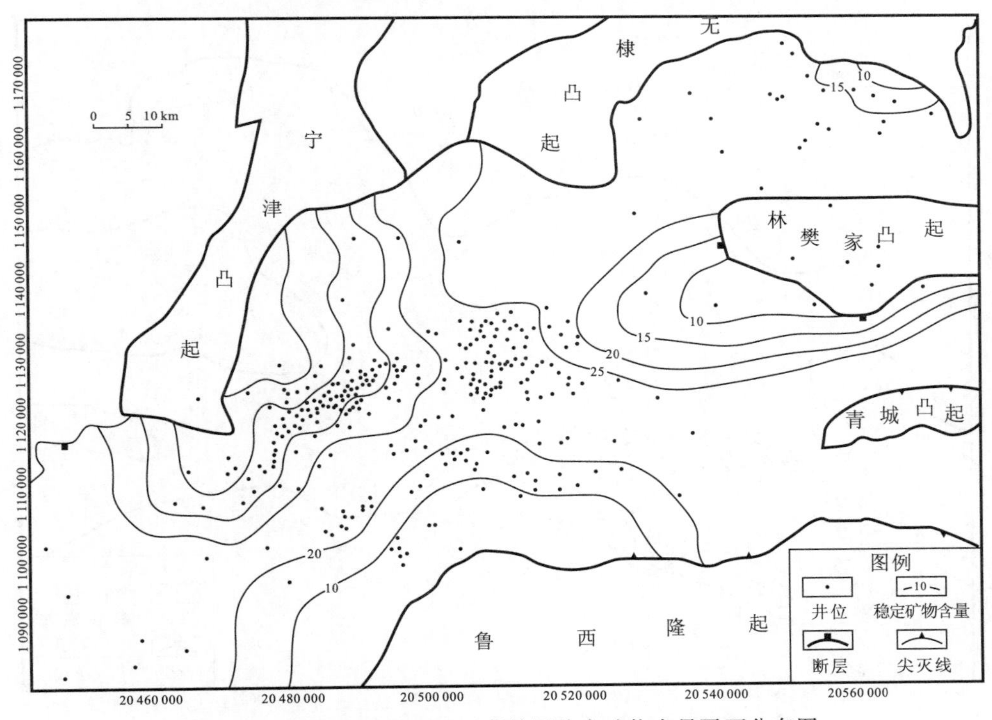

图 3-3-6　惠民凹陷沙四上亚段储层稳定矿物含量平面分布图

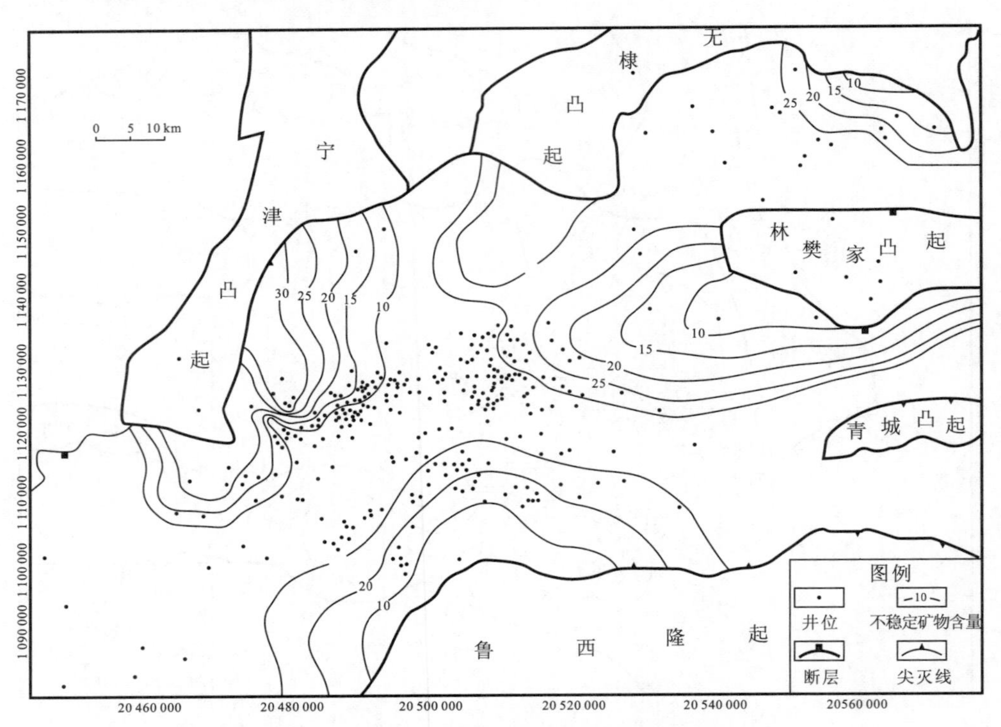

图 3-3-7 惠民凹陷沙四上亚段储层不稳定矿物含量平面分布图

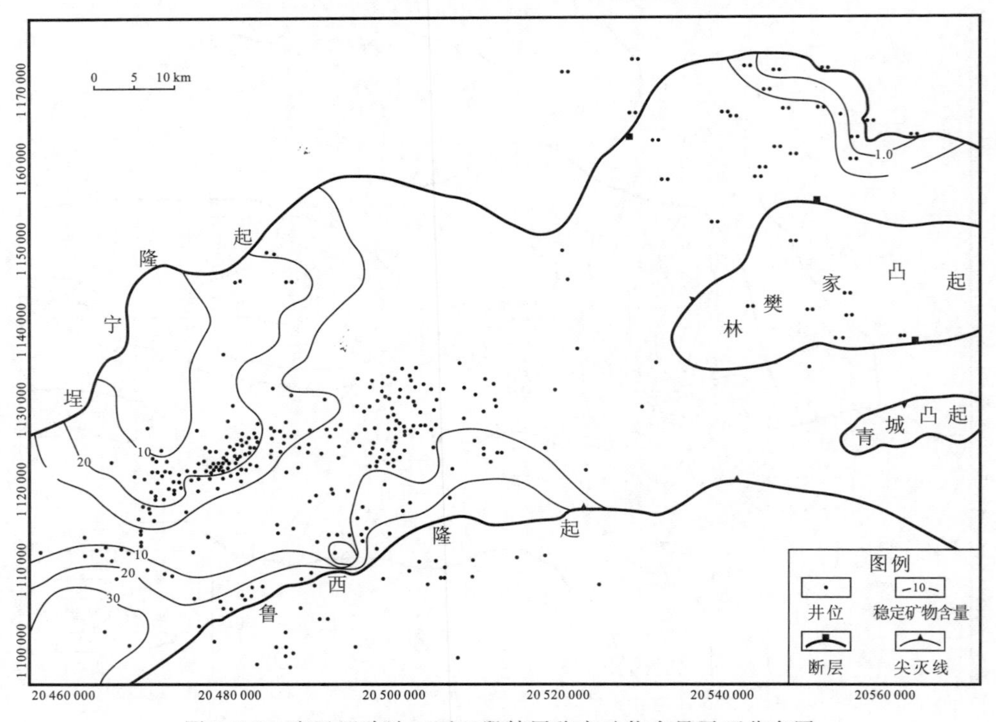

图 3-3-8 惠民凹陷沙三下亚段储层稳定矿物含量平面分布图

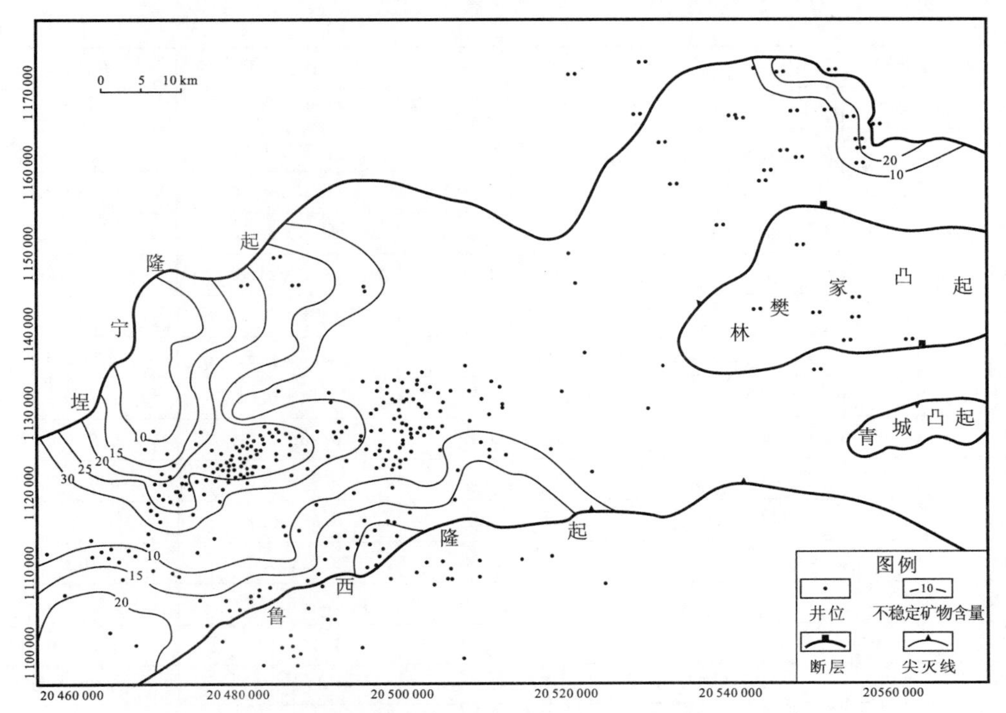

图 3-3-9　惠民凹陷沙三下亚段储层不稳定矿物含量平面分布图

第四节　化学岩石学特征

一、岩石学特征

惠民凹陷孔一段至沙三下亚段各地区元素平均含量如表 3-4-1 所示，其中微量元素平均含量由砂岩样品求得。

表 3-4-1　惠民凹陷孔一段至沙三下亚段各地区物质或元素平均含量

物质或元素	孔一段	沙四下亚段	沙四上亚段	沙三下亚段
$w(SiO_2)$/%	76.39±6.79	69.49±3.04	68.93±4.96	70.12±7.07
$w(TiO_2)$/%	0.30±0.11	0.40±0.10	0.38±0.11	0.34±0.11
$w(Al_2O_3)$/%	9.11±2.31	9.77±1.43	10.25±1.23	9.90±1.43
$w(Fe_2O_3^T)$/%	3.83±0.94	3.87±0.79	4.61±1.22	5.08±2.33
$w(CaO)$/%	2.52±1.36	5.39±0.72	4.29±2.25	4.06±2.72
$w(MgO)$/%	0.79±0.47	1.17±0.42	1.40±0.58	1.01±0.57
$w(MnO)$/%	0.052±0.014	0.083±0.014	0.073±0.028	0.060±0.028
$w(K_2O)$/%	2.08±0.78	2.20±0.56	1.90±0.60	1.85±0.55
$w(Na_2O)$/%	2.20±0.70	2.26±0.79	2.31±0.47	2.43±0.53
$w(Ba)/(\mu g \cdot g^{-1})$	626±271	506±155	604±200	490±190
$w(Sr)/(\mu g \cdot g^{-1})$	252±80	289±94	241±110	273±181

续表

物质或元素	孔一段	沙四下亚段	沙四上亚段	沙三下亚段
$w(Cr)/(\mu g \cdot g^{-1})$	46.23±19.53	36.37±8.06	41.48±9.11	59.41±16.70
$w(Sc)/(\mu g \cdot g^{-1})$	9.80±4.89	11.33±8.26	14.13±8.27	8.58±4.36
$w(Th)/(\mu g \cdot g^{-1})$	10.74±5.40	13.93±12.08	11.55±4.20	7.08±2.06
$w(La)/(\mu g \cdot g^{-1})$	34.3±6.64	37.1±13.3	33.8±6.65	29.7±8.20
$w(Ce)/(\mu g \cdot g^{-1})$	60.5±13.0	67.2±24.8	59.9±11.8	52.7±15.2
$w(Pr)/(\mu g \cdot g^{-1})$	6.87±1.48	7.89±2.81	7.05±1.35	6.25±1.84
$w(Nd)/(\mu g \cdot g^{-1})$	22.5±5.07	26.5±8.98	23.6±4.52	21.0±6.18
$w(Sm)/(\mu g \cdot g^{-1})$	3.83±0.95	4.71±1.51	4.14±0.81	3.70±1.08
$w(Eu)/(\mu g \cdot g^{-1})$	0.85±0.19	1.01±0.19	0.95±0.11	0.91±0.16
$w(Gd)/(\mu g \cdot g^{-1})$	3.07±0.71	3.84±1.29	3.42±0.68	3.00±0.86
$w(Tb)/(\mu g \cdot g^{-1})$	0.50±0.14	0.64±0.21	0.57±0.13	0.49±0.16
$w(Dy)/(\mu g \cdot g^{-1})$	2.33±0.73	3.06±0.98	2.71±0.66	2.30±0.78
$w(Ho)/(\mu g \cdot g^{-1})$	0.45±0.15	0.59±0.19	0.52±0.14	0.43±0.15
$w(Er)/(\mu g \cdot g^{-1})$	1.29±0.42	1.64±0.54	1.46±0.39	1.20±0.44
$w(Tm)/(\mu g \cdot g^{-1})$	0.22±0.075	0.27±0.091	0.24±0.067	0.19±0.078
$w(Yb)/(\mu g \cdot g^{-1})$	1.36±0.47	1.69±0.54	1.53±0.43	1.20±0.47
$w(Lu)/(\mu g \cdot g^{-1})$	0.21±0.072	0.26±0.083	0.23±0.065	0.18±0.068
$\delta(Eu)$	0.85±0.050	0.84±0.18	0.88±0.12	0.95±0.10
$\delta(Ce)$	0.82±0.015	0.82±0.010	0.81±0.008	0.81±0.007
$(La/Lu)_N$	16.62±3.04	14.0±1.40	14.7±1.54	16.6±1.66
CIW	81.8±3.7	81.5±4.1	81.4±3.2	80.3±3.1
ICV	0.816±0.063	0.834±0.067	0.836±0.117	0.873±0.194
CIA	65.6±2.8	64.9±1.5	64.8±1.6	63.7±2.1

根据 Pettijohn 等(1972)用 lg[$w(Na_2O)/w(K_2O)$]和 lg[$w(SiO_2)/w(Al_2O_3)$]作出的岩石类型判别图(图 3-4-1)及 Herron(1986)用 lg[$w(Fe_2O_3)/w(K_2O)$]和 lg[$w(SiO_2)/w(Al_2O_3)$]作出的砂岩类型判别图(图 3-4-2)可知,惠民凹陷孔一段—沙三下亚段砂岩样品以岩屑长石砂岩和长石岩屑砂岩为主。

二、物源判别

(一) A-CN-K 判别图

由惠民凹陷孔一段至沙三下亚段砂岩 A-CN-K 判别图(图 3-4-3)可以看出,砂岩的变化趋势线(实线)与虚线有一个向右倾斜的夹角,朝着 A-K 连线方向变化,说明样品受到了交代作用的影响。沿着砂岩的变化趋势线反向延长,与斜长石-钾长石的连线相交,交点反映了各段砂岩的原岩中斜长石含量比较高,可能为花岗闪长岩。部分斜长石发生了高岭石化,说明这可能是在富含 CO_2 孔隙水作用下进行的,在有机质存在的条件下,低 pH 值更有利于长石的溶蚀和高岭石化。

(二) La-Th-Sc 判别图

La-Th-Sc 判别图中,惠民凹陷孔一段—沙三下亚段砂岩的源岩主要在花岗岩和花岗闪长

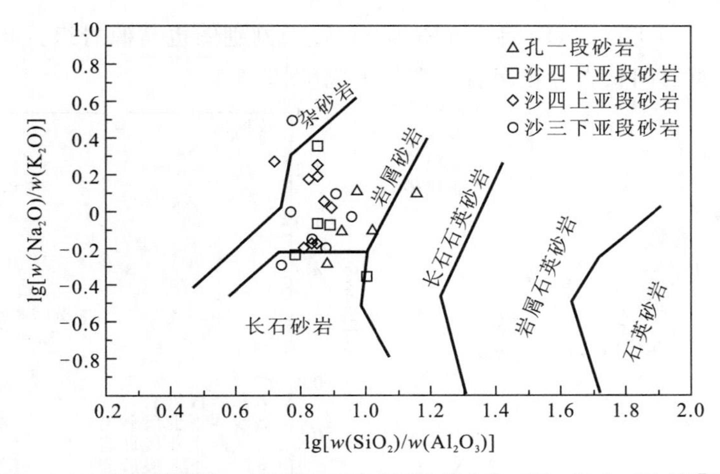

图 3-4-1　惠民凹陷孔一段至沙三下亚段砂岩 lg[$w(Na_2O)/w(K_2O)$]和 lg[$w(SiO_2)/w(Al_2O_3)$]对比图

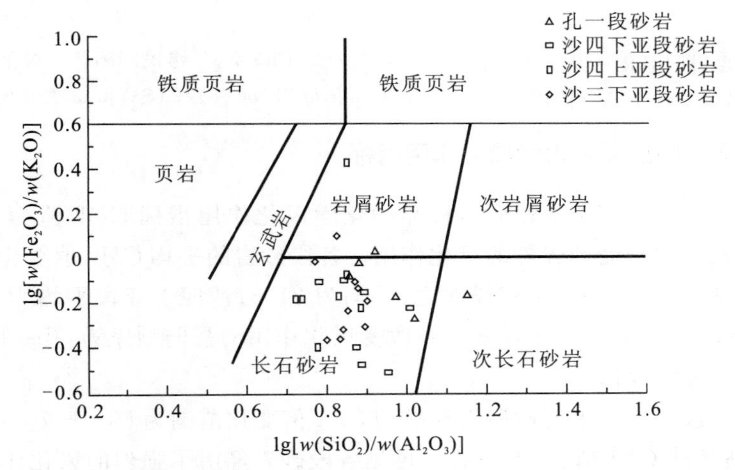

图 3-4-2　惠民凹陷孔一段至沙三下亚段砂岩 lg[$w(Fe_2O_3)/w(K_2O)$]和 lg[$w(SiO_2)/w(Al_2O_3)$]对比图

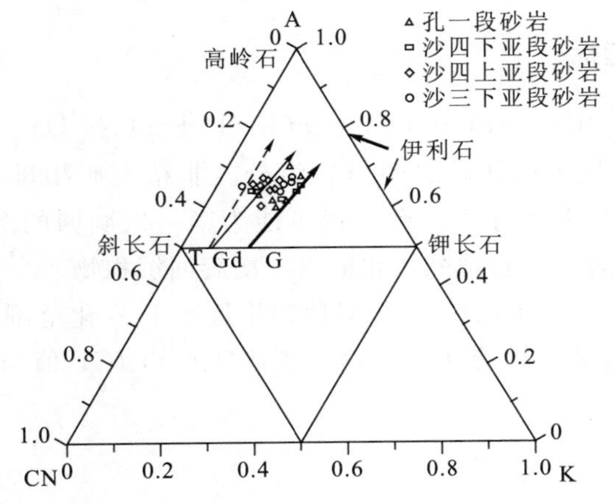

图 3-4-3　惠民凹陷孔一段至沙三下亚段砂岩 A-CN-K 判别图

T—英云闪长岩；Gd—花岗闪长岩；G—花岗岩

岩之间(图 3-4-4)。$w(Th)/w(Sc)$ 和 $w(Eu)/w(Eu^*)$ 判别图也与源岩组分相符，主要由花岗岩、花岗闪长岩和英云闪长岩等花岗岩类端员组成(图 3-4-5)。

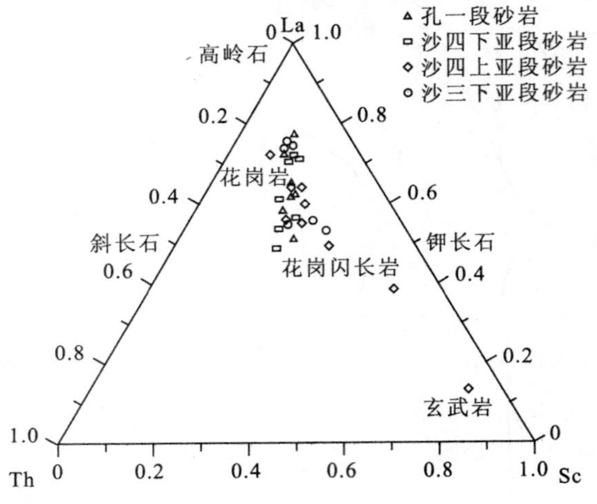

图 3-4-4 惠民凹陷孔一段至沙三下亚段砂岩 La-Th-Sc 判别图

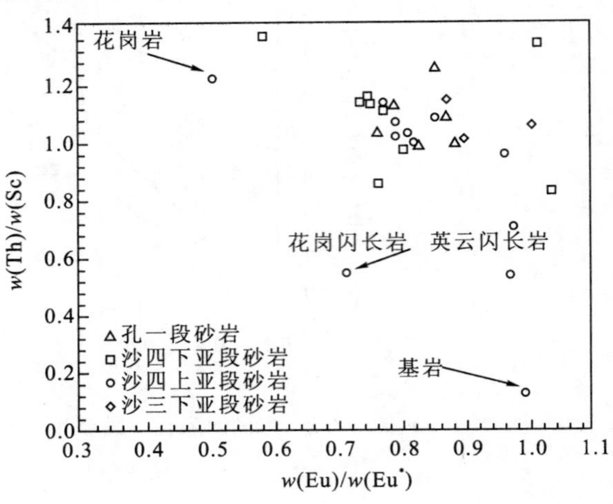

图 3-4-5 惠民凹陷孔一段至沙三下亚段砂岩 $w(Th)/w(Sc)$ 和 $w(Eu)/w(Eu^*)$ 判别图

三、化学蚀变作用指标和化学风化作用指标

惠民凹陷孔一段—沙三下亚段砂岩样品的化学风化作用指标 *CIW* 值为 74.5～87.1，表明了孔一段—沙三下亚段受到强烈的风化作用。各段砂岩的平均 *CIW* 值变化趋势为：孔一段 *CIW* 值最高，平均为 81.8；沙四下亚段次之，平均为 81.5；沙四上亚段平均为 81.4；沙三下亚段最低，平均为 80.3(表 3-4-1)。反映了各段受风化作用的强弱顺序为：孔一段＞沙四下亚段＞沙四上亚段＞沙三下亚段。

惠民凹陷孔一段—沙三下亚段砂岩样品的 *CIA* 值变化范围为 60.4～70.2，但是假设砂岩未受交代作用，估算的 *CIA* 值为 75 左右。可见各段砂岩经历了强烈的风化作用，并且受到了钾的交代作用。各段砂岩的平均 *CIA* 值和 *CIW* 值变化趋势相同，反映了相同的风化作用强弱顺序(表 3-4-1)。

四、化学组分变化指标

化学组分变化指标[$ICV = w(Fe_2O_3) + w(K_2O) + w(Na_2O) + w(CaO) + w(MgO) + w(Ti_2O_3)/w(Al_2O_3)$]可用于估计砂岩的母岩组分。非粘土矿物母岩组分比粘土矿物组分 *ICV* 值高。一般来讲，*ICV* 值大于 1 的砂岩很可能为第一次旋回的沉积物，而 *ICV* 值小于 1 的砂岩可能被再旋回，或者为经过强烈风化的第一次旋回沉积物。

惠民凹陷孔一段至沙三下亚段砂岩 *ICV* 值都接近于 1，变化范围为 0.705～1.253。因此可以认为部分砂岩中含有第一次旋回沉积物。各地区平均 *ICV* 值与 *CIA*，*CIW* 值变化趋势相反。

第四章 沉积体系研究

Chapter four

第一节 孔店组沉积体系研究

自20世纪60年代提出了各种沉积环境和相模式以来，人们对现代和古代各种环境和相以及其形成的动力学过程作了大量分析，并广泛地用于地质学的各领域，特别是在油气勘探领域中取得了重大效益。自60年代末至80年代以来沉积学研究中更重视沉积过程分析，特别是深入开展的比较沉积学研究，深化了对沉积动力过程的理性认识；同时，随着油气勘探的不断深入以及勘探难度的增加，在开展沉积模式研究的基础上，人们更加重视沉积体的形成背景、条件和过程，以及解析沉积体三维几何形态和空间配置关系。

通过对惠民地区孔店组钻井岩心的观察和描述，重点结合测井资料、地震资料及各项分析鉴定资料，对其沉积体系进行了研究，对一些特殊的沉积现象，用新的沉积学知识加以解释。研究认为，惠民凹陷孔店组主要发育末端扇沉积，部分地区发育辫状三角洲沉积，与前人提出的洪水—漫湖沉积有较大的差别。

一、孔店组砂岩类型及岩石学特征

据岩性数据分析，孔店组岩石类型从泥岩到砾岩皆有分布，以细粒沉积物为主，其中泥岩含量高达55.1%，其次是粉砂岩，含量达22.6%。砂岩粒度变化较大，粒径一般为40～250 μm，最大粒径为350～500 μm，磨圆中等—好，圆度以次棱角至次圆状为主，颗粒分选中等到差，风化程度较浅，结构成熟度不高。砾岩含量较少，仅为1.4%，说明该区孔店组沉积相对稳定。

据钻井显示，砾岩主要见于林樊家地区南部，而中粗砂岩主要发育在隆起带的边缘。录井资料显示，中粗砂岩单层厚度较小，主要为中薄层。在南、北两个隆起向中部凹陷过渡的地区，沉积物粒度逐渐减小，主要分布细砂岩、粉砂岩和泥质粉砂岩。粉砂岩单层厚度最大可达10 m以上，一般为2～4 m，以厚层浅棕色为主，少量为灰绿色，细砂岩以薄—中层状紫红色为主。凹陷内部砾岩和含砾砂岩沉积较少见，砂岩中泥质含量较高，这主要是因为孔店组沉积时期地形坡度较缓，水动力条件不强所致。孔店组泥岩主要以浅棕色、棕色为主，在孔二段中、上部发育有灰色泥岩，说明在孔店组沉积时期，惠民凹陷多以浅水沉积为主，在孔二段沉积时期局部发育有半深湖—深湖沉积。

由惠民凹陷孔二段和孔一段的岩性特征(见第三章第三节部分内容)可以看出，林樊家地区的砂岩中石英含量高于其他地区，岩屑含量低于其他地区，说明沉积物经历了长距离的搬运。而盘河地区和夏口断裂以南斜坡地区的砂岩石英含量较低，岩屑含量较高，说明此处沉积物搬运距离较短。

二、孔店组沉积构造特征

据钻井取心分析，惠民凹陷孔店组沉积构造类型主要有各种层理构造、侵蚀构造、变形构造和生物成因构造。从岩心描述来看，层理构造的型式多样（表 4-1-1），主要有水流沙纹交错层理、低角度交错层理、小型槽状交错层理、平行层理、透镜状层理、波状层理、脉状层理、水平互层层理和变形层理等，其中平行层理尤为发育，反映了末端扇和辫状三角洲的沉积特点。

表 4-1-1　惠民凹陷孔店组的沉积构造特征

类型		主要特征	成因	岩性	出现相带
层理构造	平行层理	纹层彼此平行，纹层厚度为 0.1～1.0 cm 不等，多由炭屑物质富集而显现，局部可见到钙质结核和泥砾等	平坦床砂载荷	粉砂岩 细—粉砂岩	分流河道，远、近水道漫溢
	槽状交错层理	多为不对称的槽状层理，高度为 5～15 cm，纹层由泥砾和粒度变化而显现或由炭屑富集而显现，可夹较多的泥砾、泥屑和植物茎杆	水流波痕迁移而成	含泥砾砂岩 中—粗砂岩	分流河道、辫状河道
	波状层理	主要发育于水道漫溢、泥滩等环境，常见于泥岩、粉砂质泥岩中，纹理清晰且彼此平行	低流态中，由悬浮物质沉积形成	粉砂质泥岩 泥质粉砂岩	泥滩、水道漫溢、远端盆地
	透镜状层理	砂质透镜体被包围在泥岩之中	水动力缓急交替	泥岩、 粉砂质泥岩	泥滩
	低角度交错层理	层的内部由一组倾斜的细层与层面或层系界面相交；纹层彼此低角度相交		细粉砂岩	分流河道、河口砂坝
	水流沙纹层理	由波高小于 5 cm 的波痕纹理组成，纹层由炭屑物质富集或片状矿物而显现	小的水流波痕迁移而成	粉砂岩	泥滩、水道漫溢
侵蚀构造	冲刷面	砂层底面与下伏地层呈凹凸不平的侵蚀接触，冲刷面之上常含泥砾、泥屑、砾石	由强烈的涡流形成		分流河道、辫状河道
变形构造	变形层理	平行层理变形为为沙纹层理和平行层理变形所致，层理呈包卷状、同心状和云雾状	沉积物液化和泄水	粉细砂岩	分流河道、近水道漫溢
生物成因构造	生物潜穴、生物钻孔	通常呈直管形、分岔形和“U”字形等，在“U”字形之间及其下方常有上凹纹层	生物生存期间的运动、居住、觅食和摄食等行为留下的痕迹	细—粉砂岩	分流河道、泥滩、远水道漫溢

三、孔店组地震相分析

根据惠民凹陷孔店组地震特征，可将孔店组划为一个层序单元，一个长期旋回；孔一段和孔二十三段为两个次级层序单元。因钻遇孔店组的探井相对较少，所以地震相分析是进行孔店组沉积体系演化研究的重要手段。

（一）地震相标志的基本类型

地震相标志是“准层序组内部那些对地震剖面的面貌有重要影响，并具有重要沉积相意义的地震反射特征”。识别和划分地震相的地震参数包括振幅、频率、连续性、内部反射结构和单元外部几何形态。常见的地震反射结构主要有平行与亚平行结构、发散结构、前积结构、波状结构等。一般各种反射均代表一定的沉积相意义，所以地震反射结构在地震相分析中占有十分重要的地位。常见的地震相单元外形有席状、披覆状、楔状、滩状、透镜状、丘状、充填状。

根据这几种地震相标志的定义和特征，以及惠民凹陷孔店组地震资料显示，该区以中振幅为主，部分为弱和中—强振幅；以中等—好连续为主，中等—好连续一般位于凹陷内部；连续性差的地震反射主要位于凹陷边缘部位；中—高频主要分布在凹陷边缘部位，低频主要分布在凹陷内部。该区常出现亚平行结构，这反映了惠民凹陷内部具有均匀沉降的作用，滨浅湖或盆地中的沉积物供给均匀，沉积作用相对稳定(图 4-1-1)。109 测线显示凹陷的边缘部位存在发散结构，显示了向盆地方向地层增厚的趋势(图 4-1-2)。前积反射结构较少，主要出现在青城凸起北部斜坡地区；局部可见杂乱反射，集中分布在凹陷边缘及大断层的发育处；杂乱状构造多为构造变形所致，也有少量分布在凹陷边缘，是高能不稳定环境沉积作用形成。该区地震反射主要有席状、楔状、丘状和充填状。孔店组席状地震反射外形一般代表稳定的沉积环境，代表了垂向加积形成的沉积物，主要分布在凹陷沉积中心及盆地的缓坡部位。地震剖面常见楔状反射形态，多发育于盆地或凹陷边缘斜坡地带，其地质意义与发散结构相同。凹陷内 463，483，523.7，542 等测线均常见楔状反射外形；109 测线可见丘状地震反射特征，显示了末端扇近端亚相部位剖面形态。常见杂乱充填特征，一般发育在凹陷的边缘部位，在 463，483，523.7，542 等测线上局部可见。

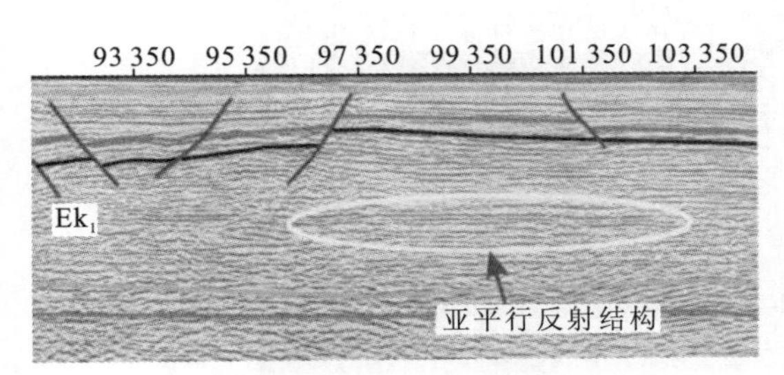

图 4-1-1　惠民凹陷 483 测线孔店组亚平行反射结构

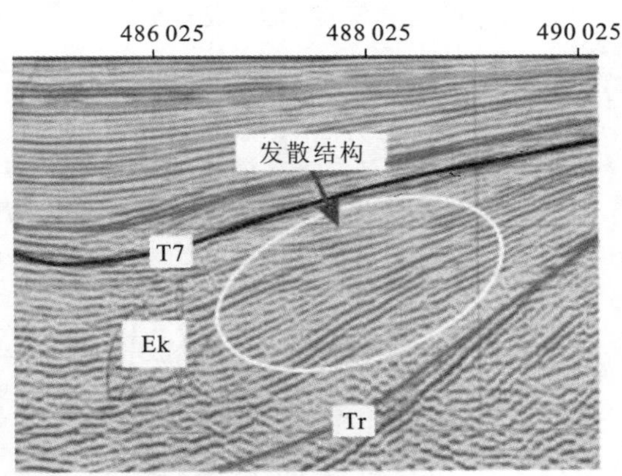

图 4-1-2　惠民凹陷 109 测线孔店组发散结构

(二) 孔店组地震相类型

根据惠民凹陷孔店组地震资料的振幅、连续性、频率、内部反射结构和外部形态特征的分析，孔店组地震相主要存在以下几种类型：杂乱充填相、丘状相、中(弱)振幅中连续亚平行状相、强振幅中连续席状相、中(弱)振幅中连续楔状相、中振幅中连续波状相等(图 4-1-3～图 4-1-6)。

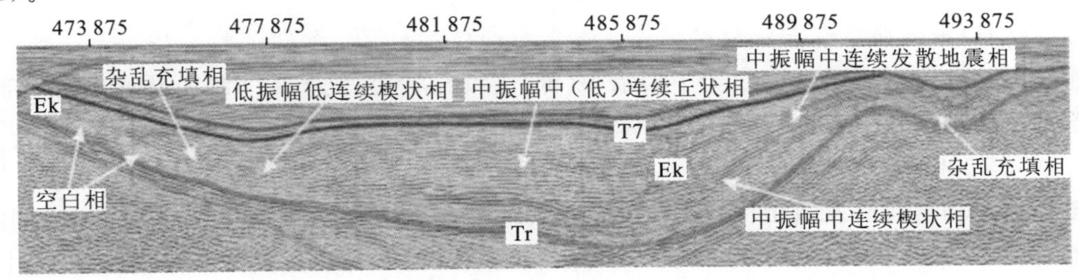

图 4-1-3　惠民凹陷 109 测线西段孔店组地震相类型

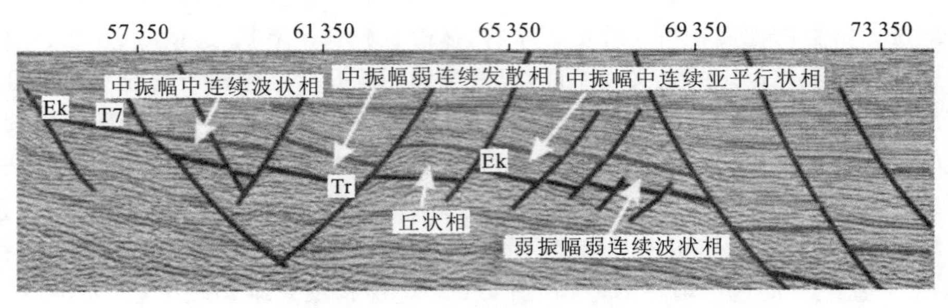

图 4-1-4　惠民凹陷 483 测线南坡地区孔店组地震相类型

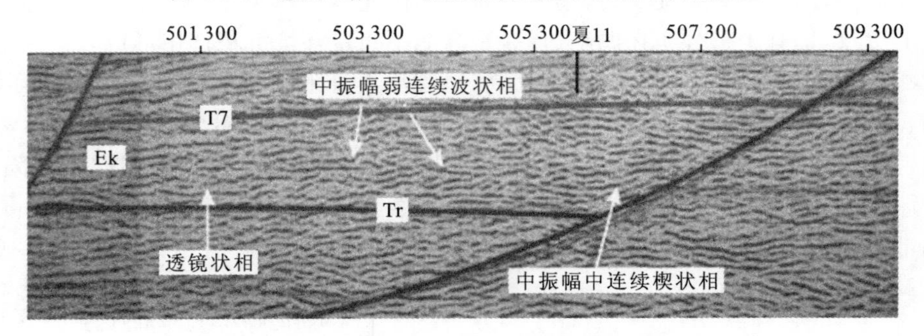

图 4-1-5　惠民凹陷 82 测线孔店组地震相类型（Ⅰ）

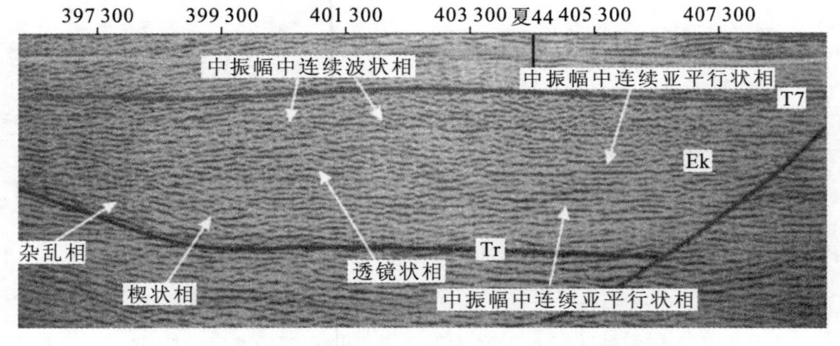

图 4-1-6　惠民凹陷 82 测线孔店组地震相类型（Ⅱ）

1．杂乱充填相

惠民凹陷孔店组地震反射局部可见杂乱充填相，该地震相严格受古地形控制且多分布在盆地边界，推测岩性应以砂、砾、泥混杂为主，分选极差，反映一种快速、杂乱的冲积、洪积、堆积、充填；但也有部分杂乱充填相分布受断层控制，由断层构造变化所形成，并非杂乱的冲积、洪积、堆积所形成。

2．中（弱）振幅弱连续丘状相

惠民凹陷孔店组丘状相主要为中振幅中（低）连续丘状相，位于 109 测线滋镇洼陷北部，邻近北部的宁津凸起，一般可看作末端扇根部沉积的地震响应。

3．中（弱）振幅中连续楔状相

该种地震相常具有发散结构，在倾向上其厚度向一个方向逐渐增厚，向相反方向减薄；在走向上是席状，往往出现在滨浅湖环境中。振幅、连续性说明沉积物颗粒中等，物源供给中等，沉积物横向连续性较好。研究区孔店组由凹陷边缘较陡部位向平缓部位的过渡处常发育具发散结构的楔状相。

4. 中(弱)振幅中连续亚平行状相

该种地震相振幅相对稳定,横向连续性较好,说明沉积环境相对稳定,沉积物有一定的分选性,成层性较好,且横向分布有一定范围。惠民凹陷孔店组在夏口断裂以南区域,临商断层以北区域多发育该种地震相,说明沉积物具有分选性、成层性好,横向分布广泛的特点。

5. 中振幅中连续波状相

该种地震相振幅相对稳定,横向连续性较好,内部反射呈波状,主要反映了末端扇中部亚相分流河道、水道漫溢的沉积特征,说明随水流的变化河道改道频繁,漫溢现象普遍。

6. 强振幅中连续席状相

该种地震相多分布在中(弱)振幅中连续亚平行地震相向凹陷深处过渡的部位,说明水体有一定深度,沉积物较细,成层状覆盖在下伏地层之上。

(三)孔店组地震相平面分布

1. 孔二段地震相特征

在滋镇洼陷北部斜坡带发育杂乱充填相,说明沉积迅速,沉积物分选差;向南过渡为中振幅中低连续丘状相、楔状相、波状相;在盘河、商河地区北部发育中振幅低连续亚平行状相,说明沉积较稳定。阳信洼陷北部陡坡带发育杂乱相,说明沉积物混杂,沉积不稳定;向南过渡为中振幅中低连续丘状相、波状相、亚平行状相,说明沉积由北向南逐渐趋于稳定;阳信洼陷南部以强振幅中连续中频相为主,席状外形,平行或亚平行状反射结构。临南洼陷以杂乱相和中—强振幅为主,禹北地区以中振幅中连续中高频相为主;临南缓坡带则为弱中振幅中连续楔状相。席状外形,发散、亚平行反射结构。孔二段沉积时期临南洼陷发育小型的充填相,可能是断层活动造成,而非沉积所致。林南断层南部发育杂乱相,向南过渡为中弱振幅亚楔状相。青城凸起北部发育小规模中振幅中连续斜交前积相(图 4-1-7)。

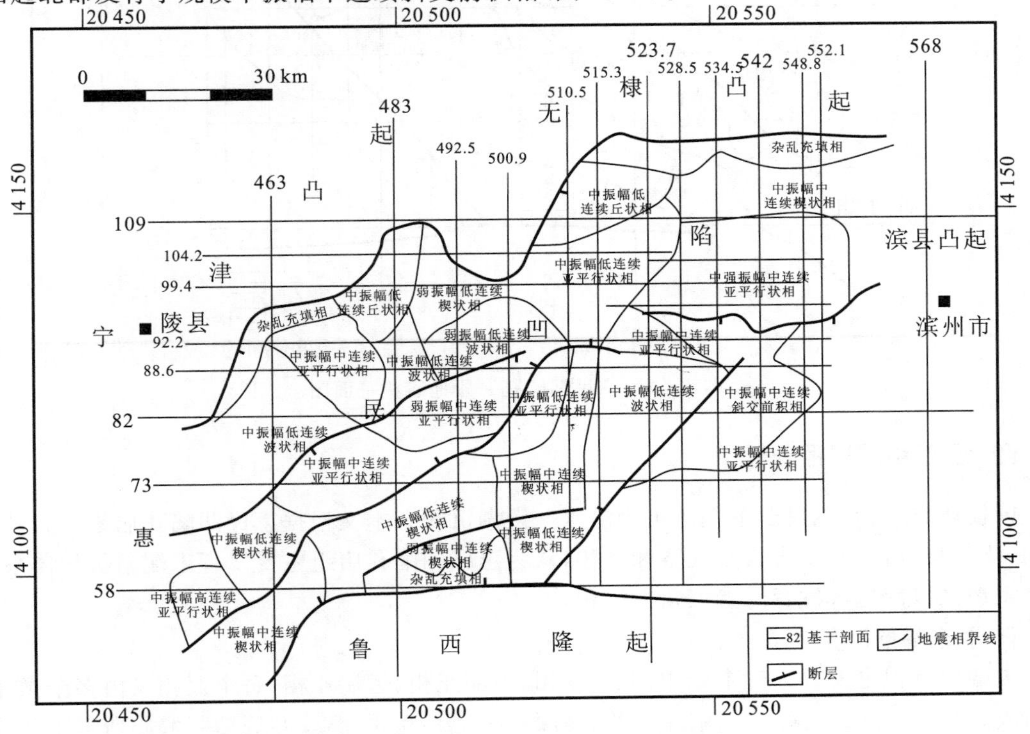

图 4-1-7　惠民凹陷孔二段地震相平面图

2. 孔一段地震相特征

滋镇北部斜坡以中振幅中低连续丘状相为主，说明有粗粒的扇形沉积体出现。盘河地区以北以中振幅低连续波状相、亚平行状相为主，以西地区以中振幅相高连续楔状相为主。阳信洼陷北部发育小范围杂乱充填相，以粗粒沉积为主；南部以中弱振幅中连续楔状相为主。阳信洼陷南部及林樊家地区为强振幅中连续中频席状相为主，反射结构为平行、亚平行及波状为主，反映了稳定的沉积环境。阳信洼陷西部以中振幅中低连续中频相为主，平行或亚平行反射结构。临南洼陷的肖庄地区以楔状相为主，东部以中振幅中连续亚平行相为主；临南洼陷中央为中强振幅中连续席状相为主，内部反射结构为平行、亚平行，说明水体相对较深，沉积稳定。中央隆起带东部临商断层下降盘根部发育杂乱相，主要是构造变动所致。夏口断层以南地区南缓坡带则为中弱振幅中连续楔状相，发散反射结构。曲堤断层南部发育中振幅中连续滩状相，说明沉积不够稳定。仁风断层东部发育中弱振幅低连续楔状相，发散反射结构。青城凸起北部至林南断层发育中振幅中连续斜交前积相（图 4-1-8）。

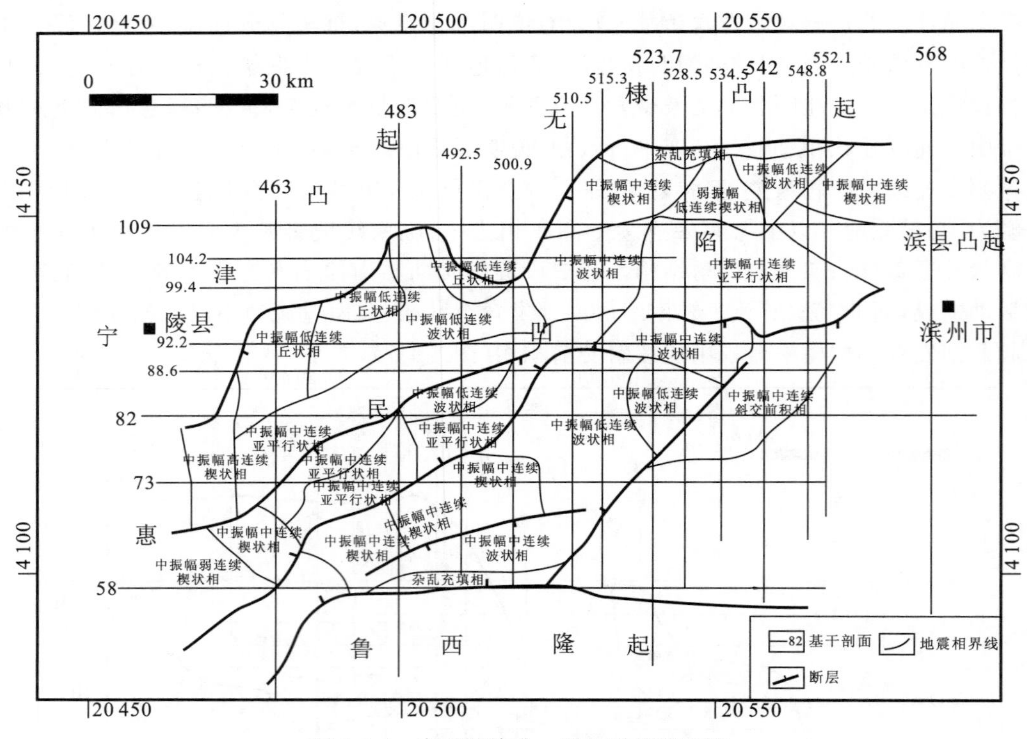

图 4-1-8　惠民凹陷孔一段地震相平面图

四、孔店组沉积相分析

以往研究认为，惠民凹陷孔店组为洪水—漫湖沉积。本文根据惠民凹陷孔店组的岩性、地震相、测井相分析，并结合岩心观察和描述，认为惠民凹陷孔店组主要发育末端扇沉积体系，在林樊家地区以南地区发育辫状三角洲沉积。

(一) 末端扇沉积

末端扇沉积主要分为三个亚相：近端亚相、中部亚相、远端亚相，每个亚相又由多个微相组合而成。盘深 1 井、盘深 3 井、临深 1 井、民深 1 井、阳 10 井、禹 9 井等钻井取心所见主要为中部亚相沉积。由于末端扇相各相带的沉积环境不同，水动力条件不同，因而层理构造及层序特征也不同。

1. 近端亚相

近端亚相由补给水道和水道间沉积物组成，主要发育在北部埕宁隆起、南部鲁西隆起的根部。补给水道沉积主要由杂基支架至碎屑支架的砂砾岩和砂岩组成，总体为向上变细的正旋回，碎屑粒度粗、成分复杂、泥质含量高，分选一般很差，颗粒大小混杂，常夹浅棕色泥岩。地震相常以充填相为主，图 4-1-9 为补给水道地震反射特征。

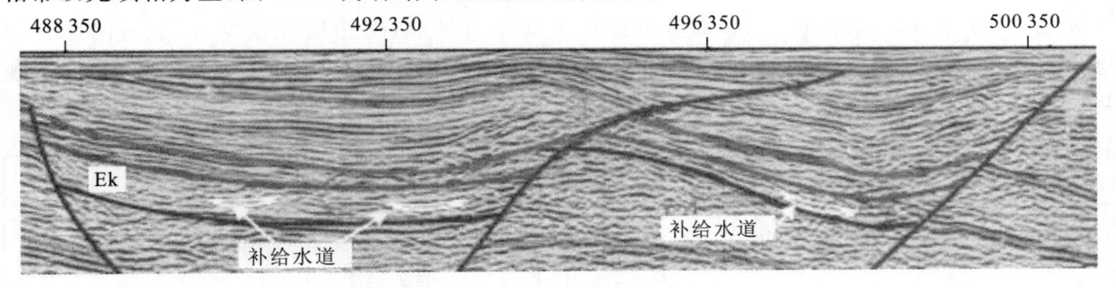

图 4-1-9 近端亚相地震相特征

2. 中部亚相

中部亚相位于近端亚相的前方，是末端扇沉积体系的主体，也是砂体最发育部位，砂岩含量高，砾岩少见。在宽广的湖盆边缘主要为厚层细砂岩和粉砂岩沉积，可进一步划分为四个沉积微相：分流河道、近水道漫溢和远水道漫溢、泥滩（图 4-1-10）。地震相主要表现为中（弱）振幅中连续楔状相、中振幅弱连续波状相、中（弱）振幅中连续亚平行状相等。其中楔状相和波状相反映了中部亚相分流河道、河道漫溢的沉积特征，而亚平行状相说明沉积物较细、泥质含量高的沉积特征。

	微 相	沉积构造	岩 性	层序特征
中部亚相	泥 滩	水流沙纹层理、波状层理	紫红色、浅棕色泥岩	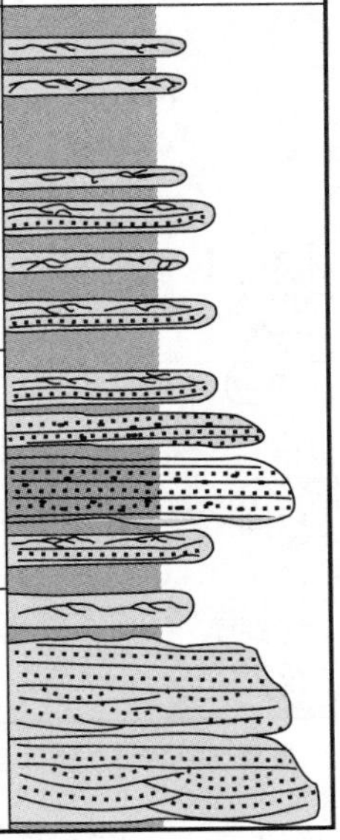
	远水道漫溢	平行层理、波状层理、水流沙纹层理	粉砂岩、泥质粉砂岩与浅棕色、灰绿色泥岩互层	
	近水道漫溢	平行层理、斜层理、水流沙纹层理	浅棕色、灰绿色泥岩与中薄层粉砂岩互层	
	分流河道	平行层理、低角度交错层理、水流沙纹层理，底部偶见小型槽状交错层理	粉细砂岩为主，河道底部中粗砂岩	

图 4-1-10 末端扇中部亚相各微相沉积特征

(1) 分流河道

分流河道是末端扇体系的重要组成部分，是上游方向河流补给水道的继承。惠民凹陷孔店组沉积时期气候干旱，夏口断层以南地区地势平坦，末端扇分布范围较广，分流河道发育；在临商断层以北的滋镇地区，基底断层向南缓倾，也发育了末端扇的中部亚相，分流河道较发育。

盘深 3 井位于盘河背斜构造屋脊高部位上，完钻井深 4 500 m，完钻层位孔二段；共 12 次取心，1～3 次为孔一段，4～12 次为孔二段，由于盘深 3 井距宁津凸起的物源较近，取心主要显示中部亚相分流河道沉积特征。盘深 3 井孔店组总体呈现棕红色，以中砂岩为主，砂岩较厚，层理发育，砂体单层厚度 6～7 m，部分分流河道底部有冲刷，交错层理较发育，显示向上变细层序；也有部分分流河道底部冲刷不明显，向上发育平行层理。泥岩颜色多为棕色，局部出现灰色，说明湖盆为一不稳定水体(图 4-1-11～图 4-1-13)。

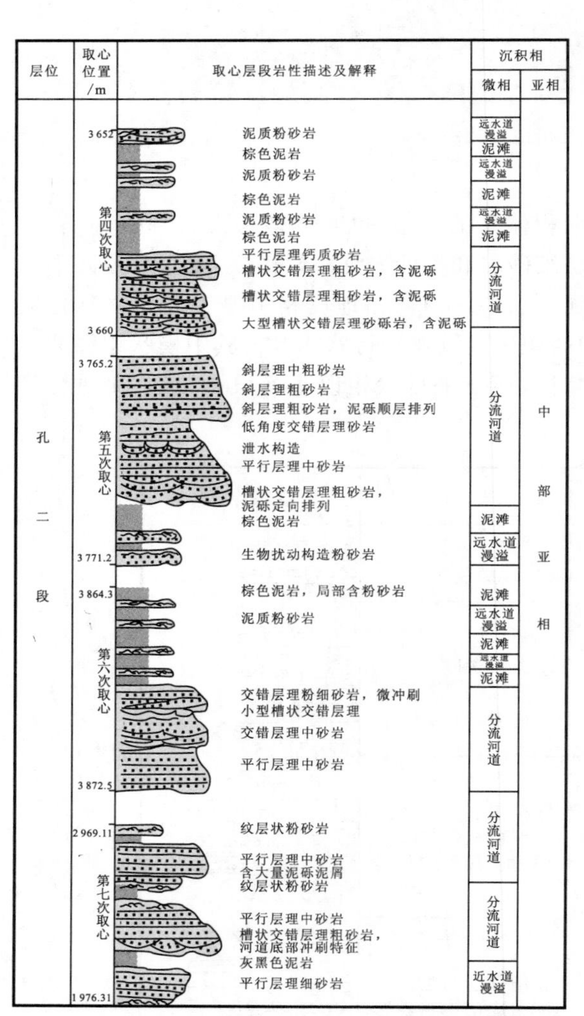

层位
取心位置/m
取心层段岩性描述及解释
沉积相
微相
亚相
孔二段
第四次取心
第五次取心
第六次取心
第七次取心
3 652
3 660
3 765.2
3 771.2
3 864.3
3 872.5
2 969.11
1 976.31
泥质粉砂岩
棕色泥岩
泥质粉砂岩
棕色泥岩
泥质粉砂岩
棕色泥岩
平行层理钙质砂岩
槽状交错层理粗砂岩，含泥砾
槽状交错层理粗砂岩，含泥砾
大型槽状交错层理砂砾岩，含泥砾
斜层理中粗砂岩
斜层理粗砂岩
斜层理粗砂岩，泥砾顺层排列
低角度交错层理砂岩
泄水构造
平行层理中砂岩
槽状交错层理粗砂岩，泥砾定向排列
棕色泥岩
生物扰动构造粉砂岩
棕色泥岩，局部含粉砂岩
泥质粉砂岩
交错层理粉细砂岩，微冲刷
小型槽状交错层理
交错层理中砂岩
平行层理中砂岩
纹层状粉砂岩
平行层理中砂岩
含大量泥砾泥屑
纹层状粉砂岩
平行层理中砂岩
槽状交错层理粗砂岩，河道底部冲刷特征
灰黑色泥岩
平行层理细砂岩
远水道漫溢
泥滩
远水道漫溢
泥滩
远水道漫溢
泥滩
分流河道
分流河道
泥滩
远水道漫溢
泥滩
远水道漫溢
泥滩
远水道漫溢
泥滩
分流河道
分流河道
分流河道
近水道漫溢
中部亚相

图 4-1-11 盘深 3 井孔二段单井相分析剖面(Ⅰ)

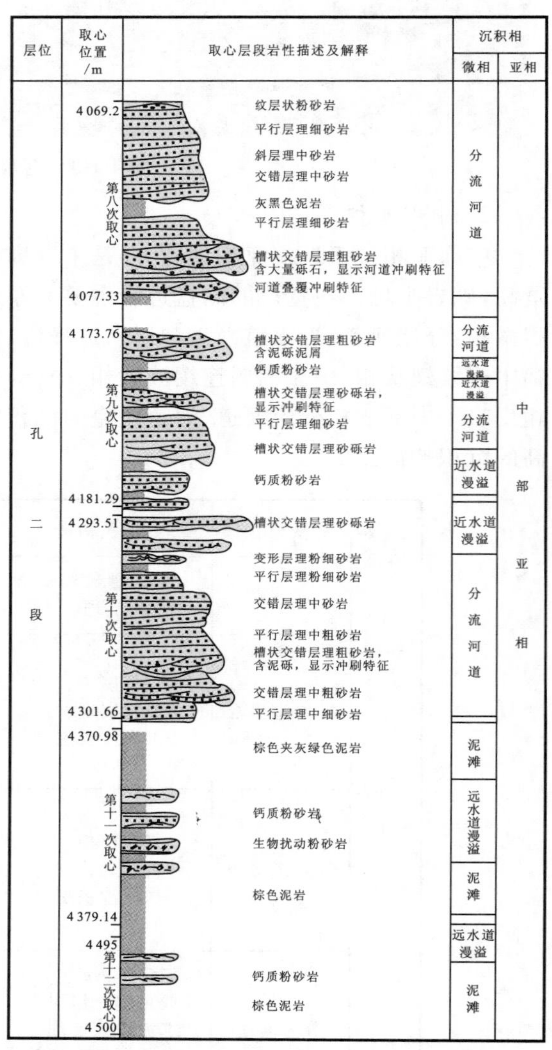

图 4-1-12 盘深 3 井孔二段单井相分析剖面(Ⅱ)

夏 23 井位于临南断裂阶状构造带的江家店鼻状构造上，完钻井深 3 150 m，钻遇孔一段，取心显示了中部亚相较远端的分流河道的沉积特征。孔店组共有六次取心，2 506.6～

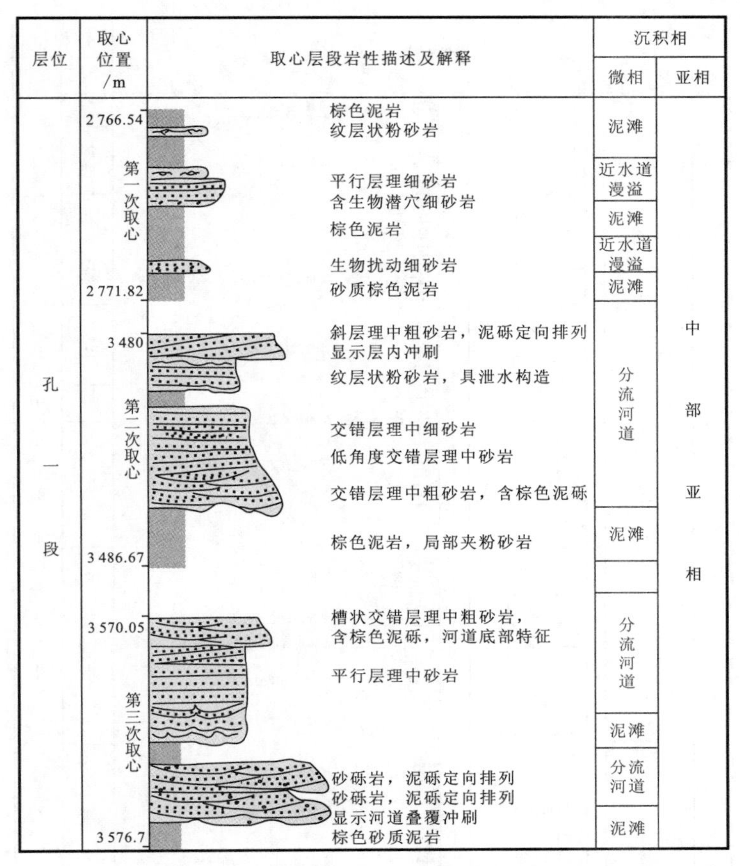

层位
取心位置/m
取心层段岩性描述及解释
沉积相
微相
亚相
孔一段
2 766.54
第一次取心
2 771.82
棕色泥岩
纹层状粉砂岩
平行层理细砂岩
含生物潜穴细砂岩
棕色泥岩
生物扰动细砂岩
砂质棕色泥岩
泥滩
近水道漫溢
泥滩
近水道漫溢
泥滩
3 480
第二次取心
3 486.67
斜层理中粗砂岩，泥砾定向排列
显示层内冲刷
纹层状粉砂岩，具泄水构造
交错层理中细砂岩
低角度交错层理中砂岩
交错层理中粗砂岩，含棕色泥砾
棕色泥岩，局部夹粉砂岩
分流河道
泥滩
中部亚相
3 570.05
第三次取心
3 576.7
槽状交错层理中粗砂岩，
含棕色泥砾，河道底部特征
平行层理中砂岩
砂砾岩，泥砾定向排列
砂砾岩，泥砾定向排列
显示河道叠覆冲刷
棕色砂质泥岩
分流河道
泥滩
分流河道
泥滩

图 4-1-13　盘深 3 井孔一段单井相分析剖面

2 513.6 m 首先为一段河道沉积层序，厚度较薄，向下变为棕色泥岩，然后下部又发育一套河道层序，层序底部为含泥砾的中粗砂岩；2 603.1～2 609.6 m 主要为棕色泥岩，中部出现具生物扰动的粉细砂岩；2 691.0～2 699.1 m 主要为中粗砂岩，发育两套向上变细的层序；2 844.5～2 851.3 m 主要为棕色泥岩，下部出现沙纹层理和平行层理细砂岩；2 988.5～2 994.5 m 泥岩颜色为灰绿色，砂岩为平行层理中细砂；3 145～3 450 m 泥岩颜色也为灰绿色，砂岩以粉细砂岩为主。最后两段泥岩颜色显示沉积时期水体有一定深度，可以定为远端亚相(图 4-1-14)。

(2) 泥滩

泥滩相主要发育在末端扇分流河道之间的低洼地区，由存在障碍的较浅洪水延伸沉积而形成，沉积作用以悬浮沉积为主，岩性主要有厚层紫红色、浅棕色泥岩，薄层含有干裂的泥岩，薄层灰绿色泥岩、含粉砂泥岩及含泥粉砂岩。

夏 51 井位于临南断裂阶状构造带的双丰鼻状构造上，距孔店组沉积时期的物源较远，该井孔一段泥岩含量较高，常呈现泥岩中夹细砂岩层，局部有含砾砂岩出现。自然电位以指状、齿状较多。含砾砂岩段多为分流河道沉积，大段泥岩常是泥滩沉积所形成。肖 6 井位于临邑断裂背斜带的唐庄鼻状构造上，完钻井深 2 018 m，钻遇孔一段。该井在孔一段有两次取心，第二次为 2 013～2 017 m，主要为棕色泥岩，下部含有沙纹层理粉砂岩，为泥滩沉积(图 4-1-15)。禹 9 井位于临南洼陷西部，完钻井深 3 100 m，钻遇孔一段。3 095～3 100 m 为棕色泥岩，局部含粉砂岩层，反映了泥滩沉积特征(图 4-1-16)。

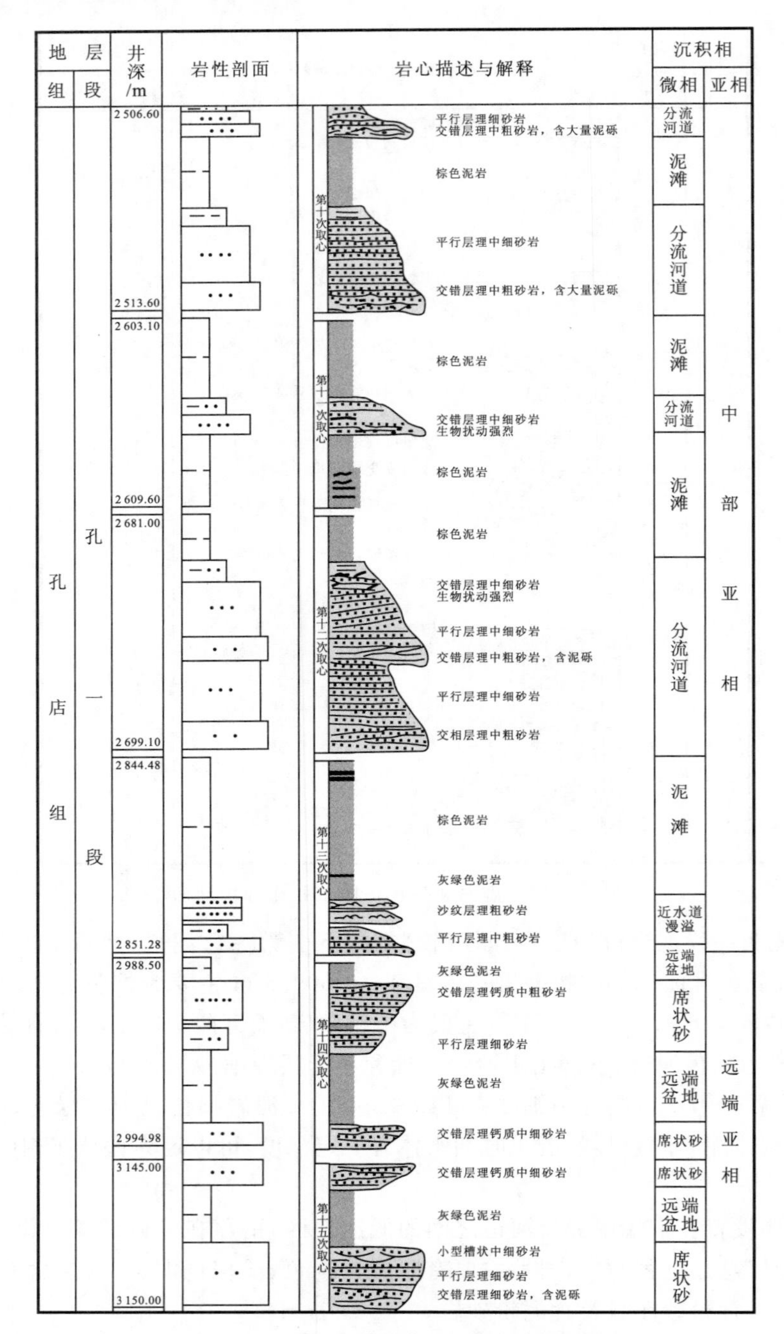

图 4-1-14　夏 23 井孔店组沉积相剖面分析

（3）近水道漫溢

该微相位于分流河道的两侧或前缘，为洪水期分流河道水流溢出所形成，以粉细砂岩为主，泥质含量较高，少见中粗砂岩沉积，一般以颗粒流形式沉积为主，每次大的洪水事件一般要间隔一定时间，所以在垂向上往往是由多个正粒序相互叠加而成。粒度概率曲线仍为明显的两段式，剖面以下粗上细的正韵律或均匀韵律为主。沉积物主要由浅棕色、灰绿色泥岩与中薄层粉细砂岩互层沉积组成，该微相中平行层理最为发育。盘 50 井位于临邑断裂背斜带的唐庄

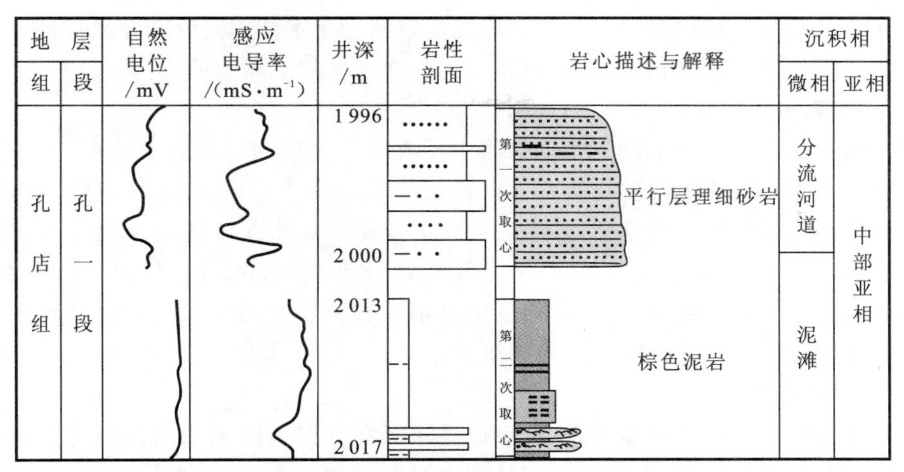

图 4-1-15　肖 6 井孔一段沉积相分析剖面

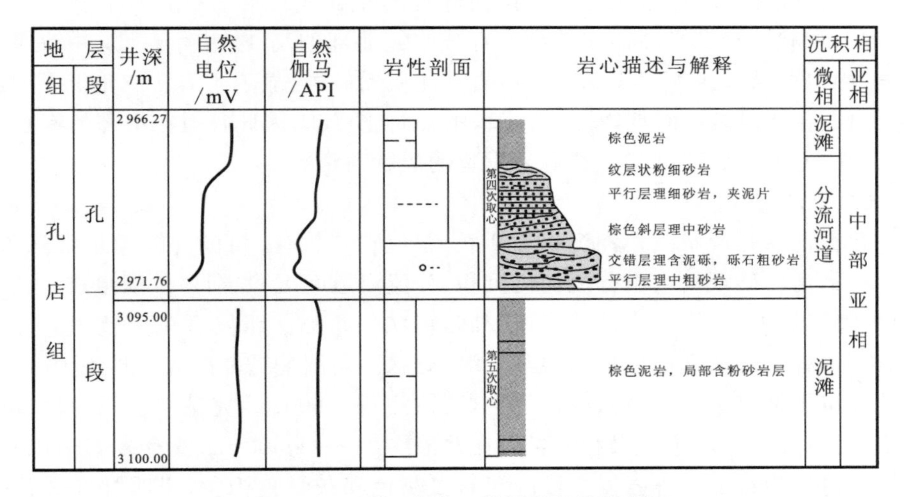

图 4-1-16　禹 9 井孔一段沉积相分析剖面

构造带上，完钻井深 2 502 m，完钻层位孔一段。该井在孔店组未取心，井段 2 060～2 502 m 为孔一段。该井段砂岩类型以粉细砂岩为主，局部为中粗砂岩。该井段下部泥岩含量明显增加，显示泥夹砂层特征。中粗砂岩段 SP、感应电导率曲线形态显示箱形和钟形，主要为中部亚相的分流河道沉积和近水道漫溢相沉积。

（4）远水道漫溢

远水道漫溢微相发育于近水道漫溢前缘，岩性为粉砂岩、泥质粉砂岩与浅棕色、灰绿色泥岩间互沉积，泥质含量很高，主要以正韵律和均匀韵律为主，席状的砂岩岩层表现出向上变细的趋势，具有明显的底界和侧向边界。位于临邑断裂背斜带的唐庄鼻状构造上的唐 6 井，完钻井深 2 610 m，钻遇孔一段。所钻遇的孔一段以泥岩地层为主，泥岩层中夹粉砂岩层，粉砂岩层一般较薄，SP 曲线常呈现指状和齿状，多为漫溢沉积。

3．远端亚相

远端亚相也叫远端盆地亚相，位于中部亚相的前方。该区河流作用较弱，水体相对平静；沉积物颗粒较细，分选性较好，以悬浮总体为主；岩性以灰绿色、浅棕色泥岩为主，夹泥质含量很高的薄层泥质粉砂岩，在特大洪水期间有细砂沉积，多发育水平层理、透镜状层理、脉状层理。从现有钻井岩性、地震相来看，惠民凹陷孔店组的稳定水体主要分布在夏口断层和滋镇地区之间及林樊家地区北部，而远端亚相分布在这些深水沉积的周边部位。

(二) 辫状三角洲沉积

辫状三角洲是由辫状河推进到稳定水体中形成的富含砂和砾石的三角洲，整个辫状三角洲由单条或多条底负载河流提供物质。根据惠民凹陷的构造演化特征，孔店组沉积时期阳信洼陷和里则镇洼陷其实为一个地堑，且南坡较北坡要陡。录井资料显示，该地堑南部的井钻遇了一定厚度的砾岩体，例如林气 3 井、林 2 井及高青凸起北部的高 10 井、高 51 井、高 44 井和高 63 井，砾岩与砂岩以棕色为主，地震相以中振幅中连续斜交前积相为主。因此推测青城凸起以北至林樊家地区南部发育辫状三角洲沉积。

1. 辫状三角洲平原

辫状三角洲平原主要由众多的辫状河道、漫滩沉积和河道间沉积组成。辫状河道充填物为宽平板状的多侧向砂岩带；底部冲刷而具有比较平缓的特征，表现为低度的地形起伏；河道充填层序主要由砂岩组成，也常见砾岩。据构造演化可知，孔二段沉积时期林樊家地区出现较深水沉积，因此辫状三角洲平原面积较小。青城凸起北部的高 44 井和高 63 井钻遇中厚层灰色含砾砂岩、中厚层紫红色泥岩夹砾泥质砂岩和泥质粉砂岩，显示了辫状三角洲平原沉积的特点(图 4-1-17)。孔一段沉积时期，林樊家沉积中心向北移动，因此林樊家南部的辫状三角洲平原面积增大，高 10 井、高 51 井均钻遇砾岩发育的辫状河道。

2. 辫状三角洲前缘

辫状三角洲前缘是辫状三角洲沉积最活跃的场所。辫状三角洲前缘像正常三角洲一样，常具有限定性的河口砂坝。它由分流河道沉积、分流河道间沉积、河口砂坝组成。孔二段沉积时期，受盆地伸展影响，林樊家南部地形还较陡，辫状三角洲前缘发育范围较小。孔一段沉积时期，盆地扩张，林樊家南部地区地形逐渐变缓，辫状三角洲前缘范围有所扩大。

林气 3 井位于林樊家断裂鼻状构造带上，完钻井深 1 600 m，完钻层位孔一段。该井钻遇的孔一段主要为棕红色、灰色砂岩和泥岩。在井段 1 340～1 600 m，发育多套中砾岩段，显示明显的分流河道沉积特征。砾岩发育段的泥岩以灰色和灰绿色为主，说明林气 3 井附近为浅水环境，因此定为辫状三角洲前缘沉积(图 4-1-18)。

3. 前三角洲

辫状三角洲的前三角洲与各类三角洲的前三角洲亚相相似，均以泥质沉积物为主，在湖流或波浪的作用下，辫状三角洲前缘的砂体常常被携带到前三角洲沉积下来，形成薄层的席状砂。孔二段沉积时期，林樊家地区存在稳定水体。林 2 井录井资料显示孔二段以灰白色细砂岩、粉砂岩与深灰色、褐灰色泥岩互层为特征，夹薄煤层，植物屑及黄铁矿常见，砂岩多为薄层粉细砂岩，结合电测曲线特征推测林 2 井区附近为前三角洲沉积(图 4-1-19)。

五、沉积相分布及沉积模式

(一) 沉积相分布

各种沉积相并不是孤立地出现，它们在时间和空间的分布上都有一定的内在联系，在成因上有联系的沉积类型在垂向剖面上常出现一定的组合关系。

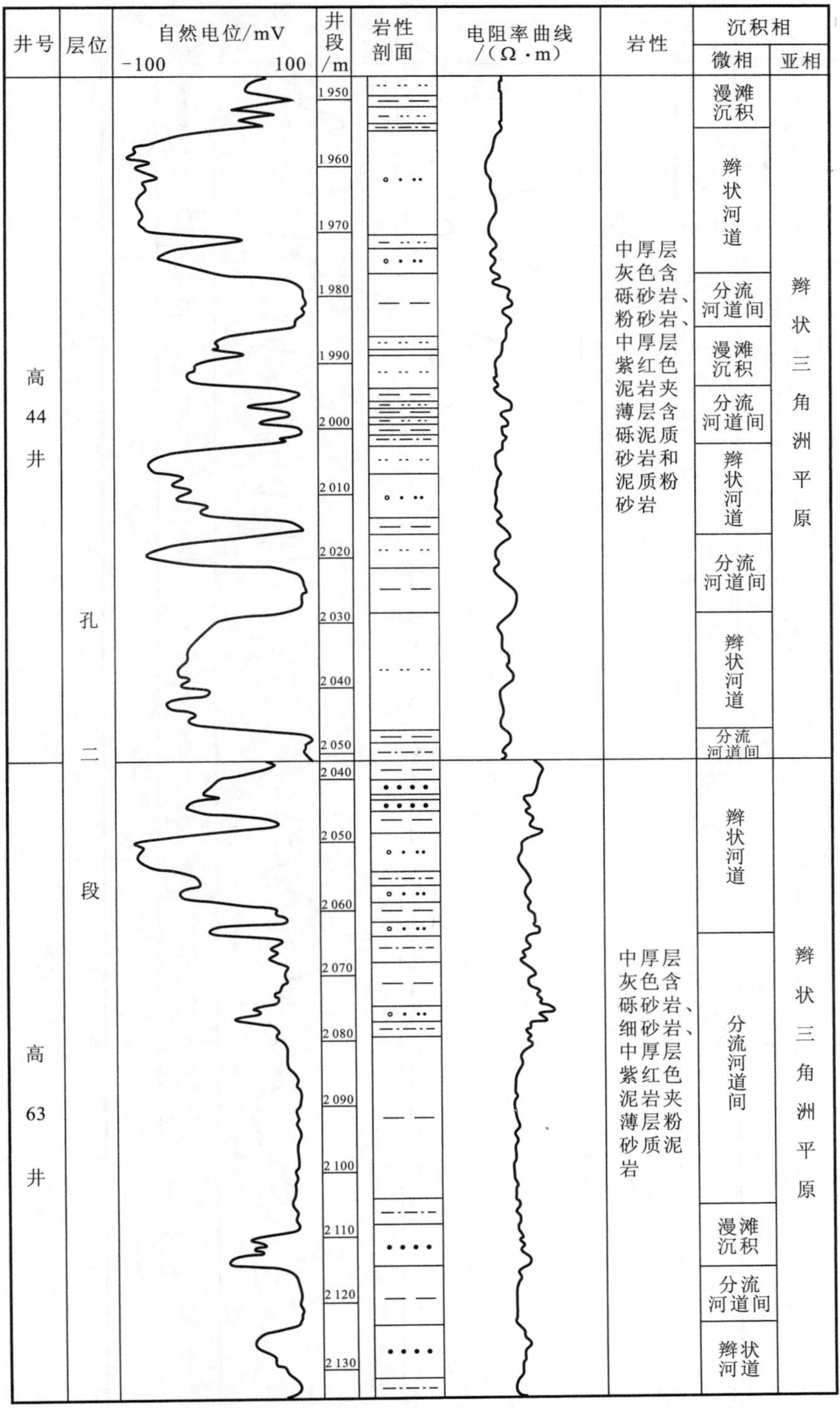

井号	层位	自然电位/mV -100 100	井段/m	岩性剖面	电阻率曲线/(Ω·m)	岩性	沉积相	
							微相	亚相
高44井	孔二段		1 950 1 960 1 970 1 980 1 990 2 000 2 010 2 020 2 030 2 040 2 050			中厚层灰色含砾砂岩、粉砂岩、中厚层紫红色泥岩夹含薄层砾泥质砂岩和泥质粉砂岩	漫滩沉积 辫状河道 分流河道间 漫滩沉积 分流河道间 辫状河道 分流河道间 辫状河道 分流河道间	辫状三角洲平原
高63井			2 040 2 050 2 060 2 070 2 080 2 090 2 100 2 110 2 120 2 130			中厚层灰色含砾砂岩、细砂岩、中厚层紫红色泥岩夹薄层粉砂质泥岩	辫状河道 分流河道间 漫滩沉积 分流河道间 辫状河道	辫状三角洲平原

图 4-1-17　高 44 井和高 63 井孔二段辫状三角洲平原沉积剖面

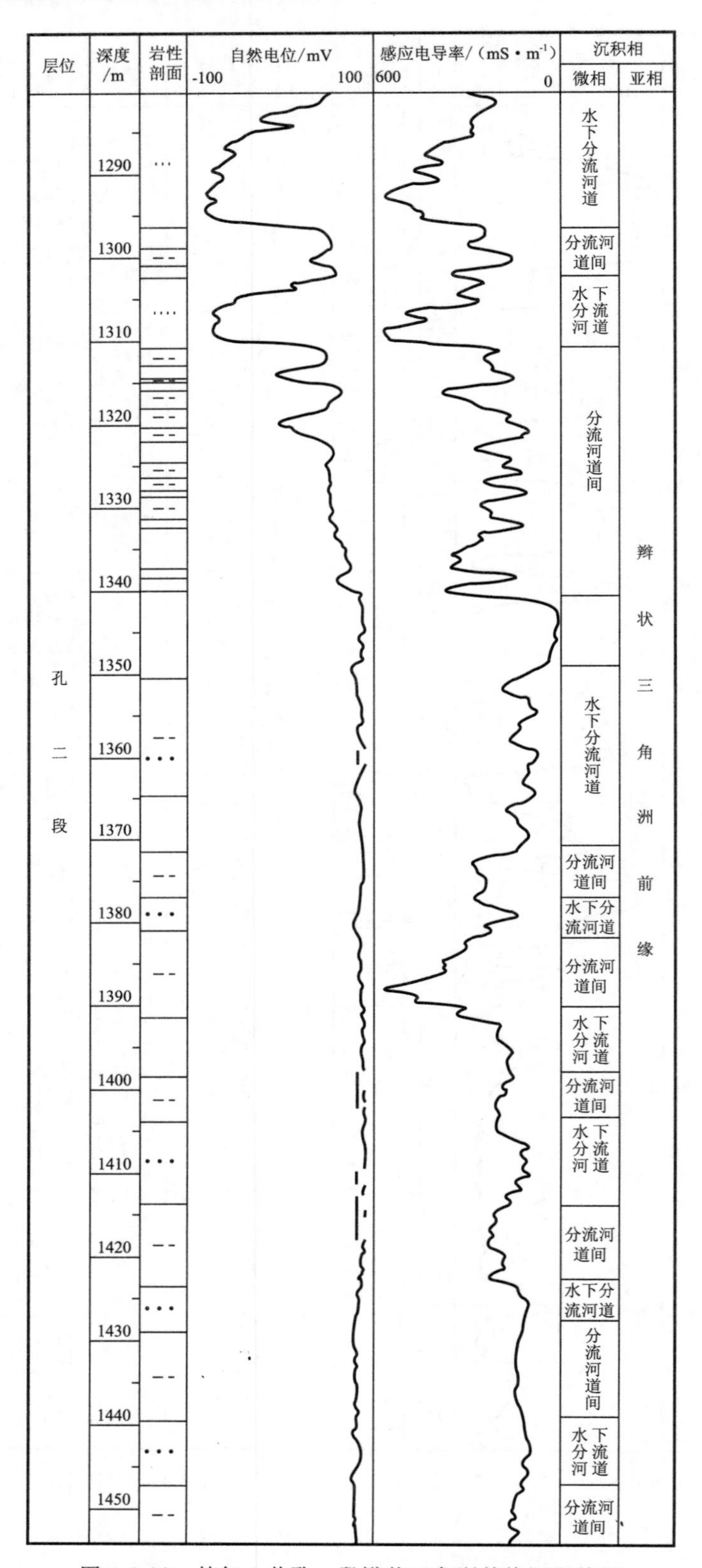

图 4-1-18 林气 3 井孔一段辫状三角洲前缘沉积特征

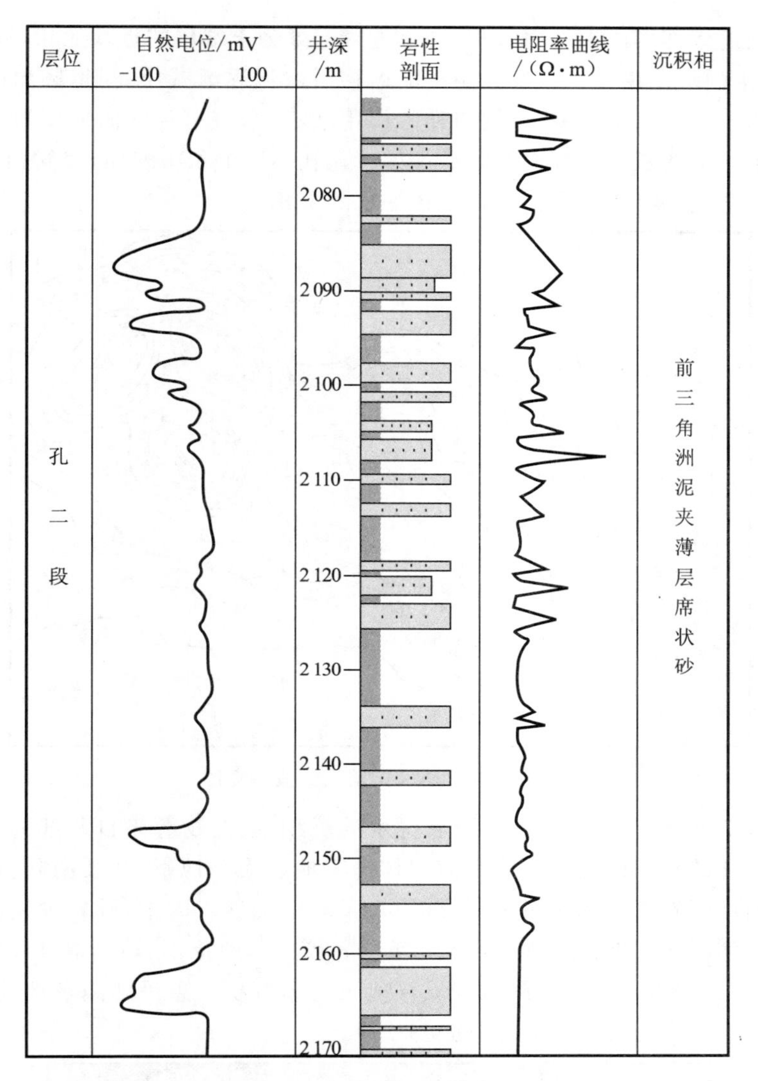

图 4-1-19　林 2 井孔二段前三角洲沉积特征

1. *平面分布*

孔店组沉积初期，惠民凹陷产生了巨大的拉伸应力场。夏口断层以南地区整体持续隆起，而惠民凹陷北部构造受基底断层的控制，在基底断层的控制下惠民凹陷西部孔店组呈现向南缓倾的形态，直至与夏口断层相交；夏口断层北部到盘河—商河一带为孔店组沉积时期最深的地带，是此时的沉积中心（图 4-1-20）。孔店组沉积初期，气候干旱，湖水蒸发量大于河水注入量，湖平面下降，稳定水体面积较小，湖泛平原分布广阔，几乎没有沉积作用发生。当季节性降雨来临时，大量洪水从惠民凹陷南、北两侧的鲁西隆起和埕宁隆起流出，洪流能量较强，冲出山谷后在湖泛平原向盆地区推进。洪水在推进的同时能量不断减弱，河流不断分叉，并不断出现河道漫溢现象。干旱—半干旱环境下，在河道的末端水流流量消减，随着地形坡度逐渐变缓，宽而浅的河道向扇体转变并逐渐变成片流，水流向四方散开，碎屑物质大量沉积，即形成了末端扇沉积。孔二段沉积时期，末端扇遍布整个夏口断裂以南地区，由于该区整体隆起，且地势平坦，所以沉积层较薄。此时期在北部的缓倾带上，也发育大量末端扇沉积。季节性降雨形成的洪水在宁津凸起南部形成末端扇沉积，在靠近隆起处为末端扇的近端亚相，辫状水道为末端扇的补给水道，沿斜坡向南延伸。经长距离的运移后水流逐渐减小，河道频繁改道，粗粒碎屑物逐步沉积。由于供给水量的减少，河道冲蚀作用减小，水流呈片状向四周散开，只有少量砂质沉积物延伸到达临商断层南部的凹陷最深处。在孔二段沉积中晚期，气候相对湿润，在夏口断层到滋镇地区之间的沉积中心区出现了较深水的沉积。

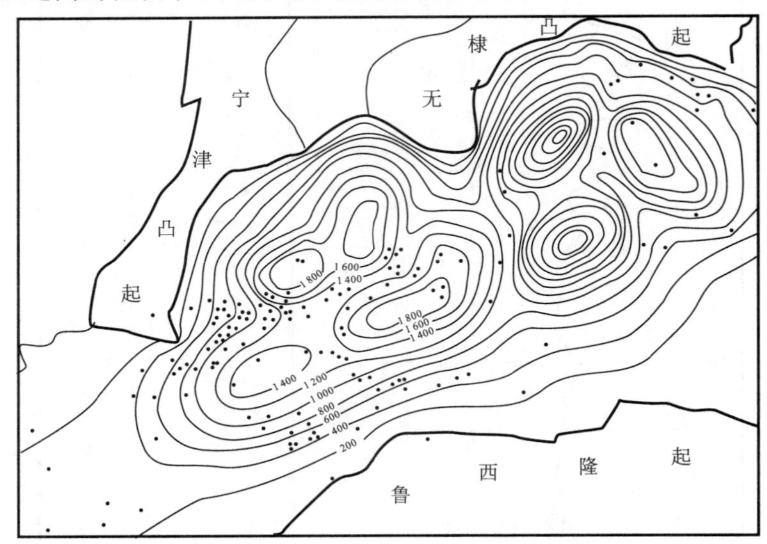

图 4-1-20　惠民凹陷孔二段厚度图

在惠民凹陷东部林樊家地区，此时有较深水的沉积，主要物源来自北部的无棣凸起、东部的滨县凸起和南部的青城凸起。孔店组前期林樊家地区为一地堑，北缓南陡。在当时的气候条件下北部缓斜坡带发育了末端扇沉积，沉积物多以中细砂岩为主，砾岩少见；而南部斜坡带发育了辫状三角洲沉积。但由于地形相对较陡，辫状三角洲范围较小，高 44、高 66 井揭示了辫状三角洲平原沉积特征，林 2 井附近则发育前三角洲沉积。惠民凹陷东部孔二段沉积时期水深最深处位于林樊家地区的西北部(图 4-1-21)。

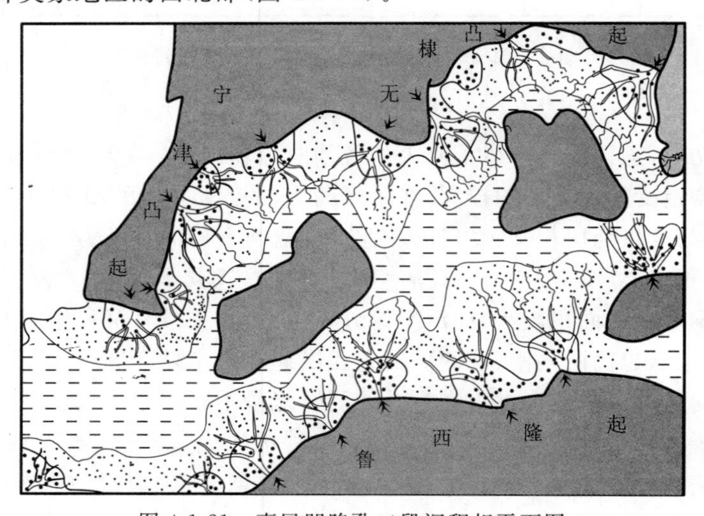

图 4-1-21　惠民凹陷孔二段沉积相平面图

孔一段沉积时期与孔二段沉积时期相比，惠民凹陷西部稳定水体发育面积减小，并稍微向北迁移。由于临商断层的活动，中央隆起带开始发育，一个沉积中心逐渐向两个过渡，但仍以夏口断层以北区域为主要沉积中心(图 4-1-22)。此时，埕宁隆起提供物源，在北部斜坡区形成大范围末端扇沉积。其西部的物源区提供的碎屑物质在间歇性洪水作用下向东或东南延伸范围也较大。在商河地区北部也存在稳定水体，来自无棣凸起的碎屑物质可在间歇性水流携带下进入该稳定水体。林樊家地区南部地层有所抬升，稳定水体区域北移，来自东部滨县凸起的物源减少，主要为来自无棣凸起的碎屑物质形成的末端扇沉积和南部物源形成的辫状三角洲沉积。由于水体的北移，青城凸起北部的辫状三角洲平原所覆盖的范围扩大。在惠民凹陷的南部，地势相对平坦，来自鲁西隆起的碎屑物质形成了呈片状分布的末端扇中部亚相沉积，碎屑物质相对较细，砂、泥岩互层发育(图 4-1-23)。

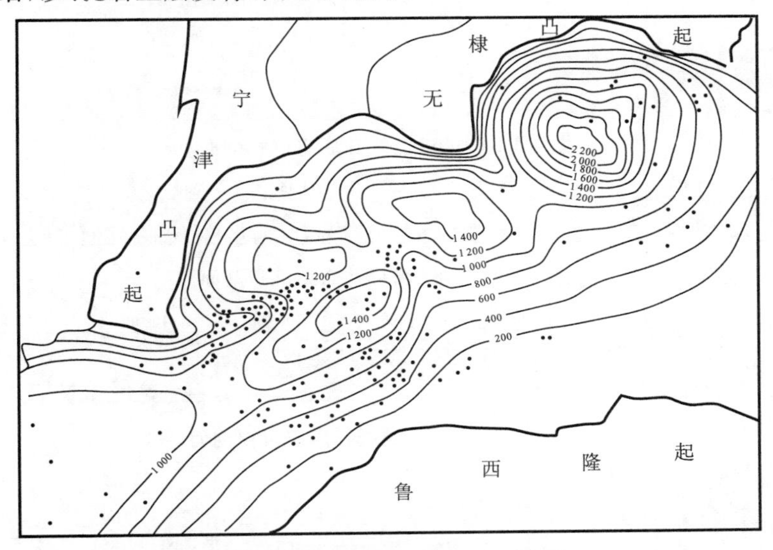

图 4-1-22　惠民凹陷孔一段厚度图

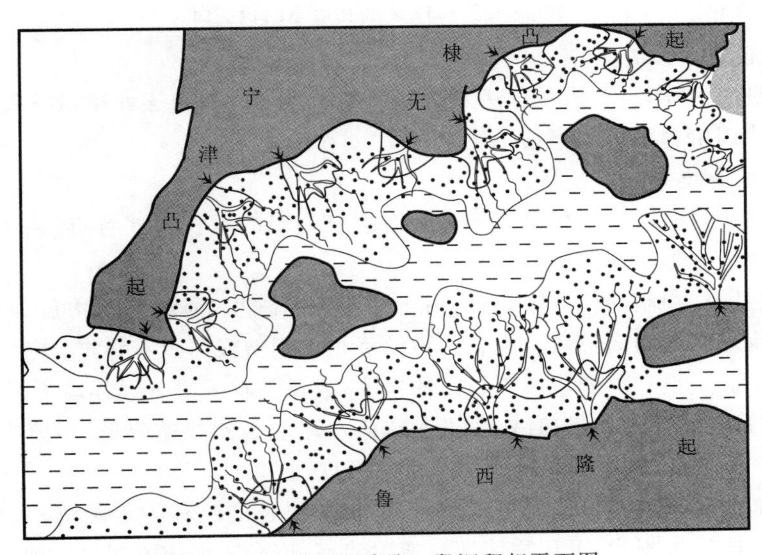

图 4-1-23　惠民凹陷孔一段沉积相平面图

2. 剖面特征

惠民凹陷孔店组主要发育末端扇沉积，林樊家以南地区发育辫状三角洲沉积。在地震剖面上，末端扇的近端亚相多显示为杂乱充填相，说明沉积物粒度较粗，是沉积物快速沉积的反映，但分布范围有限。中部亚相为末端扇沉积的主体，自盆地边部向盆地中心显示楔状地震相、波状地震相，最后演变为亚平行席状相，反映了大面积连续的细砂和泥质的沉积特征，中部亚相可一直延伸到盆地区。远端亚相已进入稳定水体，主要为灰绿色泥岩和薄层粉、细砂岩沉积，地震剖面上主要显示强振幅中(高)连续亚平行席状相。辫状三角洲沉积在地震剖面上主要反映为中振幅中连续斜交前积相。图 4-1-24～图 4-1-27 是惠民凹陷南北向四条主测线孔店组的沉积特征。由剖面图可以看出沉积中心位于夏口断层的下降盘，在夏口断层以南广泛分布末端扇沉积，砂岩粒度较细，泥岩含量较高；在惠民凹陷北部，由于地势较缓，末端扇砂体广泛分布。另外，钻遇孔店组的探井资料也反映了末端扇沉积的特点。

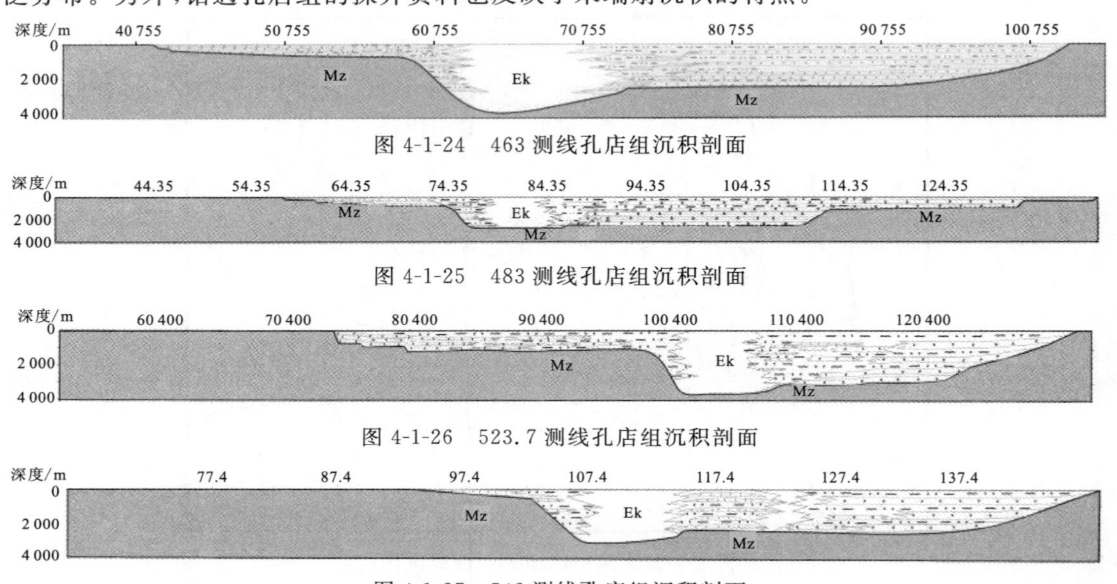

图 4-1-24　463 测线孔店组沉积剖面

图 4-1-25　483 测线孔店组沉积剖面

图 4-1-26　523.7 测线孔店组沉积剖面

图 4-1-27　542 测线孔店组沉积剖面

(二) 沉积模式

沉积模式是对沉积环境、沉积作用及其产生的结果(沉积相)三者互相联系的揭示和描述，是对沉积相的成因解释和理论概括。

1. 末端扇沉积模式

Tooth 等(1999)根据澳大利亚北部河流终端末端扇的沉积模式特点，认为末端扇主要有两种沉积模式特征。

第一种是在断层控制的斜坡断裂带，由于流量迅速减小，河流沉积物负载也将快速下沉，必然形成沉积物堆积向四周扩散。沿着河道的沉积作用造成河道不稳定，不断改道(分叉)，沉积物的堆积在平面上很有可能呈一不规则的扇形；或者是在干旱气候环境下，斜坡上没有断裂带，河流流量通过渗滤和蒸发迅速减少，进而造成水流能量的快速降低，最终形成末端扇的砂质堆积物。

第二种是如果流量的减少速度很慢，沉积物将在很长的流程中不断沉积，当流量减少时，河流没有能力再搬运沉积物，沉积物堵塞河道迫使河道分叉，形成不明显的河道网络。由于干旱地区河道水浅岸低，溢岸洪流极易发生，沿着河道水流能量也不断损失；另外河道中的植物、沉积物也能造成能量的损失，形成频繁的决口作用和溢岸洪流作用。最后在末端水流中可能几乎已没有沉积物负载，不可能形成明显的扇形堆积体。

研究表明,本研究区的末端扇属于第一种沉积模式,但又有自身的特点。孔店组沉积时期,半干旱气候环境下,河流终端水量减少,物源区的碎屑物质被季节性降雨和由此产生的洪水流搬运至河流终端形成砂质沉积为主的末端扇沉积,水动力条件主要是牵引流。但由于研究区内末端扇主要发育于涨缩湖盆,湖盆水面升降频繁,以及季节性降雨和洪水流的交替影响,最终使得河道砂岩沉积中泥条及泥质夹层非常发育,且溢岸沉积砂泥互层非常频繁,这也成为该区末端扇沉积的一个显著特征。

末端扇具有复杂多变的内部环境,惠民凹陷的末端扇可以划分为三个大的组成单元:近端亚相、中部亚相和远端亚相(图 4-1-28,图 4-1-29)。近端亚相由补给水道和水道间沉积组成,补给水道为洪水河道沉积的延续,补给水道间为泥岩沉积夹薄层粉、细砂岩沉积。惠民凹陷孔店组在南北隆起边缘可发育近端亚相沉积。中部亚相是惠民凹陷孔店组的主要沉积单元,该地带为末端扇体系中砂质沉积物最丰富、最集中的地区,可以构成良好的油气储集层。砂体的形态受该地区复杂的水动力影响,近端亚相分流河道非常发育。受河流流量大小影响,河道频繁改道,河水常常溢出形成溢岸沉积。在下游方向分支河道深度和宽度迅速减小,表明河流经过渗滤和蒸发作用,使它的流量损失了相当一部分,导致了沉积物的快速沉积。侧向渗滤比垂向渗滤大,这是由于顶部砂质沉积之下存在广泛的粘土层。扇体由近而远砂岩厚度的减薄,也表明沉积分流河道能量的减弱。离分流河道越远,溢岸沉积物粒度越细,依次可区分出近水道溢岸沉积和远水道溢岸沉积两个砂体微相带。由于水体涨落频繁,溢岸沉积特别是远水道溢岸沉积物时而在湖水面以下,受到波浪改造,时而露出水面,受来自河流的洪水流影响。远端盆地位于中部亚相靠近盆地一侧,常常受到浅水波浪的干扰,泥质沉积物非常发育。

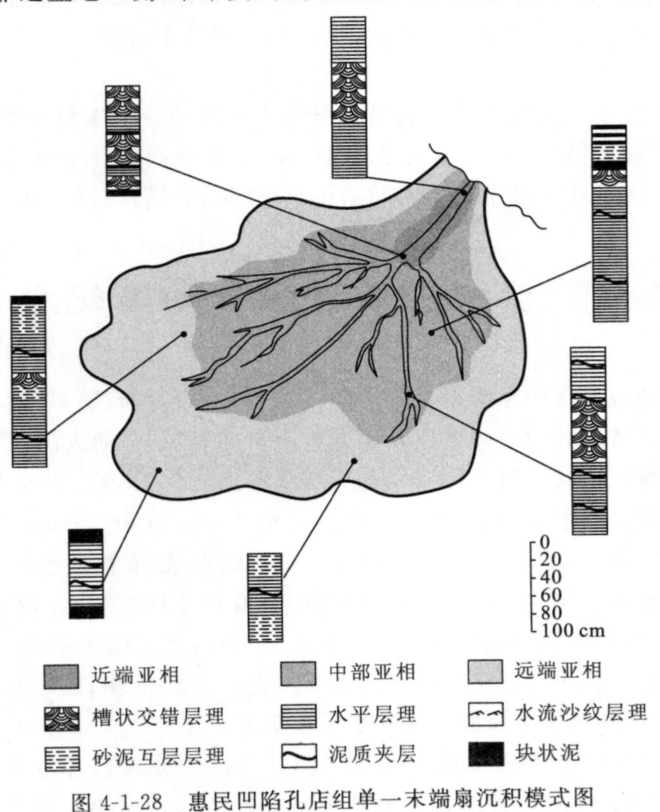

图 4-1-28 惠民凹陷孔店组单一末端扇沉积模式图

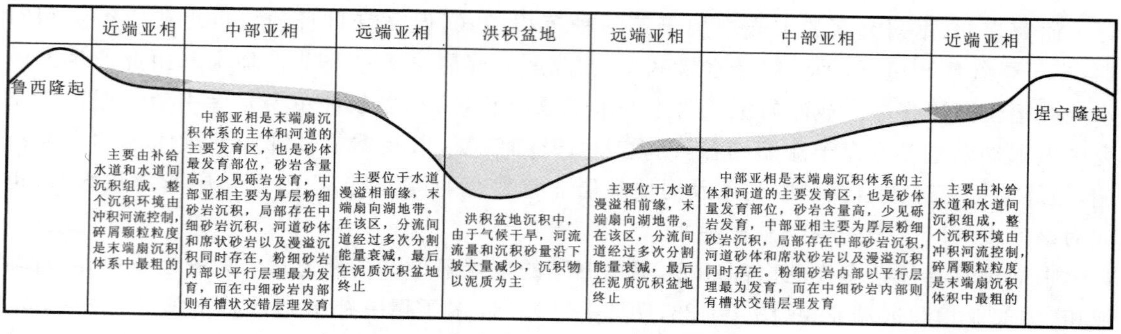

	近端亚相	中部亚相	远端亚相	洪积盆地	远端亚相	中部亚相	近端亚相	
鲁西隆起	主要由补给水道和水道间沉积组成，整个沉积环境由冲积河流控制，碎屑颗粒粒度是末端扇沉积体系中最粗的	中部亚相是末端扇沉积体系的主体和河道的主要发育区，也是砂体最发育部位，砂岩含量高，少见砾岩发育，中部亚相主要为厚层粉细砂岩沉积，局部存在中细砂岩沉积，河道砂体和席状砂岩以及漫溢沉积同时存在，粉细砂岩内部以平行层理最为发育，而在中细砂岩内部则有槽状交错层理发育	主要位于水道漫溢相前缘，末端扇向湖地带。在该区，分流间道经过多次分割能量衰减，最后在泥质沉积盆地终止	洪积盆地沉积中，由于气候干旱，河流流量和沉积砂量沿下坡大量减少，沉积物以泥质为主	主要位于水道漫溢相前缘，末端扇向湖地带。在该区，分流间道经过多次分割能量衰减，最后在泥质沉积盆地终止	中部亚相是末端扇沉积体系的主体和河道的主要发育区，也是砂体量发育部位，砂岩含量高，少见砾岩发育，中部亚相主要为厚层粉细砂岩沉积，局部存在中部砂岩沉积，河道砂体和席状砂岩以及漫溢沉积同时存在。粉细砂岩内部以平行层理最为发育，而在中细砂岩内部则有槽状交错层理发育	主要由补给水道和水道间沉积组成，整个沉积环境由冲积河流控制，碎屑颗粒粒度是末端扇沉积体积中最粗的	埕宁隆起

图 4-1-29　惠民凹陷孔店组南北向沉积相模式图

2. 辫状三角洲演化模式

惠民凹陷林樊家以南地区在孔店组主要发育辫状三角洲沉积。据构造演化分析，孔店组沉积初期，阳信洼陷和里则镇洼陷为一个地堑，沉积中心就位于林樊家。此时青城凸起北部相对较陡，强烈的构造运动使得该区遭受剥蚀，大量碎屑物质向北注入林樊家沉积区，在斜坡带发育了辫状三角洲沉积。孔二段沉积时期，气候相对湿润，湖盆水体稳定，辫状三角洲规模相对较小。林 2 井在孔二段钻遇大量灰色泥岩层，说明水体已相对稳定，林 2 井区附近应已位于前三角洲的位置。随着盆地伸展的延续，林樊家地区南北两侧断层逐渐发育，南部有所抬升，水体变浅，沉积中心逐渐向北移动，到孔一段沉积时期，沉积中心已北移到现今阳信洼陷的南部。青城凸起北部斜坡带逐渐变得平缓，距稳定水体也越来越远。青城凸起北部的辫状三角洲规模逐渐扩大，辫状三角洲平原向北扩展。随着林南断层的发育，从孔店组沉积末期开始，一直到沙四段沉积时期，林樊家低凸起逐渐形成，孔店组被抬升遭受剥蚀，辫状三角洲沉积随之消失。

综上所述，不难发现在惠民凹陷孔店组沉积体系内部的各个次级环境和沉积相都有着各自的特点，而且它们在时空分布上，也就是在垂直层序和横向变化方面也有着特定的共生关系，揭示这些规律对鉴别和解释整个惠民凹陷孔店组沉积环境具有重要的参照价值。

第二节　沙四下亚段沉积相与沉积模式

受区域构造运动以及区内断裂活动的影响，第三纪不同时期、同一时期不同构造部位发育不同的沉积类型。通过钻井岩心观察以及测井特征研究，并结合前人的研究成果，将惠民凹陷沙四段—沙三下亚段沉积时期沉积体系划分为辫状河扇、泥石流扇、滩坝、风暴岩、三角洲和扇三角洲等沉积相类型。其中，沙四下亚段主要发育辫状河扇沉积，分布在中央隆起带、滋镇洼陷等地区；南斜坡发育泥石流扇沉积；阳信洼陷北部陡坡带发育扇三角洲沉积；阳信洼陷南部边缘部分地区发育滩坝沉积；沙四上亚段中央隆起带发育滩坝沉积，在商 52 井区还发育风暴岩沉积；阳信洼陷北部无棣凸起边缘发育水进型扇三角洲；在滋镇洼陷、南斜坡带、阳信洼陷南部地区发育三角洲沉积。沙三下亚段在全区主要发育三角洲沉积，同时在三角洲前端发育浊积砂体；阳信洼陷北部陡坡带主要发育近岸水下扇沉积。

Stanistreet 和 McCarthy(1993)将冲积扇按照其成因划分成三种主要类型：泥石流扇，主要由泥石流作用形成的冲积扇，即通常所说的干扇；辫状河扇，主要由辫状河作用形成的冲积扇；低弯度曲流河扇，主要由曲流河作用形成的冲积扇，许多经典研究的冲积扇都可以归到这三种类型之中。惠民凹陷西部沙河街组四段下部是一套分布广泛的红色或紫红色砂泥岩互层沉积，该套红层过去被认为是冲积扇成因或洪水—漫湖沉积。本次研究对惠民凹陷西部沙四下亚段进行了沉积学的系统分析，同时结合该地区的区域构造及古气候特征，认为该套红层主要存在辫状河扇和泥石流扇两种沉积类型。

一、辫状河扇沉积体系

辫状河作为河流的一种，多出现在季节性变化明显的山区或河流上游河段以及冲积扇上。本文所指的辫状河扇，主要是指辫状河流沉积。辫状河流常出现在临近剥蚀高地的山前地带或冰水冲积平原上，由于山前坡度较陡，因此往往会形成辫状河扇。辫状河扇内部环境极不稳定，河道迁移频繁，河道砂坝时而被侵蚀，时而又建立，而河道间泛滥平原沉积和决口扇沉积不发育，沉积相分异不明显，主要为河道滞留沉积和河道砂坝沉积。

在辫状河流中，河道频繁迁移、改道，主要发育活动性河道砂坝，最常见的有：纵向砂坝、斜向砂坝和横向砂坝三种类型。对惠民凹陷沙四下亚段辫状河沉积进行了详细研究，将该区辫状河道层序分为两种类型。

一是向上变细的河道层序，层序主要由砂砾岩和砂岩组成。河道底部具有冲刷，冲刷面之上为较粗的砾石和泥砾，为河床滞留沉积。滞留沉积之上一般发育大型的槽状交错层理砂砾岩和砾状砂岩，再向上往往发育平行层理或斜层理单元。河道砂岩的顶部可出现水流沙纹层理细砂岩和粉砂岩，向上逐渐变为棕色和灰绿色泥岩，构成向上变细的河道层序。

二是在向上变细的河道层序中，常有较粗粒的沉积单元出现，从而打破了单一的向上变细的河道层序。这些粗粒沉积单元与下伏的河道层序之间呈突变接触关系，粒度比下伏河道单元粗。显然，这些粗粒沉积单元代表河道砂坝沉积。这些砂坝层序的内部构造单一，主要以大型的斜层理为主，厚度一般为 1～4 m，砂坝顶部多与上覆泥岩突变接触。

以上两种辫状沉积可以单独出现，也可以相互切割出现。

（一）岩性及沉积构造特征

惠民凹陷沙四下亚段辫状河沉积岩性大致可分为 8 种：细砾岩、含砾砂岩、粗砂岩、中砂岩、细砂岩、粉砂岩、泥岩和碳酸盐岩。该区辫状河沉积砾岩含量较少，为 0.97%，单层厚度一般为 1～6 m，最厚可达 10 m 以上；砂岩以粉砂岩为主，含量为 19.49%，单层厚度一般为 0.5～5 m，最厚可达 16 m；其次为细砂岩、粗砂岩和中砂岩，含量分别为 10.70%，7.42%，6.53%，厚度为 0.5～13.5 m。砂砾岩主要分布在离物源较近的地区，且主要发育在河道层序底部，以复杂成分砾岩为主，成分有变质岩、火山岩及沉积岩。其中以石英岩砾石的粒径最大，一般为 1～3 cm，砾石磨圆度好，分选较好。砾石间充填砂质，纯净，填充物分选好，且成分多为石英砂或者岩屑石英砂充填。砂岩磨圆为次棱—次圆，分选中等—好，以薄—巨厚层状灰白色、棕红色为主。泥岩含量较高，为 53.56%，以紫红色、灰绿色为主。

通过对惠民凹陷沙四下亚段取心井的详细观察与描述，发现其沉积构造类型主要有各种层理构造、侵蚀构造、变形构造和生物成因构造（图 4-2-1）。

（二）沉积相类型及沉积层序

1. 微相分析

惠民凹陷沙四下亚段辫状河扇沉积体系主要分布在滋镇洼陷、中央隆起带、临南洼陷和商河等地区。辫状河作为河流的一种，多出现在潮湿或较潮湿的季节性变化明显的山区或河流上游河段以及冲积扇上。

(a) 临57井2 $\frac{48}{50}$ 河道底部冲刷

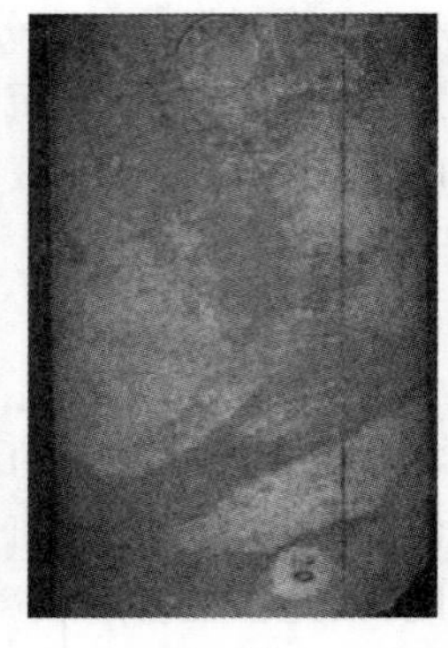

(b) 盘深2井1 $\frac{10}{45}$ 变形构造

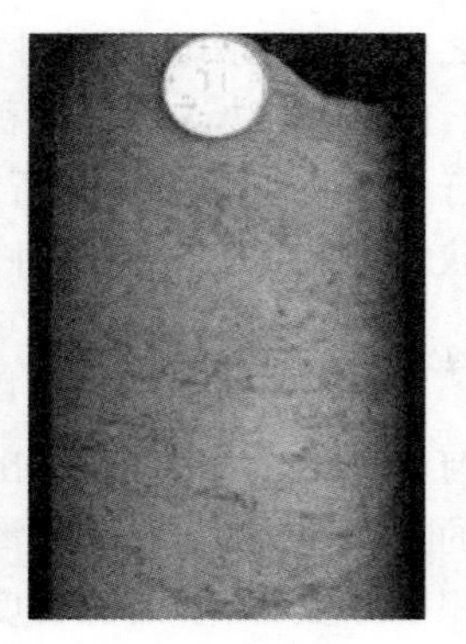

(c) 临57井1 $\frac{10}{36}$ 生物扰动构造

图 4-2-1　辫状河扇侵蚀构造、变形构造与生物扰动构造沉积特征

辫状河内部环境极不稳定，河道迁移频繁，河道砂坝时而被侵蚀，时而又建立，而河道间泛滥平原沉积和决口扇沉积不发育，沉积相分异不明显，主要微相为辫状河道、河道砂坝和分流间湾沉积。

2. 单井相分析

(1) 临 57 井

由临 57 井单井相分析剖面(图 4-2-2)可知，该井区沉积微相有辫状河道、河道砂坝和河道间，生物扰动构造比较发育。第一次取心深度为 2 254.35～2 261.01 m，砂体不是很发育，砂岩岩性主要为粉砂岩，河道底部可见中砂岩，砂体厚度多小于 1 m。层理主要为平行层理、低角度交错层理和槽状交错层理，以正递变层理为主，河道底部见冲刷构造，取心主要为河道侧缘，泥岩为棕色。该次取心自然电位曲线与电阻率曲线多为指状或钟形。第二次取心深度为 2 299.30～2 308.80 m，砂体发育，沉积微相有辫状河道与河道砂坝，砂岩岩性为含砾砂岩和中、粗砂岩，砂体厚度较大。辫状河道发育槽状交错层理、板状交错层理和平行层理，总体上为正递变，自然电位曲线为钟形。河道砂坝发育低角度交错层理，总体上为反递变，自然电位曲线和电阻率曲线为箱形或漏斗形。总的来看该井区砂体叠复冲刷，沉积厚度大，辫状河道与河道砂坝都为较好的储集砂体。

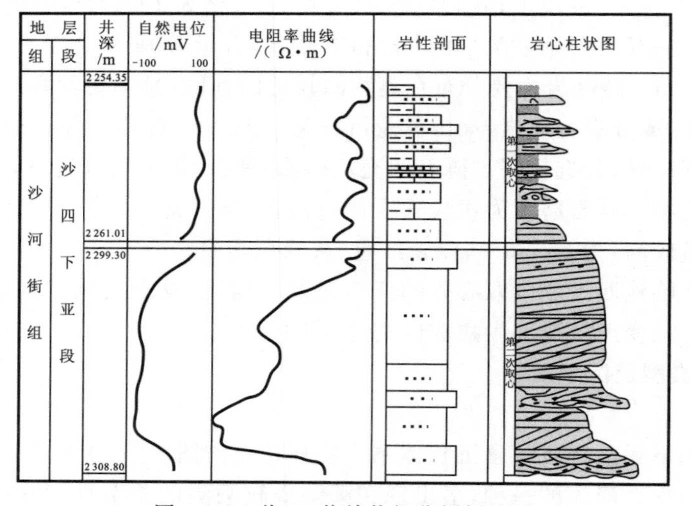

图 4-2-2　临 57 井单井相分析剖面图

(2) 盘 80 井

盘 80 井取心有一次为沙四下亚段，取心深度为 2 195.00～2 200.00 m，取心所见主要为辫状河道微相，河道叠复冲刷，砂体发育，砂岩岩性主要为粗砂岩和中砂岩。层理主要发育平行层理和槽状交错层理，河道底部冲刷下部平行层理中砂岩，单个河道发育向上变细的正递变层理。自然电位曲线与电阻率曲线多为钟形。总的来看，该井区辫状河道砂体叠复冲刷，沉积厚度较大(图 4-2-3)。

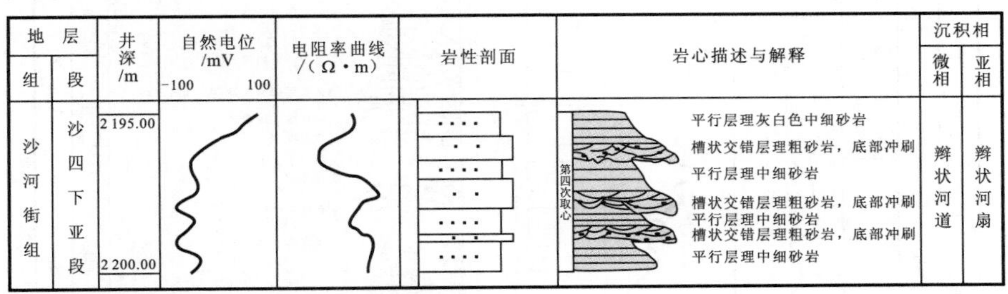

地　层
组
段
井深/m
自然电位/mV
-100
100
电阻率曲线/(Ω·m)
岩性剖面
岩心描述与解释
沉积相
微相
亚相
沙河街组
沙四下亚段
2 195.00
2 200.00
第四次取心
平行层理灰白色中细砂岩
槽状交错层理粗砂岩，底部冲刷
平行层理中细砂岩
槽状交错层理粗砂岩，底部冲刷
平行层理中细砂岩
槽状交错层理粗砂岩，底部冲刷
平行层理中细砂岩
辫状河道
辫状河扇

图 4-2-3　盘 80 井单井相分析剖面图

(3) 盘深 2 井

由盘深 2 井沙四下亚段单井相分析剖面(图 4-2-4)可知，该井区沉积微相见辫状河道和河道间，生物扰动构造比较发育，主要为生物扰动、生物潜穴和螺化石。该井区砂体发育，砂岩岩性主要为粗砂岩、中砂岩和细砂岩，砂体厚度为 1～5 m，局部砂体内部可见撕裂状泥条，河道底部含泥砾，且具有侵蚀构造。层理主要为水流沙纹层理、平行层理、低角度交错层理和槽状交错层理，单个砂体以正递变层理为主，泥岩颜色为棕色和灰绿色。

3. 沉积模式

辫状河的沉积层序是由一些规模不等的相互重叠的砾石层和砂层组成的巨厚的粗碎屑层系，其厚度从数米至数十米，砾石层常呈透镜状。层序下部的砾石层和中粗砂层占整个层序的大部分，一般代表河道滞留沉积相和砾石坝相；层序上部的中细砂岩及粉砂岩均为较薄而不稳定的夹层，代表洪水期在砾石坝或废弃河道表面淤积的披盖层或河道间沉积。层序内部具有冲刷面，冲刷充填构造频繁出现。垂向上的粒度变化可显示不明显的向上变细的正旋回，总体上向上变细或变粗的层序均可出现(图 4-2-5)。

在空间分布上，从上游至下游辫状河扇沉积物随坡度减小粒度逐渐变细，厚度逐渐变薄，砂质层增多变厚，河道形态及砾石坝类型也呈现相应的变化。通常在上游段多席状砂坝和纵向砂坝，向中下游逐渐过渡为斜向砂坝和横向砂坝，下游段主要为横向砂坝，再向下则过渡为砂质辫状河沉积体系。

二、泥石流扇沉积体系

据岩心观察与描述，惠民凹陷西区南坡地区沙四下亚段主要发育泥石流冲积扇，该区泥石流扇扇根分布于邻近齐广断层断崖处的顶部地带。

(一) 岩性特征

惠民凹陷沙四下亚段泥石流扇沉积岩性大致可分为 7 种：砾岩、含砾砂岩、粗砂岩、中砂岩、细砂岩、粉砂岩和泥岩，主要为泥岩、含砾砂岩和粉砂岩。砂岩以粉砂岩为主，含量为 19.17%，单层厚度一般为 0.5～10 m；其次为含砾砂岩，含量为 10.92%，单层厚度一般为 0.5～10 m，最厚可达 20 m 以上，含砾砂岩主要分布在离物源较近的地区，且主要发育在河道层序

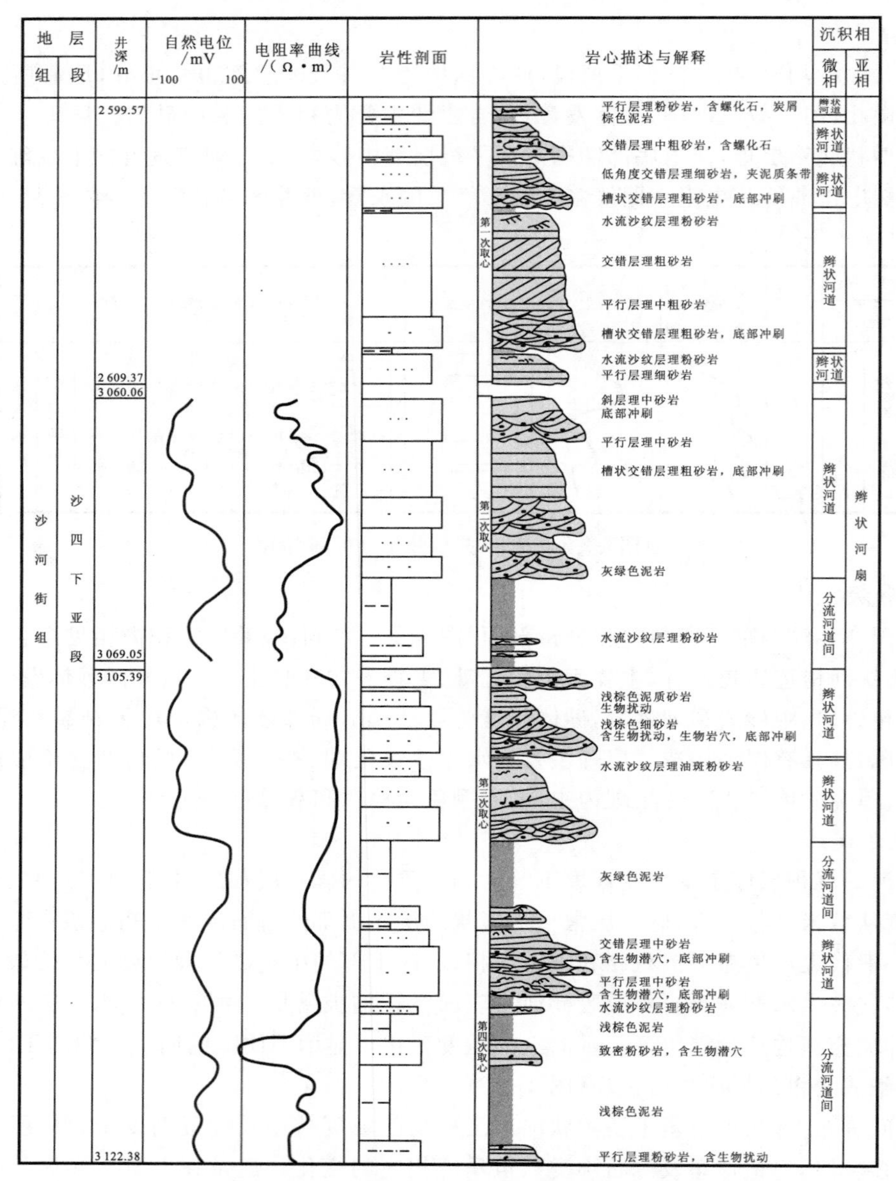

图 4-2-4 盘深 2 井单井相分析剖面图

底部，以复杂成分砾岩为主，成分有变质岩、火山岩及沉积岩。其中以石英岩砾石的粒径最大，一般为 1～5 cm，砾石磨圆度差，分选较差。砾石间充填砂质，纯净，填充物分选好，且成分多为石英砂或者岩屑石英砂充填。中、细砂岩磨圆为次棱—次圆，分选中等—好，以薄—巨厚层状棕红色为主，单层厚度一般为 0.5～10 m。泥岩含量较高，为 60.84%，以紫红色为主。

N

图 4-2-5 惠民凹陷辫状河扇沉积模式图

(二) 沉积相类型及沉积层序

该区泥石流扇的主要特征是通常发育有一个主体水道(辫状河)，扇形的边界十分清楚。

粗碎屑沉积物向扇的末端很快变细，厚度也急速变薄。粒级变化可从砾石级至泥质。在扇的源端多为混杂砾岩及叠瓦状砾岩层沉积，以水流冲积及泥石流的沉积作用为特征。在扇的中部发育砂及砾石质河流的冲积作用沉积，在扇的末端部位则主要为粉砂质及泥质岩沉积物，以片流或漫流作用为主。

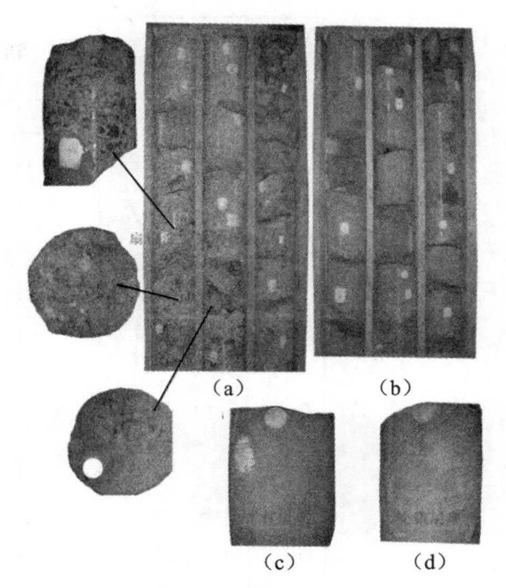

图 4-2-6 惠民凹陷冲积扇沉积构造特征
(a)钱斜 14 井；(b)钱斜 14 井；
(c)钱斜 10 井；(d)钱斜 10 井

1. 微相分析

惠民凹陷沙四下亚段沉积时期泥石流扇主要分布在紧邻齐河断层下降盘一侧，按照现代冲积扇地貌特征和沉积特征，可将冲积扇相进一步划分为扇根、扇中和扇端三个亚相。

据岩心观察，惠民凹陷沙四下亚段钱斜 14 井和钱 402 井应为扇根亚相沉积(图 4-2-6)；钱斜 10 井、钱 402 井、钱斜 14 井、曲 103 井、阳 8 井和阳 19 井均为扇中亚相沉积(图 4-2-7)。钱斜 10 井位于冲积扇的末端，远离物源，2 646～2 657 m 井段岩性以平行层理粉砂岩和砖红色泥岩互层为主要特征，砂体单层厚度小，物性差，为典型的远端扇沉积。

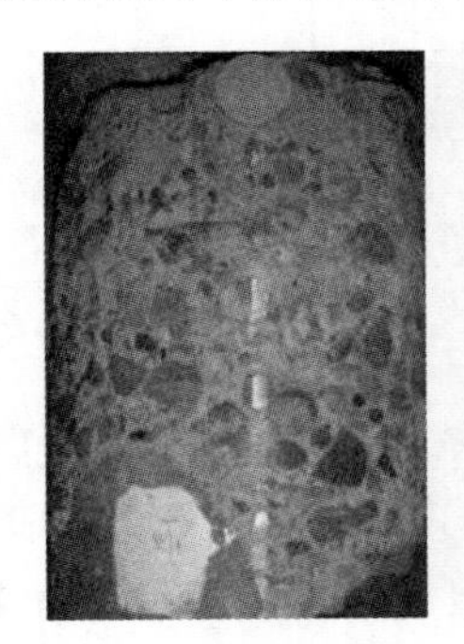

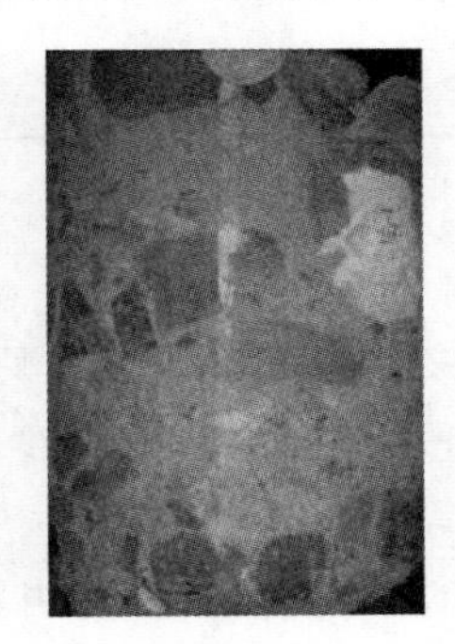

(a) 钱斜14井1 $\frac{12}{31}$ 递变层理 (b) 钱斜14井1 $\frac{14}{31}$ 杂乱排列 (c) 钱斜14井2 $\frac{14}{26}$ 低角度交错层理 (d) 钱斜14井2 $\frac{25}{26}$ 平行层理

图 4-2-7 泥石流扇砾岩递变层理、杂乱排列、低角度交错层理和平行层理沉积构造特征

2. 单井相分析

(1) 钱 402 井

钱 402 井单井相分析剖面(图 4-2-8)揭示了该井区沙四下亚段泥石流扇的沉积特征。粒度概率曲线主要由跳跃总体和悬浮总体组成的两段式概率曲线，缺少滚动总体。泥岩颜色为棕色和杂色，砂岩岩性有细砾岩、中粗砂岩、粉砂岩等，泥岩含量较高。层理发育平行层理、交错层理、槽状交错层理、正递变层理和反递变层理，沉积微相有辫状河道和漫滩沉积。该单井相剖面反映了沉积早期处于辫状河冲积扇扇根亚相的辫状河道发育区，逐渐变为扇中和扇端发育区，反映了水进型的沉积特征。辫状河道砂体厚度较大，多发育槽状交错层理和平行层理，河道化作用明显，并具叠复冲刷现象，自然电位多呈箱形和钟形。河道间与辫状水道相比，粒度变细，主要为粉砂岩、泥质砂岩等，泥岩厚度大，颜色为棕色或杂色。砂岩层理多发育水流沙纹层理、平行层理等，自然电位多呈指状或比较平直，显示砂体厚度较薄。

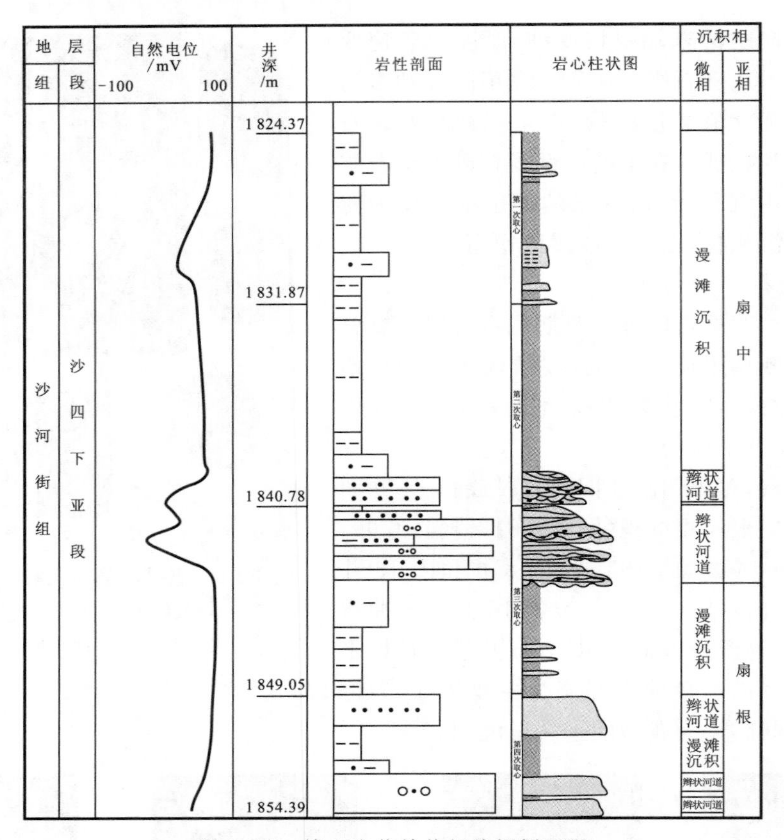

图 4-2-8　钱 402 井单井相分析剖面图

(2) 钱斜 10 井

钱斜 10 井单井相分析剖面(图 4-2-9)揭示了该井区沙四下亚段泥石流扇的沉积特征。粒度概率曲线主要由跳跃总体和悬浮总体组成的两段式概率曲线,缺少滚动总体。泥岩颜色为砖红色和棕色,砂岩岩性有砾岩、粗砂岩和细砂岩等,泥岩含量较高。层理主要发育平行层理、交错层理和槽状交错层理,沉积微相有辫状河道和漫滩沉积。该单井相剖面反映了沉积早期处于辫状河冲积扇扇中亚相的辫状河道发育区,逐渐变为扇端发育区,反映了水进型的沉积特征 。辫状河道砂体厚度较大,多发育槽状交错层理、低角度交错层理和平行层理,河道化作用

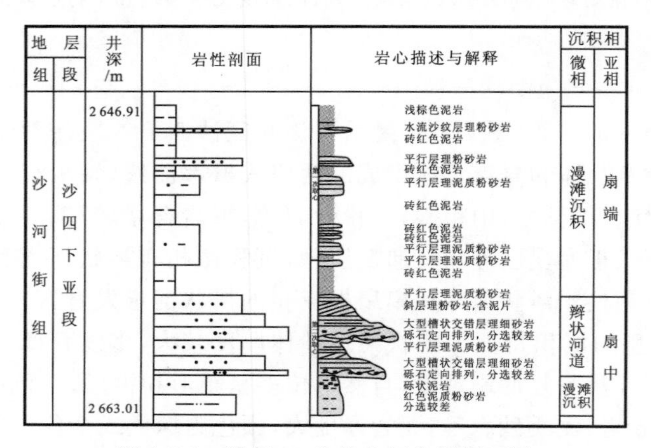

图 4-2-9　钱斜 10 井单井相分析剖面图

明显，并具叠复冲刷现象。河道间与辫状水道相比，粒度变细，主要为粉砂岩、泥质粉砂岩等，泥岩厚度大，颜色为砖红色或浅棕色。砂岩层理多发育水流沙纹层理、平行层理。

(3) 钱斜 14 井

钱斜 14 井单井相分析剖面如图 4-2-10 所示，该井区砂体比较发育，砂岩岩性有细砾岩、含砾砂岩、中粗砂岩、粉砂岩和泥质砂岩等。层理发育平行层理、槽状交错层理、正递变层理和反递变层理，取心所见沉积微相有辫状河道、河道砂坝与河道间。该单井相剖面反映了泥石流扇扇根亚相的沉积特征。辫状河道砂体厚度较大，多发育槽状交错层理和平行层理，河道化作用明显，并具叠复冲刷现象，单个河道显示向上变细的正递变层理。河道砂坝砾石含量比较高。粒度概率曲线主要由跳跃总体和悬浮总体组成的两段式概率曲线，缺少滚动总体。以上特点都显示了泥石流扇的沉积特征。

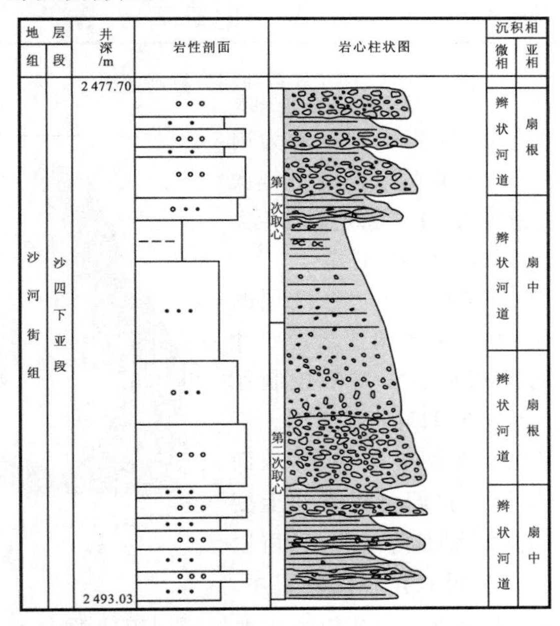

图 4-2-10 钱斜 14 井单井相分析剖面图

(4) 曲 103 井

曲 103 井单井相分析剖面(图 4-2-11)反映了该井区沙四下亚段泥石流扇扇端的沉积特征。粒度概率曲线主要由跳跃总体和悬浮总体组成的两段式概率曲线，缺少滚动总体。泥岩颜色为棕色，砂岩岩性主要为中砂岩和细砂岩，泥岩含量较高。沉积微相主要为席状砂沉积，层理发育平行层理，单层砂体为正韵律。席状砂体厚度较小，一般为 0.1～2 m，部分砂体底部含泥砾。自然电位曲线与感应电导率曲线多呈指状、钟形或比较平直，显示砂体厚度较薄，岩性较细。

3. 沉积模式

惠民凹陷西区沙四下亚段泥石流扇的发育受盆地边缘活动正断层的控制，所以沿断裂带盆地一侧一般有一系列冲积扇相互交接，形成一个冲积扇沉积相带，从而构成更为复杂的相变关系(图 4-2-12)。

横向上，从扇顶向扇端的粒度与厚度的变化总是呈现从粗到细、从厚到薄的特点。泥石流沉积和筛积多分布在上部。河道沉积和片流沉积虽然在整个扇内均有发育，但在中下部主要

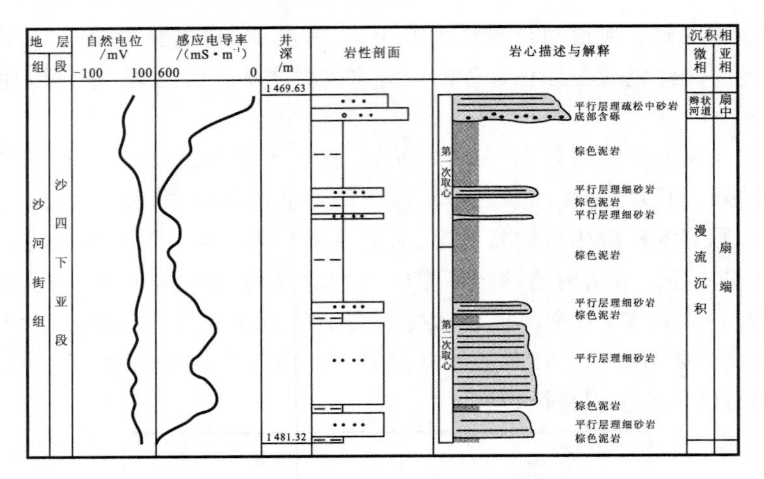

图 4-2-11 曲 103 单井相分析剖面图

是由这两个相组成的。再向外，冲积扇则过渡为内陆盆地(干盐湖、风成沉积)和泛滥平原。由于每次洪泛时地表水系分布及能量变化的不稳定性，各类岩相在横剖面内的相互叠置也具有随机性。

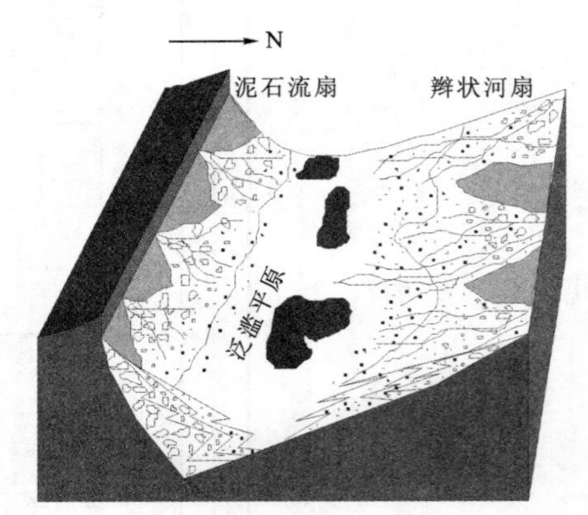

图 4-2-12 惠民凹陷西部沙四下亚段沉积模式图

纵向上，由于泥石流扇通常发育在边缘断层的下降盘一侧，除了气候的波动外，地质构造活动对冲积扇的发育及内部层序的结构具有重要的控制作用。伴随着边缘断层的活动，冲积扇不断迁移。不同时期的和相邻的冲积扇也相互切割或叠置，从而形成巨厚、复杂的层序和旋回。它们可以是向上变粗变厚的层序，也可以是向上变细变薄的层序；可以是近端相叠置在远端相之上，也可以是相反的层序。最经常见到的是更为复杂的由多个向上变粗或变细的旋回组成的大型层序。

三、扇三角洲沉积体系

（一）岩性特征

惠民凹陷沙四下亚段扇三角洲沉积岩性大致可分为 7 种：砾岩、含砾砂岩、中粗砂岩、细砂岩、粉砂岩、泥岩和碳酸盐岩，主要为泥岩、含砾砂岩和粉砂岩。含砾砂岩含量为 25.92%，单层厚度一般为 0.5～50 m，最厚可达 317 m；其次为粉砂岩，含量为 12.07%，单层厚度一般为 0.5～200 m；砾岩含量为 7.24%，单层厚度一般为 0.5～10 m，最厚可达 20 m 以上，主要分布在离物源较近的地区，且主要发育在河道层序底部，砾石磨圆度差，分选较差。砂岩磨圆为次圆，分选中等—好，以薄—巨厚层状灰色、棕红色为主，单层厚度一般为 0.5～10 m。泥岩含量较高，为 41.26%，以紫红色、灰绿色和灰色为主。该段扇三角洲碳酸盐岩含量为 0.84%。

（二）沉积微相分析

1. 阳 8 井

阳 8 井单井相分析剖面如图 4-2-13 所示，粒度概率曲线主要由跳跃总体和悬浮总体组成的两段式概率曲线。砂岩岩性主要为细砂岩和粉砂岩，泥岩含量较高，颜色为棕色。砂岩层理主要发育水流沙纹层理和平行层理，含内碎屑，冲刷现象不明显。该单井相剖面反映了辫状河道侧缘的沉积特征。辫状河道砂体厚度较大，多发育水流沙纹层理和平行层理，含泥砾、内碎屑。河道间与辫状河道相比，粒度变细，厚度变小，砂岩岩性主要为粉砂岩，层理多发育水流沙纹层理，泥岩厚度大，颜色为棕色。

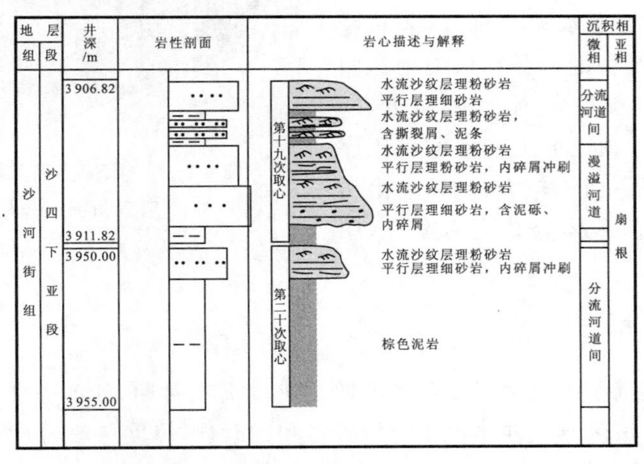

图 4-2-13　阳 8 井单井相分析剖面图

2. 阳 19 井

阳 19 井单井相分析剖面揭示了阳信凹陷北坡沙四下亚段扇三角洲的沉积特征。粒度概率曲线主要由跳跃总体和悬浮总体组成的两段式概率曲线，缺少滚动总体。泥岩颜色为棕色，砂岩岩性有含砾砂岩、粗砂岩、细砂岩和粉砂岩等，泥岩含量较高(图 4-2-14)。层理发育水流沙纹层理、平行层理、低角度交错层理和槽状交错层理，沉积微相有辫状河道和河道间，主要钻遇河道侧缘。该单井相剖面反映了沉积早期处于泥石流扇扇中亚相。辫状河道砂体厚度较大，多发育槽状交错层理和平行层理，河道化作用明显，并具叠复冲刷现象，自然电位曲线和电阻率曲线多呈钟形。河道间与辫状河道相比，粒度变细，主要为粉砂岩、粉砂质泥岩等，泥岩厚度大，颜色为棕色，砂岩层理多发育水流沙纹层理、平行层理，砂体厚度较薄。

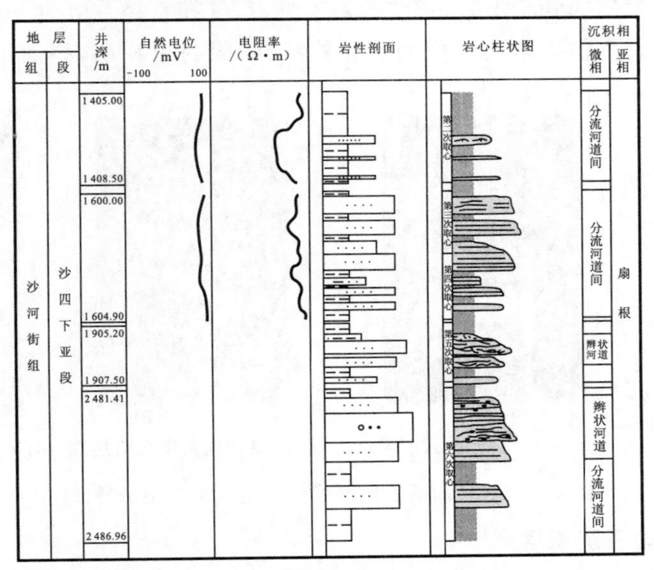

图 4-2-14　阳 19 井单井相分析剖面图

(三) 沉积模式

依据沉积相分析结果,阳信洼陷北部地区沙四下亚段扇三角洲发育与物源区的碎屑物质被辫状河的强水流搬运相关,多以事件性洪流沉积为主,具有复合型水动力机制,兼具牵引流、碎屑流和片流沉积的特征。该类扇三角洲发育于断陷湖盆的陡坡一侧,距物源近,一般形成于湖进阶段,常缺乏向上变粗的沉积序列。该区扇三角洲平原面积较大,平面上由于辫状河道频繁改道,使砂体分布更为宽广(图 4-2-15)。

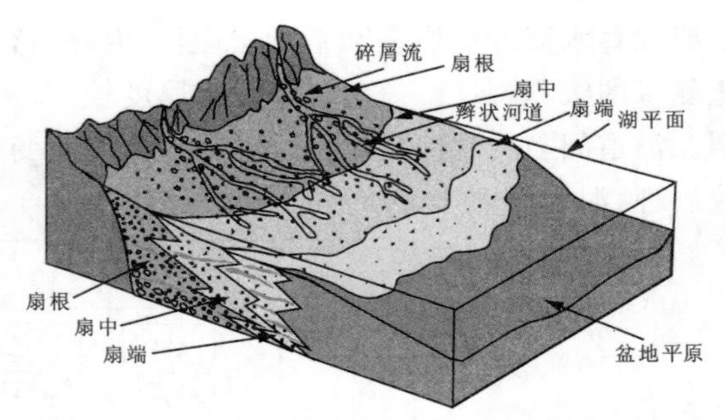

图 4-2-15　阳信洼陷北坡沙四下亚段扇三角洲沉积模式图

四、滩坝沉积体系

惠民凹陷的滩坝沉积体系主要发育在沙四上亚段沉积时期,沙四下亚段沉积时期阳信洼陷中也有部分沉积。该区滩坝砂体主要为粉砂岩和细砂岩,厚度一般为 0.5～3.0 m。

(一) 岩性及沉积构造特征

惠民凹陷沙四下亚段滩坝沉积岩性大致可分为 5 种:中粗砂岩、细砂岩、粉砂岩、泥岩和碳酸盐岩。泥岩和粉砂岩含量较高,粉砂岩含量为 31.16%,单层厚度一般为 0.5～10.0 m,最厚可达 103.5 m,以灰色、灰白色为主。中粗砂岩、细砂岩含量较少,其中中粗砂岩含量为 1.88%,细砂岩含量为 4.95%,主要分布在砂坝的顶部。泥岩含量为 60.88%,以灰色、紫红色为主。该区滩坝沉积碳酸盐岩含量为 1.13%,主要为白云岩和灰岩。

通过对惠民凹陷沙四下亚段取心井的详细观察与描述,发现其沉积构造类型主要有层理构造和生物成因构造(图 4-2-16)。主要的层理构造有平行层理、透镜状—波状层理、低角度交错层理、水流沙纹层理等(各层理构造的特征前面已讲述,这里不再累述)。生物成因构造本区主要有生物潜穴和生物逃逸,常见于滨浅湖环境。生物潜穴是由于生物居住或觅食而形成的孔穴,多为起立的或倾斜的管状潜穴,蹼状构造不发育,管孔直径一般为 1～2 cm,长度为 2～8 cm 不等。生物逃逸是生物逃跑而形成的起立管状穴,无衬里深层,叠面不光滑,长度多大于 10 cm。

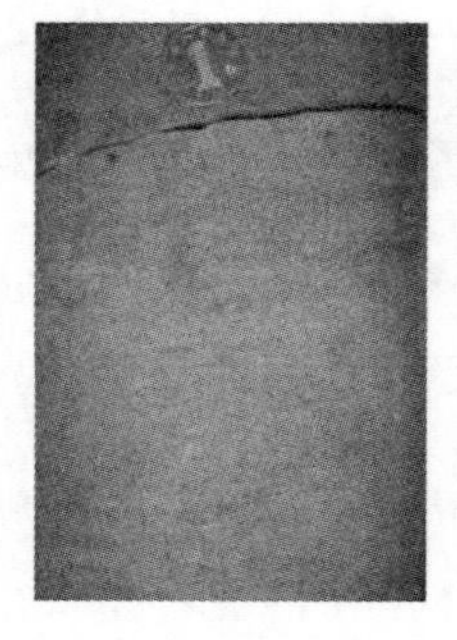

(a) 阳32井$4\frac{3}{13}$平行层理

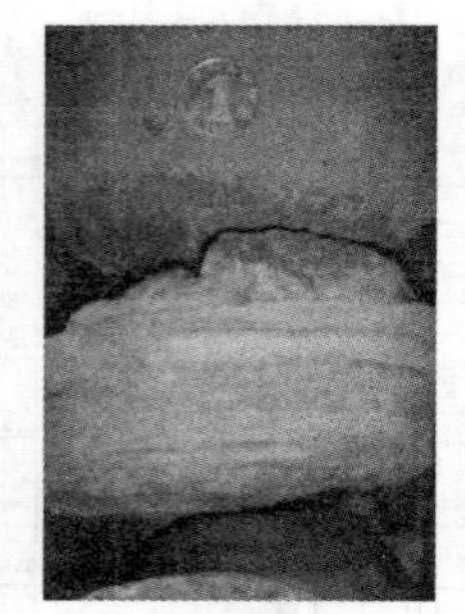

(b) 阳32井$3\frac{13}{21}$波状层理

(c) 阳32井$3\frac{12}{21}$低角度交错层理

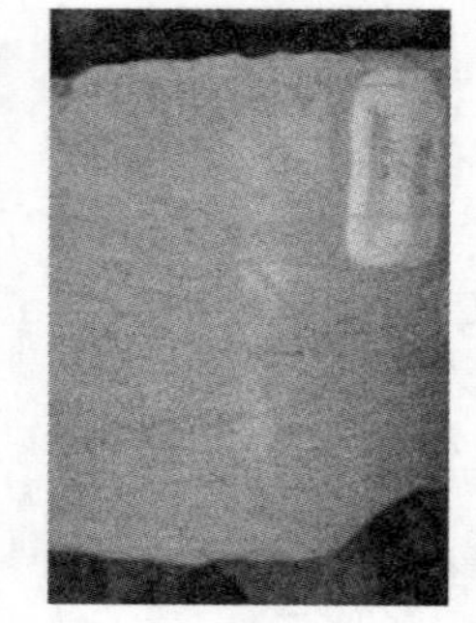

(d) 阳12井$10\frac{12}{15}$水流沙纹层理

图 4-2-16　沙四下亚段滩坝沉积层理沉积构造特征

(二) 沉积相类型及沉积层序

通过详细观察描述本区取心井沙四下亚段岩心,结合测井、录井资料建立各取心井沉积层序。根据沉积层序的特征，确定砂体主要为砂坝和砂滩，现将典型井的沉积层序进行详细的分析。

1. 阳 12 井

阳 12 井沙四下亚段单井相分析剖面如图 4-2-17 所示，泥岩颜色以灰色、灰绿色和棕色为主。砂岩以粉砂岩为主，层理主要发育水流沙纹层理和波状层理，同时可见生物扰动构造，反映了其滨浅湖的沉积环境。自然电位曲线以指状和漏斗形为主。取心显示单层砂体厚度较小，一般为 0.2～2.0 m 不等，较厚的砂体都呈底部与泥岩渐变接触，从下到上粒度逐渐变粗，顶部与泥岩呈突变接触的特征，为砂坝砂体，层理从下向上以发育波状层理和水流沙纹层理为主。多数砂体厚度小于 1 m，顶底与泥岩突变接触，底部含泥条，向上发育水流沙纹层理或波状层理，为滨浅湖环境的砂滩沉积。

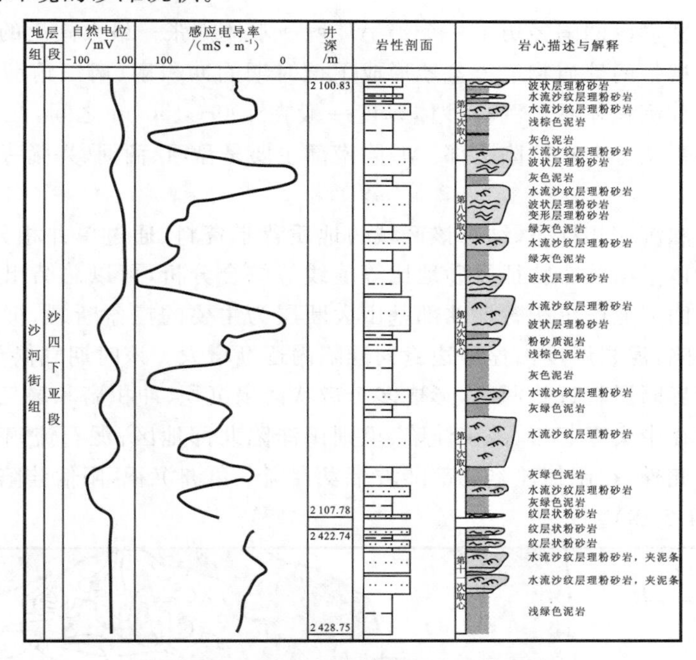

图 4-2-17 阳 12 井单井相分析剖面图

2. 阳 32 井

阳 32 井单井相分析剖面如图 4-2-18 所示，该井第三次取心和第四次取心为沙四下亚段沉积。其中第三次取心主要为细砂岩，砂岩层呈反韵律，层底部与泥岩突变，主要发育低角度交错层理或呈纹层状，自然电位曲线为漏斗型，底部泥岩颜色灰绿色，显示了砂坝的沉积特征。第四次取心主要为棕色泥岩，夹薄层粉砂岩，泥岩中含炭屑，显示了滩相的沉积特征。

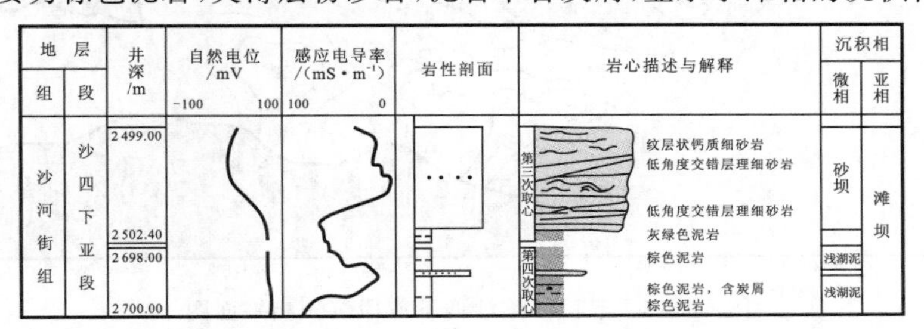

图 4-2-18 阳 32 井单井相分析剖面图

经过详细的单井沉积层序分析，综合录井、测井等资料，确定阳信洼陷南部沙四下亚段为滩坝相沉积。砂坝主要由灰绿色、灰色、深灰色细砂岩和粉细砂岩所组成，单砂体一般厚为1～3 m，自然电位曲线以底部渐变的漏斗形和箱形为主。从沉积层序上看，砂坝砂体表现为两种类型：第一种砂坝砂体表现为底部与泥岩渐变接触，顶部与泥岩突变接触，粒度明显向上变粗的沉积层序，从下到上依次为透镜状层理、波状层理的泥质粉砂岩，水流沙纹层理的粉砂岩，低角度交错层理或平行层理的粉细砂岩、细砂岩或中粗砂岩；第二种是顶底都与泥岩突变接触，粒度变化不大，反韵律特征不明显的沉积层序，一般为水流沙纹层理、低角度交错层理较为发育的粉砂岩、细砂岩或中砂岩，少数砂体发育平行层理和小型槽状交错层理。

五、砂体及沉积相分布特征

沙四段沉积时期惠民凹陷经历了一个干旱环境→水体扩张→最大湖泛的完整过程。季节性和阵发性水体所携带的碎屑物汇入盆地形成了该时期的冲积扇、扇三角洲、三角洲、辫状河和滨浅湖滩坝等多种沉积体系。沉积砂体厚度一般在100～150 m之间，几个比较大的砂岩厚度中心基本呈环带状分布在凹陷边部。凹陷南部主要是盘河、商河、兴隆寺—江家店以南储层比较发育。

根据沉积环境和沉积相标志，结合该区域的地质背景资料，通过单井相分析、砂体连井对比剖面分析以及砂体平面分布特征及砂地比等值线等综合分析，可以总结出该地区沙四下亚段的沉积特征。沙四下亚段沉积时期北部基山大断层为主要的控盆断裂，沉降中心位于北部阳信洼陷和滋镇洼陷，泥岩厚度由盆地边缘向洼陷内逐渐增大。该时期气候干旱，盆地整体水域较小。在靠近边界断层临近物源区，形成多个辫状河扇沉积、冲积扇和扇三角洲沉积。辫状河扇沉积主要分布在中央隆起带、滋镇洼陷、里则镇洼陷北部地区；泥石流扇主要分布在惠民凹陷南斜坡地区。此外，在阳信洼陷北部陡坡带发育扇三角洲沉积，阳信洼陷南部斜坡带发育滩坝沉积体系（图4-2-19）。

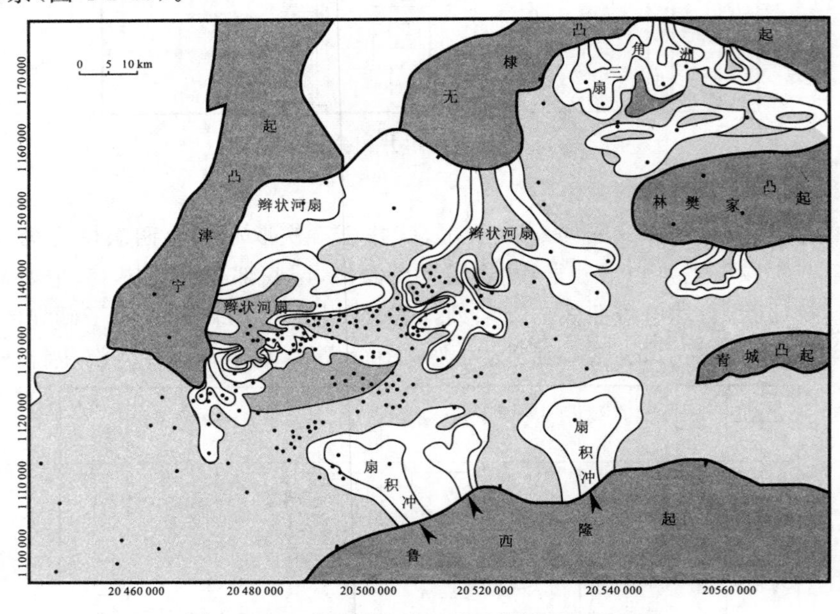

图4-2-19 惠民凹陷沙四下亚段沉积相平面图

第三节　沙四上亚段沉积相与沉积模式

一、滩坝沉积

惠民凹陷沙四上亚段沉积时期盘河地区和商河地区滩坝沉积分布最广，通过古地理环境的分析可以推测惠民凹陷西区沙四上亚段沉积时期滩坝体系的碎屑物质主要有三个来源，分别是西北滋镇洼陷三角洲、西南部三角洲和南斜坡带三角洲。沙四上亚段沉积时期这些地区三角洲发育，大量碎屑物质注入湖盆，在沿岸流的作用下碎屑物质被搬运到地势平坦、水体较浅的盘河地区和商河地区，经过湖浪的淘洗改造，沿湖岸沉积下来，形成了滩坝沉积。

通过对岩心观察，该区滩坝沉积体系岩性主要为粉砂岩、粉细砂岩、泥岩和含生物碎屑的泥岩，总体上以细粒沉积为特征。此外，由于滩坝沉积为碎屑物质供给不足的沉积体系，在湖盆的边缘，湖浪、岸流水动力作用较强，加之碎屑物质供给较少，碳酸盐岩较为发育，因此在砂质滩坝中常见有碳酸盐层（如商 52 井）。据薄片鉴定及扫描电镜分析结果可知，该区滩坝砂体由含泥质、含灰质、含白云质长石粉砂岩、长石细砂岩组成，粒径一般为 0.05～0.25 mm。砂岩常常被碳酸盐胶结，形成钙质砂岩，因此物性并非很好。滩坝砂体分选性较好，成分成熟度较高，盘河地区和商河地区的 9 口井 97 块样品统计结果为，碎屑颗粒中石英百分含量最大为 78%，最小为 42%，平均为 55.95%，该最大值也为全区各沉积相中石英含量最大值。

（一）岩性及沉积构造特征

惠民凹陷沙四上亚段滩坝沉积岩性大致可分为 6 种：粗砂岩、中砂岩、细砂岩、粉砂岩、泥岩和碳酸盐岩（图 4-3-1），泥岩含量较高，以深灰色、灰色和紫色为主，单层厚度一般为 0.5～10 m，最厚为 48 m。砂岩以粉砂岩为主，单层厚度一般为 0.5～10 m，最厚为 24 m，磨圆度好，分选较好。其次为细砂岩，单层厚度一般为 0.5～16 m，主要分布在砂坝沉积的中上部，砂岩磨圆度好，分选较好。中砂岩单层厚度一般为 1～6 m，多分布在砂坝沉积的顶部。粗砂岩分布在砂坝沉积的顶部。该区沙四上亚段滩坝沉积碳酸盐岩主要为白云岩、生物灰岩和鲕粒灰岩。

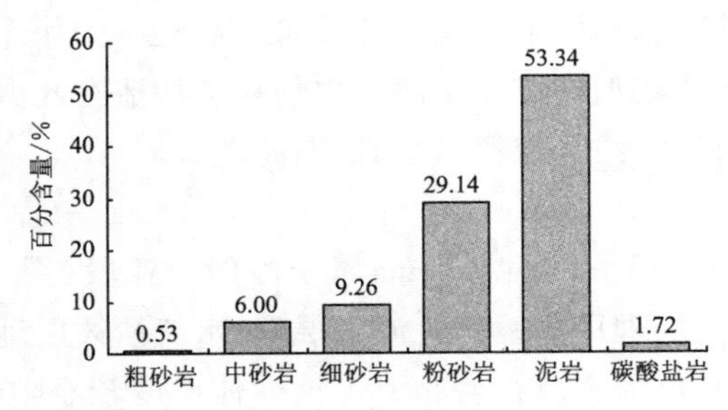

图 4-3-1　惠民凹陷沙四上亚段滩坝沉积岩性分布直方图

本区沙四上亚段砂岩中发育各种沉积构造，主要有层理构造（图 4-3-2）、波痕构造、变形构造、生物成因构造等（图 4-3-3）。

（二）沉积相类型与沉积层序

通过详细观察描述本区 12 口取心井沙四上亚段岩心，结合测井、录井资料建立各取心井沉积层序。根据沉积层序的特征，确定砂体主要为砂坝和砂滩。下面将典型井的沉积层序进

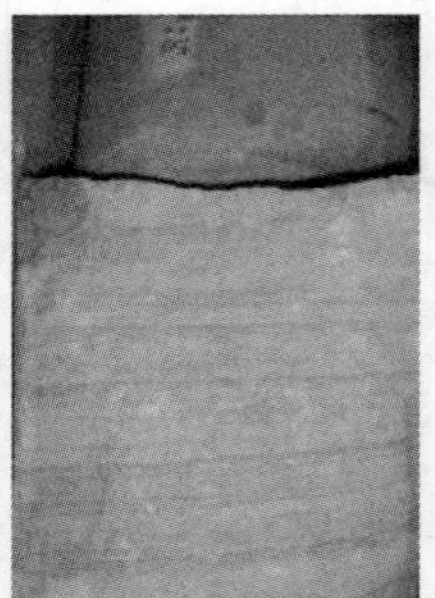
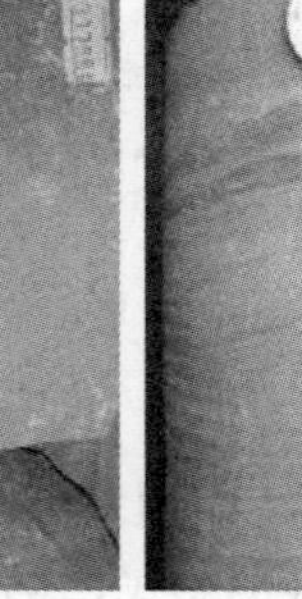

(a) 夏47井5$\frac{31}{32}$低角度交错层理　(b) 夏47井5$\frac{19}{32}$水流沙纹层理　(c) 夏47井5$\frac{16}{32}$平行层理　(d) 夏斜96井7$\frac{16}{32}$块状层理　(e) 临深1井3$\frac{6}{60}$波状—透镜状层理

图 4-3-2　沙四上亚段滩坝沉积沉积构造特征

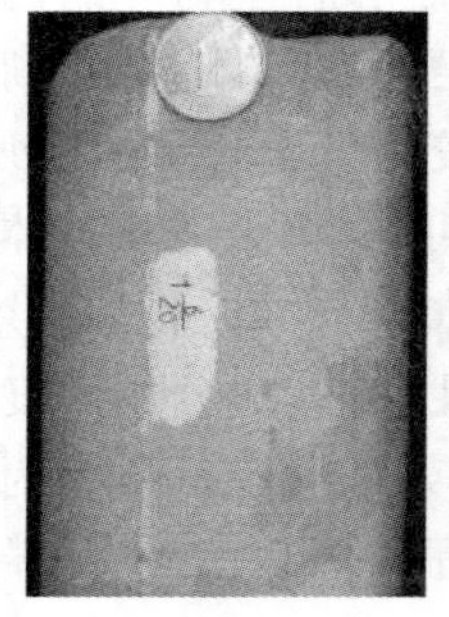

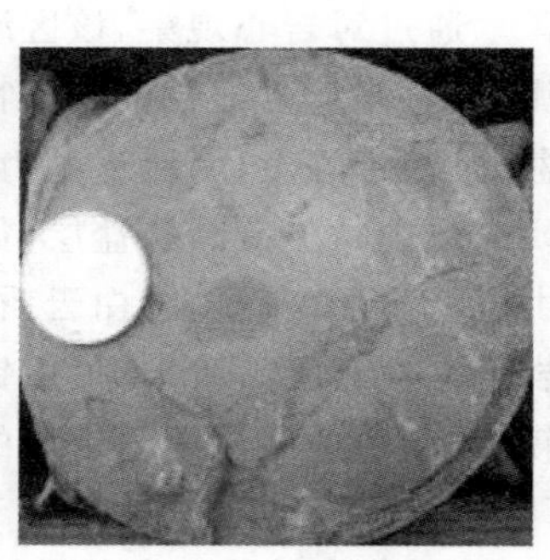

(a) 临58井1$\frac{6}{20}$变形构造　(b) 临深1井1$\frac{69}{77}$生物扰动　(c) 夏斜96井6$\frac{13}{35}$炭屑　(d) 临深1井1$\frac{6}{77}$生物潜穴

图 4-3-3　沙四上亚段滩坝沉积变形构造与生物扰动沉积构造特征

行详细的分析。

1. 临 201 井

临 201 井第四至第六次取心属于沙四上亚段，取心井段 2 443.00～2 452.58 m，为灰色—灰绿色的泥岩，显示了滨浅湖的沉积环境。取心井段 2 544.84～2 553.94 m 泥岩为浅棕色—灰绿色，砂岩主要为粉砂岩。在这段砂体中可观察到多个滩相砂体，厚度为 0.2～1.5 m；砂体底部与泥岩渐变接触或突变接触，向上呈反韵律特征，从下到上为透镜状—波状层理、水流沙纹层理和低角度交错层理，为典型的滩相层序。生物扰动构造在此取心段也可见到，此取心段自然电位曲线以漏斗形和指状为主，或比较平直(图 4-3-4)。

2. 盘 53 井

盘 53 井取心井段 2 047.15～2 054.65 m，属于沙四上亚段(图 4-3-5)。泥岩颜色以灰绿色为主，砂岩以粉砂岩为主，层理以透镜状—波状层理、水流沙纹层理和低角度交错层理为主。自然电位曲线以指状和漏斗形为主。在岩心上可见砂体厚度较小，在 0.2～1.0 m 之间，砂体底部与泥岩渐变接触或突变接触，从下到上粒度逐渐变粗，顶部与泥岩呈突变接触的特征，为滨浅湖环境的砂滩沉积。

3. 盘 57 井

盘 57 井第二次和第三次取心属于沙四上亚段(图 4-3-6)。第二次取心泥岩颜色为灰绿色，砂体比较发育，砂岩岩性主要为粉砂岩和细砂岩。在这段砂体中可观察到三个砂坝砂体，最厚的约 2 m。这个砂坝砂体底部与泥岩突变接触，向上呈反韵律特征，由从下到上为水流沙

图 4-3-4　临 201 井单井相分析剖面图

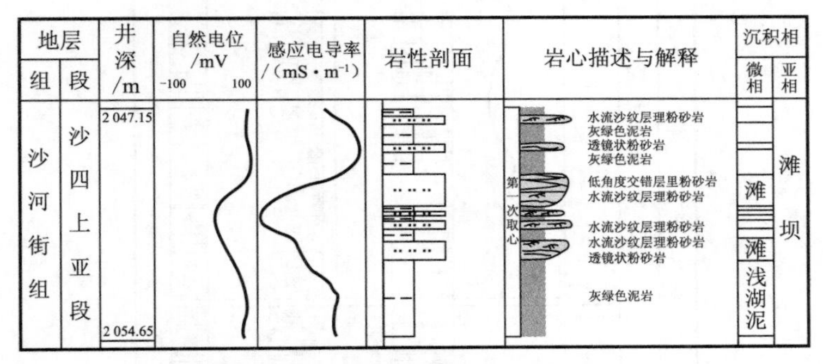

地层
组
段
井深/m
自然电位/mV
-100
100
感应电导率/（mS·m⁻¹）
岩性剖面
岩心描述与解释
沉积相
微相
亚相
沙河街组
沙四上亚段
2 047.15
2 054.65
第一次取心
水流沙纹层理粉砂岩
灰绿色泥岩
透镜状粉砂岩
灰绿色泥岩
低角度交错层里粉砂岩
水流沙纹层理粉砂岩
水流沙纹层理粉砂岩
水流沙纹层理粉砂岩
透镜状粉砂岩
灰绿色泥岩
滩
滩
浅湖泥
滩坝

图 4-3-5　盘 53 井单井相分析剖面图

纹层理粉砂岩、低角度交错层理粉砂岩和低角度交错层理细砂岩，为典型的砂坝层序。其余几段砂体厚度为 0.1 m 左右，以粉砂岩为主，发育有水流沙纹层理和水平层理，为滩相砂体。此取心段自然电位曲线以漏斗形或指状为主。第三次取心砂体不发育，砂体厚度为 20～40 cm 不等，主要为透镜状—波状层理、平行层理和水流沙纹层理的粉砂岩。此取心段自然电位曲线以指状为主。

4. 临深 1 井

临深 1 井在沙四上亚段有两段连续取心，一段是 3 038.55～3 053.06 m，泥岩颜色主要为灰色和杂色，砂岩主要为粉砂岩。另一段是 3 155.87～3 166.42 m，泥岩颜色为灰色，砂岩为粉砂岩，部分砂岩段含油性为油浸。该井取心岩性较细，最厚的约 2 m，砂体下部为透镜状—波状层理或砂泥互层，向上逐渐变为水流沙纹层理、平行层理。砂体对应的自然电位曲线大致呈漏斗形，体现了反韵律的特征。结合砂体的厚度，推测其为砂坝砂体。薄层砂体厚度为 0.1～0.5 m，砂体顶底与泥岩呈突变接触或渐变接触，发育水流沙纹层理和波状层理，为滩坝砂体，砂体的自然电位曲线多为指状（图 4-3-7）。

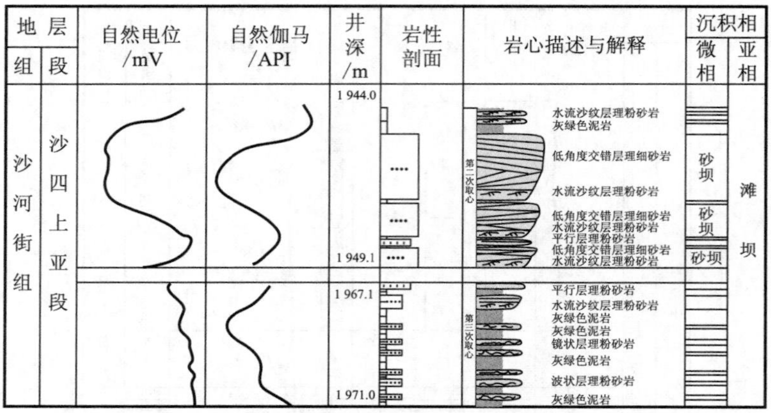

图 4-3-6 盘 57 井单井相分析剖面图

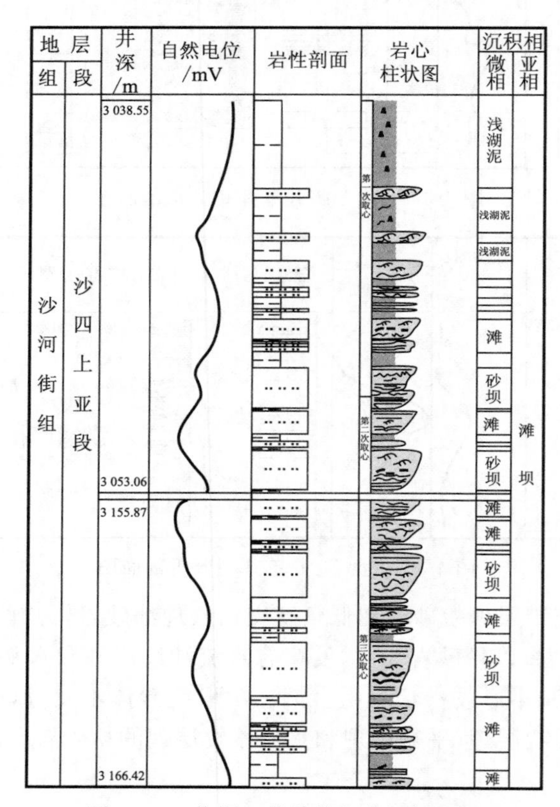

图 4-3-7 临深 1 井单井相分析剖面图

5. 临 58 井

临 58 井第一次取心属于沙四上亚段，取心深度 2 360.39～2 366.39 m(图 4-3-8)。泥岩颜色以灰绿色和棕色为主，砂岩以细砂岩和粉砂岩为主。取心所见为两段砂体，第一段砂体厚度约 3 m，岩性为细砂岩，砂体底部与泥岩突变接触，从下到上粒度逐渐变粗，顶部与泥岩呈突变接触的特征。层理从下向上为变形层理、波状层理、水流沙纹层理和低角度交错层理，自然电位曲线为漏斗形，为一段砂坝砂体。第二段砂体为粉砂岩，厚度小于 1 m，发育低角度交错层理，底部与泥岩突变接触，为滨浅湖环境的砂滩沉积。

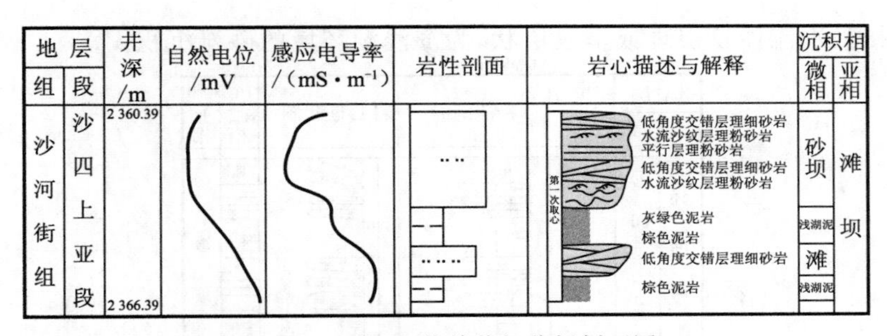

图 4-3-8　临 58 井单井相分析剖面图

6. 临 45 井

临 45 井第八次取心属于沙四上亚段，取心深度 3 114.48～3 118.58 m(图 4-3-9)。泥岩颜色以灰绿色和浅棕色为主，取心所见为一段砂体，砂岩岩性为细砂岩，含油性为油斑，砂体厚度约 2 m，砂体顶底都与泥岩突变接触，从下到上粒度逐渐变粗。层理从下向上为水流沙纹层理、低角度交错层理，自然电位曲线为漏斗形，为一段砂坝砂体。

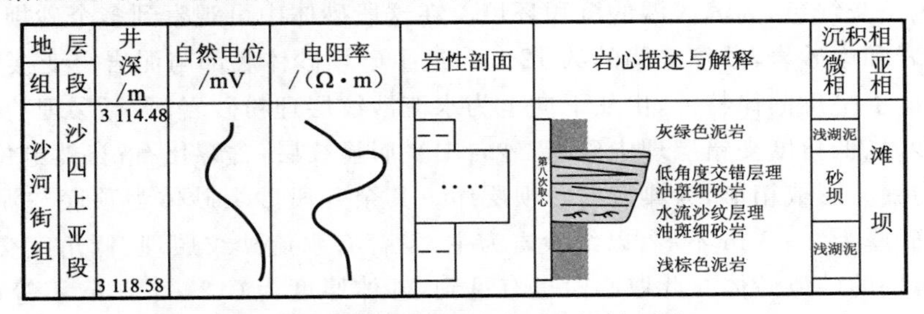

图 4-3-9　临 45 井单井相分析剖面图

7. 里 2 井

里 2 井取心井段 2 809.00～2 814.60 m 属于沙四上亚段(图 4-3-10)。这一段岩心砂体岩性为细砂岩和粉砂岩，泥岩颜色为浅灰色，为滨浅湖的沉积环境。在这段砂体中可见一个砂坝砂体，砂体厚度约 4.5 m，砂体底部含泥质条带，与泥岩渐变接触，顶部与泥岩突变接触，向上呈反韵律特征。由从下向上为波状层理粉砂岩、水流沙纹层理粉砂岩、低角度交错层理细砂岩、低角度交错层理中砂岩、低角度交错层理细砂岩。砂岩中炭屑显纹层，生物扰动构造发育，自然电位曲线为漏斗形，是一典型的砂坝层序。

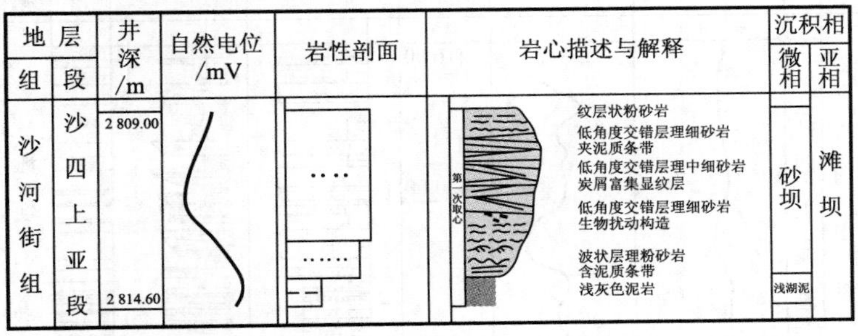

地层 组 段 | 井深/m | 自然电位/mV | 岩性剖面 | 岩心描述与解释 | 沉积相 微相 亚相
沙河街组　沙四上亚段　2 809.00　2 814.60　第一次取心
纹层状粉砂岩
低角度交错层理细砂岩
夹泥质条带
低角度交错层理中细砂岩
炭屑富集显纹层
低角度交错层理细砂岩
生物扰动构造
波状层理粉砂岩
含泥质条带
浅灰色泥岩
砂坝　浅湖泥　滩坝

图 4-3-10　里 2 井单井相分析剖面图

8. 滋 2 井

滋 2 井第二次取心属于沙四上亚段，取心深度 3 213.03～3 220.43 m(图 4-3-11)。泥岩颜色以灰色为主，砂岩岩性以粉砂岩为主，砂体厚度为 0.3～1.0 m。层理主要为平行层理、透镜状—波状层理、水流沙纹层理或呈纹层状，为滨浅湖环境的砂滩沉积。

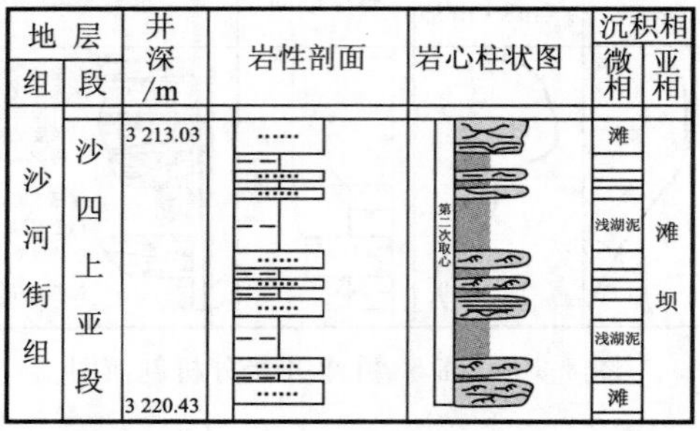

地层 组	地层 段	井深/m	岩性剖面	岩心柱状图	沉积相 微相	沉积相 亚相
沙河街组	沙四上亚段	3 213.03 3 220.43		第二次取心	滩 浅湖泥 浅湖泥 滩	滩坝

图 4-3-11　滋 2 井单井相分析剖面图

9. 盘 45 井

盘 45 井取心井段 1 851.42～1 957.32 m 属于沙四上亚段，为一连续取心井段。这一段连续的岩心砂体岩性包括中砂岩、细砂岩、粉砂岩和泥质粉砂岩，含油性为油斑—油浸。泥岩颜色为浅棕色—灰绿色，为滨浅湖的沉积环境。在这段砂体中可观察到多个砂坝砂体，岩性为粉砂岩、细砂岩和中砂岩，砂体最厚的约 12 m。这个砂坝砂体底部与泥岩突变接触，顶部与泥岩突变接触，向上呈反韵律特征，由从下向上为水流沙纹层理粉砂岩、平行层理粉砂岩、低角度交错层理细砂岩、低角度交错层理中砂岩，砂岩中炭屑显纹层，含螺化石；自然电位曲线和感应电导率曲线为漏斗形或箱形，为典型的砂坝层序。其余几段砂坝砂体为顶底与泥岩突变接触的砂坝砂体，砂厚为 2～5 m 不等，以细砂岩为主，发育有水流沙纹层理、低角度交错层理和水平层理等。薄层的砂滩砂体在此取心段也有见到，砂体厚度为 0.2～1.0 m 不等，主要为波状层理和水流沙纹层理，生物扰动构造发育，自然电位曲线以漏斗形和指状为主。

10. 夏 960 井

夏 960 井第二次取心属于沙四上亚段，取心深度 3 416.00～3 423.80 m(图 4-3-12)。泥岩颜色以绿灰色为主，反映了滨浅湖的沉积特征。砂岩岩性为粉砂岩和泥质粉砂岩，砂体厚度为 0.1～0.5 m，部分砂岩段含油性为油斑。层理主要为水流沙纹层理、低角度交错层理、平行层理或呈纹层状，自然电位与自然伽马曲线呈漏斗形或指状，反映了砂滩沉积的特征。

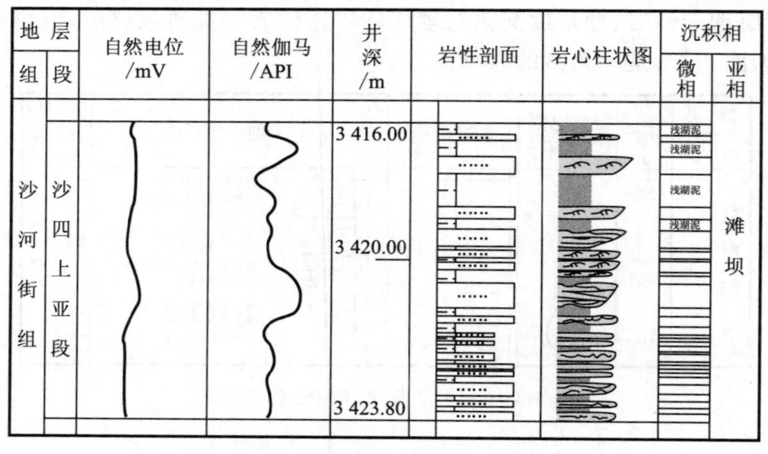

图 4-3-12　夏 960 井单井相分析剖面图

11. 夏 47 井

夏 47 井第五、第六取心深度为 3 017.80～3 033.00 m。这一段岩心泥岩颜色主要为灰色和灰绿色，为滨浅湖的沉积环境，砂体岩性主要为粉砂岩和细砂岩，含油性为油斑—油浸。粒度概率曲线主要为两段式，跳跃总体含量较高，可见多个砂坝砂体，厚度最大为 2.5 m，底部与泥岩突变接触或渐变接触，为向上变粗的反韵律，生物扰动很发育，常见双壳类化石和螺化石。第七次取心深度为 3 064.60～3 072.30 m，这段取心砂体岩性为粗砂岩、细砂岩和粉砂岩，粒度概率曲线主要为两段式，可见砂坝砂体，最厚约 3 m。这个砂坝砂体未见底，顶部与泥岩突变接触，向上呈反韵律特征，主要为低角度交错层理细砂岩，砂岩中夹炭块或炭屑显纹层。自然电位曲线和电阻率曲线为漏斗形，显示了砂坝沉积层序的特点。两个连续取心井段的其余几段砂坝砂体为顶底与泥岩突变接触的砂坝砂体，砂体厚度为 1～2 m 不等，以粉砂岩、细砂岩和粗砂岩为主，发育有水流沙纹层理、低角度交错层理，砂岩中含泥条、炭屑或见生物扰动构造。薄层的砂滩砂体在此取心段也有见到，砂体厚度为 0.5～1.0 m 不等，主要为平行层理和水流沙纹层理的粉砂岩和泥质砂岩，自然电位曲线为漏斗形或指状。

12. 夏斜 96 井

夏斜 96 井有两个连续取心井段属于沙四上亚段，第一次连续取心深度为 3 678.20～3 685.90 m。这一段岩心砂体岩性主要为泥质粉砂岩，多为砂泥互层，发育波状层理、水流沙纹层理或呈纹层状，炭屑发育，见泄水构造，泥岩颜色为灰色，为滨浅湖的沉积环境。第二段连续取心深度为 3 767.30～3 784.30 m。这段砂体岩性为含油粉砂岩和泥质粉砂岩，砂体厚度为 0.1～1.0 m，部分砂岩段含油，砂体顶部与泥岩突变接触或渐变接触，向上呈反韵律特征；主要为低角度交错层理、水流沙纹层理和波状层理，砂岩中炭屑显纹层；自然电位曲线和电阻率曲线为漏斗形或指状，显示了砂滩沉积层序的特点。

（三）沉积模式

惠民凹陷中央隆起带坡度较缓，前滨较宽，发育大面积的沿岸滩砂。近滨带全部处于水下，沉积物始终遭受波浪的冲洗、扰动，常常发育一个或多个平行或斜交湖岸的砂坝，砂坝之间为薄层的坝间滩砂沉积。惠民凹陷中央隆起带近滨带一般发育两列砂坝，由岸到湖可以称为近岸砂坝和远岸砂坝。一般近岸砂坝沉积厚度及规模较大，远岸砂坝一般规模较小。有些地区只在近岸处发育一列砂坝。在浪基面以外地带属于滨外—盆地带，泥质沉积为主。在湖盆内部可出现水下古隆起，古隆起一般能够凸出到浪基面之上，受到波浪的作用，其所处的环境与近滨带相似，也可以发育砂坝和砂滩沉积。在浪基面和风暴浪基面之间的地带可以受到风暴浪的影响，形成风暴沉积（图 4-3-13）。

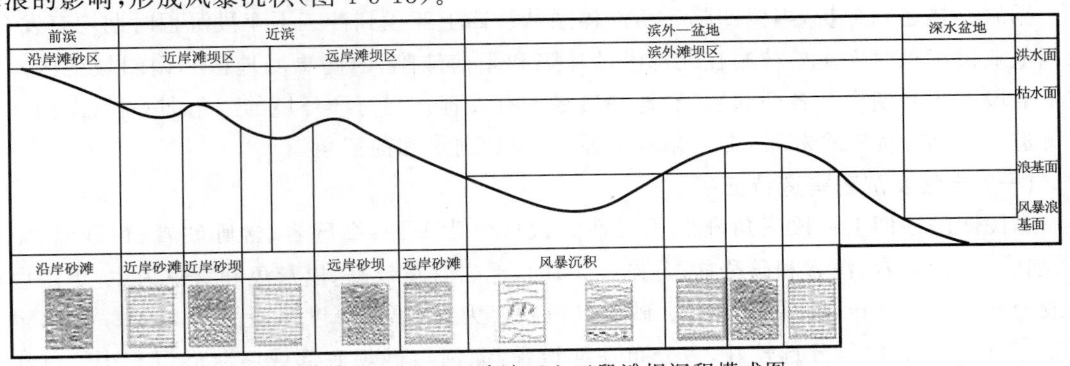

图 4-3-13　惠民凹陷沙四上亚段滩坝沉积模式图

二、风暴岩沉积

惠民凹陷沙四上亚段商 52 井区发育风暴岩沉积。风暴流本身也是一种密度流，但它具有牵引流的性质。风暴流可以分为向岸的表流和离岸的底流，离岸的底流也叫回流。它携带来自湖滨浅水地带的砂质沉积物沉积在晴天形成的泥质沉积物之上，在风暴作用的高峰期，浪基面比晴天时低得多，这一浪基面就叫风暴浪基面。由于风暴浪的活动，晴天时形成的沉积物常遭受侵蚀、簸选和悬浮，造成了底面侵蚀和粗粒的滞留沉积，在风暴回流影响下形成纹理层。天气好时，再度沉积最细的悬浮物质，即背景沉积物。

(一) 沉积构造特征

由风暴引起的向盆地方向的风暴流，具有波浪和流动的性质，是振荡运动和水平运动的合成，因此它产生了一系列特有的沉积构造特征。惠民凹陷沙四上亚段发育的风暴岩沉积构造主要有：风暴侵蚀构造、波痕构造、层理构造及生物成因构造(图 4-3-14)。

(a) 商52井5$\frac{36}{114}$浪成沙纹层理

(b) 商52井4$\frac{8}{53}$平行层理

(c) 商52井5$\frac{57}{114}$丘状交错层理

(d) 商52井5$\frac{84}{114}$生物扰动

(e) 商52井5$\frac{111}{114}$底部侵蚀

图 4-3-14　沙四上亚段风暴岩沉积构造特征

(二) 单井相分析

商 52 井第五、第六次取心属于风暴岩沉积(图 4-3-15)，泥岩颜色主要为灰色，显示滨浅湖的沉积环境，砂体岩性主要为中砂岩、细砂岩和粉砂岩，含油性为油浸或油斑。粒度概率曲线主要为两段式，跳跃总体含量较高，单个风暴岩砂体厚度约 1 m，底部与泥岩有冲刷-充填构造，为向上变细的正韵律，生物扰动很发育，常见生物潜穴。主要层理为平行层理、浪成沙纹层理和丘状交错层理，部分砂岩底部含泥砾，具有冲刷-充填构造，这是风暴岩特有的标志。冲刷-充填构造类型多样，多为口袋状构造，显示了风暴岩沉积层序的特点。

三、三角洲沉积

据岩心描述和分析，惠民凹陷三角洲体系从沙四上亚段到沙三下亚段沉积时期均有发育。沙四上亚段沉积时期主要分布在北部滋镇洼陷和阳信洼陷，西南禹城地区和南斜坡地区。沙三下亚段沉积时期全区各凸起边缘、地垒边缘均有发育。与海洋环境的三角洲一样，湖泊三角洲可进一步划分为三个相带，即三角洲平原、三角洲前缘和前三角洲。

(一) 岩性及沉积构造特征

惠民凹陷沙四上亚段三角洲沉积岩性大致可分为 8 种：细砾岩、含砾砂岩、粗砂岩、中砂岩、细砂岩、粉砂岩、泥岩和碳酸盐岩(图 4-3-16)，泥岩含量较高，以灰色和紫色为主，单层厚度一般为 0.5～20.0 m，最厚为 50 m。砂岩以粉砂岩为主，单层厚度一般为 0.5～10.0 m，最厚为 29.5 m，磨圆度好，分选较好，多分布在河道顶部、河口砂坝底部或席状砂沉积中。其次为细砂岩，单层厚度一般为 0.5～15.0 m，砂岩磨圆度好，分选较好。中砂岩和粗砂岩含量较低，单层厚度一般为 1～8 m，多分布在河道沉积的中下部或砂坝沉积的顶部。细砾岩和含砾砂岩含量更低，单层厚度一般为 1～11 m，分布在河道沉积的底部，砾石间充填砂质，纯净，填充物

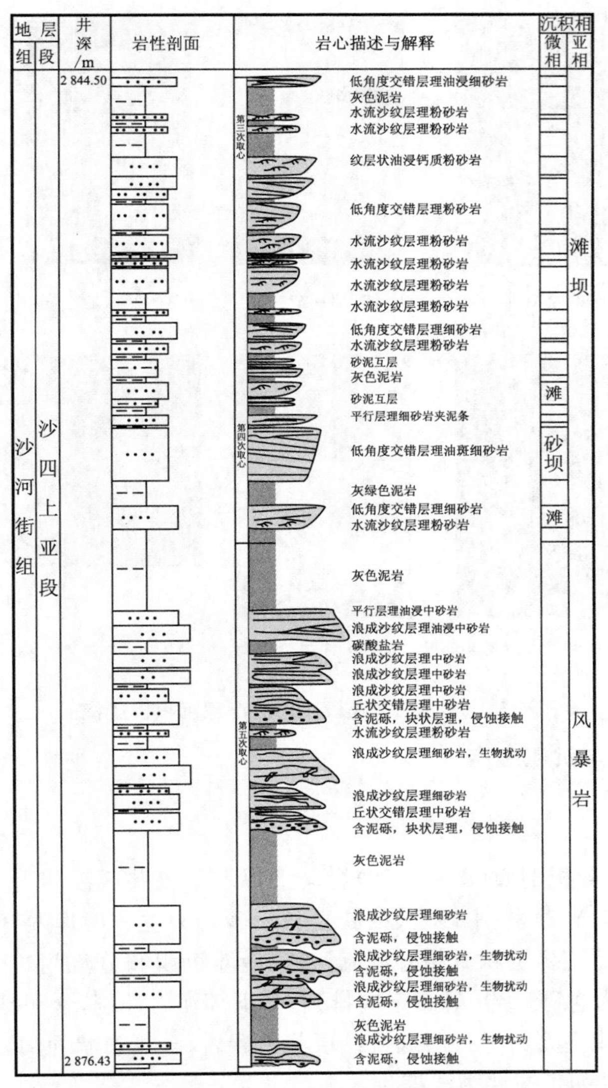

图 4-3-15　商 52 井单井相分析剖面

分选好。该区沙四上亚段三角洲沉积碳酸盐岩含量为 0.79%，主要为白云岩和生物灰岩。

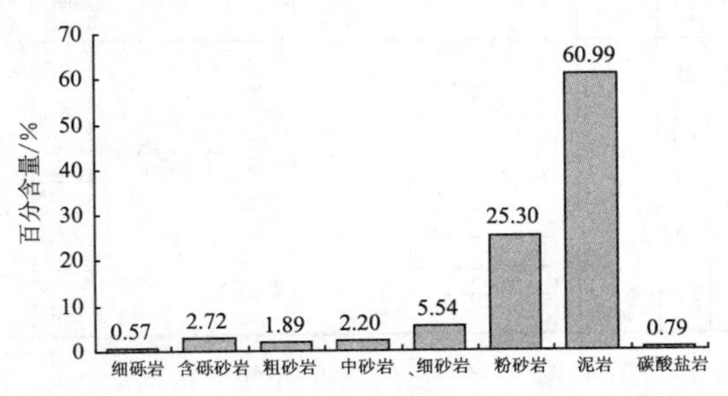

图 4-3-16　沙四上亚段三角洲沉积岩性分布直方图

据岩心描述和分析可知，惠民凹陷沙四上亚段发育的沉积构造主要有：层理构造、侵蚀构造、变形构造及生物成因构造（图 4-3-17）。其中层理构造主要有平行层理、块状层理、透镜状—波状层理、槽状交错层理、水流沙纹层理和板状交错层理等。

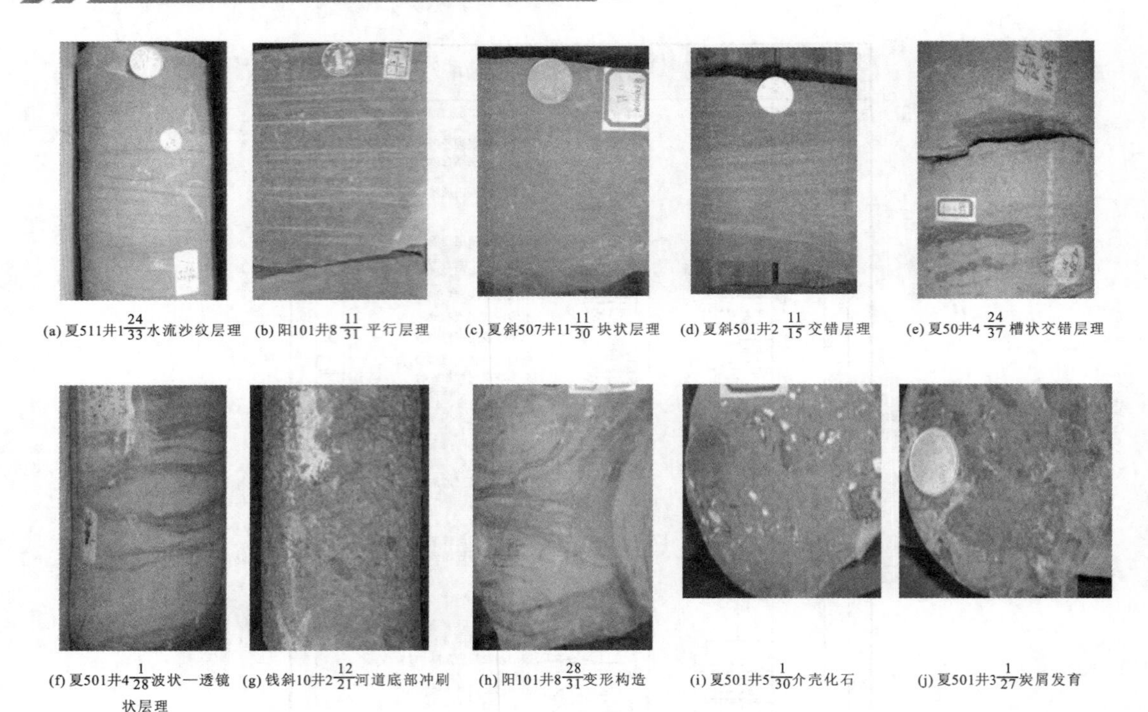

(a) 夏511井$1\frac{24}{33}$水流沙纹层理 (b) 阳101井$8\frac{11}{31}$平行层理 (c) 夏斜507井$11\frac{11}{30}$块状层理 (d) 夏斜501井$2\frac{11}{15}$交错层理 (e) 夏50井$4\frac{24}{37}$槽状交错层理

(f) 夏501井$4\frac{1}{28}$波状—透镜状层理 (g) 钱斜10井$2\frac{12}{21}$河道底部冲刷 (h) 阳101井$8\frac{28}{31}$变形构造 (i) 夏501井$5\frac{1}{30}$介壳化石 (j) 夏501井$3\frac{1}{27}$炭屑发育

图 4-3-17　沙四上亚段三角洲沉积沉积构造特征

(二) 沉积相类型与沉积层序

1. 三角洲平原

(1) 钱斜 10 井

钱斜 10 井单井相分析剖面(图 4-3-18)纵向上揭示了该井区沙四上亚段三角洲平原的沉积特征。砂岩岩性以含砾砂岩、中砂岩、细砂岩和粉砂岩为主。层理发育板状交错层理、平行层理和槽状交错层理。主要沉积微相有分流河道、漫滩沉积和分流间。分流河道砂岩岩性较粗,厚度约 3 m,底部为含砾砂岩,砾石定向排列,与下部泥岩冲刷,含泥砾,向上逐渐变为交错层理中砂岩。漫滩沉积主要为平行层理或纹层状粉砂岩,含撕裂状泥屑,单层厚度一般小于 1 m。该井取心所见泥岩颜色主要为浅棕色。

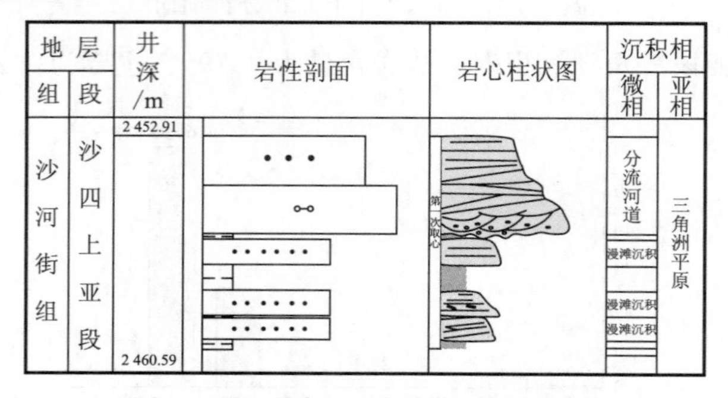

图 4-3-18　钱斜 10 井单井相分析剖面

(2) 钱斜 5 井

钱斜 5 井单井相分析剖面(图 4-3-19)显示了该井区沙四上亚段三角洲平原的沉积特征。泥岩颜色为棕色和浅棕色,砂岩岩性有砂砾岩、粗砂岩、中砂岩、细砂岩、粉砂岩和泥质粉砂岩等，沉积微相主要为分流河道和分流间。分流河道砂岩粒度较粗，发育槽状交错层理、板状交错层理、平行层理和水流沙纹层理等，部分砂岩含炭屑。河道砂体厚度较大，最厚约 4 m，河道化作用明显，自然电位多呈钟形。概率累积曲线由跳跃和悬浮两个总体构成，分选较好，跳跃总体与悬浮总体之间常存在“混合带”。分流间沉积主要为河漫滩沉积，大部分为棕色泥岩，砂岩岩性较细，主要为粉砂岩和泥质粉砂岩，发育平行层理和水流沙纹层理，常见生物扰动构造。自然电位多呈指状或比较平直，显示砂体厚度较薄。

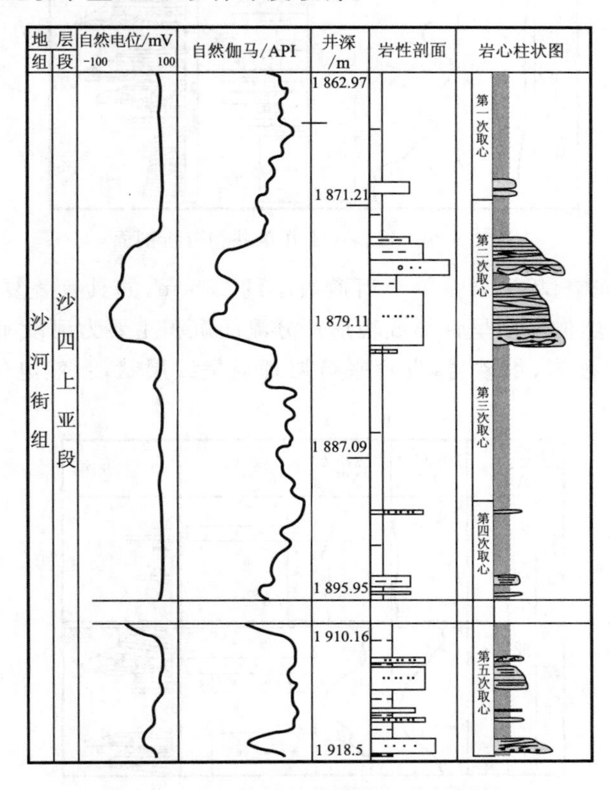

图 4-3-19 钱斜 5 井单井相分析剖面

(3) 钱斜 141 井

钱斜 141 井沙四上亚段单井相分析剖面如图 4-3-20 所示，该井泥岩颜色为棕色，砂体比较发育，砂岩岩性有含砾砂岩、中砂岩、细砂岩和粉砂岩等，含油性为油斑—油浸，沉积微相主要为分流河道和分流间。分流河道砂岩粒度较粗，其底部为含砾砂岩，与下部泥岩构成冲刷，含棕色泥砾，向上逐渐变为槽状交错层理粗砂岩、板状交错层理中砂岩、斜层理或平行层理中细砂岩等，部分砂岩含炭屑。河道砂体厚度较大，单个河道最厚约 5 m，并具有叠复冲刷现象，河道化作用明显，自然电位与感应电导率多呈钟形或箱形。分流间沉积主要为河漫滩沉积和棕色泥岩，砂岩岩性较细，主要为粉砂岩和泥质粉砂岩，发育平行层理或呈纹层状，砂岩中含泥条和泥屑，自然电位多呈指状或比较平直。

(4) 钱斜 502 井

钱斜 502 井沙四上亚段单井相分析剖面如图 4-3-21 所示，该井泥岩颜色主要为棕色，砂岩岩性有含砾砂岩、粗砂岩、中砂岩、细砂岩和粉砂岩，沉积微相主要为分流河道和分流间。分流河道砂岩粒度较粗，其底部为含砾砂岩，砾石定向排列，底部冲刷，发育槽状交错层理，向上

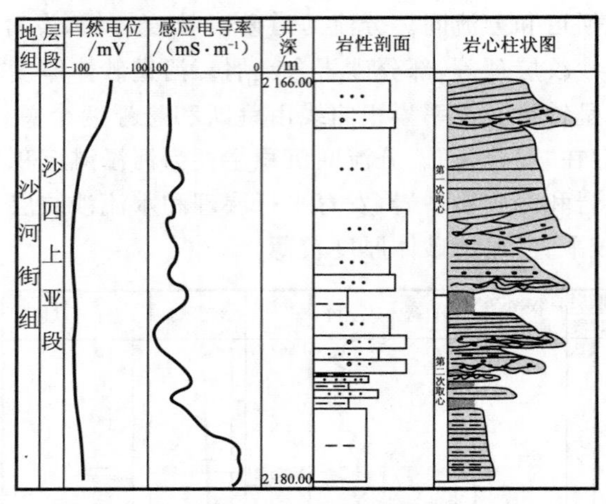

图 4-3-20　钱斜 141 井单井相分析剖面

逐渐变为板状交错层理中、粗砂岩。单个河道最厚约 2.5 m，并具有叠复冲刷现象，河道化作用明显，自然电位与自然伽马多呈钟形或箱形。分流间沉积主要为河漫滩沉积和棕色泥岩，砂岩岩性较细，主要为粉砂岩、细砂岩，发育平行层理或呈纹层状，自然电位多呈指状或比较平直。

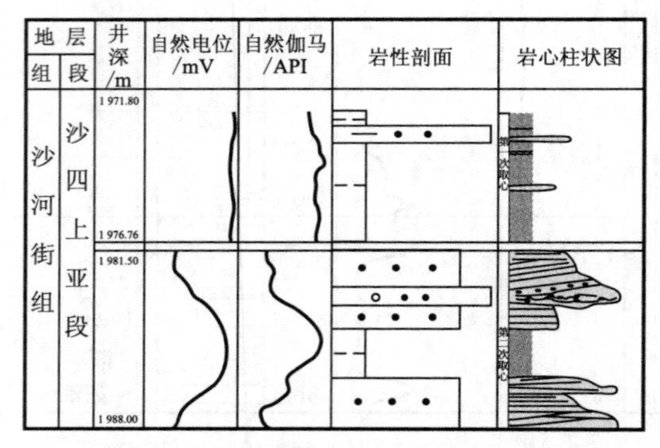

图 4-3-21　钱斜 502 井单井相分析剖面

（5）夏 34 井

夏 34 井沙四上亚段单井相分析剖面如图 4-3-22 所示，该井泥岩颜色主要为砖红色，砂岩岩性有粉砂岩和泥质粉砂岩，钻遇沉积微相主要为分流间。其沉积主要为天然堤沉积和砖红色泥岩，砂岩岩性较细，发育水流沙纹层理，常见生物构造，自然电位多呈指状或比较平直。

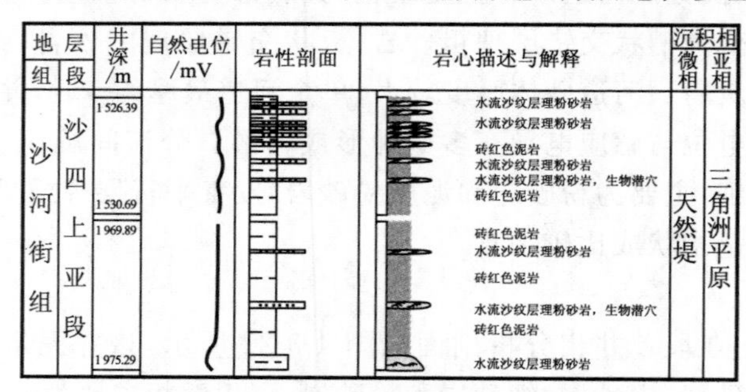

图 4-3-22　夏 34 井单井相分析剖面

2. 三角洲前缘

(1) 夏50井

夏50井第四次取心为沙四上亚段沉积，取心深度为3 865.42～3 873.77 m(图4-3-23)，单井相分析剖面纵向上揭示了三角洲前缘的沉积特征。泥岩颜色为灰色，砂岩岩性为粗砂岩、中细砂岩、粉砂岩等。沉积微相为分流河道、前缘砂席和分流间，分流河道砂体最厚约2.5 m，一般为1～2 m，具有叠复冲刷现象，河道底部为槽状交错层理粗砂岩，含泥砾，与下伏泥岩冲刷，向上变为平行层理、交错层理中细砂岩，自然电位呈箱形和钟形。前缘砂席砂体岩性主要为细砂岩和粉砂岩，厚度较小，一般为0.2～0.3 m，夹在灰色泥岩中，发育水流沙纹层理、平行层理或呈纹层状，自然电位曲线多为指状。

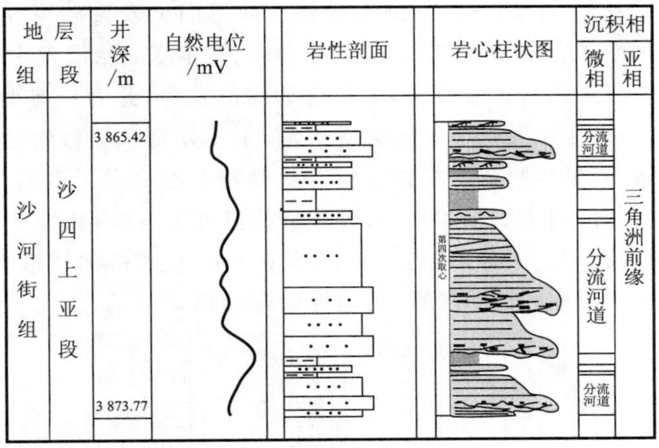

地层 组 段 | 井深/m | 自然电位/mV | 岩性剖面 | 岩心柱状图 | 沉积相 微相 亚相

沙河街组 | 沙四上亚段 | 3 865.42 | 3 873.77 | 第四次取心 | 分流河道 | 分流河道 | 分流河道 | 三角洲前缘

图4-3-23　夏50井单井相分析剖面

(2) 夏510井

夏510井第三、第四、第五次取心为沙四上亚段沉积，取心深度为3 172.32～3 196.25 m(图4-3-24)。泥岩颜色为灰色，砂岩岩性为粉砂岩和泥质粉砂岩，单个砂体厚度为0.1～1.2

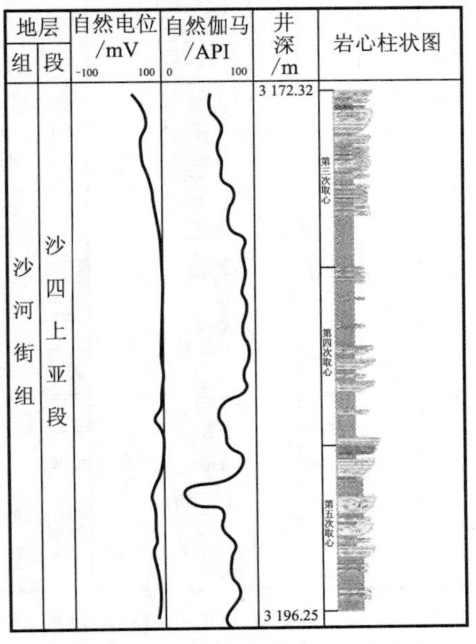

图4-3-24　夏510井单井相分析剖面

m，局部砂岩段含油。多发育水流沙纹层理、平行层理、波状层理或呈砂泥互层，只有在较厚的砂体中可见低角度交错层理，部分砂岩中炭屑富集，生物扰动构造发育，可见生物潜穴和双壳类化石。砂岩底部与泥岩渐变或突变接触，顶部与泥岩突变接触，自然电位曲线与自然伽马曲线为指状或漏斗形，所有这些特点都显示了滩相的沉积特征。由于夏510井区沉积与夏50井区河道沉积相伴生，推测其为三角洲沉积，沉积微相主要为远砂坝和前缘砂席。

(3) 夏501井

夏501井第一次至第五次取心为沙四上亚段沉积，这段取心为连续取心，取心深度为3 501.37～3 539.90 m(图4-3-25)。泥岩颜色为灰绿色和灰色，砂体比较发育，砂岩岩性主要为粉砂岩和细砂岩，部分砂岩含油性为油斑。取心可见多个砂坝砂体，单个砂坝砂体最厚约17 m，顶部与泥岩突变接触，下部与泥岩渐变接触。从下向上发育砂泥互层层理及波状层理粉砂岩、水流沙纹层理粉砂岩、低角度交错层理细砂岩、低角度交错层理中粗砂岩、槽状交错层理中细砂岩，部分砂岩段炭屑富集显纹层，生物扰动构造发育，此为一典型的砂坝砂体。其余砂体厚度为0.5～5.0 m，砂岩顶底与泥岩突变接触，主要发育水流沙纹层理和低角度交错层理，部分砂岩中夹泥条，常见生物扰动构造。所有这些特点都显示了砂滩与砂坝的沉积特征。由于该区沉积与夏50井区河道沉积相伴生，砂坝砂体厚度大，推测其为三角洲前缘沉积，沉积微相主要为河口坝和远砂坝。此外，取心还见厚度0.2 m左右的薄层砂体，砂岩岩性主要为粉砂岩，多发育水流沙纹层理和波状层理，为前缘砂席沉积。

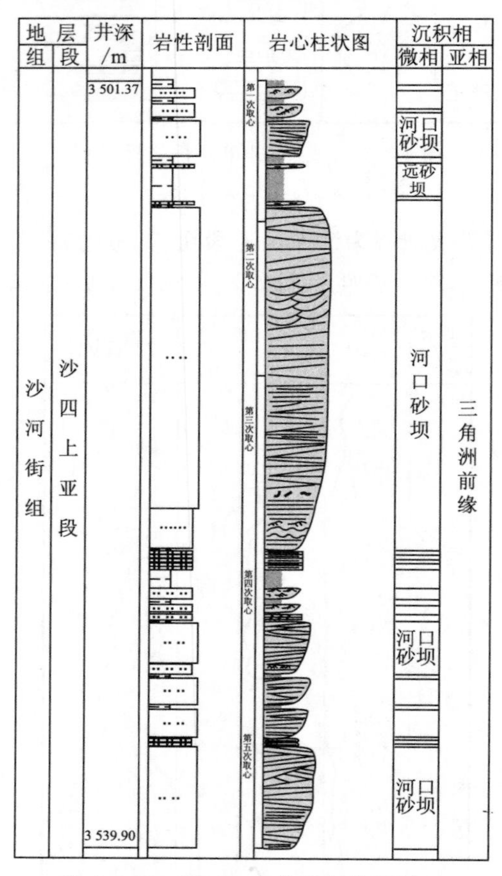

图4-3-25　夏501井单井相分析剖面

(4) 夏 511 井

夏 511 井第一次至第三次取心为沙四上亚段沉积，第一次取心深度为 3 321.02～3 329.58 m(图 4-3-26)。泥岩颜色为灰色，砂体比较发育，砂岩岩性主要为粉砂岩和细砂岩，取心可见两个砂坝砂体，单个砂坝砂体最厚约 4 m，砂岩顶底与泥岩突变接触。从下向上发育透镜状层理粉砂岩、波状层理粉砂岩、水流沙纹层理细砂岩、低角度交错层理中细砂岩，部分砂岩段炭屑富集显纹层，生物扰动构造发育。该段取心自然电位曲线为漏斗形或箱形，此为一典型的砂坝砂体。第二个砂坝砂体未见底，砂岩顶部与泥岩突变接触，主要发育低角度交错层理，砂岩中夹泥条，炭屑富集显纹层。其余几个薄层砂体厚度为 0.1～0.3 m，砂岩岩性主要为粉砂岩和细砂岩，发育水流沙纹层理，自然电位曲线为指状。第二次取心深度为 3 345.02～3 353.31 m，可见多个砂坝砂体和水流沙纹层理粉砂岩，生物扰动构造发育。第三次取心深度为 3 364.92～3 372.86 m，泥岩颜色为灰色和灰绿色，可见砂坝砂体和水流沙纹层理粉砂岩，自然电位曲线为漏斗形或指状。该区沉积与夏 50 井区河道沉积相伴生，砂坝砂体厚度大，推测其为三角洲前缘沉积，沉积微相主要为河口坝和前缘砂席。此外，取心还见厚度为 0.2 m 左右的薄层砂体，砂岩岩性主要为粉砂岩，多发育水流沙纹层理和波状层理，为前缘砂席沉积。

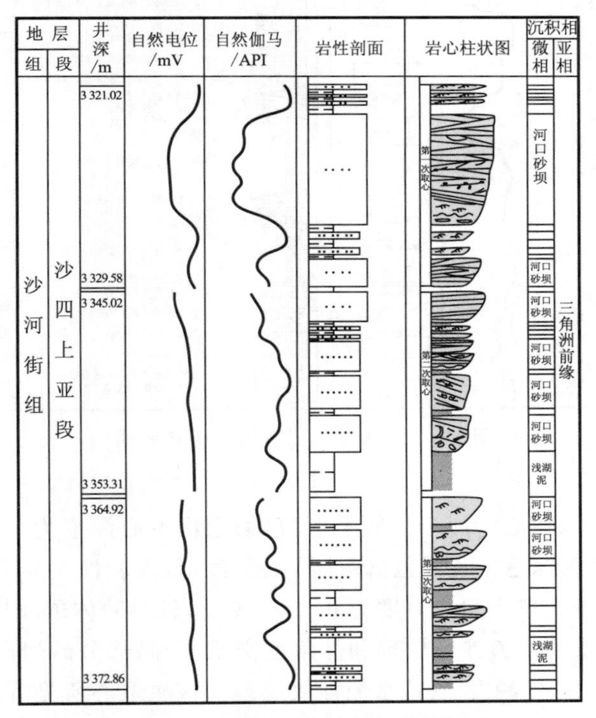

图 4-3-26　夏 511 井单井相分析剖面

(5) 夏 943 井

夏 943 井第一次至第三次取心为沙四上亚段沉积，这段取心为连续取心，取心深度为 3 782.40～3 805.50 m(图 4-3-27)。泥岩颜色为灰黑色、灰色和绿灰色，泥岩颜色从下向上逐渐变暗，反映了水体逐渐变深的趋势。该单井相剖面反映了三角洲的沉积特征，沉积微相有分流河道、河口砂坝、远砂坝、前缘砂席和分流间。砂体比较发育，总体上为向上变粗的反韵律，砂岩岩性主要为粗砂岩、中砂岩、细砂岩和粉砂岩，含油性为油浸—油斑。单个河口砂坝砂体最厚约 6.5 m，顶部与泥岩突变接触，下部与泥岩渐变接触。从下向上发育砂泥互层层理、水流沙纹层理细砂岩、低角度交错层理细砂岩、低角度交错层理中砂岩，电阻率曲线为箱形或漏斗形，此为一典型的砂坝砂体。第二次取心可见分流河道沉积，其厚度约 1.5 m，河道底部为大型槽状交错层理粗砂岩，与下部砂岩构成冲刷，向上变为交错层理细砂岩，电阻率曲线为钟形或漏斗形。河道下部为一河口砂坝砂体沉积，厚度约 2 m，主要发育低角度交错层理和水流沙纹层理，部分砂岩段含炭屑，底部为砂泥互层与灰黑色泥岩渐变接触。第三次取心砂岩岩性主要为粉砂岩和泥质粉砂岩，发育水流沙纹层理或低角度交错层理，厚度一般小于 1 m，电阻率曲线为指状或漏斗形，这些砂体为远砂坝沉积。此外，取心还见厚度 0.2 m 左右的前缘砂席砂体，砂岩岩性主要为粉砂岩，多发育水流沙纹层理和波状层理，电阻率曲线多为指状。

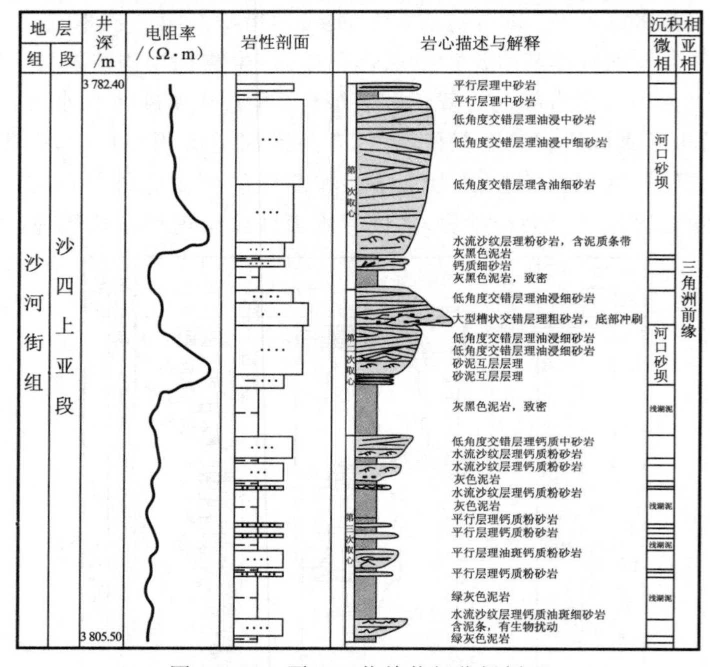

图 4-3-27　夏 943 井单井相分析剖面

(6) 夏斜 98 井

夏斜 98 井第七、第八取心为属于沙四上亚段，第七次取心深度为 3 208.00～3 216.00 m（图 4-3-28）。泥岩颜色为棕色—灰绿色，砂体不太发育，砂岩岩性主要为粉砂岩，局部为油斑砂岩，部分砂岩段含油斑。单个砂体厚度为 0.2～1.0 m，较厚砂体顶部与泥岩突变接触，下部与泥岩渐变接触，主要发育水流沙纹层理和低角度交错层理，部分砂岩段生物扰动构造发育。薄层砂体厚度为 0.2 m 左右，主要发育水流沙纹层理。该次取心所见沉积微相主要为前缘砂席。所有这些特点都显示了砂滩与砂坝的沉积特征。第八次取心砂体比较发育，取心深度为 3 380.00～3 385.00 m，所见沉积微相有分流河道、前缘砂席和分流间，分流河道砂体厚度大约 3.5 m，河道底部冲刷，发育大型槽状交错层理，向上逐渐变为交错层理和水流沙纹层理。前缘砂席砂体为厚度 0.1 m 左右的粉砂岩，显纹层状。

(7) 夏斜 507 井

夏斜 507 井第八次至第十一次取心为沙四上亚段沉积（图 4-3-29）。泥岩颜色主要为灰色，底部出现灰绿色，砂体比较发育，砂岩岩性主要为细砂岩、粉砂岩和泥质粉砂岩，局部含油斑。取心可见多个砂坝砂体，单个砂坝砂体最厚约 4 m，砂体顶底与泥岩突变接触，从下向上发育平行层理泥质粉砂岩、水流沙纹层理粉砂岩、低角度交错层理细砂岩，部分砂岩段含双壳类化石。其余砂坝砂体厚度为 1～2.5 m，砂体顶底与泥岩突变接触，主要发育波状层理、水流沙纹层理、低角度交错层理或呈纹层状，部分砂岩中夹泥条，常见生物扰动构造，自然伽马曲线主要为漏斗形。由于该区沉积与夏 50 井区河道沉积相伴生，砂坝砂体厚度大，推测其为三角洲前缘沉积，沉积微相主要为河口砂坝和远砂坝。此外，取心还见厚度 0.2 m 左右的薄层砂体，砂岩岩性主要为粉砂岩，多发育水流沙纹层理或呈纹层状，为前缘砂席沉积，自然伽马曲线多为指状。

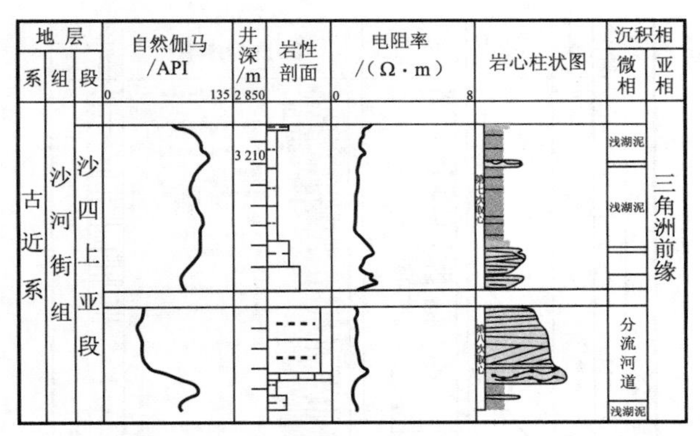

图 4-3-28　夏斜 98 井单井相分析剖面

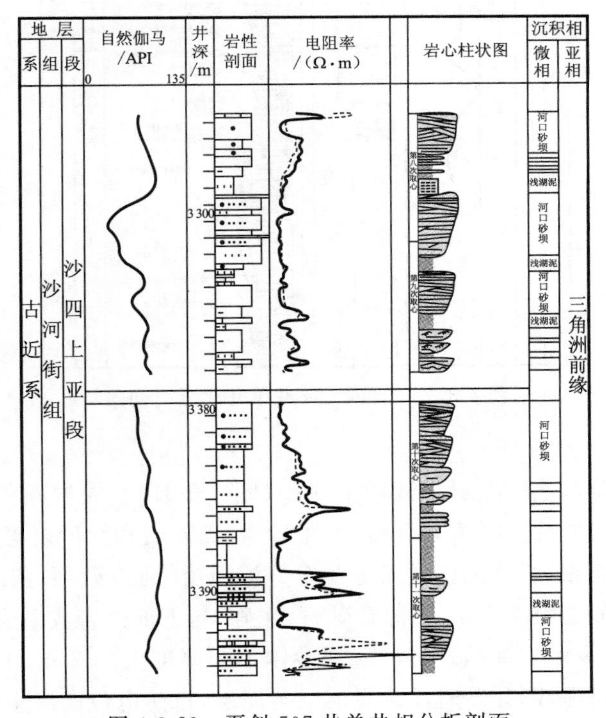

图 4-3-29　夏斜 507 井单井相分析剖面

(8) 夏斜 504 井

夏斜 504 井第一次至第四次取心为沙四上亚段沉积(图 4-3-30)，此为连续取心，取心深度为 3 496.46～3 528.51 m。泥岩颜色主要为灰色，砂体很发育，砂岩岩性主要为细砂岩和粉砂岩，含油性为油浸—油斑。取心可见多个砂坝砂体，单个砂坝砂体最厚约 7.5 m，这个砂坝砂体顶底与泥岩突变接触，从下向上发育水流沙纹层理粉砂岩、低角度交错层理细砂岩，部分砂岩段含撕裂状泥屑，炭屑显纹层。其余砂坝砂体厚度为 0.5～5.0 m，砂体顶部与泥岩突变接触，底部与泥岩突变或渐变接触，主要发育透镜状—波状层理、水流沙纹层理、低角度交错层理或呈纹层状，部分砂岩中夹泥条，炭屑显纹层，常见生物扰动构造，自然电位曲线为漏斗形。由于该区沉积与周围井区河道沉积相伴生，砂坝砂体厚度大，推测其为三角洲前缘沉积，沉积微相主要为河口砂坝和远砂坝。此外，取心还见厚度 0.2 m 左右的前缘砂席沉积，砂岩岩性主要为粉砂岩，多发育水流沙纹层理、透镜状层理或呈纹层状。

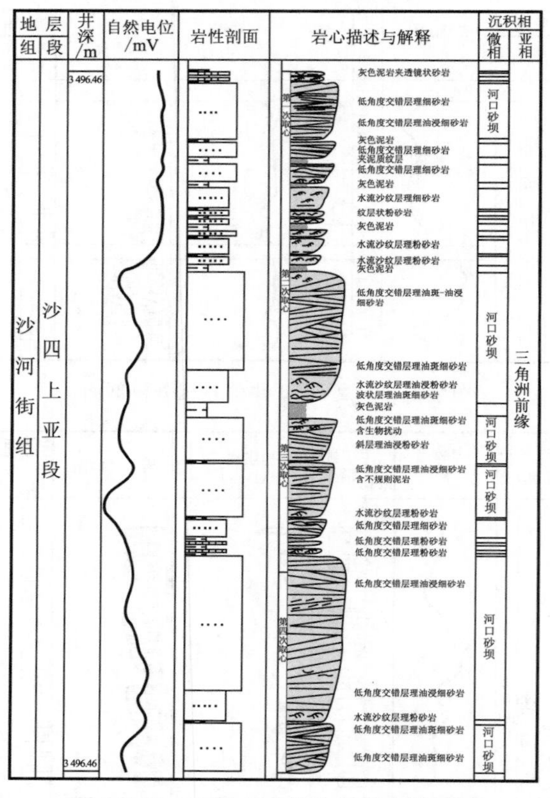

图 4-3-30　夏斜 504 井单井相分析剖面

(9) 禹参 1 井

禹参 1 井第一至第八次取心属于沙四上亚段(图 4-3-31)。泥岩颜色为棕色、灰绿色和灰色，砂体不太发育，砂岩岩性主要为含砾砂岩、粗砂岩、细砂岩和粉砂岩等。该井取心钻遇三角洲平原与三角洲前缘亚相，所见沉积微相主要有分流河道、河口砂坝、前缘砂席和分流间。单个分流河道砂体厚度最大为 1.5 m，底部含砾石、泥砾，与下部泥岩或砂岩构成冲刷，具有叠复冲刷现象，自然电位曲线多呈钟形。河口砂坝砂体单个厚度大约 2 m，下部与泥岩突变接触，主要发育低角度交错层理，部分砂岩段含炭屑层与泥层，自然电位曲线多为漏斗形。前缘砂席砂体厚度为 0.2～0.5 m，主要发育水流沙纹层理或平行层理，常见生物扰动构造，自然电位曲线多呈指状。

(10) 阳 8 井

阳 8 井单井相分析剖面泥岩颜色为绿灰色、灰绿色和灰色，砂体不太发育，砂岩岩性主要为中粗砂岩、细砂岩和粉砂岩等。该井取心钻遇三角洲前缘亚相，所见沉积微相主要有分流河道、河口砂坝、远砂坝、前缘砂席和分流间。单个分流河道砂体厚度最大为 3.5 m，底部冲刷，含泥砾，从下向上发育槽状交错层理中粗砂岩、交错层理细砂岩、水流沙纹层理细砂岩或纹层状细砂岩。河道侧缘相冲刷现象不明显，发育平行层理和水流沙纹层理。河口砂坝单个厚度为 1～2 m，岩性主要为细砂岩和粉砂岩，下部与泥岩突变接触或渐变接触，主要发育波状层理、低角度交错层理或呈纹层状，常见变形构造，部分砂岩段含泥屑与泥条。远砂坝砂体厚度一般为 0.5～1.0 m，多发育水流沙纹层理，岩性多为粉砂岩。前缘砂席砂体厚度为 0.1～0.5 m，主要发育水流沙纹层理、波状层理或呈纹层状。

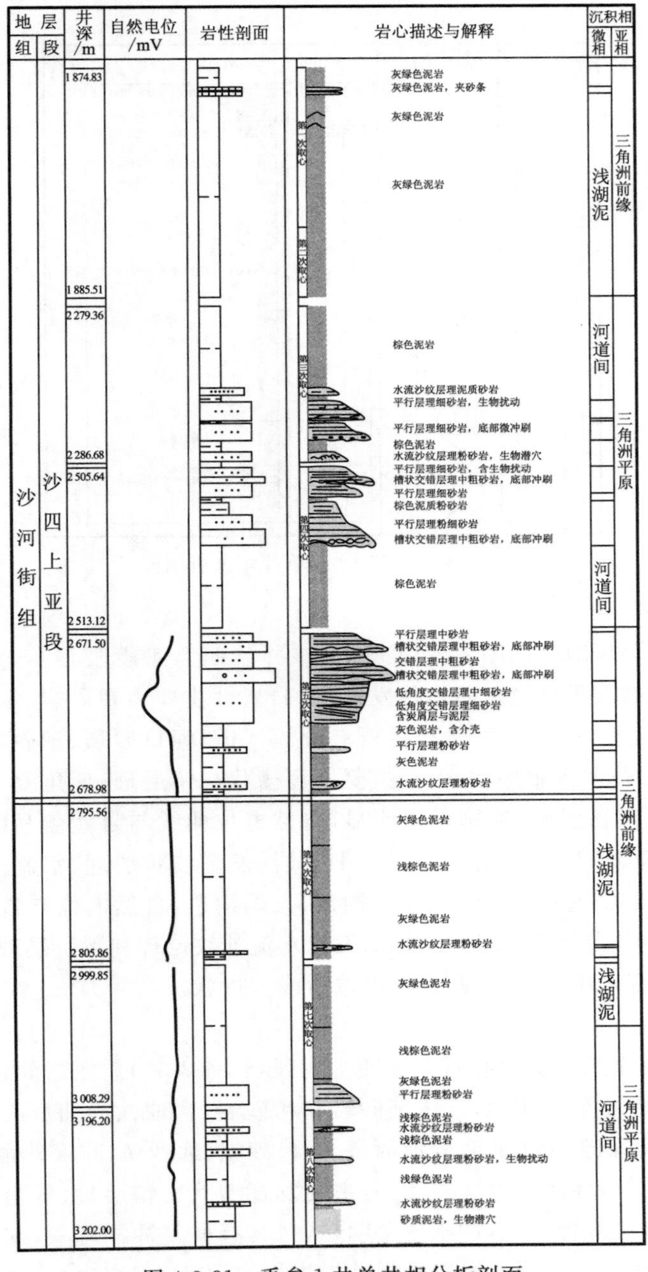

图 4-3-31 禹参 1 井单井相分析剖面

(11) 阳 12 井

阳 12 井第三次至第六次取心属于沙四上亚段(图 4-3-32),此取心段为连续取心。泥岩颜色主要为灰色,底部出现灰绿色,砂体不太发育,砂岩岩性主要为粉砂岩,沉积微相有河口砂坝、远砂坝、前缘砂席和分流间。河口砂坝砂体厚度约 1.5 m,砂体顶底与泥岩突变接触,从下向上发育水流沙纹层理、低角度交错层理,自然电位曲线为漏斗形。远砂坝砂体厚度约 0.7 m,主要发育水流沙纹层理或呈纹层状,自然伽马曲线主要为漏斗形。此外,取心还见厚度约为 0.2 m 的前缘砂席砂体,砂岩岩性主要为粉砂岩,多发育水流沙纹层理,自然伽马曲线多为指状。

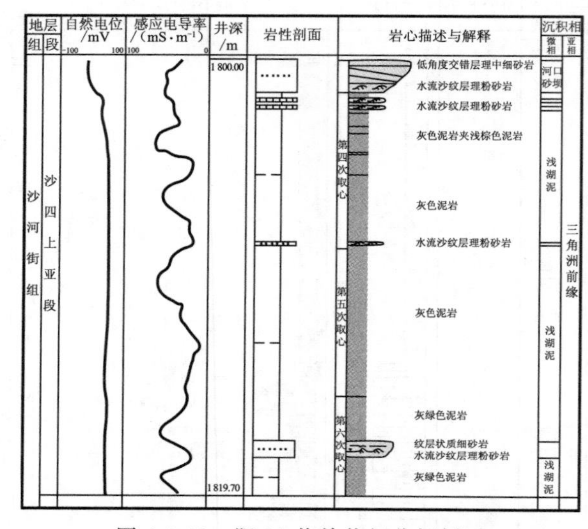

图 4-3-32　阳 12 井单井相分析剖面

(12) 阳 27 井

阳 27 井单井相分析剖面如图 4-3-33 所示,该井沙四上亚段取心泥岩颜色为灰色和黑灰色,反映了水体较深的沉积环境。砂体很发育,砂岩岩性主要为粗砂岩、细砂岩和粉砂岩。该井钻遇三角洲前缘亚相,所见沉积微相主要有分流河道、河口砂坝、远砂坝、前缘砂席和分流间。单个分流河道砂体厚度最厚约 6 m,主要发育槽状交错层理、低角度交错层理、平行层理和水流沙纹层理,底部含泥砾,冲刷现象明显,自然电位曲线与自然伽马曲线为箱形或钟形。河口砂坝砂体厚度为 1～1.7 m,岩性主要为细砂岩,发育波状层理、水流沙纹层理、平行层理和低角度交错层理,部分远砂坝底部见变形构造、火焰构造,自然电位与自然伽马曲线为漏斗形或指状。远砂坝砂体厚度为 0.5～1.0 m,发育水流沙纹层理和平行层理。前缘砂席砂体厚度约 0.3 m,主要发育水流沙纹层理,自然电位曲线为指状。

(13) 阳 101 井

阳 101 井第三次至第八次取心属于沙四上亚段(图 4-3-34)。泥岩颜色为主要为灰绿色,砂体很发育,砂岩岩性主要为粗砂岩、中细砂岩和粉砂岩,含油性为油浸或油斑。该井钻遇三角洲前缘亚相,所见沉积微相主要有分流河道、河口砂坝、远砂坝、前缘砂席和分流间。河道砂体发育,单个分流河道砂体厚度最厚约 4 m,主要发育槽状交错层理、低角度交错层理和平行层理,常见变形构造,底部含泥砾,冲刷现象明显,并具有叠复冲刷现象,部分砂岩段炭屑显纹层,自然电位曲线为钟形或箱形。河口砂坝砂岩岩性主要为中、细砂岩,发育低角度交错层理和波状层理,取心显示该河口砂坝未见底。远砂坝砂体厚度为 0.5～1 m,岩性主要为粉砂岩,

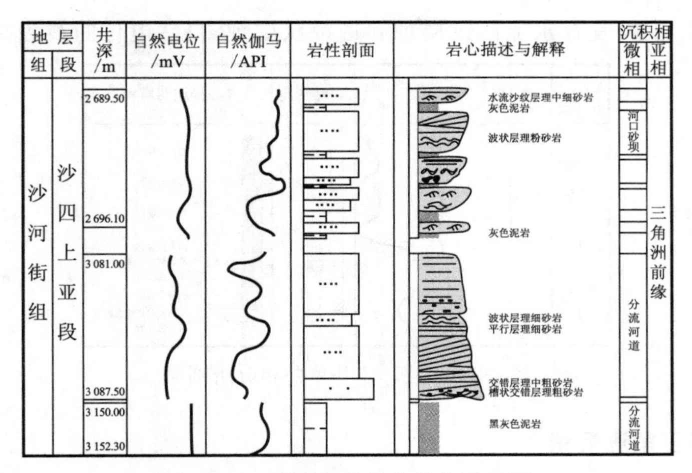

图 4-3-33 阳 27 井单井相分析剖面

发育水流沙纹层理、脉状层理、平行层理和低角度交错层理，部分砂岩段夹泥条，自然电位曲线为漏斗形。前缘砂席砂体厚度为 0.2～0.5 m，主要发育水流沙纹层理和平行层理，自然电位曲线为指状。

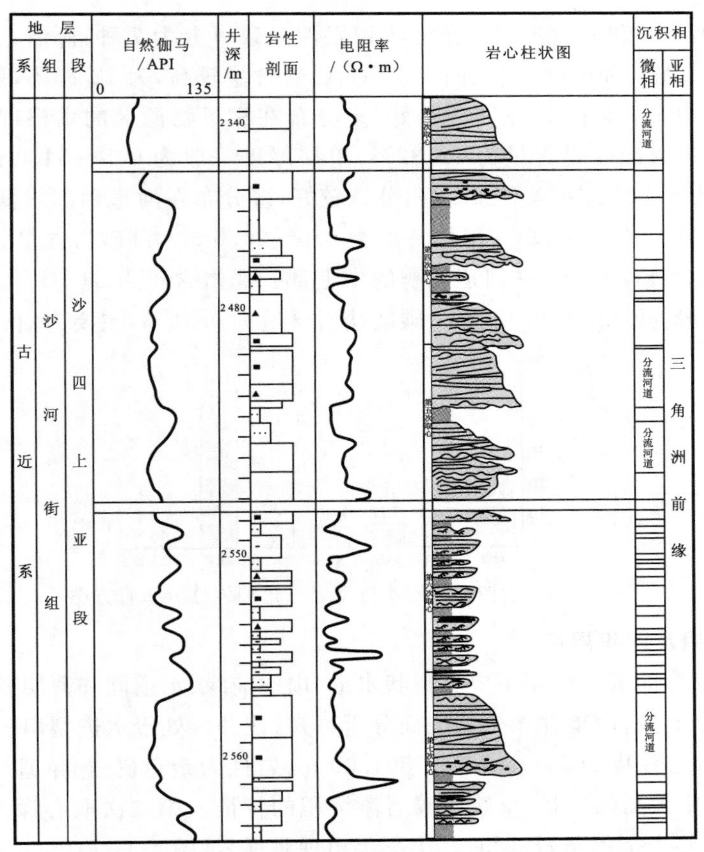

图 4-3-34 阳 101 井单井相分析剖面

3. 前三角洲

阳 32 井第一次、第二次取心属于沙四上亚段(图 4-3-35)，泥岩颜色主要为黑灰色和灰色，反映了水体较深的沉积环境。砂体不发育，主要为少量席状砂体，砂岩岩性主要为粉砂岩，厚度为0.2～0.5 m。主要发育水流沙纹层理和透镜状层理，自然电位曲线为指状或比较平直。

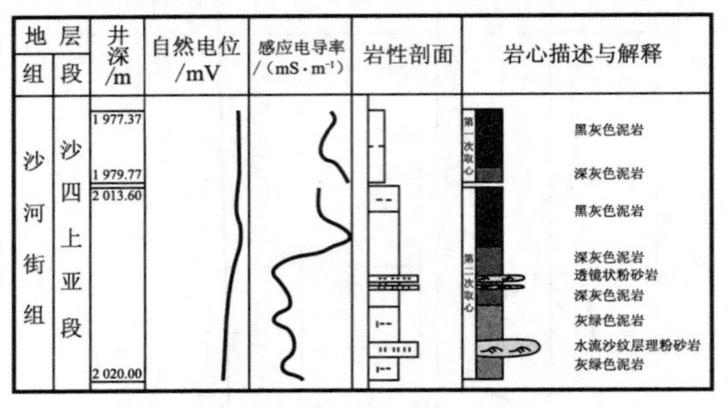

图4-3-35 阳32井单井相分析剖面

四、水进型扇三角洲沉积

水进型扇三角洲可进一步划分为扇根、扇中和扇端三个砂体亚相带。扇根的沉积微相类型有辫状水道和水道间；扇中的沉积微相类型有辫状水道、扇中前缘和扇中水道间；扇端沉积微相类型主要为薄层砂和深湖泥。

(一) 岩性特征

惠民凹陷沙四上亚段水进型扇三角洲沉积岩性大致可分为7种：砾岩、含砾砂岩、中粗砂岩、细砂岩、粉砂岩、泥岩和碳酸盐岩(图4-3-36)，砾岩含量较高，为12.83%，单层厚度为0.5～30 m，砾石间充填砂质，纯净，填充物分选好，多分布在靠近物源区的扇根部位。砂岩以含砾砂岩和粉砂岩为主，含砾砂岩含量为12.32%，单层厚度一般为0.5～34.0 m，砾石磨圆度较好。粉砂岩含量为8.82%，砂岩磨圆度好，分选较好，多分布在河道顶部或薄层砂沉积中。其次为中粗砂岩，含量为7.77%，单层厚度一般为0.5～20.0 m。细砂岩含量为6.49%，单层厚度一般为0.5～12.5 m，多分布在河道沉积的中上部。泥岩含量为51.31%，以深灰色和灰色为主，单层厚度一般为0.25～20.00 m。碳酸盐岩含量为0.46%，主要为白云岩和灰岩。

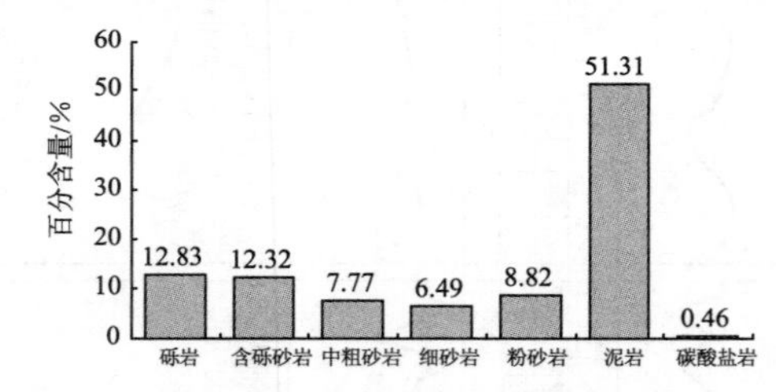

图4-3-36 沙四上亚段水进型扇三角洲岩性分布直方图

(二) 沉积微相及沉积层序

沙四上亚段发育的沉积微相主要有辫状水道、扇中前缘、水道间和薄层砂。阳501井有两次取心属于沙四上亚段，由单井相分析剖面分析可知，该井区处于水进型扇三角洲扇根亚相沉积时期。第一次取心深度为2 497.79～2 501.00 m，岩性为杂色砾岩，层理不发育，砾石杂乱排列，深感应电阻率为高幅指状，反映了碎屑流沉积的特征。第二次取心深度为2 650.00～2 653.15 m，岩性主要为杂色砾岩，同时在中下部出现辉绿岩(图4-3-37)。

(三) 沉积模式

阳信洼陷北部陡坡带沙四上亚段沉积时期断裂活动强烈，地形高差进一步扩大，湖盆水体加深，面积增大，水体能量较强，物源供应充足。依据沉积相分析结果，沿北部陡坡带的凸起边

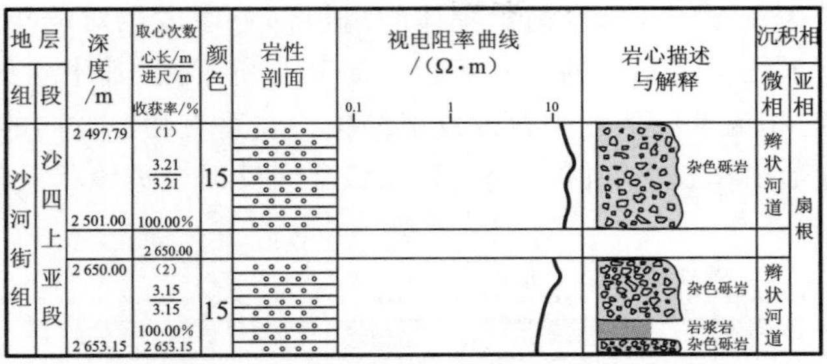

地层		深度/m	取心次数 心长/m 进尺/m 收获率/%	颜色	岩性剖面	视电阻率曲线/(Ω·m) 0.1 1 10	岩心描述与解释	沉积相	
组	段							微相	亚相
沙河街组	沙四上亚段	2 497.79 2 501.00	(1) 3.21/3.21 100.00% 2 650.00	15			杂色砾岩	辫状河道	扇根
		2 650.00 2 653.15	(2) 3.15/3.15 100.00% 2 653.15	15			杂色砾岩 岩浆岩 杂色砾岩	辫状河道	

图 4-3-37　阳 501 井单井相分析剖面图

缘构造坡折带广泛发育水进型扇三角洲。水进型扇三角洲是山地河流出山口后直接进入湖盆浅水区形成的几乎全部没入水下的扇形砂砾岩体，一般发育于断陷湖盆的陡坡一侧，距物源近，周围泥岩为灰绿色和浅灰色。砂砾岩体的分布受断裂、构造旋回等因素的影响，可分为扇根、扇中和扇端三个砂体亚相带(图 4-3-38)。

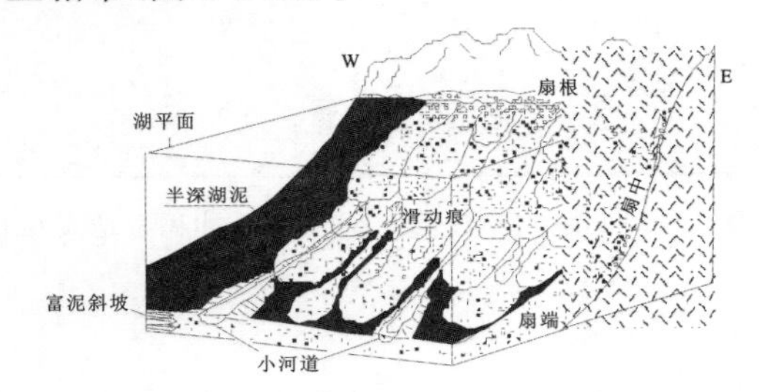

图 4-3-38　阳信洼陷北坡水进型扇三角洲沉积模式图

五、砂体及沉积相分布特征

沙四上亚段沉积时期盆地边界断层活动加大，并具有一定的波动性，盆地整体水域逐渐扩大加深，在沙四段沉积末期达到最大，气候由沙四下亚段沉积时期的干旱变成沙四上亚段沉积时期的潮湿。沙四上亚段沉积时期沉积中心位于滋镇洼陷和阳信洼陷，阳信洼陷地层厚度最大。该段泥岩含量较高，泥岩厚度由盆地边缘向洼陷内呈增大趋势。沙四上亚段沉积时期在靠近边界断层临近物源区发育扇三角洲、三角洲沉积，区域上主要存在西北、东北、南部三大物源方向。进入湖盆内部的陆源碎屑在湖水的再次改造下形成滨浅湖的滩坝。通过详细的岩心观察与描述，结合录井与测井资料，惠民凹陷沙四上亚段滩坝沉积主要集中在中央隆起带、滋镇洼陷南部、临南洼陷北部和里则镇洼陷北部等地区；三角洲沉积分布在惠民凹陷南斜坡和阳信洼陷南部等地区；扇三角洲沉积主要分布在阳信洼陷北部陡坡带、滋镇洼陷北部等地区。

第四节　惠民凹陷沙四段地震相描述

一、冲积扇相

惠民凹陷南斜坡沙四下亚段发育冲积扇沉积体系，以剥蚀充填为主，沉积厚度、面积相对较大，可分为扇根、扇中和扇端三个亚相。在纵贯扇体地震剖面上扇体为楔形反射，在横切扇根或扇中地震剖面上为宽缓的丘状反射。扇体的扇根部分厚度相对较小，而在扇中部位向湖盆方向加厚。内部反射结构在扇体的不同亚相特征又有所不同，其中扇根和扇端亚相为空白和杂乱反射，而扇中亚相为低频的亚平行或发散结构。在垂直物源方向的地震剖面上，地震反射特征主要表现为楔形前积、楔状乱岗—前积、丘状乱岗反射或透镜状反射（图 4-4-1），振幅强弱多变，连续性中—差。

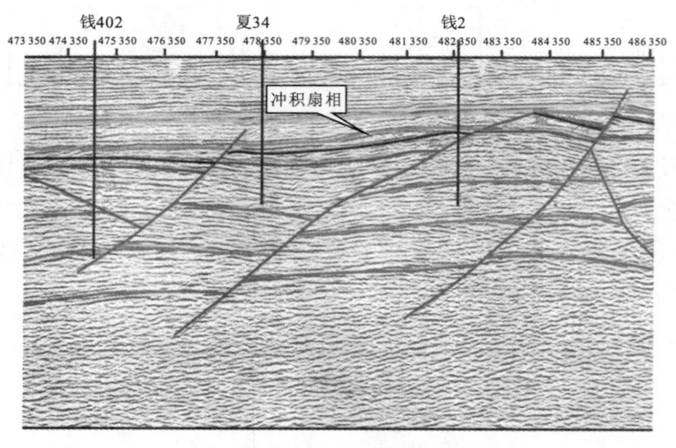

图 4-4-1　惠民凹陷临南洼陷 crossline58 冲积扇地震相特征

二、辫状河扇

惠民凹陷滋镇洼陷、中央隆起带、临南洼陷和里则镇洼陷发育辫状河沉积体系。此地震相具有顶平底凸上超充填的特点，呈现弱振幅、弱连续、亚平行状的反射结构。河谷切割第三系基底顶面，形成明显的下凹地貌。河谷内部沉积物的充填作用表现为来自凸起沉积物侧向叠置的侧积式充填，向上河谷逐渐变浅、填平，可出现向两侧的双向上超反射（图 4-4-2）。

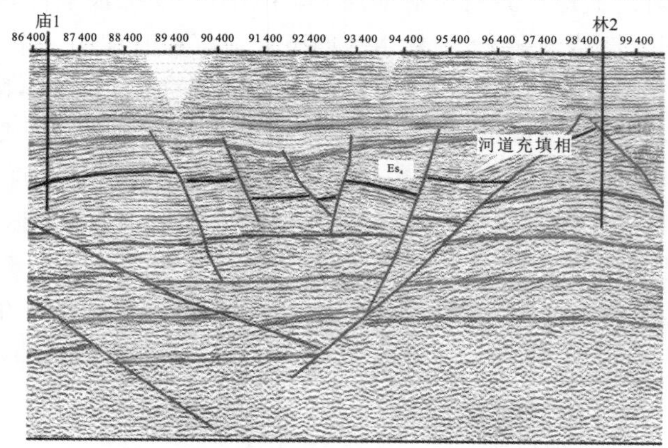

图 4-4-2　惠民凹陷里则镇洼陷辫状河沉积地震相特征

根据地震反射特征，可进一步划分出河道砂沉积体和泛滥平原沉积体。河道砂体在走向剖面上的反射形态多呈席状、低连续的亚平行反射，倾向剖面上底界呈明显的凹形，具有明显的切割现象，其底面常形成一个局部的侵蚀面。反射界面沿河道底界面层层上超，其上部弱波状反射层是低速泥岩反射。泛滥平原地震剖面上表现为弱振幅，同相轴较为紊乱，呈现杂乱—亚平行状地震反射特征，连续性较差，频率较高。

三、三角洲相

惠民凹陷临南洼陷沙四上亚段发育此类地震相。三角洲在地震剖面上反射特征明显，反射振幅整体较强，反射频率中等，三角洲平原部位反射连续性中等，三角洲前缘及前三角洲部位反射连续性差。向湖盆方向可见清晰的S形—斜交复合型前积反射结构(图 4-4-3)。由下而上，反射结构由更具斜交形特点向更具S形特点变化，顶部出现层位的削蚀，反映了三角洲形成于高能沉积机制和稳定的沉降、充足的沉积物供应以及向湖盆中心部位沉降作用影响加强的环境。

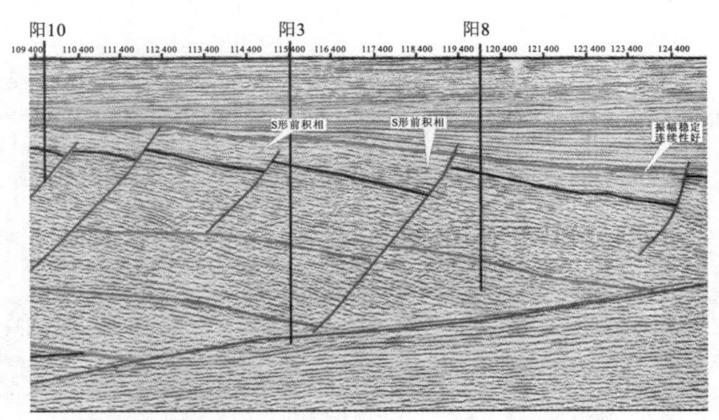

图 4-4-3　惠民凹陷阳信洼陷 inline523.7 三角洲地震相特征

四、水进型扇三角洲相

惠民凹陷阳信洼陷北部陡坡带沙四上亚段、沙四下亚段发育水进型扇三角洲相。地震相具有丘状外形结构，内部具有杂乱—短波状反射结构，振幅较弱，频率中等，连续性较差。在地震剖面上多具有丘状、楔形或透镜状的外形结构，内部具波状、短波状或杂乱反射结构，振幅、频率中到低，连续性一般(图 4-4-4)。

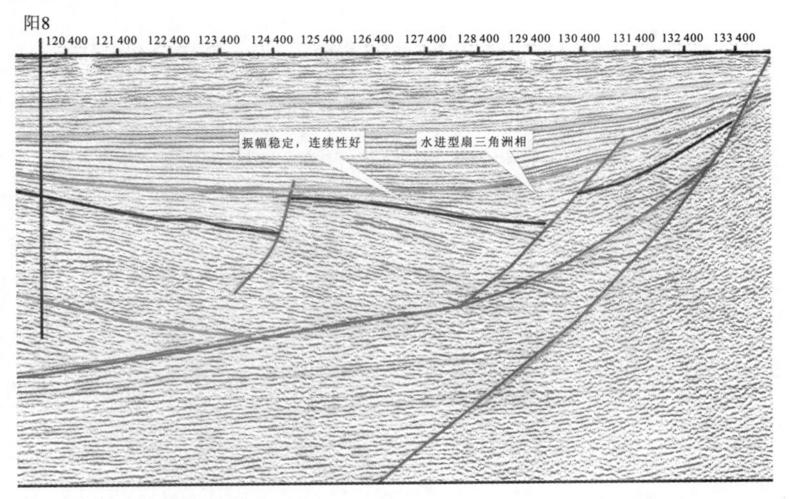

图 4-4-4　惠民凹陷阳信洼陷 inline523.7 水进型扇三角洲地震相特征

在陡坡带的不同部位所发育的扇体地震相特点也有所不同，通常在顺沿物源方向的剖面上，由于与上覆地层岩性差异较大，扇体包络面反射振幅较强，其反射外形一般呈逐渐收敛的楔状体,内部反射呈小角度的发散结构。但有的扇体反射外形也呈丘状,内部反射呈亚平行状结构。在垂直物源方向的地震剖面上,扇体大都为丘状反射,内部反射为亚平行结构,同相轴为中等连续的中强振幅。

五、滨浅湖相

惠民凹陷中央隆起带沙四上亚段地震剖面上(图 4-4-5)发育典型的中振幅、中连续、中频率地震相。地震相内部整体呈现平行或亚平行状结构,振幅中等,频率为中频,连续性较好。而这些都和滨浅湖相在地震反射特征上的表现相吻合,说明惠民凹陷中央隆起带沙四上亚段发育滨浅湖相。

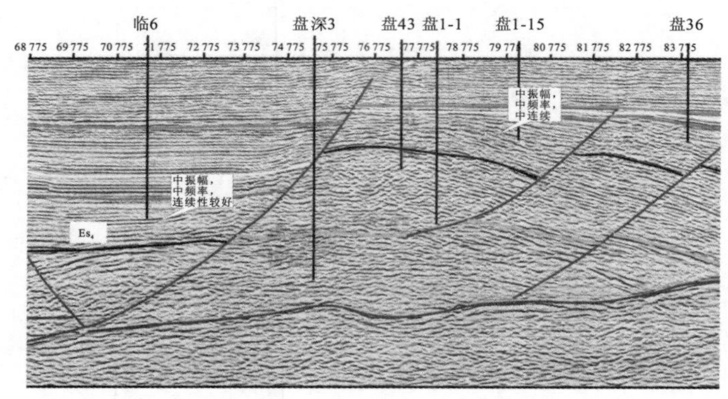

图 4-4-5　惠民凹陷中央隆起带沙四上亚段滩坝沉积地震相特征

六、深湖—半深湖相

惠民凹陷临南三维 crossline109 地震剖面上(图 4-4-6),在洼陷带地震反射特征为振幅相对稳定,横向连续性好,说明沉积环境相对稳定,有一定的分选性,成层性好,且横向分布有一定的范围,反映较深水沉积。

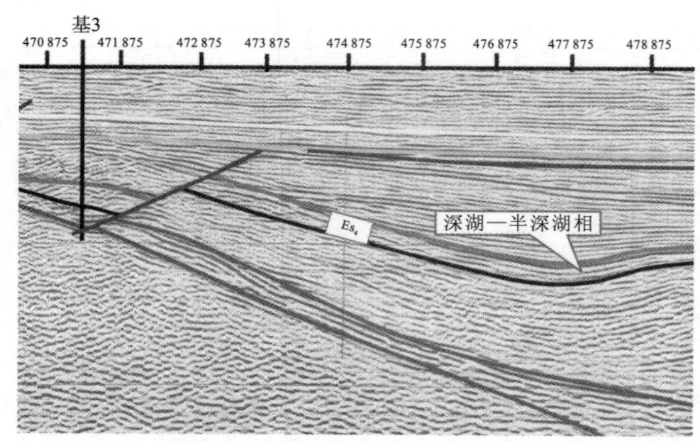

图 4-4-6　惠民凹陷临南洼陷 crossline109 深湖—半深湖地震相特征

七、地震相平面分布特征

(一) 沙四上亚段地震相描述

惠民凹陷中央隆起带沙四上亚段以中振幅、中低连续、中频相或中振幅、高连续、中低频相为特征。在形态上表现为亚平行席状或乱岗状，席状相单元的上下界面平行或近平行，厚度相对稳定，一般呈大面积分布；席状相单元内部通常为平行、亚平行或乱岗状结构。临南洼陷沙四上亚段在地震剖面上反射振幅整体较强，反射频率中等，为中振高连中频相或中振中连高频相，三角洲平原部位反射连续性中等。惠民凹陷南斜坡反射连续性差，为弱振低连高频相，向盆地方向逐渐变为中振中连高频相。滋镇洼陷沙四上亚段盆地边缘主要为弱振中连低频相或弱振高连中频相，向盆地方向逐渐变为中振中连中频相。阳信洼陷北部陡坡带主要为中振高连高频相、中振高连中频相或杂乱相，出现透镜状、丘状反射。洼陷中央主要为弱振中连中频相。阳信洼陷南部陡坡带主要为弱振低连高频相。林樊家凸起西部和南部主要为中振中连高频相（图 4-4-7）。

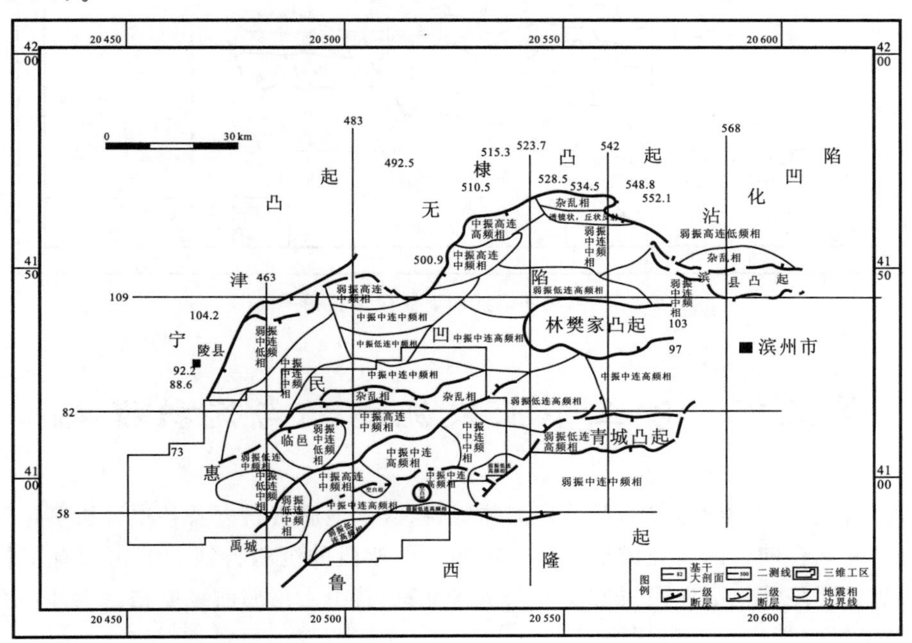

图 4-4-7 惠民凹陷沙四上亚段地震相平面图

（二）沙四下亚段地震相描述

惠民凹陷中央隆起带沙四下亚段以弱振低连高频相、中振中连低频相或高振中连低频相为特征。河道砂体在走向剖面上的反射形态多呈席状、低连续的亚平行状反射，倾向剖面上底界呈明显的凹形，具有明显的切割现象，其底面常形成一个局部的侵蚀面。反射界面沿河道底界面层层上超，其上部弱波状反射层是低速泥岩反射。泛滥平原地震剖面上表现为弱振幅，同相轴较为紊乱，呈现杂乱—亚平行状地震反射特征，连续性较差，频率较高。

惠民凹陷南斜坡反射连续性差，为中振低连中频相、中振中连高频相或弱振低连高频相。

滋镇洼陷沙四下亚段盆地边缘主要为弱振中连低频相或弱振高连中频相，向盆地方向逐渐变为高振中连低频相或中振中连低频相，可见丘状地震反射。阳信洼陷北部陡坡带主要为低振低连高频相或中振高连高频相。洼陷中央主要为中振低连中频相。阳信洼陷南部陡坡带主要为中振中连中频相。林樊家凸起西部主要为中振低连中频相，南部主要为中振中连高频相（图 4-4-8）。

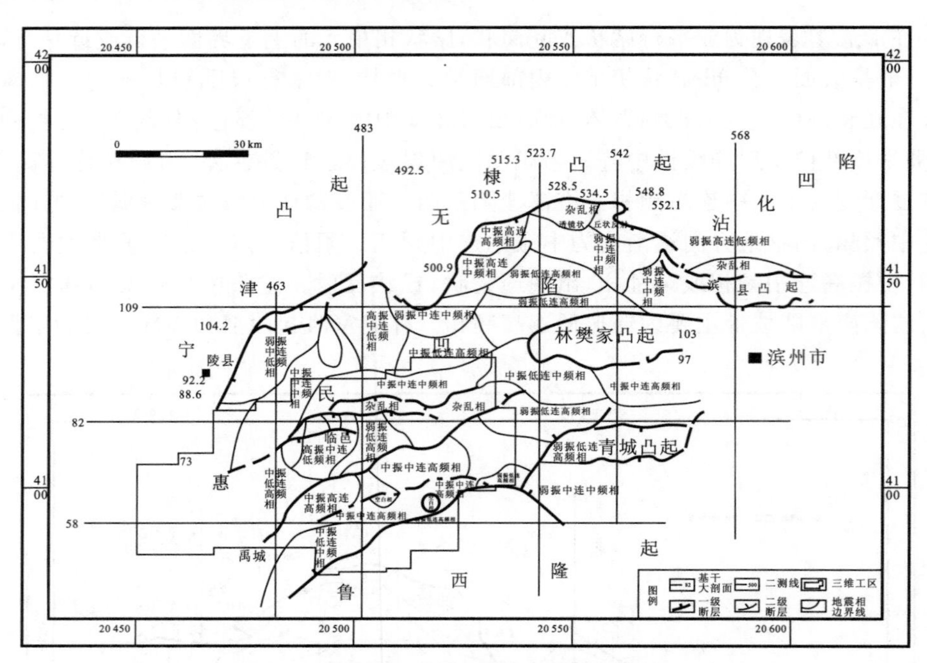

图 4-4-8　惠民凹陷沙四下亚段地震相平面图

第五节　沙三下亚段沉积相与沉积模式

通过详细的岩心观察和描述，并结合测井资料、区域地质资料以及各项分析鉴定资料等进行综合分析，并结合前人的研究成果对研究区沙三下亚段的沉积特征和沉积相有了较全面的认识，认为惠民凹陷沙三下亚段主要发育三角洲沉积，其中三角洲前缘亚相占主体。在阳信洼陷北部陡坡带发育近岸水下扇沉积。

一、三角洲沉积

沙三下亚段沉积时期，夏口断裂开始活动，曲堤断层不发育，从鲁西隆起到夏口断裂带基本上是一个平缓的斜坡。从东西向构造发育剖面上看地层基本上为等厚沉积。来自鲁西隆起的沉积物，在夏口断层以北的洼陷区，形成三个砂体厚度中心，即双丰三角洲、江家店三角洲和瓦屋三角洲。其中双丰三角洲规模大，发育时期长，江家店三角洲和瓦屋三角洲体系相对规模小，发育时期短。在西北地区，来自埕宁隆起的陆源碎屑在盘河地区和滋镇洼陷内聚集，形成较大范围的三角洲沉积。

(一) 岩性特征

通过对研究区 300 多口探井的岩性数据统计分析(图 4-5-1)，研究区沙三下亚段以灰色和深灰色泥岩为主，含量高达 68.41%，砂岩类型从粉砂岩到砂砾岩皆有分布，粉砂岩、细砂岩、中粗砂岩、砾岩的含量依次为 16.21%，9.11%，5.28%，0.32%。粒度变化较大，粒径一般为 100～500 μm，粒度分选差到中等，圆度以次棱角状至圆状为主，分化程度较浅，结构成熟度不高。砂岩主要发育在靠近物源的地区，单层砂体厚度最大为 10 m，一般为 2～4 m，以灰白色为主，此外还有少量的碳酸盐岩。

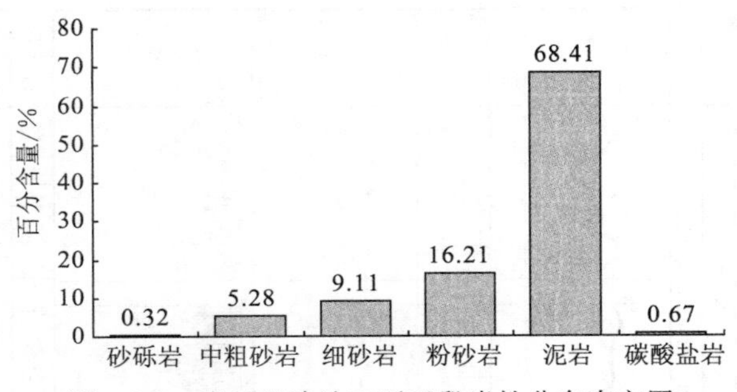

图 4-5-1　惠民凹陷沙三下亚段岩性分布直方图

(二) 沉积相类型与沉积层序

1. 沉积微相

三角洲是曲流河或网状河入湖形成的岸线凸出部分，形成环境由岸上→滨浅湖→半深湖。一般发育在湖盆缓坡或轴向上，出现于湖盆深陷后的抬升期。三角洲是砂的富集体也是油气聚集的场所。

据岩心描述和分析，惠民凹陷三角洲体系从沙四上亚段到沙三下亚段沉积时期均有发育。沙三下亚段沉积时期全区各凸起边缘、地垒边缘均有发育。三角洲可进一步划分为三个相带，即三角洲平原、三角洲前缘和前三角洲。通过取心井的观察和分析，惠民凹陷沙三下亚段多为三角洲前缘亚相。有关三角洲平原、三角洲前缘和前三角洲的特征和微相划分以及其沉积特征见本章第三节，这里就不再累述。

2. 单井相分析

(1) 夏 47 井

夏 47 井沙三下亚段单井相分析剖面如图 4-5-2 所示，泥岩颜色为绿灰色、灰绿色和灰色，砂体很发育，砂岩岩性主要为中粗砂岩、中砂岩、细砂岩和粉砂岩等，含油性为油斑或含油。该井取心钻遇三角洲前缘亚相，所见沉积微相主要有分流河道、河口砂坝、前缘砂席和分流间。单个分流河道砂体厚度最大为 4.5 m，底部冲刷，含泥砾或砾石，具有叠复冲刷现象，从河道底部向上发育槽状交错层理粗砂岩、低角度交错层理中砂岩、小型槽状交错层理中细砂岩和平行层理中细砂岩，部分砂岩段有炭屑交错层，自然伽马曲线与电阻率曲线为钟形。河道侧缘相冲刷现象不明显，发育交错层理和水流沙纹层理，岩性多为粉砂岩。河口砂坝砂体单个厚度约 1.5 m，岩性主要为细砂岩和粉砂岩，下部与泥岩突变接触或渐变接触，主要发育低角度交错层理或水流沙纹层理，常见变形构造，部分砂岩段含交错层炭屑，自然伽马曲线与电阻率曲线为漏斗形。前缘砂席砂体厚度为 0.2～0.5 m，主要为水流沙纹层理或平行层理粉细砂岩，自然伽马曲线与电阻率曲线为指状或比较平直。

(2) 夏 105 井

夏 105 井第一次和第二次取心属于沙三下亚段(图 4-5-3)。泥岩颜色主要为灰绿色和灰色，砂体很发育，砂岩岩性主要为粗砂岩、细砂岩和粉砂岩，部分砂岩段含油性为油斑。该井钻遇三角洲前缘亚相，所见沉积微相主要有分流河道、河口砂坝、远砂坝和分流间。单个分流河道砂体厚度最厚约 2.5 m，主要发育槽状交错层理、低角度交错层理和平行层理，底部含泥砾，冲刷现象明显，并具有叠复冲刷现象，部分砂岩段含螺化石，自然电位曲线为钟形或箱形。河口砂坝砂体厚度约 5 m，砂岩岩性主要为粉、细砂岩，主要发育低角度交错层理，部分砂岩段含交错层炭屑，砂坝底部与泥岩突变接触，自然电位曲线为箱形或漏斗形。远砂坝砂体厚度约

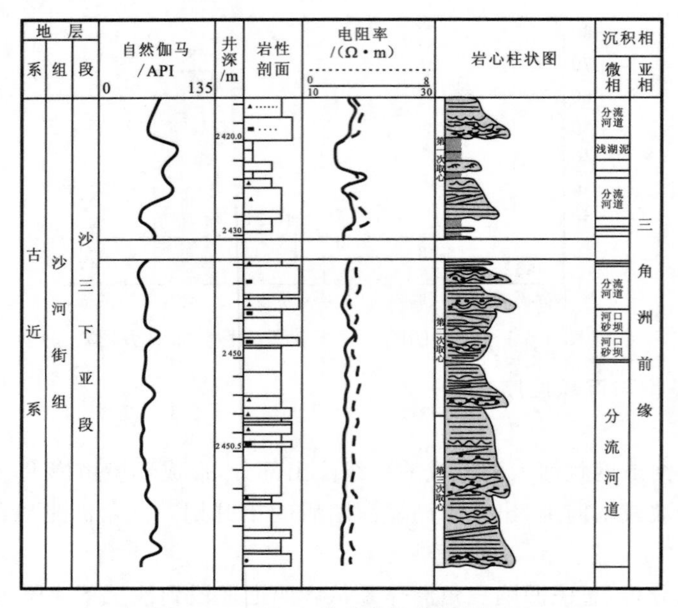

图 4-5-2　夏 47 井单井相分析剖面图

0.8 m，岩性主要为粉砂岩，发育水流沙纹层理和低角度交错层理，砂岩底部与泥岩渐变接触，自然电位曲线为漏斗形。

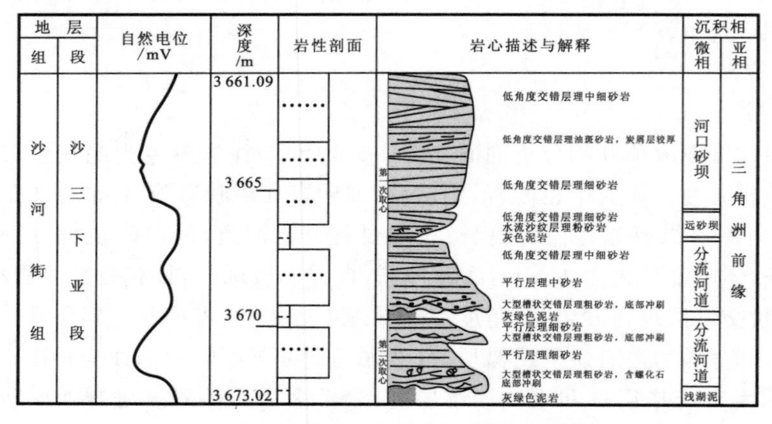

图 4-5-3　夏 105 井单井相分析剖面图

(3) 夏 510 井

夏 510 井第一次取心和第二次取心为沙三下亚段沉积(图 4-5-4)，此为连续取心，取心深度为 3 024.40～3 040.33 m，泥岩颜色主要为灰色。砂岩岩性主要为中砂岩、细砂岩和粉砂岩，部分砂岩为含油砂岩，钻遇沉积微相主要为河口砂坝、远砂坝、前缘砂席和分流间，河口砂坝砂体最厚约 7.5 m，这个砂坝砂体顶底与泥岩突变接触，从下向上发育水流沙纹层理粉砂岩、低角度交错层理细砂岩、低角度交错层理中砂岩，砂坝中下部含泥质条带、炭屑，生物扰动构造发育，上部含泥砾，炭屑富集，自然电位曲线为漏斗形。其余河口砂坝砂体厚度为 1～2 m，砂岩底部与泥岩渐变接触，主要发育波状层理、水流沙纹层理、低角度交错层理，部分砂岩中夹泥条，炭屑富集，常见生物扰动构造，自然电位曲线为漏斗形。远砂坝砂体厚度为 0.5～1.0 m，岩性为粉砂岩或细砂岩，主要发育低角度交错层理与水流沙纹层理。此外，取心还见厚度 0.2 m 左右的前缘砂席砂体沉积，砂岩岩性主要为粉砂岩，多发育水流沙纹层理或呈纹层状，自然电位曲线为指状或比较平直。

图 4-5-4　夏 510 井单井相分析剖面图

(4) 夏 941 井

夏 941 井第一次取心和第二次取心为沙三下亚段沉积，第一次取心深度为 3 861.69～3 869.37 m(图 4-5-5)。主要为灰色泥岩夹灰色页岩，自然电位曲线比较平直。第二次取心深度为 4 011.20～4 019.30 m，泥岩颜色为灰色，钻遇沉积微相为河口砂坝和分流间。河口砂坝砂体最厚约 6 m，这个砂坝砂体顶部与泥岩突变接触，未见底，岩性为细砂岩和中砂岩，含油性为油斑或含油。从下向上发育小型槽状交错层理细砂岩、低角度交错层理细砂岩、低角度交错层理中砂岩，砂坝上部含撕裂状泥屑。

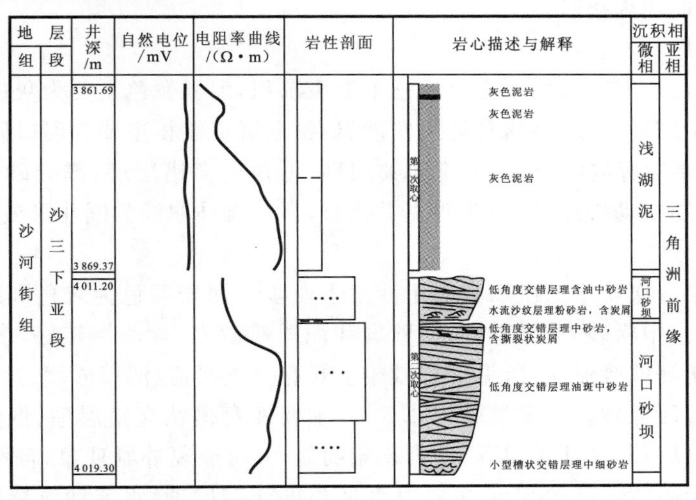

地层
组
段
井深/m
自然电位/mV
电阻率曲线/(Ω·m)
岩性剖面
岩心描述与解释
沉积相
微相
亚相
沙河街组
沙三下亚段
3 861.69
3 869.37
4 011.20
4 019.30
第一次取心
第二次取心
灰色泥岩
灰色泥岩
灰色泥岩
低角度交错层理含油中砂岩
水流沙纹层理粉砂岩，含炭屑
低角度交错层理中砂岩，含撕裂状炭屑
低角度交错层理油斑中砂岩
小型槽状交错层理中细砂岩
浅湖泥
河口砂坝
河口砂坝
三角洲前缘

图 4-5-5　夏 941 井单井相分析剖面图

(5) 夏 960 井

夏 960 井第一次取心为沙三下亚段沉积，取心深度为 3 217.10～3 225.50 m(图 4-5-6)。泥岩颜色为灰色，砂体比较发育，砂岩岩性主要为细砂岩、粉砂岩和泥质粉砂岩，含油性为油斑。取心可见河口砂坝和远砂坝砂体，河口砂坝砂体最厚约 2.5 m，砂岩顶底与泥岩突变或渐变接触，主要发育透镜状层理、变形层理、水流沙纹层理、低角度交错层理或呈纹层状，部分砂岩段炭屑富集，生物扰动构造非常发育，自然电位曲线为漏斗形。远砂坝砂体厚度约 0.5 m，岩性为粉砂岩，发育水流沙纹层理，砂体底部夹泥质条带，与泥岩渐变接触，自然电位曲线为漏斗形。

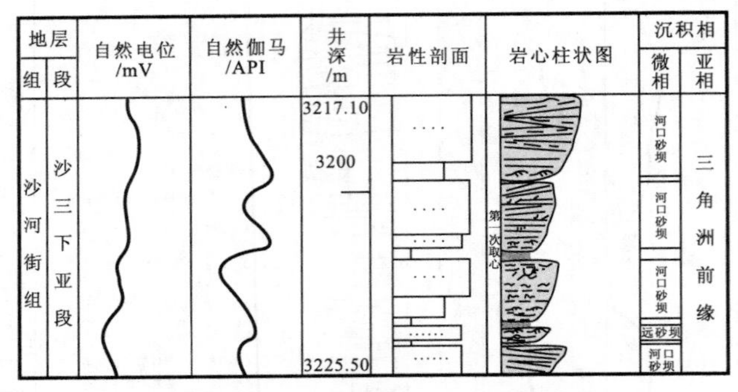

图 4-5-6　夏 960 井单井相分析剖面图

(6) 夏斜 96 井

夏斜 96 井第一次至第五次取心为沙三下亚段沉积，其单井相分析剖面如图 4-5-7 所示。泥岩颜色灰色，砂体比较发育，砂岩岩性主要为中细砂岩、粉砂岩和泥质粉砂岩，含油性为含油、油浸或油斑。钻遇沉积微相主要为河口砂坝、远砂坝、前缘砂席和分流间。河口砂坝砂体最厚可达十几米，一般为 1～5 m，主要发育砂泥互层层理、波状层理、水流沙纹层理、低角度交错层理或呈纹层状，部分砂岩段炭屑富集显纹层，生物扰动构造发育，自然电位曲线为漏斗形、箱形或高幅指状。远砂坝砂体厚度为 0.5～1.0 m，主要发育波状层理、水流沙纹层理和低角度交错层理，部分砂岩中夹泥质条带，常见生物扰动构造，自然电位曲线为漏斗形或指状。取心还见厚度 0.2 m 左右的前缘砂席砂体，砂岩岩性主要为粉砂岩，多发育水流沙纹层理或呈纹层状，自然电位曲线为指状。

(7) 夏斜 98 井

夏斜 98 井第二次至第六次取心为沙三下亚段沉积，泥岩颜色主要为灰色，砂体非常发育，砂岩岩性主要为中细砂岩、粉砂岩和泥质粉砂岩，钻遇沉积微相主要为河口砂坝。单个砂坝砂岩最厚约 8 m，主要发育波状层理、水流沙纹层理、低角度交错层理，部分砂岩段炭屑富集，局部见泄水构造，生物扰动构造发育，含双壳类化石，自然伽马曲线为漏斗形或高幅指状。

(8) 夏斜 507 井

夏斜 507 井第一次至第七次取心属于沙三下亚段。泥岩颜色为灰色和绿灰色，砂体很发育，砂岩岩性主要为中粗砂岩、细砂岩、粉砂岩和泥质粉砂岩，含油性较好，多为油浸—油斑砂岩。该井钻遇三角洲前缘亚相，所见沉积微相主要有分流河道、河口砂坝、远砂坝、前缘砂席和分流间。单个分流河道砂体厚度最厚约 4.5 m，主要发育槽状交错层理、低角度交错层理、平行层理和水流沙纹层理，底部含泥砾，冲刷现象明显，具有叠复冲刷现象，自然电位曲线为钟形或箱形。河口砂坝砂体最厚约 8 m，主要发育低角度交错层理、水流沙纹层理或呈纹层状，部分砂岩段炭屑富集，自然电位曲线为漏斗形。远砂坝砂体厚度一般为 0.5～1.0 m，岩性主要为粉砂岩，多发育水流沙纹层理，自然电位曲线为漏斗形。前缘砂席砂体厚度约 0.2 m，主要发育水流沙纹层理或呈纹层状，自然电位曲线为指状或比较平直。

(9) 街 203 井

街 203 井第一次取心属于沙三下亚段(图 4-5-8)。泥岩颜色为灰色，砂体很发育，砂岩岩性主要为粗砂岩、油斑中砂岩、细砂岩和粉砂岩。该井钻遇三角洲前缘亚相，所见沉积微相主

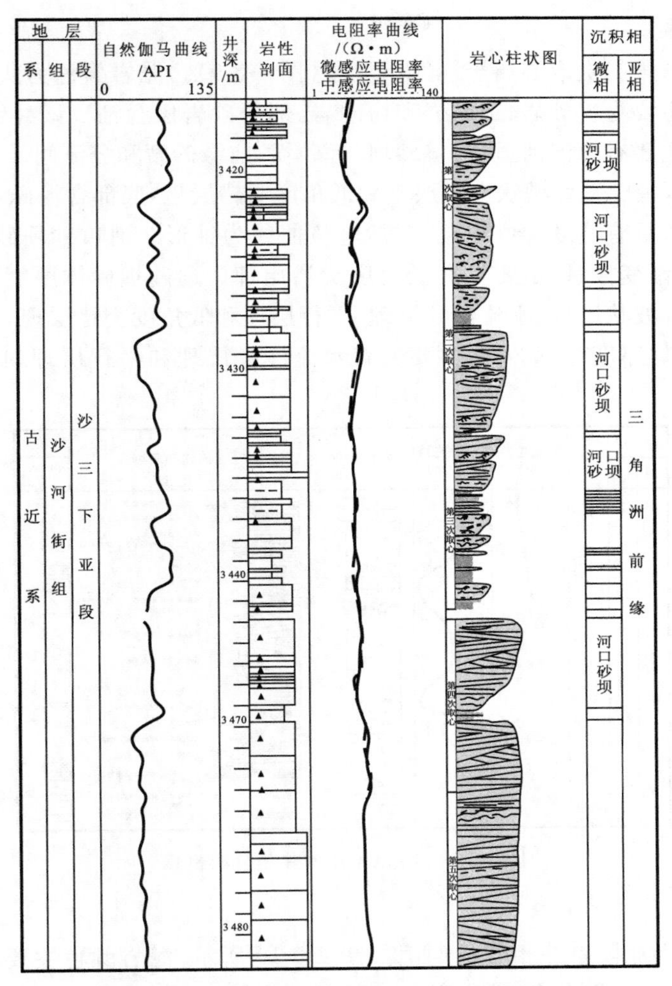

图 4-5-7 夏斜 96 井单井相分析剖面图

要有分流河道、河口砂坝、前缘砂席和分流间。分流河道砂体厚度约 2.5 m，底部含泥砾，冲刷现象明显，部分砂岩段含泥质条带，炭屑富集。河口砂坝单个砂体厚度约 3 m，下部与泥岩突变或渐变接触，主要发育低角度交错层理，部分砂岩段含泥层，炭屑显纹层。前缘砂席砂体厚度约 0.3 m，主要发育波状层理。

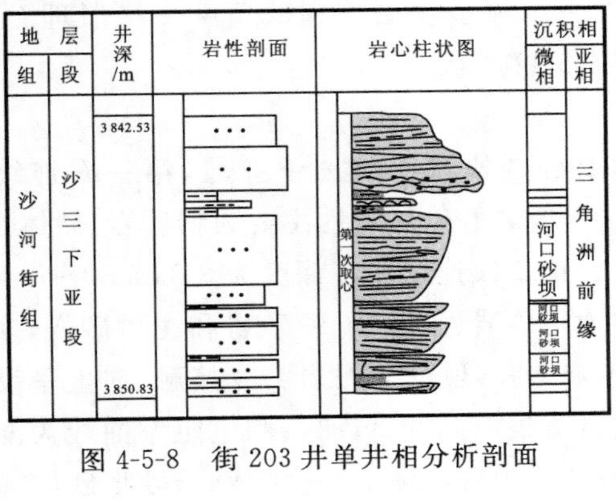

地层
组
段
井深
/m
岩性剖面
岩心柱状图
沉积相
微相
亚相
沙河街组
沙三下亚段
3 842.53
3 850.83
河口砂坝
三角洲前缘

图 4-5-8 街 203 井单井相分析剖面

(10) 街 204 井

街 204 井第一、第二次取心属于沙三下亚段(图 4-5-9)。泥岩颜色为灰色和灰绿色,砂体很发育,砂岩岩性主要为粗砂岩、细砂岩和粉砂岩,部分砂岩段含油。该井钻遇三角洲前缘亚相,所见沉积微相主要有分流河道、河口砂坝、远砂坝、前缘砂席和分流间。单个分流河道砂体厚度最厚约 1.5 m,主要发育槽状交错层理和低角度交错层理,底部含泥砾,冲刷现象明显,部分砂岩段炭屑富集,具有叠复冲刷现象,自然电位曲线为钟形。河口砂坝砂体厚度约 3.5 m,下部与泥岩突变或渐变接触,主要发育低角度交错层理。远砂坝砂体厚度为 1 m 左右,岩性主要为粉砂岩,发育波状层理、水流沙纹层理、平行层理和低角度交错层理,自然电位曲线为漏斗形。前缘砂席砂体厚度约 0.3 m,主要发育水流沙纹层理和平行层理,自然电位曲线为指状。

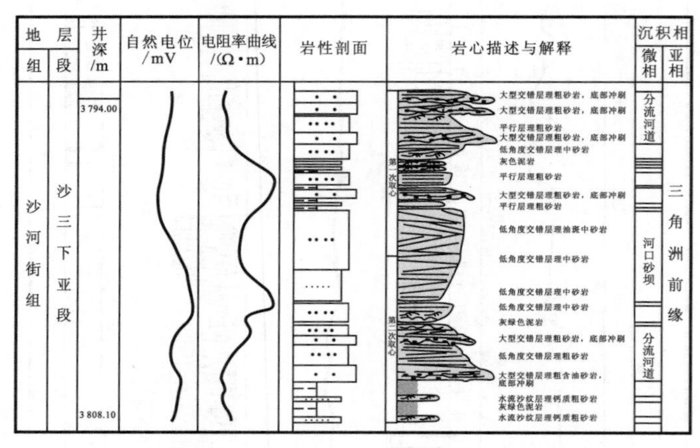

图 4-5-9　街 204 井单井相分析剖面

(11) 街 202 井

街 202 井沙三下亚段单井相分析剖面如图 4-5-10 所示,泥岩颜色主要为灰色,少量为绿灰色和灰绿色,砂体不是很发育,砂岩岩性主要为中砂岩、细砂岩和粉砂岩,部分为油浸砂岩。该井钻遇三角洲前缘亚相,所见沉积微相主要有分流河道、河口砂坝、远砂坝、前缘砂席和分流间。单个分流河道砂体厚度约 1.5 m,主要发育槽状交错层理和低角度交错层理,底部含泥砾,冲刷现象明显,具有叠复冲刷现象。河口砂坝砂体最厚约 6 m,主要发育低角度交错层理、水流沙纹层理或波状层理,部分砂岩段含泥砾或泥质条带。远砂坝砂体厚度一般为 0.5～1.0 m,岩性主要为粉砂岩,多发育水流沙纹层理和低角度交错层理。前缘砂席砂体厚度约 0.2 m,主要发育水流沙纹层理或呈纹层状。

(12) 田 301 井

田 301 井有两次连续取心井段属于沙三下亚段,第一次连续取心深度为 3 325.20～3 331.30 m(图 4-4-11)。这一段岩心砂体岩性主要为粉砂岩,砂体厚度约 0.2 m,泥岩颜色为灰色,为滨浅湖的沉积环境。第二段连续取心深度为 3 390.00～3 405.55 m,在这段砂体中可观察到多个砂坝砂体,岩性为中砂岩、细砂岩、粉砂岩和泥质砂岩,多为油斑中细砂岩,砂体最厚的约 4 m。这个砂坝砂体未见底,顶部与泥岩突变接触,向上呈反韵律特征,主要为低角度交错层理细砂岩,砂岩中炭屑富集,自然电位曲线和电阻率曲线为漏斗形,显示了砂坝沉积层序的特点。其余几段砂坝砂体为顶底与泥岩突变接触的砂坝砂体,砂体厚度为 1～3 m 不等,以细砂岩和中砂岩为主,发育有水流沙纹层理、低角度交错层理。薄层的砂滩砂体在此取心段

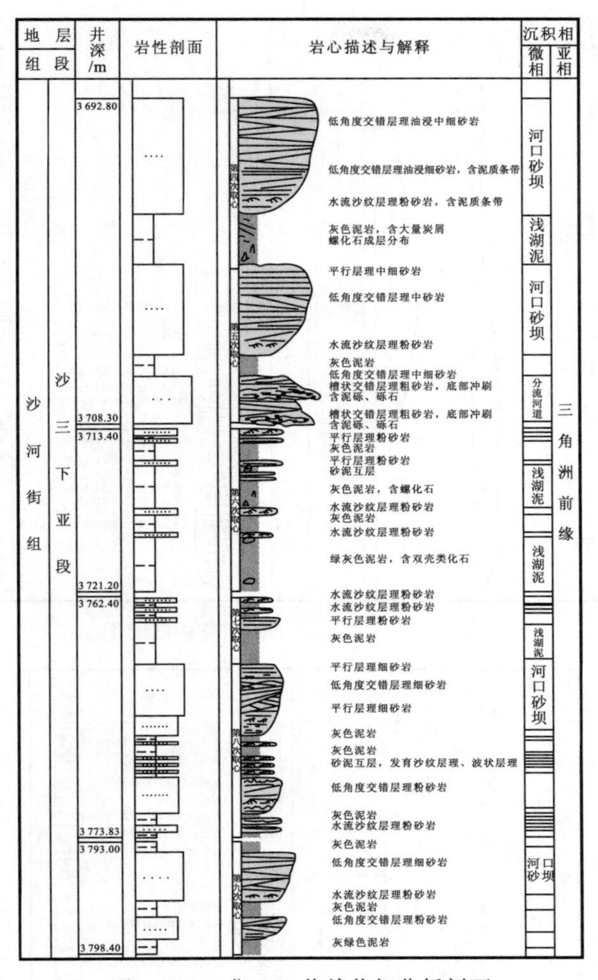

图 4-5-10　街 202 井单井相分析剖面

也有见到，砂体厚度为 0.2～0.8 m 不等，主要为透镜状层理和水流沙纹层理的粉、细砂岩，自然电位曲线为漏斗形、指状或比较平直。

(13) 临 98 井

临 98 井第一、第二次取心属于沙三下亚段(图 4-5-12)，泥岩颜色以灰色为主，砂岩岩性以粉砂岩为主，含少量细砂岩，部分砂岩段含油。该井取心可见多个远砂坝砂体，岩性为粉砂岩，砂体厚度约 1 m，砂体底部与泥岩渐变接触或突变接触，顶部与泥岩突变接触，向上呈反韵律特征。主要发育水流沙纹层理和低角度交错层理，部分砂岩中炭屑显纹层，生物扰动构造发育，自然电位曲线为漏斗形或指状。取心还见一段砂坝砂体，底部与泥岩渐变接触，砂体厚约 2.5 m，以细砂岩和粉砂岩为主，发育有波状层理、水流沙纹层理、低角度交错层理，自然电位曲线为漏斗形。

(14) 盘 80 井

盘 80 井第一至第三次取心属于沙三下亚段，单井相分析剖面如图 4-5-13 所示，泥岩颜色为灰绿色和浅棕色，泥岩中生物扰动构造发育，含大量双壳类化石和介形虫。砂体不太发育，岩性主要为细砂岩，取心沉积微相主要有分流河道和分流间。分流河道砂体厚度为 1.2 m，底部冲刷，含泥砾，发育槽状交错层理和平行层理，自然电位曲线为钟形。

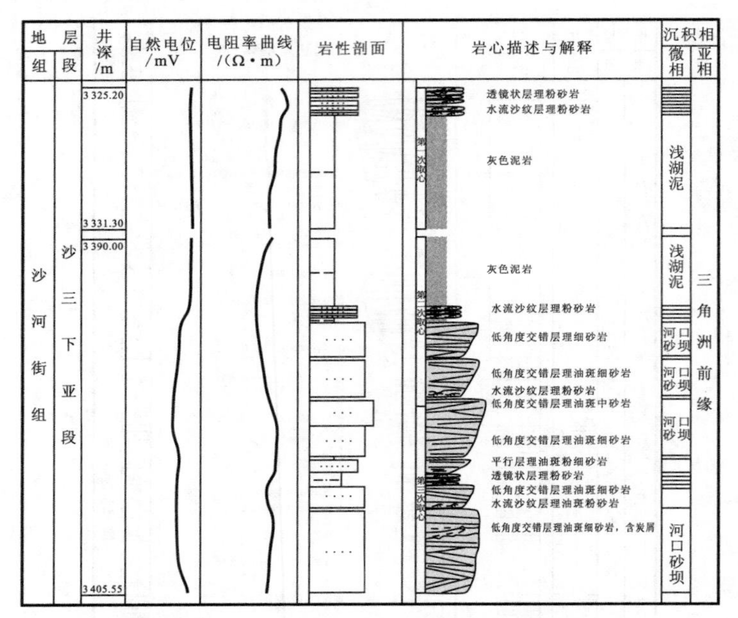

图 4-5-11　田 301 井单井相分析剖面图

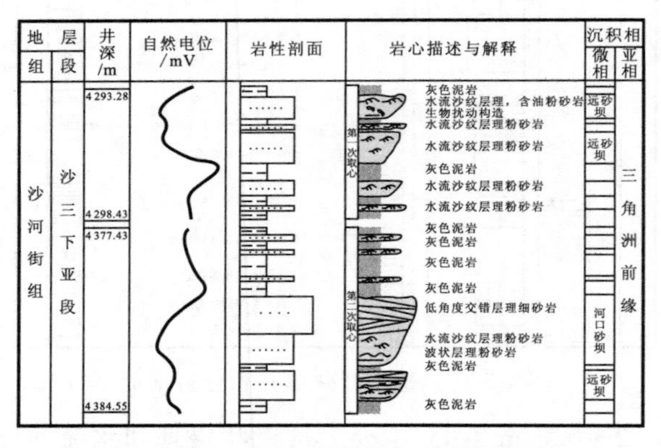

图 4-5-12　临 98 井单井相分析剖面图

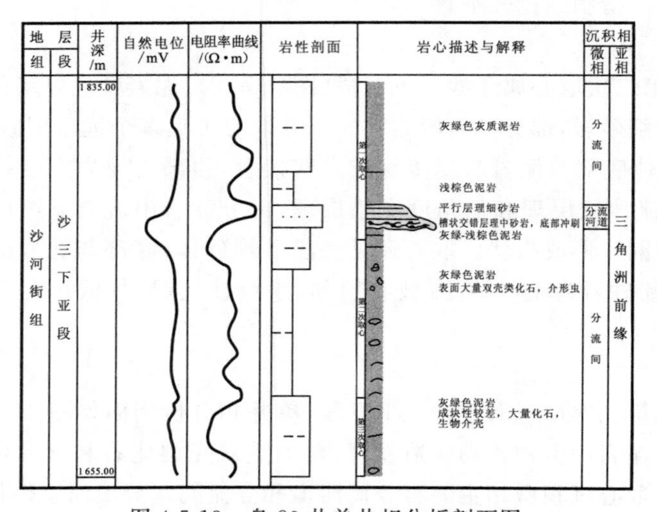

图 4-5-13　盘 80 井单井相分析剖面图

（15）滋 2 井

滋 2 井第一次取心属于沙三下亚段，取心深度为 2 540.10～2 545.10 m，单井相分析剖面如图 4-5-14 所示，该次取心以泥岩沉积为主，泥岩颜色为灰绿色，含少量粉砂岩，单层砂体厚度约 0.3 m，发育平行层理。

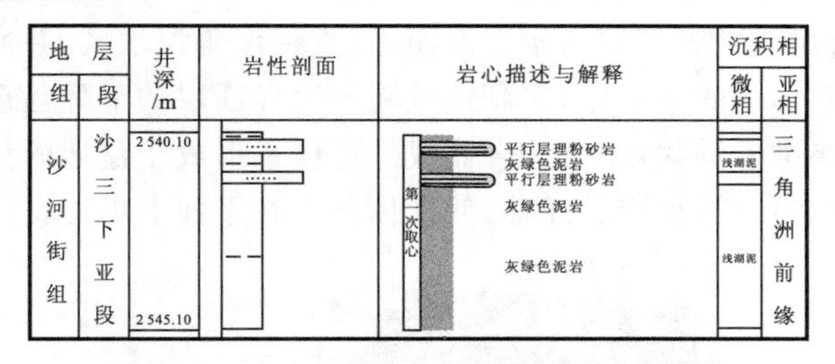

图 4-5-14　惠民凹陷滋 2 井单井相分析剖面

（三）沉积模式

在对惠民凹陷沙三下亚段三角洲沉积及其微相详细研究并深入分析的基础上，结合前人的研究，归纳形成了研究区的沉积相分布，并对该区的沉积模式进行了总结（图 4-5-15）。沙三下亚段的物源来自埕宁隆起、曲堤地垒和林樊家凸起，充足的陆源碎屑物质通过河道逐步向地势相对较低的湖盆沉积。从整体观察分析，沉积的砂体在纵向上向湖盆深处延伸，形成一定规模的三角洲沉积，同时在三角洲的前端发育滑塌浊积岩体。

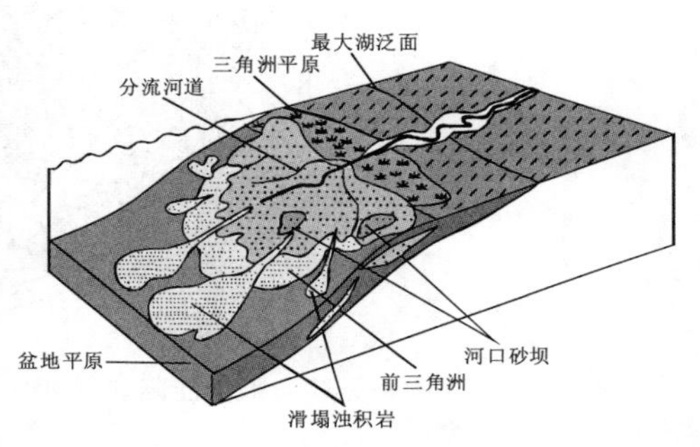

图 4-5-15　沙三下亚段沉积模式图

二、近岸水下扇沉积

（一）岩性特征

阳信洼陷北部陡坡带沙三下亚段沉积岩为一套巨厚角砾岩、砾岩和砂砾岩夹泥岩、油页岩或炭质泥岩，区内亦见砂、泥岩互层段，厚几十米。岩性以泥岩、角砾岩和砾状砂岩为主，其次为粉砂岩、细砂岩。角砾岩单层厚度最大为 118 m，多为深灰色凝灰质角砾岩。砂砾岩体单层厚度最大为 60 m，一般为 10～30 m，以灰色为主，分选、磨圆差，呈次棱角状—次圆状。砂岩砂体单层厚度最大为 22 m，一般为 0.5～5.0 m，碎屑颗粒在 0.01～1.00 mm 之间，粉砂岩、细砂岩磨圆较好，多为次圆状，分选较好，以深灰色为主。泥岩以深灰色为主（图 4-5-16）。

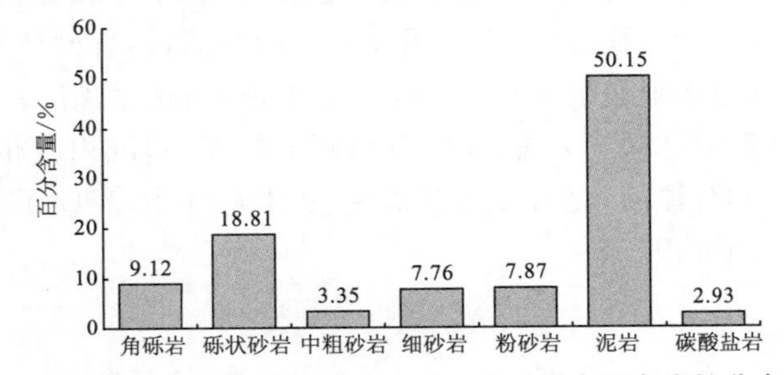

图 4-5-16　阳信洼陷北部陡坡带沙三下亚段近岸水下扇岩性分布直方图

（二）沉积微相及沉积模式

阳信洼陷北部陡坡带沙三下亚段发育的沉积微相主要有辫状河道、水道间和薄层砂。

阳信洼陷北部陡坡带沙三下亚段沉积时期为湖泊深陷期，坡陡水深，断裂活动强烈，地形高差进一步扩大，湖盆水体加深，面积增大，水体能量较强，物源供应充足。依据沉积相分析结果，岸上洪流携带大量泥、砂、砾石顺断崖直泄而下，直抵崖角深水区，并冲蚀湖底形成水道，继续向前推进一定距离而形成的扇形体，在倾角较陡的边界断层的下降盘形成近岸水下扇沉积。该区扇体为多水道直接进入湖盆，相互迭合而成。该体系形成于盆地的深陷扩张期，由于辫状河道缺乏天然堤，水道宽且浅，很容易迁移，使砂体分布在平面上更为宽广（图 4-5-17）。

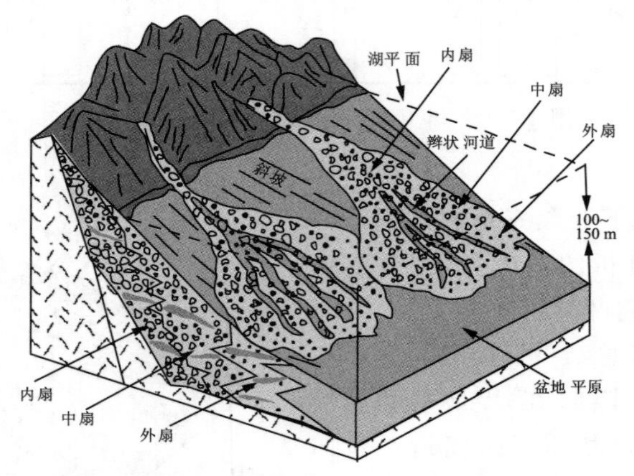

图 4-5-17　阳信洼陷北部陡坡带沙三下亚段近岸水下扇沉积模式图

三、沙三下亚段沉积相分布特征

在对惠民凹陷沙三下亚段的沉积相及其微相详细研究并深入分析的基础上，结合前人的研究，归纳形成了研究区的沉积相分布，并对该区的沉积模式进行了总结。

沙三下亚段的物源来自埕宁隆起、曲堤地垒和林樊家凸起，充足的陆源碎屑物质通过河道逐步向地势相对较低的湖盆沉积，在滋镇洼陷、临南洼陷、阳信洼陷、里则镇洼陷以及庙北洼陷处沙三下亚段的地层厚度较大，其中位于阳 15 井和阳 161 井附近的沙三下亚段的地层厚度最大，超过 900 m。惠民凹陷泥岩含量较高，泥岩厚度从盆地边缘向洼陷有增大的趋势。从整体观察分析，我们发现沉积的砂体在纵向上向湖盆深处延伸，形成一定规模的三角洲沉积。盘 4 井周围的砂体厚度为 240 m，达到全区的最大值，肖 13 井附近的砂地比值为 0.7，唐 5 井和夏 9 井附近的砂地比值为 0.6，明显高于周围的砂地比值。

通过岩心描述和分析，并结合测井剖面和相标志分析，在单井相分析、连井对比相分析的基础上，充分利用了录井岩性剖面、测井组合图和砂体展布图，结合砂体平面分布特征和砂体分布规律，对惠民凹陷沙三下亚段的沉积相分布特征进行了分析总结。

惠民凹陷沙三下亚段砂体较为发育，位于三角洲前缘亚相，沉积微相主要为分流河道、河口砂坝、远砂坝、席状砂和分流间；泥岩颜色以灰色、灰黑色为主，反映了浅湖、半深湖、浅湖—半深湖以及半深湖—深湖沉积。

第五章 成岩作用与储层评价

Chapter five

第一节 成岩作用类型

通过取心井普通薄片、铸体薄片的镜下观察及扫描电镜、阴极发光、X 衍射等资料的研究，确定了惠民凹陷孔店组至沙三下亚段内对碎屑岩储层有重要影响的成岩作用主要有三种，分别是压实、胶结和溶蚀作用。其中压实作用以机械压实为主，化学压实(即压溶)较少。胶结作用主要有石英次生加大胶结、碳酸盐胶结(包括方解石、白云石、铁方解石和铁白云石胶结)、硫酸盐胶结、粘土矿物胶结(如高岭石、伊利石、绿泥石等胶结)。溶蚀作用主要有长石颗粒的溶蚀、火山岩和泥岩岩屑颗粒的溶蚀及粘土基质的溶蚀。此外，碎屑岩储层还经历了交代作用和重结晶作用，各储集层的物性特征就是这些成岩作用共同改造的结果。

一、压实作用

惠民凹陷 891 个样品点岩石组分统计表明，该区虽然碎屑成分刚性组分(石英、钾长石、变质岩岩屑)相对含量较高(70%～90%)，但砂岩颗粒整体较细，分选性中等，并且泥质杂基含量较高(平均为 6.58%)，机械压实作用使原生粒间孔减少较多。主要的压实现象有：① 颗粒发生压实定向；② 塑性颗粒压实变形；③ 刚性颗粒压裂；④ 构造裂隙的产生；⑤ 碎屑颗粒接触关系发生变化。

根据岩石薄片、铸体薄片中碎屑颗粒间的接触类型的初步统计，利用接触强度公式(袁庆峰，1988)计算出了惠民凹陷不同类型岩石的接触强度(CI)：

惠民凹陷储层砂岩颗粒间的接触关系主要为线接触、线-点接触，压实强度平均为 1.98，为中等压实阶段，因此，压实作用是该区原生孔隙减少的重要原因。

压实作用的主要影响因素是埋藏深度。一般而言，随埋藏深度的增加，压实强度增加，孔隙度减少。由于惠民凹陷碎屑储集岩的埋藏深度差别较大，所以所受的压实程度也各不相同。如钱斜 10 井沙四下亚段 2 460～2 663 m，碎屑颗粒间以点-线接触为主，未出现凸凹接触，接触强度为 1.88，压实程度低；盘深 3 井孔店组由于埋藏深(介于 2 766～4 500 m 之间)，凸凹接触占所有接触关系的 13.56%，接触强度为 2.05，压实程度高。

二、压溶作用

惠民凹陷石英压溶较常见，表现为颗粒间的凹凸接触或缝合线接触，导致碎屑颗粒间连接孔隙的喉道越来越扁平狭窄，对储层渗透率有着一定的影响。石英压溶后，溶解作用把可溶的 SiO_2 溶入孔隙水中，使孔隙水变得过饱和，致使 SiO_2 沉淀为石英增生加大边，降低了岩石的孔隙度和渗透性。

本区储层砂岩中石英压溶缝合线普遍发育，有些缝合线中间夹有一层黑色的炭质薄膜，随埋藏深度增加，地温升高，石英压溶强度越来越大。研究区石英压溶强度的大小受到多种因素的影响。自生矿物胶结作用、自生矿物充填作用可增加砂质沉积物的抗压强度，使上覆负荷引起的应力从颗粒接触处分散，导致压实和压溶作用减弱，甚至不能发生；孔隙水的存在和交替对压实和压溶作用的发生和持续发展是十分必要的条件，同时含杂基较多的砂岩较成分单纯的石英砂岩压溶作用强烈得多。这是由于石英周围存在伊利石、蒙脱石、绿泥石等粘土薄膜，会加大压溶物质的扩散和渗滤通道，使溶解物质很快扩散出去，使压溶作用持续进行。另外，有些粘土有催化反应，例如伊利石在压力和富含 CO_2 孔隙水作用下，能游离出 K_2CO_3，从而构成局部碱性环境，促使 SiO_2 溶解度增加。

三、胶结作用

根据胶结物不同，惠民凹陷碎屑岩中出现的胶结作用主要有碳酸盐胶结(包括方解石、白云石、铁方解石和铁白云石胶结)、硅质胶结、粘土矿物胶结(如高岭石、伊利石、绿泥石等胶结)。

(一) 碳酸盐胶结作用

本区碎屑岩中碳酸盐矿物胶结作用期次多，出现的类型也多，主要有方解石胶结、(含)铁方解石胶结、白云石胶结及(含)铁白云石胶结等。其中方解石和白云石是区内最常见的碳酸盐胶结物，方解石分布最广泛，并且含量最高，平均为 4.55%，最高可达 25%；铁方解石和铁白云石次之，铁方解石含量一般小于 10%，平均为 3.71%，铁白云石一般小于 8%，平均为 3.6%；白云石含量最低，除个别样品外，大部分都小于 5%，平均为 2.83%。

本区方解石胶结的显著特征是呈连晶状，把许多颗粒之间的孔隙均填满，呈片状分布，碎屑颗粒则呈漂浮状稀疏地分布于晶内，呈嵌晶式胶结。在孔店组储层中也见到了大量基底式胶结的方解石。电子探针分析结果表明方解石化学成分比较简单，以 CaO 为主。白云石胶结物晶体较方解石少得多。早期胶结物主要形成于早成岩晚期，总体上数量较少，并且常被含铁方解石、含铁白云石等其他成岩矿物交代，显示其胶结活动发生在埋藏早期。一般说来，结构成熟度高，即分选、圆度较好，基质含量少的岩石，早期碳酸盐含量高，多呈连晶状，并伴有方解石交代碎屑颗粒的现象。分选差、基质含量高的岩石，方解石含量低，多呈粒状分散在孔隙中，表面较脏，与颗粒也有交代。众所周知，岩石的结构特点和基质含量是沉积相带的函数，所以早期碳酸盐的沉淀与沉积相带有关，岩石结构成熟度高的相带，碳酸盐发育。

晚期碳酸盐矿物主要是(含)铁方解石、(含)铁白云石，数量变化较大，它们多发生于石英加大之后，主要形成于中成岩 A 期。

晚期方解石常以中细晶他形粒状充填在碎屑颗粒间，也常呈交代其他矿物的形式出现，很少以连晶形式出现。其化学成分与早期方解石有所不同，常含 Fe^{2+} 离子，表现为(含)铁方解石，阴极发光显微镜下，随 Fe^{2+} 离子含量由少到多，分别发橘黄色光→橙红色光→暗橙红色光。常与铁白云石共生，伴有碳酸盐矿物交代碎屑颗粒及早、中期碳酸盐矿物，尤其是易交代斜长石和中基性喷出岩屑等现象。当(含)铁方解石胶结、交代作用强烈时，可形成假基底式胶结，使原有孔隙空间严重堵塞，储层孔隙度大为降低。偏光镜下常看到含铁方解石包围和交代方解石的现象，可以说明(含)铁方解石形成于方解石之后，铁方解石的这种产状表明它是沉积物受到普遍(强烈)压实后，孔隙流体再次活跃的产物。(含)铁白云石既有自形晶也有半自形晶，晶体较细，多出现在埋藏较深的砂岩中，通常随埋深增大其晶粒也有增大的趋势。产状包括交代碎屑或其他成岩矿物及充填粒间两种。电子探针分析结果表明，铁白云石化学成分以

MgO，CaO 和 FeO 为主，铁碳酸盐胶结物发育带，正是蒙脱石向伊利石迅速转化带。该类胶结物出现的深度段，伊/蒙混层比约为 20%，说明蒙脱石已大量向伊利石转化。镜下常可见到含铁白云石包围白云石或方解石，说明含铁白云石形成于两者之后。

此外在部分井中(如盘 45 井)还出现菱铁矿，但多为偶见，含量较少。菱铁矿形成于还原环境，在地下主要形成于富含有机质的沉积中，形成时期较晚，是中成岩期的产物，包围并交代方解石。

(二) 硅质胶结作用

惠民凹陷孔店组—沙三下亚段碎屑储集岩中的硅质胶结作用表现为碎屑石英次生加大、粒间新生成的微粒自形石英。据薄片观察，研究区内碎屑石英次生加大开始出现深度约在 1 600 m 处。加大边的宽窄不均一，总量在 1%～6%之间。多数加大边宽度小于 50 μm；有时可达 80 μm；而街 203 井 3 843～3 849 m 处和盘深 3 井 4 296～4 299 m 处砂岩中，石英加大边可达 100 μm。

惠民凹陷深层常见到石英的次生加大现象，在孔店组储层其加大程度更达到了Ⅲ级，临南洼陷沙四段储层中也已经见到石英的Ⅱ—Ⅲ级加大，石英胶结作用是埋藏深度的标志。薄片、扫描电镜资料表明研究区内从 1 600 m 开始出现石英次生加大，随着深度的增加，石英次生加大程度增强，自生石英的含量也在逐渐增加。

(三) 粘土胶结作用

惠民凹陷各层系碎屑岩储层中的粘土矿物均有发育，几乎存在于所有的砂岩之中。据全岩矿物 X 衍射分析，惠民凹陷粘土矿物含量为 2%～49%，平均含量为 11.11%。粘土矿物的 X 射线衍射分析表明，本区储层中广泛分布有高岭石、绿泥石、伊利石、伊/蒙混层。由于埋藏较深，蒙脱石含量很低，其中高岭石、绿泥石常呈分散质星点状、假六边形或蠕虫状充填孔隙之间；伊利石、伊/蒙混层、绿泥石常呈薄膜状孔隙衬垫产出。粘土矿物的分布主要是受地下孔隙流体性质、古盐度、碎屑成分、成岩作用主要因素的控制，这些自生的粘土矿物可在不同的沉积和成岩环境中形成了不同的粘土矿物组合及混层类型。

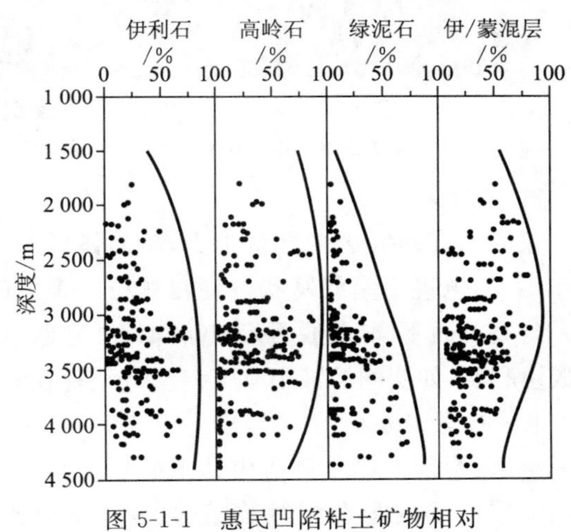

图 5-1-1 惠民凹陷粘土矿物相对百分含量纵向分布图

研究区内粘土矿物随埋藏深度的增加而发生变化的基本规律是：随埋深增加，伊/蒙混层由少变多再变少，绿泥石逐渐增多，伊利石也逐渐增多，高岭石含量变化不大，在深度大于4 100 m 后有所减少(图 5-1-1)。

1. 高岭石

研究区内高岭石是储层中含量较高的粘土矿物，薄片中含量一般为 1%～5%，局部可达 6%，其胶结作用在沙四上亚段和沙三下亚段最为发育，在其他层位含量相对较少。315 块样品的粘土矿物 X 衍射资料表明高岭石相对含量最大为 87%，最小为 1%，平均为 31.4%。阴极发光下，海蓝色的高岭石呈斑点状分布。在扫描电镜下，高岭石单晶体呈假六方板片状，并常构成书页状或蠕虫状集合体。多数粒间孔隙中不同程度地存在高岭石晶体，部分高岭石充填于喉道，减小了喉道宽度(图 5-1-2)。高岭石晶体间常存在大量的残余孔隙、溶蚀孔隙和微孔隙。据电子探针分析，高岭石的主要化学成分为 SiO_2 和 Al_2O_3。

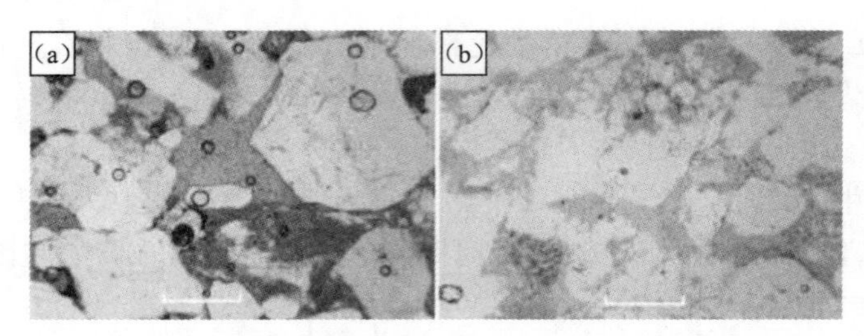

图 5-1-2　惠民凹陷粒间充填高岭石铸体薄片特征(图中标尺为 300 μm)

(a) 街 204 井,3 794.17 m;(b) 街 204 井,3 804.85 m

2. *伊利石*

伊利石在成岩期最明显的特征是其结晶度随埋藏深度增加而变好。扫描电镜观察伊利石呈片状搭桥式生长分割粒间孔隙,偶见网状和呈弯曲薄片定向排列的伊利石,或呈粒表膜状披盖在颗粒表面(图 5-1-3a)。伊利石在本区含量一般为 0.5%～3.0%,粘土矿物中相对含量最大为 100%,最小为 0,平均为 24.47%,并且随着深度的增加有增加的趋势,沙三下亚段平均相对含量为 23.4%,沙四上亚段为 27.57%,沙四下亚段为 27.83%,孔店组为 28.43%。伊利石在成岩过程中多来源于伊/蒙混层的成岩演化。

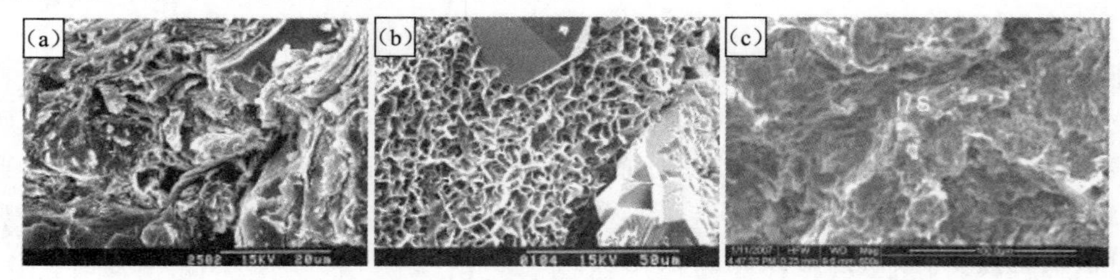

图 5-1-3　惠民凹陷伊利石(a)、蒙脱石(b)和伊/蒙混层(c)扫描电镜特征

(a) 民深 1 井,3 051.46 m;(b) 夏斜 98 井,3 382.35 m;(c) 街 204 井,3 801.20 m

3. *蒙脱石*

蒙脱石在研究区内含量很少,单晶体形态为卷曲的波状薄片,表面常显得极不平整,边缘参差不齐,电镜下呈蜂窝状包裹在颗粒的表面(图 5-1-3b)。

与高岭石不同,蒙脱石形成于碱性孔隙水条件下,并且随着埋藏深度的增加,蒙脱石逐渐转化成伊利石,如层间溶液中有 Fe^{2+},Mg^{2+} 存在,蒙脱石将转变为绿/蒙混层,最终变为绿泥石。

4. *伊/蒙混层*

伊/蒙混层矿物是砂岩中粘土矿物的组成部分。据粘土矿物的 X 衍射分析结果,在惠民凹陷深层储层内存在相对数量的伊/蒙混层矿物,粘土矿物相对含量占 15%～80%,最少为 2%,最高可达 97%。电镜下,伊/蒙混层矿物在形态上介于蒙脱石和伊利石之间,多以孔隙衬垫和充填的形式出现,形态为丝片状及片状(图 5-1-3c)。在埋藏成岩过程中,随着埋藏深度的增加蒙脱石逐渐转变为伊/蒙混层。

前人的研究成果表明,伊/蒙混层比的变化受温度和埋藏深度控制;蒙脱石向伊利石及绿泥石转化是划分成岩的重要标志之一。惠民凹陷深层储层中伊/蒙混层比含量一般为 20%～30%,表明该区储层成岩作用阶段已进入中成岩 A 期。

5. *绿泥石*

绿泥石是本区储层中常见的自生矿物,铸体薄片鉴定含量较低,一般为 0.5%～2.0%,但几乎所有的样品都有分布。据粘土矿物 X 衍射分析,绿泥石在粘土矿物中相对含量一般为

2%～40%，平均为13.64%，常出现于较深的岩石中，产状可分为孔隙衬垫和孔隙充填两种形式。孔隙衬垫绿泥石以薄膜或环边的形式生长在碎屑颗粒的表面，绿泥石环边的厚度一般为1～3 μm。在扫描电镜下，绿泥石衬套呈针叶状集合体，向孔隙中心生长（图5-1-4a）；孔隙充填绿泥石则表现为较好的花朵状、叶片状和绒球状晶体，这是绿泥石最普遍的形态特征（图5-1-4b）。

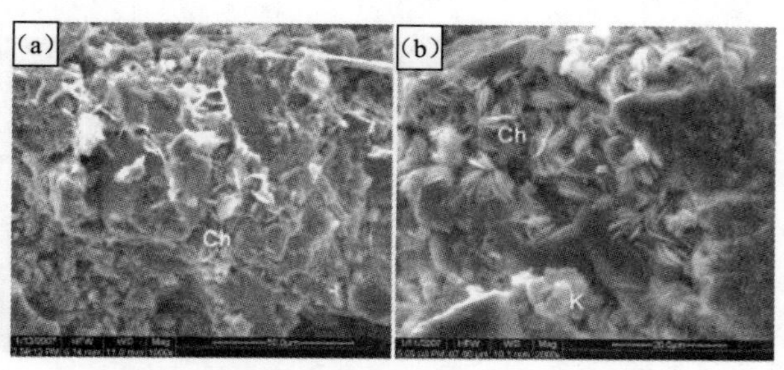

图5-1-4　惠民凹陷绿泥石（Ch）扫描电镜特征

(a) 阳8井，3 119.94 m；(b) 临58井，2 366.09 m

许多研究表明，在一些绿泥石环边发育的砂岩中，绿泥石环边对砂岩储层孔隙发育有重要影响，尤其是孔隙衬垫绿泥石的发育对原生粒间孔的保存起到有利的作用。在惠民凹陷古近系深层储层中，绿泥石环边的厚度较薄，完全包裹颗粒的情况较少，因而对原生粒间孔的保存没有起到关键作用，随着孔隙衬垫绿泥石含量的增加，砂岩残余粒间孔增加的趋势不是十分明显。

（四）长石胶结作用

长石颗粒的加大作用虽然没有在碎屑石英上表现得那么广泛，但由于本区岩性主要为长石砂岩和岩屑长石砂岩，长石含量高，因此自生长石的形成还是比较常见的。在薄片中，某些斜长石常因蚀变为粘土矿物而变得浑浊，发生钠长石化。有时加大边又被溶蚀使边缘呈锯齿状或港湾状。

电镜能谱分析表明，所有的钠长石晶体皆以Si，Al，Na三种元素的简单组成为特征。电子探针分析结果显示，惠民凹陷钠长石的SiO_2含量为64.51%～68.42%，Al_2O_3含量为18.89%～21.11%，Na_2O含量为12.00%～12.98%。

（五）铁质胶结作用

本区所见的铁质胶结物主要为黄铁矿。该矿物在本区储层中含量较低，但在个别含油气样品中含量较高。黄铁矿可形成于各个成岩阶段，在本区储层中观察到黄铁矿以交代及充填产状为主，在显微镜下，黄铁矿呈黑色团斑状或呈分散粒状。反射光下观察，黄铁矿发金属光泽。在扫描电镜下，黄铁矿单晶呈八面体形态，集合体呈球粒状。电子探针分析表明惠民凹陷黄铁矿的Fe含量为53.85%，S的含量为45.72%。从本区黄铁矿$w(S)/w(Fe)$的值来看，应为还原环境下形成的。

（六）其他结晶成岩矿物

本区储层砂岩中还发现少量的硬石膏、重晶石等硫酸盐胶结物。硬石膏在砂岩中呈斑块状分布，或充填岩石裂缝，以分布不均匀为特征，形成时间与方解石沉淀为同一时期。电子探针分析结果显示，本区硬石膏CaO含量为53.92%～55.42%，S_2O_3含量低于45%。

四、溶蚀作用

溶蚀现象在惠民凹陷内很普遍，根据镜下铸体薄片观察，主要有长石颗粒、火山岩和泥岩等不稳定岩石碎屑颗粒的溶蚀、粘土基质的溶蚀及碳酸盐胶结物的溶蚀。长石的溶解在惠民凹陷内最为普遍，在整个埋藏过程中均可发生，只是溶解程度不同。斜长石溶蚀现象主要位于中、深层碎屑岩中，被溶蚀的斜长石往往具有港湾状边缘，有的沿解理进行溶解，形成蜂巢状或窗格状（图 5-1-5a），强烈溶解的斜长石可呈残骸状，形成铸模状。在电镜下常可见到长石溶蚀成蜂窝状（图 5-1-5b）。石英颗粒也可被溶蚀成港湾状，但长石的溶蚀比石英强烈得多。

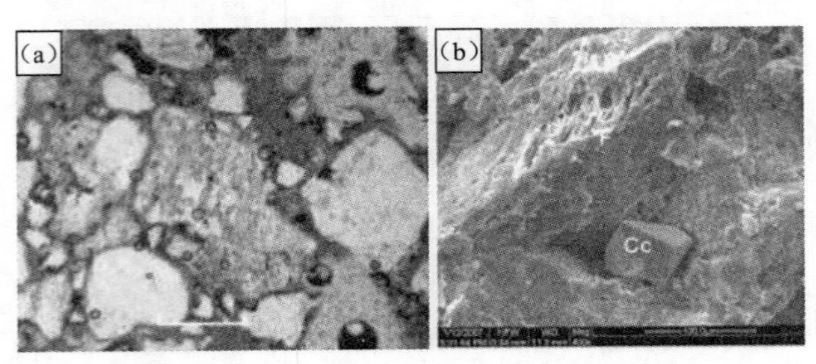

图 5-1-5　惠民凹陷长石溶蚀铸体薄片(a)及扫描电镜(b)特征（图中标尺为 300 μm）

(a)禹 4 井，2377.50m；(b)禹 4 井，2378.82m

基质的溶蚀主要发生在一些基质含量较高的岩石中。基质的成分较复杂，但以粘土矿物为主，在一定温度、压力和物理化学条件下遭到溶蚀。基质本身的性质决定了它的溶蚀对孔隙度和渗透率的影响不会太大。

溶蚀作用发育程度在惠民凹陷不同井区强弱不同。中央隆起带处于临邑断层附近的盘 45 井、盘 59 井、肖 6 井，夏口断裂和曲堤断层附近的钱 402 井、钱斜 5 井、钱斜 141 井和钱斜 502 井见到程度不等的碎屑颗粒和胶结物被溶蚀的现象。而位于滋镇洼陷内部的滋 2 井和阳信洼陷内部的阳 8 井区溶蚀作用则见到不多。分析其原因，主要是因为在同沉积断裂发育区，其断裂带是酸性流体迁移的良好通道，有利于溶蚀作用的发生。而洼陷内部成岩作用强，储层变得致密，酸性水流动受到抑制，加上洼陷内泥岩发育，封闭性强，阻碍了砂岩内部流体与外部流体充分交换，抑制了溶蚀作用的进行，导致砂岩溶蚀作用发育程度明显变差。

五、交代作用

本区碎屑岩中常见的交代作用有以下几种：

① 碳酸盐胶结物交代石英、长石及岩屑颗粒。在薄片中常见到由于方解石的交代使石英颗粒的边缘呈港湾形，或变成极不规则的残骸状边缘（图 5-1-6a）。

② 粘土矿物交代石英、长石。在富含粘土基质的砂岩中，常可见到伊利石溶蚀和交代石英和长石颗粒的现象。此外，碎屑颗粒中长石的高岭石化也非常普遍（图 5-1-6b）。

③ 碳酸盐矿物之间的相互交代。含铁白云石交代含铁方解石、方解石，是由颗粒的外围向中心交代，颗粒中央是方解石；或者是白云石交代方解石，即白云化作用；含铁白云石交代白云石也较常见。

④ 碳酸盐矿物交代粘土矿物，含粘土基质的砂岩，其粘土矿物常被碳酸盐矿物交代。

以上的交代作用中，以第一种最为普遍且意义最大，在中央隆起带孔二段储层中碳酸盐交代现象最为明显。交代作用使难溶的硅酸盐矿物颗粒变小或减少，而相应地易溶碳酸盐增加，为后期形成溶解孔隙打下基础。

六、重结晶作用

本区孔店组—沙三下亚段储层中重结晶作用总体较弱，主要有碳酸盐矿物及粘土矿物的

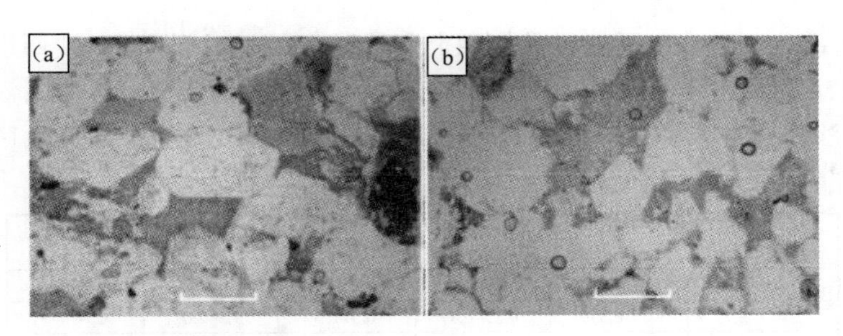

图 5-1-6　惠民凹陷碳酸盐交代颗粒及高岭石交代长石铸体薄片特征(图中标尺为 300 μm)
(a) 街 203 井,3 844.37 m;(b) 街 203 井,3 847.14 m

重结晶作用。粘土矿物的重结晶作用主要是泥质杂基重结晶,使得部分原杂基变为正杂基,在偏光镜下晶片较粗,表现一定的干涉色。

重结晶作用可严重影响砂岩的储集性,使孔隙性及连通性变差,但同时也往往造成丰富的微裂隙。由于本区沙河街组储层中重结晶作用总体较弱,因此重结晶作用并未对储层物性造成大的损害。

第二节　成岩演化阶段划分

一、成岩序列分析

通过详细的岩石学研究,可确定惠民凹陷古近系孔二段—沙三下亚段砂岩的成岩作用序列。在碎屑物质沉积后不久,大部分骨架颗粒开始生长粘土环边或粘土薄膜。孔隙水受地表水的控制表现为弱酸性,继而发生早期的石英次生加大。随着埋深加大,孔隙中出现了早期的碳酸盐胶结物——方解石和白云石,其中以方解石为主。局部储层砂岩样品由于方解石的基底式胶结,而形成无法改造的致密储层。碳酸盐矿物的出现表明了孔隙水性质已由弱酸性转变为碱性。埋深继续增加,地层水中的铁、镁成分更多地参与反应,早期的碳酸盐胶结物开始向(含)铁方解石和(含)铁白云石转化,并出现晚期碳酸盐矿物交代早期碳酸盐矿物和石英、长石等碎屑颗粒的现象,同时见到铁白云石交代铁方解石。当埋深达到足够大,地温接近生油门限,泥岩中的有机质不断成熟,发生脱羧作用,成岩环境由碱性又恢复为酸性,碳酸盐和长石遭受溶蚀,产生大量次生孔隙,晚期的石英次生加大和自生高岭石都在此阶段生成,蒙脱石大量向伊利石转化形成伊/蒙混层矿物。埋深继续加大,伊利石、高岭石逐渐向绿泥石转化,长石发生钠长石化。

二、成岩阶段划分

碎屑岩的成岩阶段(diagenetic stage)指沉积物沉积后经各种成岩作用改造直至变质作用之前所经历的不同地质历史演化阶段。根据 2003 年修订并颁发的关于我国陆相盆地碎屑岩成岩作用阶段划分新标准(标准号:SY/T 5477—2003),可划分为同生成岩作用阶段、早成岩阶段、中成岩阶段、晚成岩阶段和表生成岩阶段。

本次研究根据大量分析化验资料和镜下研究所取得砂岩的成岩特点,以及前人的研究成果,结合研究区的具体情况和与一般规律的差异性,划分了惠民凹陷成岩作用及孔隙演化序列。惠民凹陷孔店组储层除临南洼陷地区进入中成岩 B 期外,其余地区进入了中成岩 A 期;

中央隆起带和南部斜坡带沙三下亚段及沙四上亚段进入了早成岩 B 期，沙四下亚段进入了中成岩 A 期；临南洼陷沙三下亚段和沙四段已经进入了中成岩 A 期；阳信洼陷沙三下亚段处于早成岩的 B 期，沙四段进入了中成岩的 A 期。可以看出，惠民凹陷大部分地区古近系深层储层已进入中成岩期（图 5-2-1～图 5-2-4）。

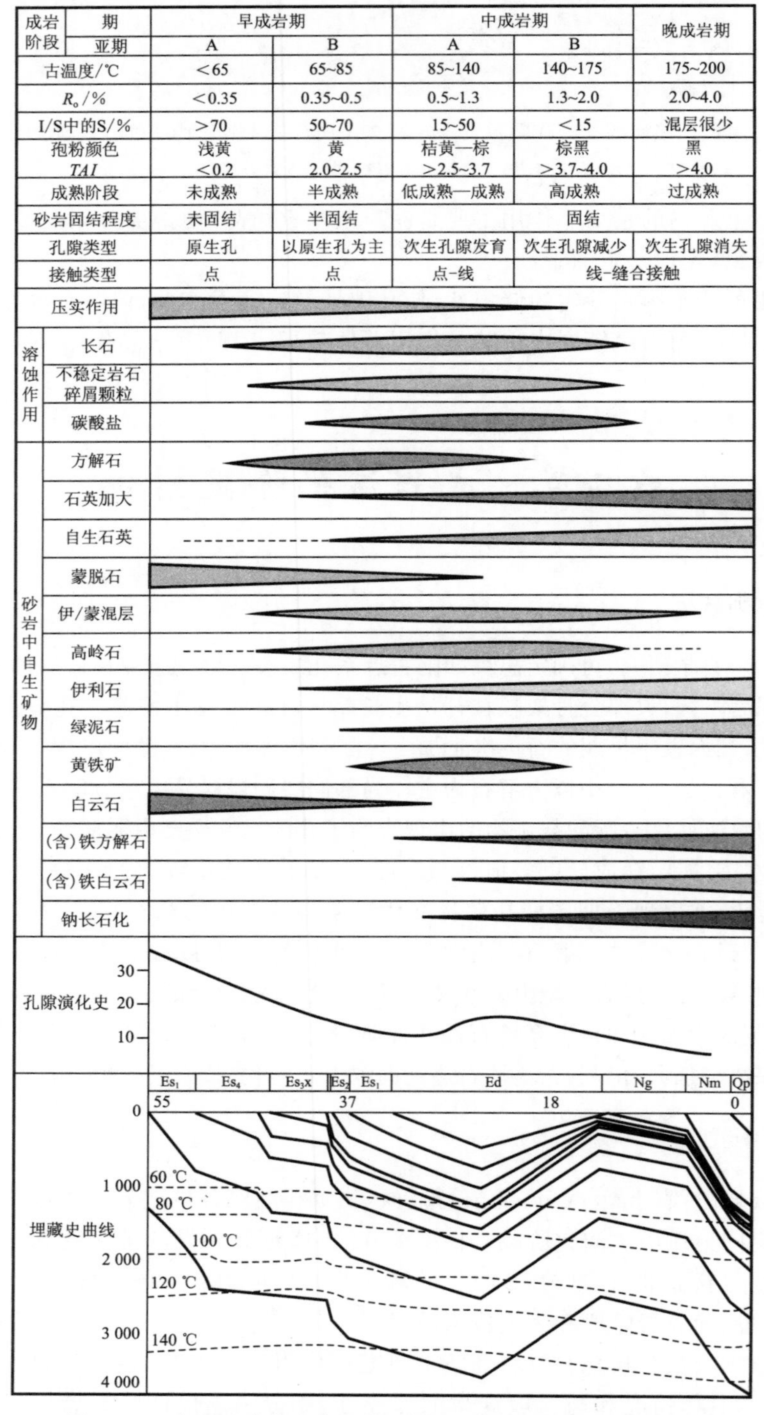

图 5-2-1　惠民凹陷中央隆起带（盘深 2 井）成岩演化阶段划分

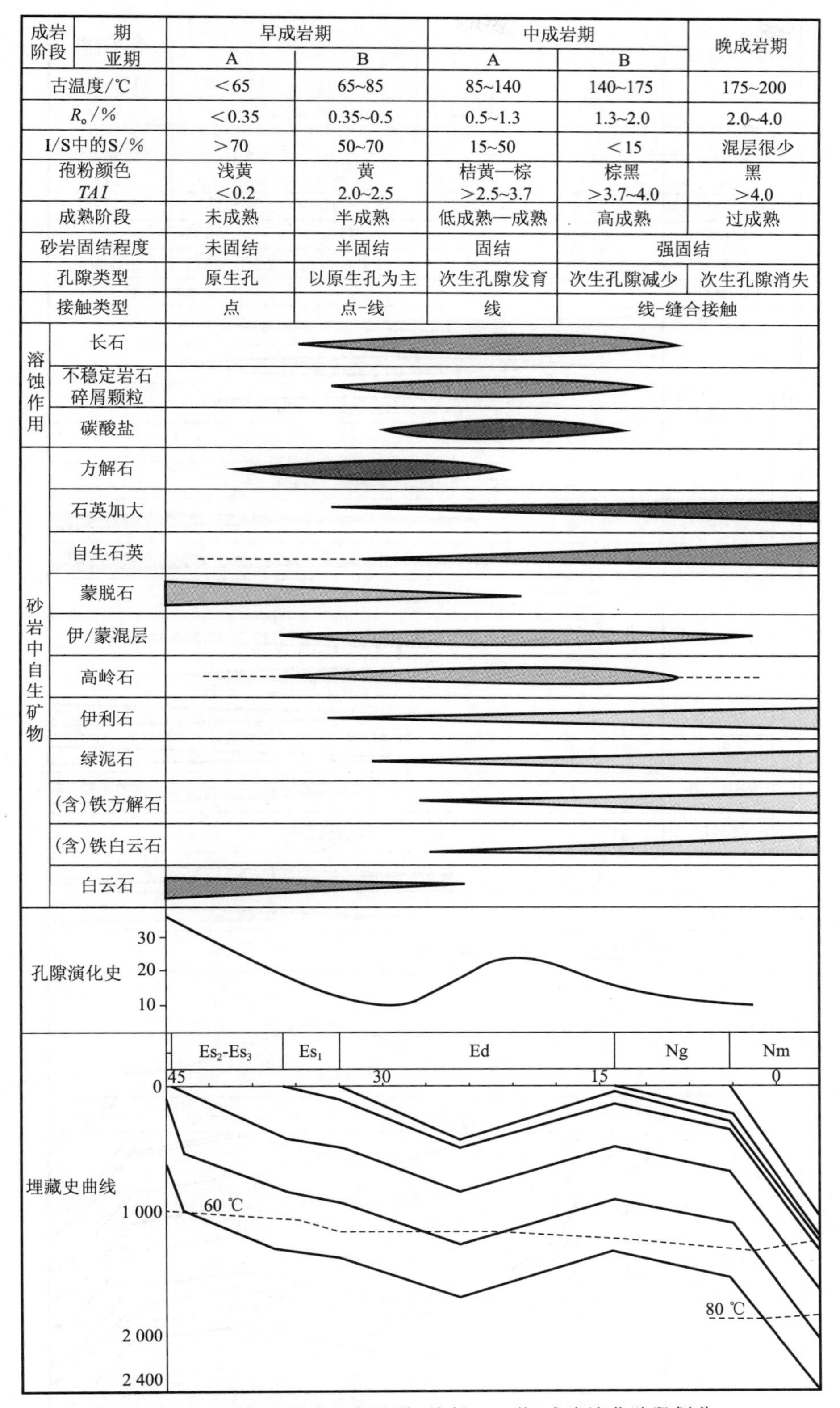

成岩阶段 期	早成岩期		中成岩期		晚成岩期
亚期	A	B	A	B	
古温度/℃	＜65	65~85	85~140	140~175	175~200
R_o/%	＜0.35	0.35~0.5	0.5~1.3	1.3~2.0	2.0~4.0
I/S中的S/%	＞70	50~70	15~50	＜15	混层很少
孢粉颜色 *TAI*	浅黄 ＜0.2	黄 2.0~2.5	桔黄—棕 ＞2.5~3.7	棕黑 ＞3.7~4.0	黑 ＞4.0
成熟阶段	未成熟	半成熟	低成熟—成熟	高成熟	过成熟
砂岩固结程度	未固结	半固结	固结	强固结	
孔隙类型	原生孔	以原生孔为主	次生孔隙发育	次生孔隙减少	次生孔隙消失
接触类型	点	点-线	线	线-缝合接触	

图 5-2-2　惠民凹陷南部斜坡带(钱斜 502 井)成岩演化阶段划分

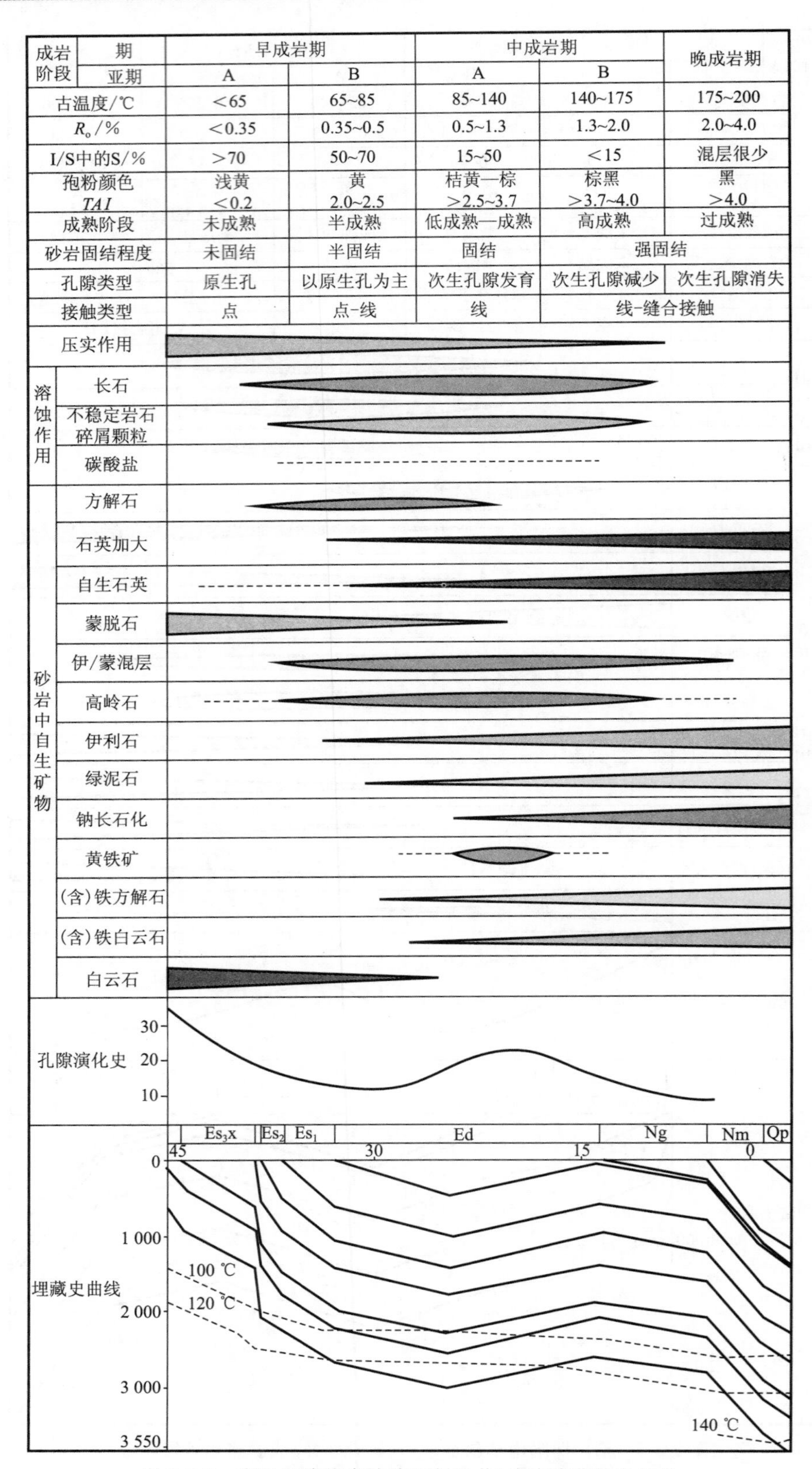

图 5-2-3　惠民凹陷临南洼陷(夏 47 井)成岩演化阶段划分

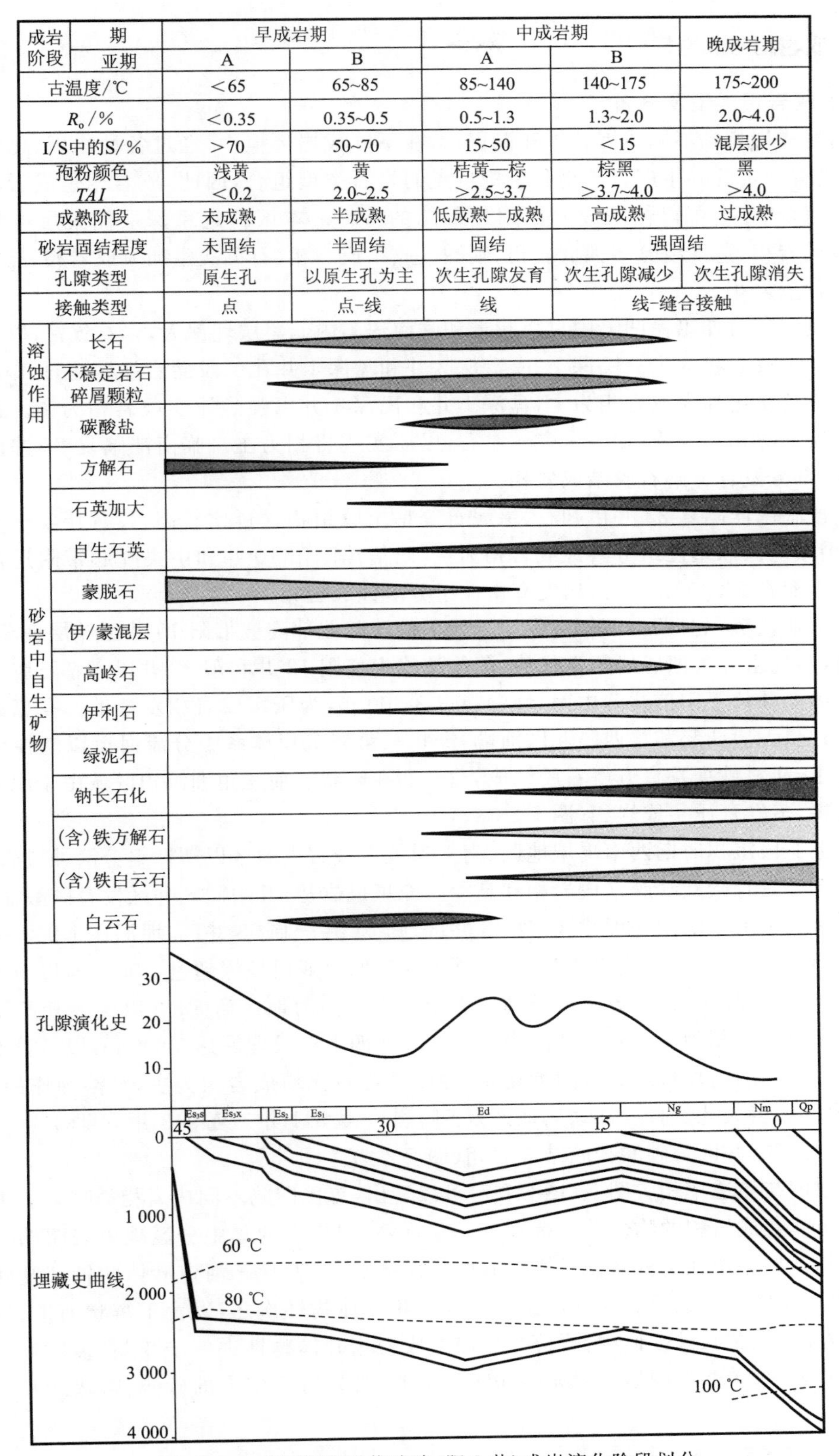

图 5-2-4　惠民凹陷阳信洼陷(阳 8 井)成岩演化阶段划分

三、成岩相与成岩模式

(一) 成岩相类型及分布

碎屑岩成岩相是不同成因砂体和沉积物,在不同成岩环境中,经过各种物理、化学和生物作用,并具有一定的共生成岩矿物和组构特点的岩石类型组合,因此,成岩相是成岩环境和成岩产物的综合响应,可以体现成岩作用过程总的特征。本区古近系深层储集层可划分为压实—充填成岩相、塑性组分溶蚀成岩相、碳酸盐胶结成岩相、石英次生加大成岩相、压实弱溶蚀成岩相五种成岩相。

孔二段沉积时期惠民凹陷中央隆起带和临南洼陷内储集层埋深大,岩石致密,以压实成岩相和石英加大成岩相为主。民深 1 井、盘深 3 井和盘深 1 井孔二段储层埋深超过 4 000 m,盘深 3 井以石英次生加大成岩相为主,盘深 1 井和民深 1 井以强烈压实成岩相为主。盘深 2 井孔二段储层埋深相对较浅,在 3 000 m 左右,以压实成岩相为主。临南洼陷夏 23 井以压实成岩相为主,部分发育方解石胶结成岩相。

孔一段临南洼陷夏 23 井伊利石、绿泥石等粘土胶结物含量比较高,发育压实—充填成岩相,西南禹城地区以塑性组分溶蚀成岩相为主,阳信洼陷阳 10 井和中央隆起带附近肖 6 井孔一段储层埋深在 2 000 m 左右,均发育塑性组分溶蚀成岩相。

沙四下亚段沉积时期南部斜坡带地区及阳信洼陷北部陡坡带阳 19 井区储层埋藏浅(小于 2 000 m),塑性组分溶蚀成岩相占优势,阳信洼陷南部阳 12 井和阳 32 井以方解石胶结成岩亚相为主。阳 8 井位于阳信洼陷内部,埋深超过 3 600 m,为压实成岩相发育带。在惠民凹陷西侧、宁津凸起、无棣凸起和鲁西隆起区前端,辫状三角洲沉积体系中分流河道以塑性组分溶蚀成岩相为主,河口砂坝发育方解石胶结成岩相,而在辫状河前三角洲沉积区域由于泥质等塑性颗粒含量多,多发育压实成岩相(图 5-2-5)。

沙四上亚段沉积时期西南禹城地区、南部斜坡带钱官屯地区以塑性组分溶蚀成岩相为主。阳信洼陷主要发育碳酸盐胶结成岩相和高岭石充填成岩相,其中阳 8 井区发育碳酸盐成岩相。位于中央隆起带上升盘的井埋藏浅,盘 45 井区、临 57 井—临 58 井区,埋深在 1 850～2 300 m 之间,以发育塑性组分溶蚀成岩相为主,临深 1 井沙四上亚段埋深超过 3 000 m,以压实成岩相为主,临 201 井和临 45 井以方解石胶结成岩相为主。商河地区商 52 井以碳酸盐胶结成岩相和高岭石充填成岩相为主。临南洼陷内街 203 井沙四上亚段埋深达 3 800 m,以石英次生加大成岩相为主。洼陷内夏口断裂带附近夏 47 井以高岭石充填成岩相为主,与溶蚀作用有关,粒内孔、铸模孔和特大孔发育。江家店地区夏 510 井—夏 511 井—夏 943 井—夏斜 98 井区和夏斜 96 井—夏 960 井区为碳酸盐胶结成岩相(图 5-2-6)。

从孔隙度与渗透率相关图上(图 5-2-7)可以看出,惠民凹陷不同成岩相类型具有不同的储集物性。虽然各成岩相的物性分布范围有一些重叠,但样点的集中分区现象表明储集物性受控于成岩相类型。塑性组分溶蚀成岩相储层物性最好,多发育于河道砂体的轴部及砂坝砂体的中心部位;压实弱溶蚀成岩相和压实充填成岩相砂体物性次之,发育于辫状河道、分流河道边缘砂体及砂坝、席状砂砂体中;石英次生加大成岩相砂体物性进一步变差,多发育于埋深较大的席状砂体中;碳酸盐胶结成岩相砂体物性最差,常发育于广大的砂滩、席状砂及河道间砂体中。

(二) 成岩模式

通过详细的岩相学分析,运用铸体薄片观察、扫描电镜分析以及阴极发光特征可知,惠民

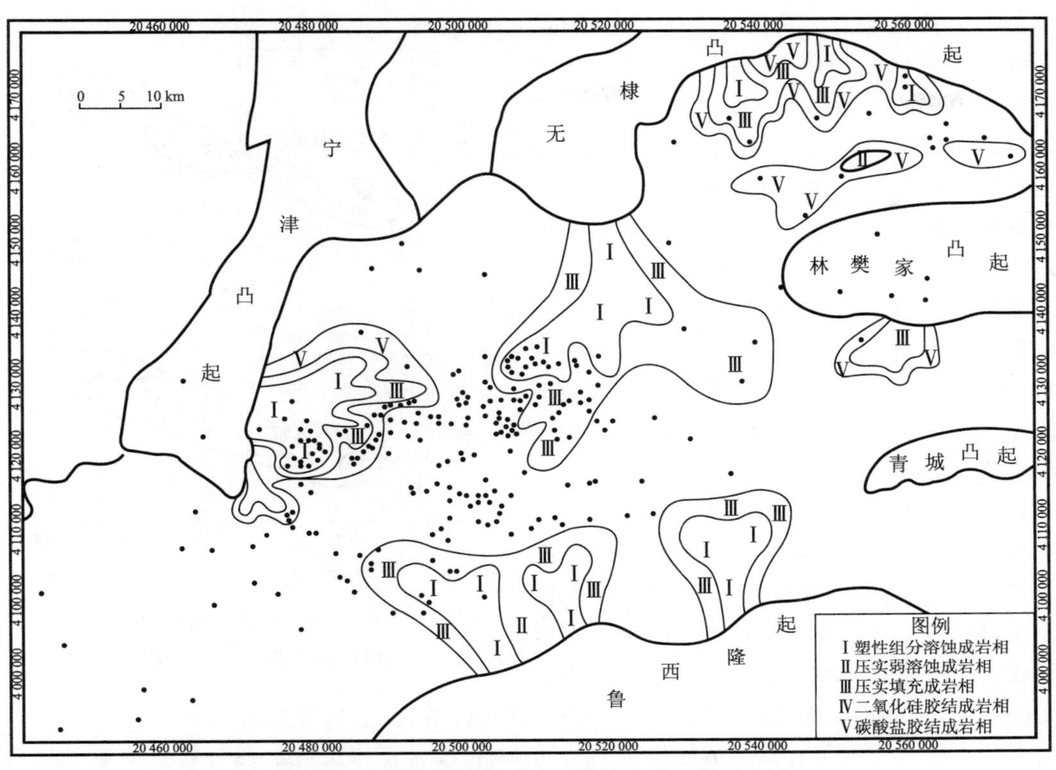

图 5-2-5　惠民凹陷沙四下亚段储层成岩相展布图

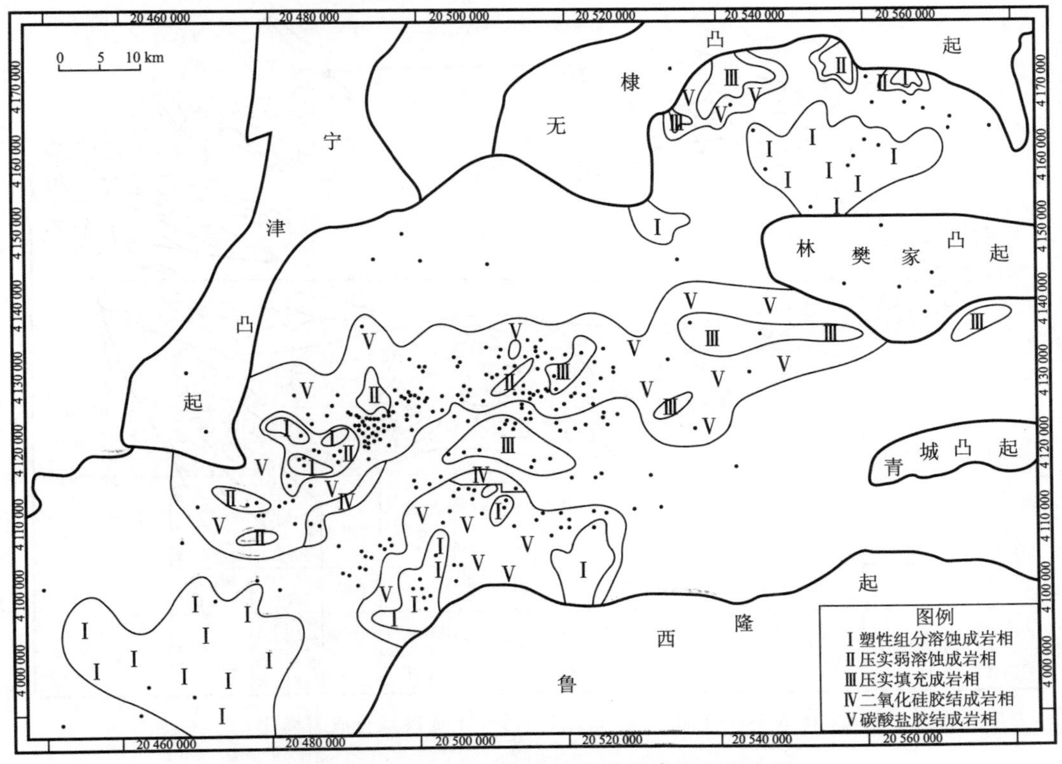

图 5-2-6　惠民凹陷沙四上亚段储层成岩相展布图

凹陷的次生孔隙是由大量的长石溶解形成的，同时部分的碳酸盐、岩屑及粘土基质的溶蚀对惠民凹陷现今的孔渗分布格局起到了一定的作用。溶蚀作用的机理有多种，主要包括大气水成岩作用和有机酸溶蚀作用两种。

盆地的构造演化决定着储层是否发生大气水淋滤作用，一般连续埋藏的砂岩不会发生大气水的淋滤作用，长石溶解与高岭石沉淀、稳定同位素和特征自生矿物是判断大气-砂岩相互作用的主要标志。从惠民凹陷孔二段—沙三下亚段储层经常出现高岭石含量高峰来看，大气埋藏水成岩作用影响是广泛的。

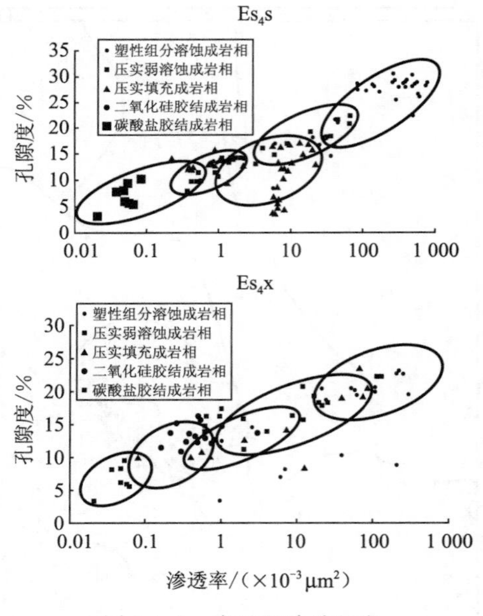

图 5-2-7 惠民凹陷沙四段储层成岩相与孔渗关系图

惠民凹陷古近系深层储层在 1 600～2 400 m 和 2 800～3 600 m 深度段出现两个次生孔隙发育带，其主要是因有机质不断成熟，发生脱羧作用，排烃产生的 CO_2 与蒙脱石向伊利石转化释放出的层间水形成有机酸，碳酸盐和长石遭受溶蚀形成的，铝硅酸盐的溶解直接为高岭石的沉淀提供了物质来源。

大气水成岩作用与有机酸溶蚀作用的共同影响，改善了本区孔二段—沙三下亚段储层的物性（图 5-2-8）。

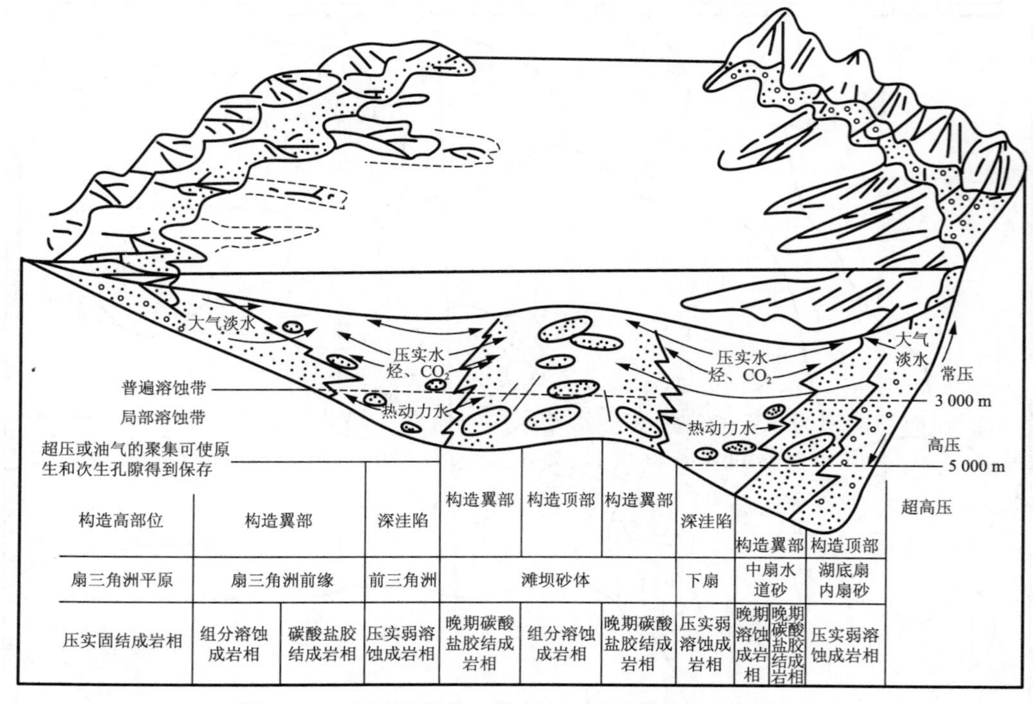

图 5-2-8 惠民凹陷孔二段—沙三下亚段综合成岩模式

第三节 储层性质与储层评价

一、孔隙结构特征

孔隙结构是指岩石所具有的孔隙和喉道的几何形状、大小、分布及其相互连通关系。一般而言，岩石颗粒包围着的较大空间称为孔隙，仅在两个颗粒之间连通的狭窄通道为喉道。孔隙是存贮流体的基本空间，反映岩石的储集能力；喉道是控制流体在岩石中渗流的重要通道，喉道的形态、分布是影响储层渗流特征的主要因素。孔隙结构的好坏是进行储层评价的重要依据。

（一）孔隙类型

惠民凹陷孔二段—沙三下亚段砂岩储层同时发育有原生孔隙和次生孔隙，以原生孔隙和次生孔隙的混合发育类型为主。原生孔隙主要是碎屑沉积颗粒在成岩作用过程中经压实作用和胶结作用而残余的原生粒间孔隙，次生孔隙则是长石、中酸性喷出岩岩屑、粘土矿物和杂基等经淋滤作用、溶解作用、交代作用和重结晶作用后天形成的。

根据铸体薄片和扫描电镜分析，惠民凹陷孔二段—沙三下亚段储层孔隙类型有：粒间孔、粒内孔、铸模孔、特大孔、裂隙和微孔隙，微孔隙包括矿物晶间、晶内微孔以及杂基内微孔。据薄片鉴定数据，研究区面孔率介于1.0%～30.5%之间，平均为12.37%，孔隙类型以粒间孔为主，其面积百分率平均为5.79%，占总孔隙的44.87%；其次为粒内孔和铸模孔，分别占总孔隙的23.85%，17.38%；特大孔和裂隙含量最少，只占总孔隙的7%左右。

1. 粒间孔

粒间孔是惠民凹陷最为发育的孔隙类型，主要包括残余原生粒间孔隙和次生溶蚀粒间孔隙两种类型，其面积频率为5.55%，占总孔隙的44.87%。区内可见残余粒间孔多呈三角形、四边形或不规则多边形，分布不均匀，连通性较差，孔径一般分布在15～75 μm之间；次生粒间孔隙主要是碳酸盐胶结物和粘土基质被溶蚀而形成的，孔径1～100 μm均有，主要分布在10～50 μm之间。凹陷内中央隆起带临57井、盘45井、盘59井、肖6井和商52井区，南部斜坡带钱斜141井、钱斜402井和钱斜502井区，临南洼陷夏47井区，阳信洼陷阳10井、阳101井和阳19井区以及凹陷西南部的禹4井和禹9井区是次生粒间孔隙的广泛发育区。

平面上，沙四下亚段粒间孔隙含量最高，面积频率为8.72%，占总孔隙的60.39%；沙四上亚段粒间孔面积频率为5.38%，占总孔隙的44.13%；孔一段粒间孔面积频率为6.14%，占总孔隙的43.21%；孔二段粒间孔含量最低，面积频率为3.98%，占总孔隙的45.96%。除孔二段外，粒间孔隙都是各段储层的最主要孔隙类型。

2. 粒内孔

粒内孔隙在研究区的面积频率为2.95%，占总孔隙的23.85%，是惠民凹陷第二大孔隙类型，系颗粒内部组分被溶蚀而形成的，常见有长石和中酸性喷出岩岩屑的溶蚀粒内孔。扫描电镜下长石的溶蚀作用十分明显，常见长石沿解理面溶蚀形成窗格状，溶蚀强烈时，长石颗粒呈现蜂巢状或残骸状，由此形成的孔隙结构复杂。

平面上，孔二段的粒内孔隙含量最高，面积频率为4.06%，占总孔隙的46.88%；其次为孔一段，面积频率为3.2%，占总孔隙的22.52%；沙四上亚段最低，面积频率为3.04%，占总孔隙的24.94%；沙四下亚段粒内孔面积频率为3.06%，占总孔隙的21.19%；粒内孔是孔二段储层的最主要孔隙类型。

3. 铸模孔

铸模孔是惠民凹陷较常见的孔隙类型，该类孔隙的面积频率为2.15%，占总孔隙的17.38%，是不稳定颗粒完全被溶蚀后形成的孔隙，孔隙几何形态与被溶颗粒相似，常通过原来的泥质包壳而保留颗粒外形，常见长石和岩屑溶蚀形成的铸模孔。

平面上，铸模孔在孔一段发育最多，其面积频率为2.43%，占总孔隙的17.1%；孔二段铸模孔发育最少，面积频率为1.38%，占总孔隙的15.94%；沙四上亚段和下亚段含量相近，面积频率在2.3%左右，约占总孔隙的16%。

4. 特大孔

孔径超过相邻颗粒直径1.2倍以上的孔隙可称为特大孔隙或超粒大孔隙，常常是由骨架颗粒溶孔和粒间孔隙共同组成，在特大孔隙的内部可分布有漂浮状的残余颗粒和胶结物。此类孔隙的面积频率为0.86%，占总孔隙的6.95%。

平面上，孔一段特大孔最为发育，其面积频率达到了1.25%，占总孔隙的8.8%；沙四上亚段和下亚段特大孔面积频率在1%左右，大约占总孔隙的8%；孔二段特大孔极不发育，面积频率为0.34%，只占总孔隙的3.93%。

5. 裂隙

惠民凹陷可见各种开启的裂缝孔隙，如岩石裂隙，缝宽一般在10～40 μm之间，局部达200 μm，常以水平或低角度出现，偶见高角度裂隙，有些裂隙在延伸方向上还出现了分叉现象；同时也见到由石英等刚性颗粒经压实作用产生的颗粒内裂缝，缝宽在10～20 μm内。与裂缝接触的颗粒和胶结物多经过了一定的溶蚀，面积频率为0.88%，占总孔隙的7.11%。某种条件下，裂隙不仅可以作为良好的油气储集空间，而且有利于油气运移和酸性地层水的流动，其在改善储层性质方面起着积极的作用。

沙四下亚段和孔一段裂隙较发育，面积频率分别为1.72%和1.2%，分别占总孔隙的11.91%和8.44%，沙四上亚段和孔二段裂隙面积频率分别为0.73%和0.78%，各占总孔的5.99%和9%。

6. 微孔隙

微孔隙指孔径极小，在铸体薄片中难以辨认的孔隙，主要分布于粘土杂基内和矿物晶体之间。电镜观察发现，惠民凹陷常见高岭石晶间微孔隙，在孔二段—沙三下亚段均有发育，含量较低，约占总孔隙的1%。

（二）喉道类型

由于岩石颗粒接触关系、砂粒本身的大小和形状以及胶结类型的不同，储层砂岩的孔隙喉道类型也不尽相同，惠民凹陷见到的喉道类型有：孔隙缩小型喉道（图5-3-1a）、断面收缩型喉道（图5-3-1b）、片状或弯片状喉道（图5-3-1c）和管束状喉道。

（三）微观孔隙结构特征

确定砂岩的孔隙结构特征是研究碎屑岩储层储集性能的中心问题。本次研究采用铸体薄片和扫描电镜法观察了砂岩孔隙喉道的几何形态和连通情况，使用压汞法测定了岩石毛细管压力曲线，求得一系列反映孔喉大小和分布的特征参数，如：孔隙度、渗透率、排驱压力、孔喉半径平均值、变异系数等。同时应用Mias图像分析系统对本区储层砂岩进行了研究，得出了砂岩面孔率、平均孔隙半径、孔喉比、均质系数、分选系数及配位数等一系列孔隙结构参数。

图 5-3-1 惠民凹陷孔二段—沙三下亚段喉道类型(图中标尺为 200 μm)

(a) 钱 402 井,1 841.65 m;(b) 阳 19 井,1 601.6 m;(c) 盘深 2 井,3 108.22 m

1. 压汞分析孔隙结构特征

对研究区内 54 块岩心样品进行了压汞试验,求得的特征参数值如表 5-3-1 所示。从表中可以看出所选的惠民凹陷孔二段—沙三下亚段的岩石样品各种孔隙结构特征参数值浮动范围较大,既有高孔隙度、高渗透率、低排驱压力、大孔喉半径砂岩样品,又有低孔隙度、特低渗透率、高排驱压力、小孔径砂岩样品,反映出本区砂岩储层孔隙结构的复杂性。

表 5-3-1 惠民凹陷各井孔隙结构参数统计表

井 号	样品数/块	参数值	孔隙度/%	渗透率/($\times10^{-3}$ μm^2)	排驱压力/MPa	中值压力/MPa	最大孔喉半径/μm	中值半径/μm	孔喉半径平均值/μm	均质系数	变异系数	岩性系数	最小非饱和孔隙体积/%	结构系数	特征结构系数
钱斜 141	4	最大值	32.60	2 830.00	0.20	0.33	60.79	6.23	17.61	0.47	0.96	0.39	50.92	4.45	0.54
		最小值	20.80	3.71	0.01	0.12	3.63	2.24	0.80	0.22	0.52	0.27	34.07	3.52	0.24
		平均值	29.40	1 143.00	0.07	0.21	26.28	4.08	9.07	0.35	0.69	0.31	39.77	4.14	0.38
商 745	10	最大值	7.90	0.03	4.21	28.33	0.55	0.04	0.13	0.36	0.98	0.98	63.92	7.90	0.87
		最小值	4.70	0.01	1.34	19.74	0.18	—	0.05	0.22	0.50	0.16	36.64	1.84	0.13
		平均值	6.06	0.02	2.74	24.7	0.3	0.02	0.08	0.28	0.70	0.70	54.11	3.19	0.61
夏 501	2	最大值	22	2.06	0.52	—	1.48	—	0.52	0.39	0.72	0.47	64.42	5.03	0.39
		最小值	20	0.80	0.50	—	1.41	—	0.4	0.28	0.67	0.44	62.27	3.58	0.30
		平均值	21	1.43	0.51	—	1.44	—	0.46	0.34	0.69	0.46	63.35	4.30	0.34
夏 510	6	最大值	19.00	2.14	0.51	22.69	2.47	0.21	0.62	0.28	1.42	0.51	61.25	4.42	0.50
		最小值	9.80	0.14	0.30	3.53	1.46	0.03	0.19	0.13	0.64	0.24	29.55	2.16	0.23
		平均值	14.63	0.76	0.47	12.06	1.64	0.11	0.34	0.20	0.96	0.37	45.01	3.23	0.36
夏 511	2	最大值	20.30	20.40	1.00	5.79	4.84	0.81	1.46	0.33	1.00	0.62	26.33	2.66	0.88
		最小值	14.20	0.46	0.15	0.91	0.74	0.13	0.24	0.32	0.73	0.23	11.94	1.56	0.38
		平均值	17.25	10.43	0.57	3.35	2.79	0.47	0.85	0.32	0.86	0.42	19.14	2.11	0.63
夏 960	6	最大值	18.40	3.97	1.50	15.81	1.46	0.12	0.27	0.38	0.92	0.78	51.31	3.51	0.71
		最小值	10.50	0.10	0.50	6.35	0.49	0.05	0.15	0.17	0.69	0.28	30.34	1.54	0.04
		平均值	15.00	1.07	1.00	10.7	0.83	0.08	0.21	0.28	0.82	0.46	38.22	2.66	0.43
夏斜 502	17	最大值	20.40	18.10	0.51	5.47	5.57	1.06	1.54	0.43	787.00	0.47	39.36	4.58	0.58
		最小值	13.20	1.04	0.13	0.69	1.44	0.13	0.42	0.23	0.63	0.23	13.37	2.61	0.26
		平均值	16.24	7.18	0.27	2.29	3.13	0.47	1.00	0.32	47.03	0.29	28.79	3.45	0.38

续表

井 号	样品数/块	参数值	孔隙度/%	渗透率/($\times10^{-3}$ μm^2)	排驱压力/MPa	中值压力/MPa	最大孔喉半径/μm	中值半径/μm	孔喉半径平均值/μm	均质系数	变异系数	岩性系数	最小非饱和孔隙体积/%	结构系数	特征结构系数
夏斜507	7	最大值	17.20	94.40	0.30	5.45	18.76	1.63	4.18	0.32	1.11	0.54	36.47	4.25	0.97
		最小值	10.00	3.61	0.04	0.45	2.46	0.14	0.66	0.22	0.83	0.16	3.41	1.09	0.23
		平均值	14.46	24.03	0.20	1.67	5.94	0.74	1.53	0.27	0.93	0.33	13.16	2.64	0.53
全 区	54	最大值	32.60	2 830.00	4.21	28.33	60.79	6.23	17.61	0.47	787.00	0.98	64.42	7.90	0.97
		最小值	4.70	0.01	0.01	0.12	0.18	0.03	0.05	0.13	0.50	0.16	3.41	1.09	0.04
		平均值	15.00	92.37	0.79	5.70	4.25	0.65	1.35	0.29	15.64	0.41	36.00	3.23	0.46

注:“—”表示无数据。

2. 孔隙结构图像分析特征

本研究采用的是 MIAS-300 图像分析系统。在铸体薄片中,孔隙系统被有色树胶所充填,这种颜色有别于岩石骨架及填隙物,本系统可在所选取的视域内依据孔隙中这种颜色差异进行快速分别,自动准确测量各种参数。

经过研究测定,惠民凹陷孔二段—沙三下亚段储层孔隙半径在 14.14～70.50 μm 之间,平均为 26.48 μm;比表面为 0.11～0.52,平均为 0.23;配位数介于 0.73～3.69 之间,平均为 1.57;喉道宽度为 2.94～16.54 μm,平均为 5.23μm;孔喉比在 9.66～19.06 之间,平均为 5.63;面孔率为 0.72～33.56,平均为 8.74。

3. 孔喉结构分类

根据岩石样品压汞曲线特征及图像分析结果,结合物性测试资料,并参照铸体薄片和扫描电镜的观察,惠民凹陷孔二段—沙三下亚段储集岩共划分为大孔粗喉型(Ⅰ型)、中孔中喉型(Ⅱ型)、中小孔细喉型(Ⅲ型)和小孔微喉型(Ⅳ型)四种孔隙喉道类型,具体划分方案及各孔隙喉道类型的特征参数如表 5-3-2 所示,各种孔喉结构在孔隙度、渗透率、排驱压力和孔喉半径等特征参数的分布上有着明显的区别(图 5-3-2)。

表 5-3-2 惠民凹陷孔二段—沙三下亚段孔喉结构分类表

参 数 \ 孔喉结构类型	大孔粗喉	中孔中喉	中小孔细喉	小孔微喉
孔隙度/%	>20	17～23	11～16	<12
渗透率/($\times10^{-3}$ μm^2)	>100	10～100	1～10	<1
最大孔喉半径/μm	>7.5	3.5～10	1.5～4	<2
平均孔喉半径/μm	>2	1～2.5	0.5～1	<0.5
排驱压力/MPa	<0.1	0.05～0.5	0.3～0.9	>0.9
中值压力/MPa	<3	0.5～1.5	1～5	>5
中值半径/μm	1～3	0.1～1	0.1～0.4	<0.1
最小非饱和孔隙体积/%	<30	20～30	25～35	>35
分选性	好	较好	中等	差
歪 度	粗	偏粗	偏细	细

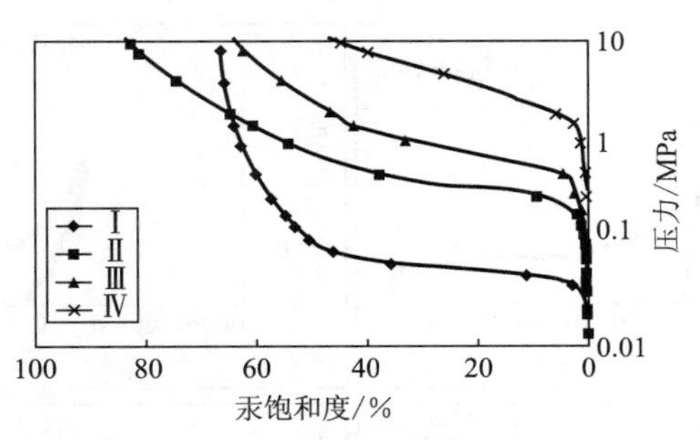

图 5-3-2　惠民凹陷各型孔喉结构毛细管压力曲线特征

4. 孔喉结构与砂体微相的关系

从本区孔喉结构分类情况出发，观察砂岩样品孔喉结构与其所处沉积相带的关系，可以发现不同孔喉结构砂岩的分布与沉积相带展布存在着不可分割的联系，图 5-3-3 和图 5-3-4 给出了沙四上亚段和沙三下亚段不同微相砂体砂岩所具有的不同孔喉结构类型，从图中可知：Ⅰ型孔喉常分布于分流河道和辫状河道砂体中，具有该型孔喉结构的砂体往往具有很好的储层物性；Ⅱ型孔喉常分布于河口砂坝及砂坝砂体中，该类型的砂岩储层的储集性能也较好；Ⅲ型孔喉多分布在远砂坝、扇三角洲扇中前缘或席状砂体中，拥有该型孔喉结构的砂体物性较差；Ⅳ型孔喉常分布在席状砂、河道间及前三角洲相砂体中，该类型砂体所具有的孔喉结构最差，导致其储层物性最差。

5. 孔隙度与渗透率的关系

惠民凹陷孔二段—沙三下亚段储层沉积微相多种多样，在成岩过程中又受到了各种成岩作用的改造。成岩作用早期的压实和胶结作用使储层孔隙变小，喉道变窄，后期的淋滤和溶蚀等作用又可使孔隙变大，喉道变粗。由于这种改造作用的不均匀性，储层孔渗值有高有低，孔隙度和渗透率的关系复杂。但从总体上说孔隙度和渗透率呈现正相关关系（图 5-3-5、图 5-3-6），随着孔隙度的增加，渗透率也逐渐增大，即储集空间大的储层，其渗流能力也较好，有利于油气的运移和聚集。

平面上，孔二段储层孔渗值较低，但其和沙四上亚段储层孔隙度和渗透率表现出了较好的正相关性。在孔隙度小于 10%的区域，渗透率都出现了相对较高的个别值，这可能是局部地区由于早期的压实成岩作用使碎屑岩比较致密，后期溶蚀作用的改造对孔隙度增加贡献不大，但大大提高了储层渗透率的结果。孔一段和沙三下亚段储层孔隙度和渗透率呈现很好的正相关性（图 5-3-5），只有沙四下亚段储层孔隙度和渗透率相关性不明显，既有低孔高渗型储层的特征点，又有高孔低渗型储层的特征点（图 5-3-6），说明该时期惠民凹陷各地区储层受到各种不同强度成岩作用的影响，导致储层的非均质性特别严重。

从单井分析，研究区内半数以上的井孔隙度和渗透率表现出较好的正相关关系，如阳信洼陷的阳 10 井、阳 101 井、阳 8 井、阳 18 井、阳 19 井；临南洼陷的夏 323 井、夏 326 井、夏 33 井、夏 501 井、夏 503 井、夏 510 井、夏 52 井、夏 53 井、夏 97 井、夏斜 502 井、夏斜 504 井，但是由于各井的埋深和所处的古沉积环境不同，同样位于临南洼陷的夏 103 井、夏 105 井、夏 30 井、夏 460 井其孔隙度和渗透率关系则不明显。惠民凹陷中央隆起带大部分井，如临 201 井、临 45 井、盘深 2 井、盘深 3 井、商 52 井、商 742 井、商 743 井、商 745 井孔隙度渗透率没有太大的相关性，只有临深 1 井、盘 45 井呈现了正相关关系；南部斜坡带钱斜 10 井、钱斜 141 井表现出了很好的孔渗正相关性，不但孔隙度较大，渗透率也很高。

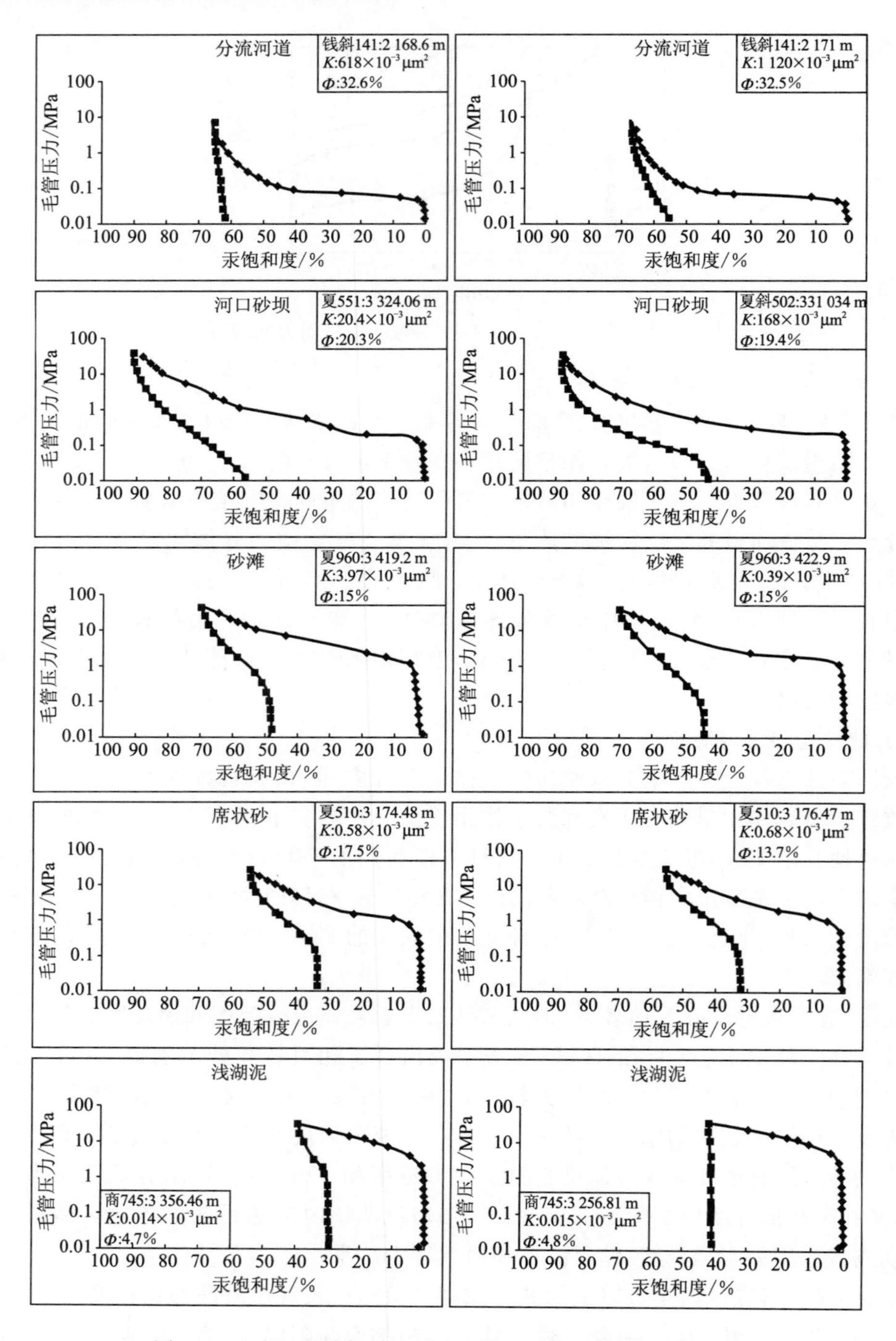

图 5-3-3　惠民凹陷沙四上亚段储层不同微相砂体孔喉结构

6. 孔隙度、渗透率与孔隙结构特征参数的关系

为便于观察孔隙度和渗透率与孔隙结构参数的关系，本次研究中，排驱压力、最大孔喉半径等孔隙结构参数均采用对数坐标。从惠民凹陷孔隙度、渗透率与孔隙结构参数关系图(图5-3-7)中可以看出：孔隙度与排驱压力、中值毛管压力呈现对数负相关性，而与最大孔喉半径、平均孔喉半径及均质系数则表现出对数正相关性；渗透率与排驱压力、中值毛管压力呈现幂负

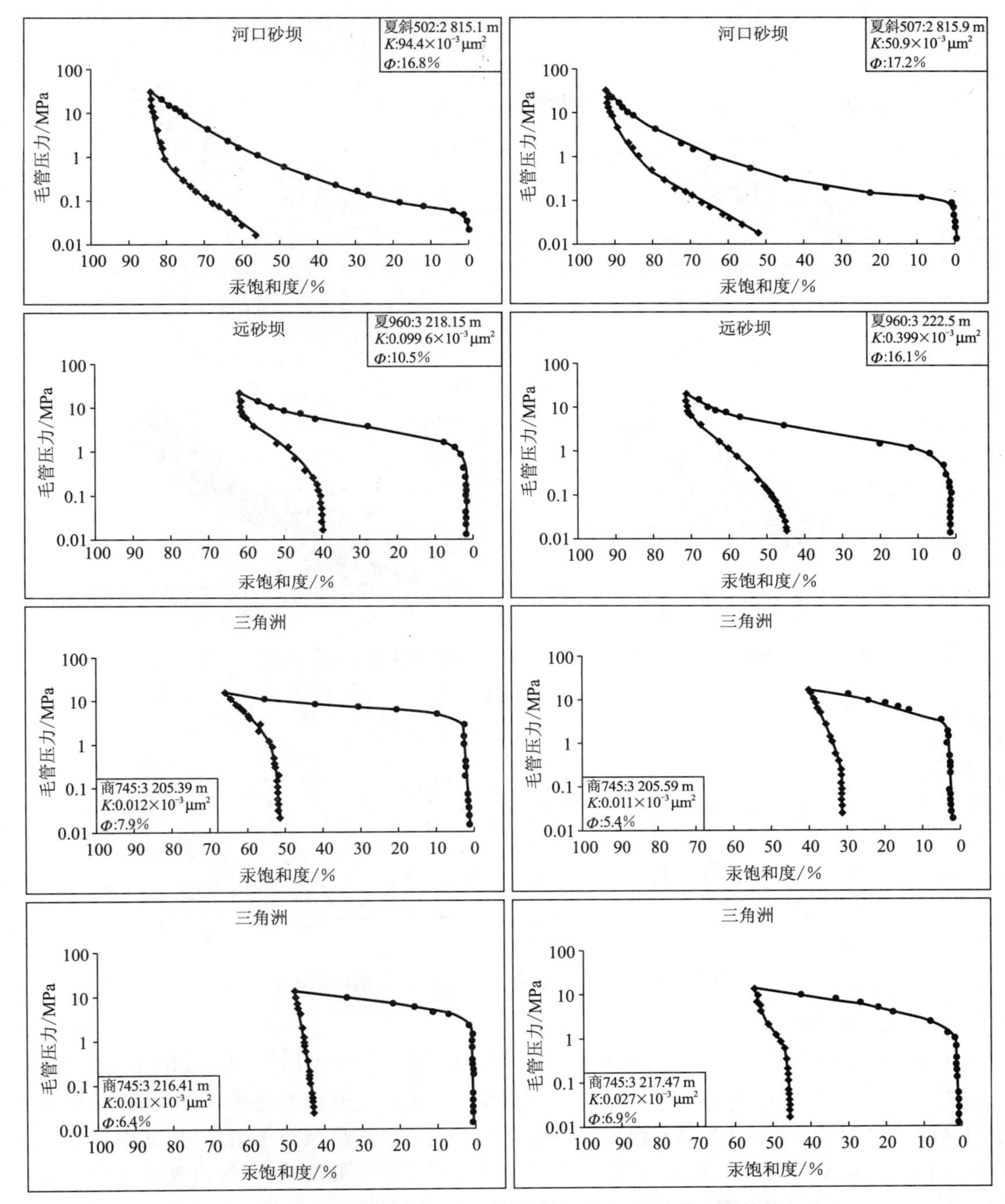

图 5-3-4　惠民凹陷沙三下亚段储层不同微相砂体孔喉结构

相关性，同时与最大孔喉半径、平均孔喉半径及均质系数呈现幂正相关性，即随着排驱压力、中值毛管压力的增加，孔隙度和渗透率是以某种趋势速度逐渐减小的，但随着孔喉半径的增大，孔渗值则在不断增大。综上所述，惠民凹陷储层微观孔隙结构影响着储层的物性，孔隙度、渗透率和孔隙结构特征参数存在较好的相关性，它们对储层孔隙系统的反映是一致的，孔隙度、渗透率越大，排驱压力越小；最大孔喉半径越大，孔喉分选越好；孔隙结构越均质，储层的储集渗流能力也就越好。

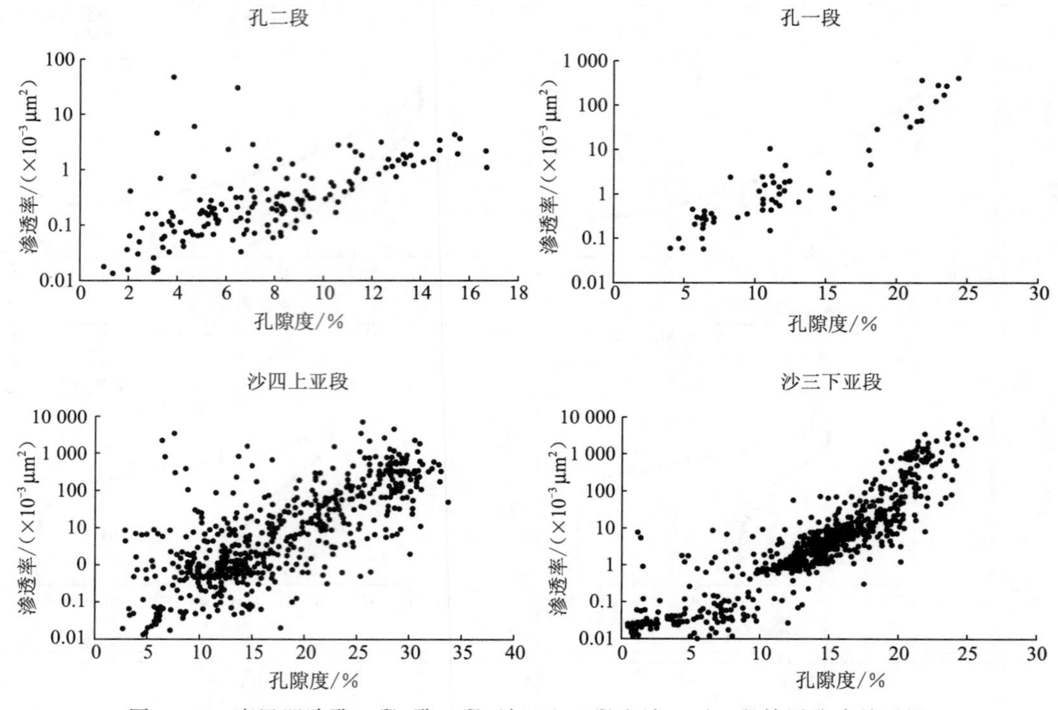

图 5-3-5　惠民凹陷孔二段、孔一段、沙四上亚段和沙三下亚段储层孔渗关系图

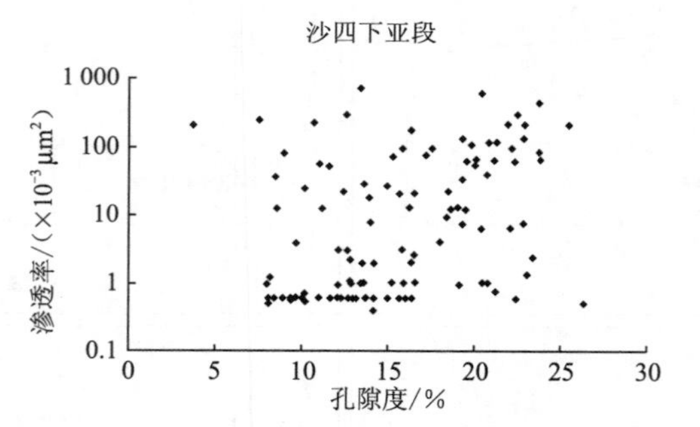

图 5-3-6　惠民凹陷沙四下亚段储层孔渗关系图

7. 次生孔隙的发育特征

从惠民凹陷孔二段—沙三下亚段孔隙度和渗透率随深度的变化图(图 5-3-8)中可以看出，在深度 1 600～2 400 m 和 2 800～3 600 m 分别存在一个次生孔隙发育带，次生孔隙发育带主要由易溶组分溶蚀形成，可溶组分包括了碳酸盐矿物、长石、岩屑及粘土杂基等，其中贡献最大的是长石。在电镜和薄片中观察，可以明显地看到长石溶蚀成蜂窝状，同时出现石英次生加大和自生高岭石沉淀。长石遭受溶蚀，由于有机酸对 Al 离子有较强的络合能力，从铝硅酸盐中溶解出来的 Al 将以络合物的形式随孔隙流体迁移，而 Si 则以胶体形式迁移，从而保证铝硅酸盐的不断溶蚀。其中 Al 络合物以自生高岭石的形式沉淀，Si 胶体以 SiO_2 的形式在石英颗粒表面产生次生加大，纵向上高岭石含量的变化规律也间接地证明惠民凹陷次生孔隙的形成与长石溶蚀有关，高岭石的分布在纵向上存在两个峰，这两个峰在深度上分别与两个次生孔隙发育带对应(图 5-3-9)。为什么在次生孔隙发育深度段内溶蚀的对象是长石而不是碳酸盐胶结物？根据有机酸对长石和碳酸盐作用的化学反应自由能大小不难得出结论：有机酸溶蚀长石

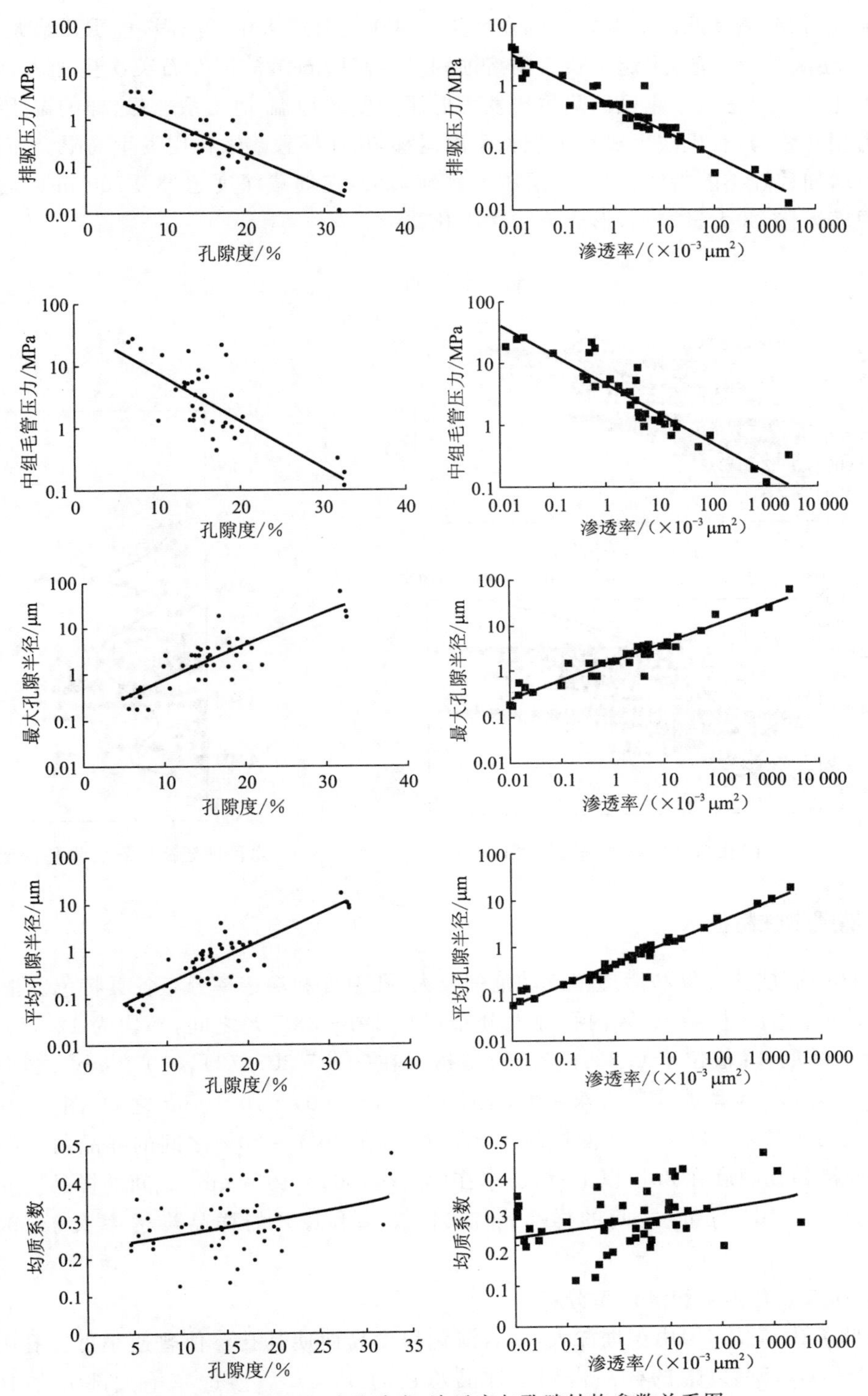

图 5-3-7　惠民凹陷孔隙度、渗透率与孔隙结构参数关系图

的化学能较低，其中以 Δ 斜长石中的钙长石最低，反应自由能为 $\Delta G=-154.49$ kJ/mol；其次是钾长石，$\Delta G=-17.92$ kJ/mol；然后是有机酸对碳酸盐胶结物的溶蚀，$\Delta G=46.89$ kJ/mol。因此惠民凹陷古近系砂岩储层中的溶蚀作用以长石为主，碳酸盐次之。

据前人研究，惠民凹陷烃源岩大约在埋深 2 500 m 时进入生烃门限，机质开始大量向烃类转化，并产生大量有机酸，引起了长石的溶蚀和自生高岭石沉淀以及石英次生加大，同时产生大量次生孔隙。但是由于惠民凹陷主要发育低压型复式地温-地压系，在这样的温-压系统内，区域动力相对较弱，有机酸生成后不能长距离运移，从而导致溶蚀作用发生局限。随着埋藏深度的不断增加和烃类的持续转化，地层压力逐渐增大，在埋藏深度超过 2 700 m 以后，有机酸得以大规模运移，并大量溶蚀，形成第二次生孔隙带。

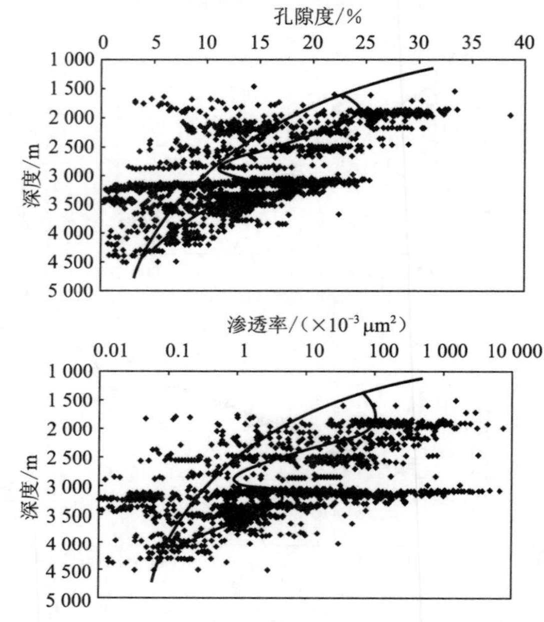

图 5-3-8　惠民凹陷孔隙度和渗透率随深度的变化图

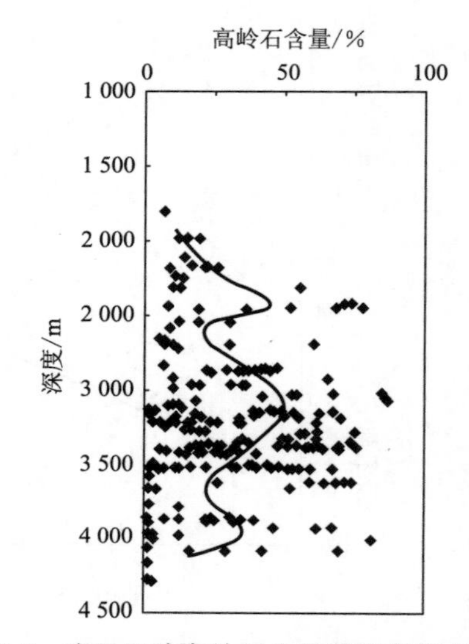

图 5-3-9　惠民凹陷高岭石含量随深度的变化图

二、储层物性特征

研究区内储层孔隙度和渗透率波动范围较大，孔隙度和渗透率分布各具特色。根据 46 口井 2 438 块样品的分析结果，区内孔隙度分布在 0.3%～38.7%之间，平均为 12.7%，频率分布曲线为单峰型，峰值位于 0.3%～20%；渗透率在(0～7 307.72)×10^{-3} μm^2 之间，平均为 85.41×10^{-3} μm^2，频率曲线表现双峰型，主峰在(0.1～100)×10^{-3} μm^2 之间(图 5-3-10)。

孔隙度在 0.3%～20%之间的样品占 82.54%，在 20%～30%之间的样品占 16.06%，只有 1.4%的样品孔隙度在 30%以上；渗透率在(0.1～100)×10^{-3} μm^2 之间的样品占 64.35%，在(100～500)×10^{-3} μm^2 之间的样品占 7.34%，有 4.19%的样品渗透率大于 500×10^{-3} μm^2。

(一) 孔二段孔隙度和渗透率分布

惠民凹陷孔二段储层由于埋深大，成岩演化程度高而使其孔渗值普遍很低。孔隙度最大不超过 20%，在 15%以下的样品占到了样品总数的 98.57%；渗透率绝大部分在 10×10^{-3} μm^2 以下。根据 349 块样品分析结果，孔隙度在 0.65%～16.7%之间，平均为 7.07%，频率曲线呈现单峰型，峰值在 5%～10%之间；渗透率介于(0～47.34)×10^{-3} μm^2 之间，平均为 0.55 ×10^{-3} μm^2，频率分布曲线为双峰型，主峰位于(0～0.01)×10^{-3} μm^2 之间(图 5-3-11)。

平面上，研究区内只有盘深 1 井、盘深 2 井和盘深 3 井具有孔二段储层的常规物性资料，

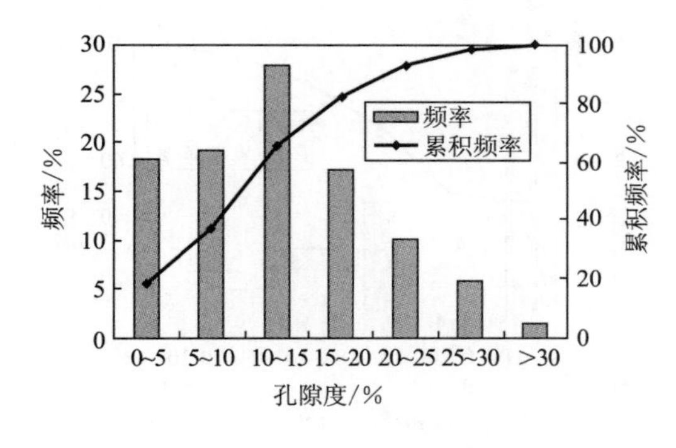

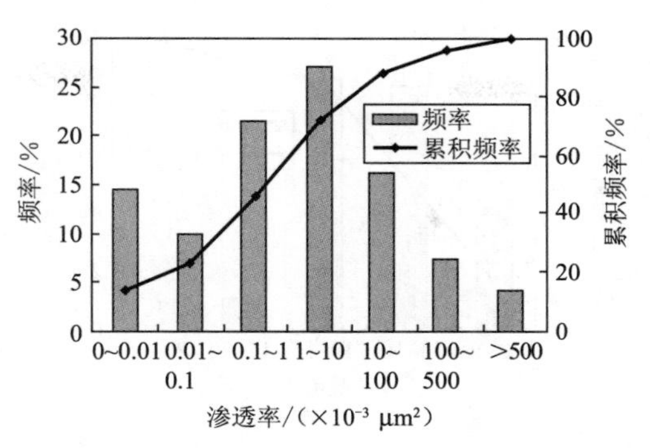

图 5-3-10 惠民凹陷孔隙度和渗透率分布直方图

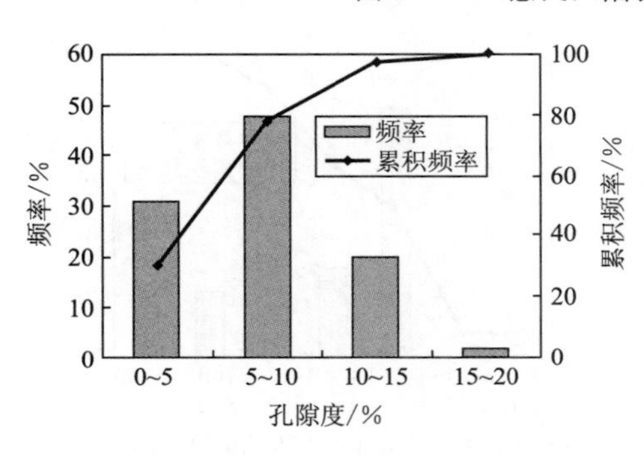

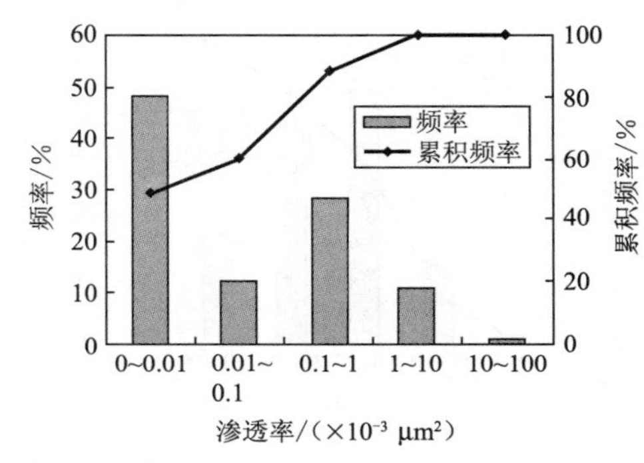

图 5-3-11 惠民凹陷孔二段孔隙度和渗透率分布直方图

而且埋藏深度都在 3 000 m 以下,压实作用强烈,残余孔隙很少,储层孔渗值普遍较低,导致储层的储集渗流能力很差。通过铸体薄片和扫描电镜观察,惠民凹陷局部地区孔二段储层埋深也稍浅,如盘 59 井区,埋深在 2 500 m 左右,该深度处碎屑岩处于中成岩阶段的早期,其有机质处于成熟阶段,干酪根热降解释放大量的低碳脂肪酸,储集岩遭受酸性溶蚀作用,产生大量的次生溶蚀孔隙,使该地区孔二段储层物性得到改善。

(二) 孔一段孔隙度和渗透率分布

孔一段储层较孔二段储层埋深浅,储层物性明显好转。据 131 块样品物性分析结果,孔一段储层孔隙度在 1.8%～24.2%之间,平均为 9.76%,孔隙度频率曲线呈现双峰型,主峰位于 5%～15%,该孔隙度区间内的样品数占样品总数的 67.94%;渗透率分布于(0～439.48)×10^{-3} μm^2 之间,平均为 18.59×10^{-3} μm^2,频率分布曲线同样表现出双峰形态,主峰在(0～0.01)×10^{-3} μm^2 之间,该渗透率区间内的样品占 46.28%(图 5-3-12)。

平面上,惠民凹陷孔一段储层孔渗值仍较低,本区中部大部分地区的储层储集性能较差,但凹陷西部禹城地区和阳信洼陷北部斜坡带的储集层物性较好。

(三) 沙四下亚段孔隙度和渗透率分布

根据 167 块样品的分析结果,惠民凹陷沙四下亚段储层孔隙度在 3.6%～26.2%之间,平均为 14.92%,频率曲线为单峰型,峰值在 10%～15%之间;渗透率在(0～692)×10^{-3} μm^2 之间,平均为 42.58×10^{-3} μm^2,渗透率频率曲线为双峰型,主峰在(0.1～1)×10^{-3} μm^2 之间(图 5-3-13)。

惠民凹陷沙四下亚段孔隙度和渗透率平面展布主要为六个由凹陷边缘向盆地内部延伸和一个由林樊家凸起向里则镇洼陷延伸的形态不一的朵状(图 5-3-14、图 5-3-15),同一地区的孔隙度和渗透率分布形态也有不同之处。孔隙度和渗透率最大值均出现在华 7 井,最小值出现

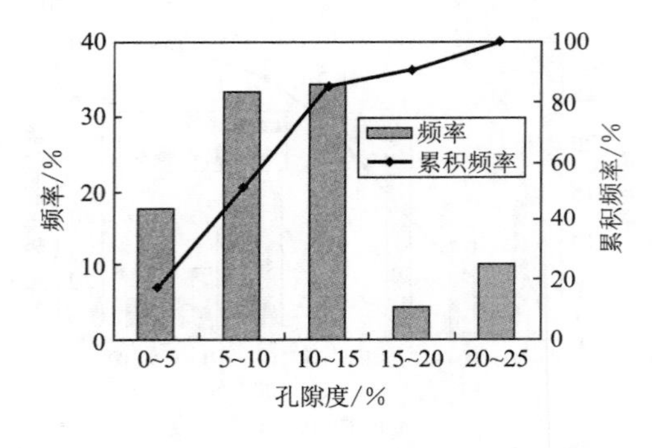

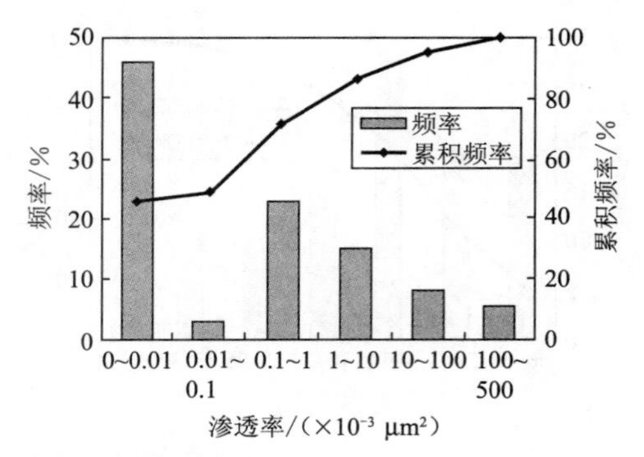

图 5-3-12　惠民凹陷孔一段孔隙度和渗透率分布直方图

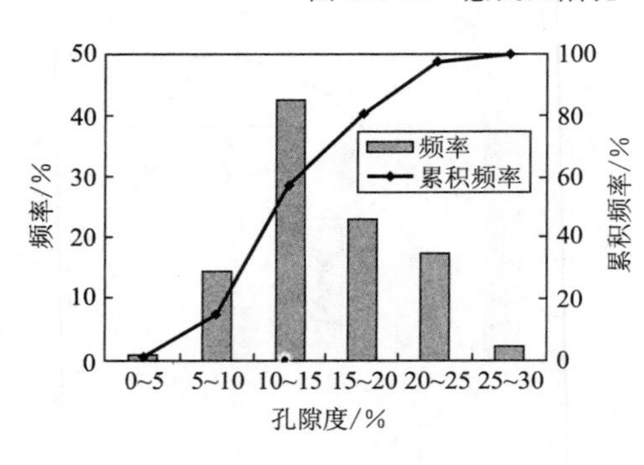

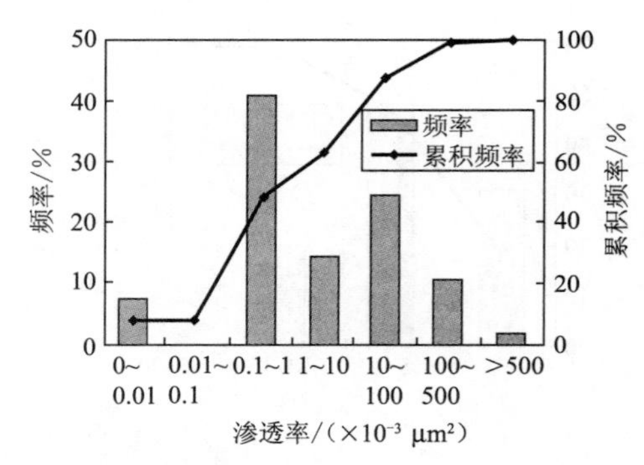

图 5-3-13　惠民凹陷沙四下亚段孔隙度和渗透率分布直方图

在阳 8 井，阳 19 井、商 45 井及钱斜 10 井的孔隙度和渗透率也出现了高值，平面孔隙度和渗透率分别以华 7 井、阳 19 井和商 45 井为中心呈扇形向四周降低。研究区物性分布与沉积微相和砂体展布关系密切，孔渗高值分布区多为三角洲、冲积扇分流河道发育地区及三角洲河口砂坝、远砂坝发育区，孔渗低值区多为前缘砂席、漫溢或分流间湾相区。

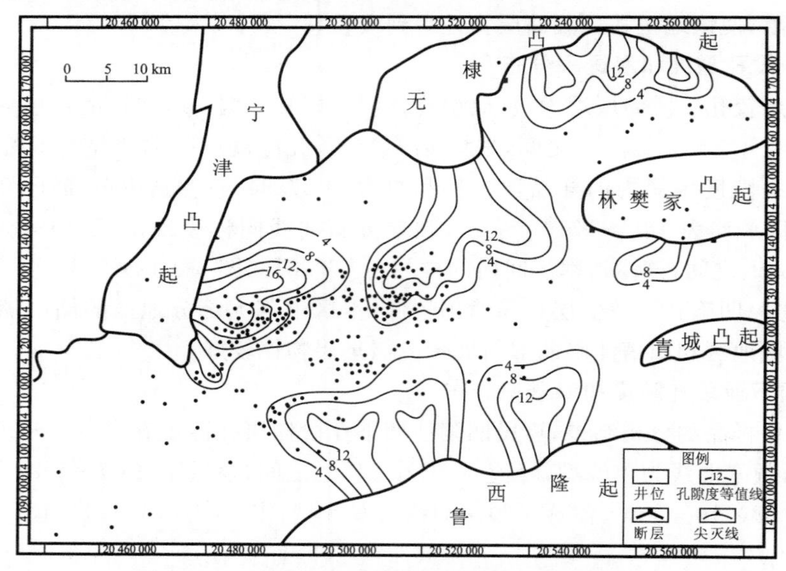

图 5-3-14　惠民凹陷沙四下亚段孔隙度平面分布图

(四) 沙四上亚段孔隙度和渗透率分布

沙四上亚段是惠民凹陷储层物性最好的层段。根据 802 块样品的物性分析结果，该段储

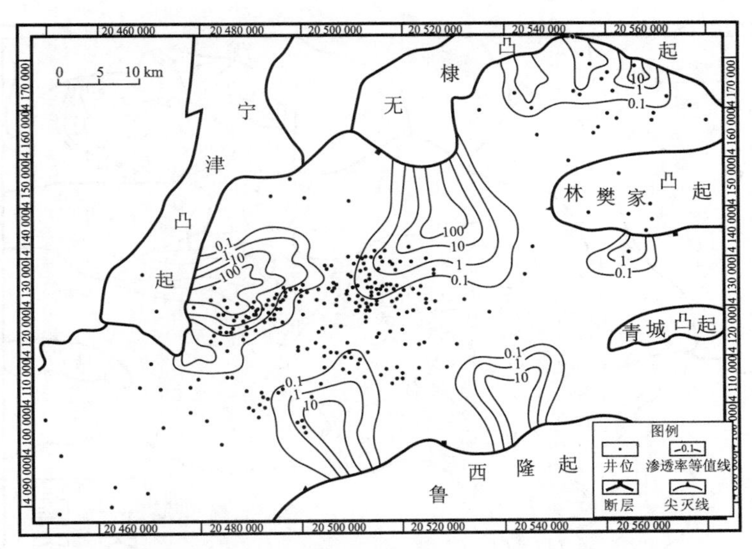

图 5-3-15　惠民凹陷沙四下亚段渗透率平面分布图

层孔隙度在 2.6%～38.7%之间，平均为 17.19%，频率曲线呈现双峰型，峰值位于 10%～15%和 20%～30%两个区间内；渗透率介于(0～7 307.32)×10^{-3} μm^2 之间，平均为 120.73×10^{-3} μm^2，频率曲线为单峰型，峰值在(0.1～500)×10^{-3} μm^2 之间(图 5-3-16)，孔隙度和渗透率最大值均出现在本层段。

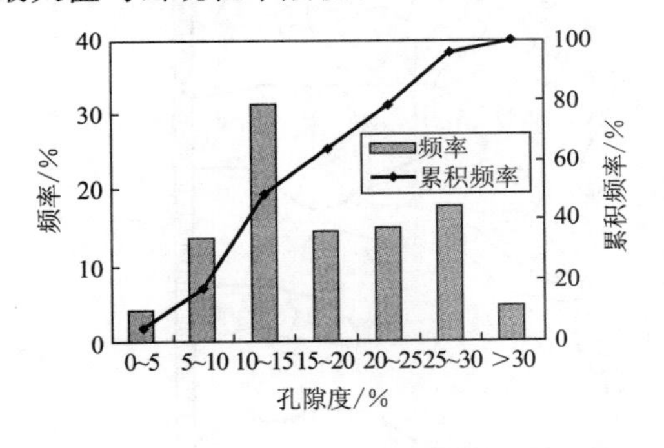

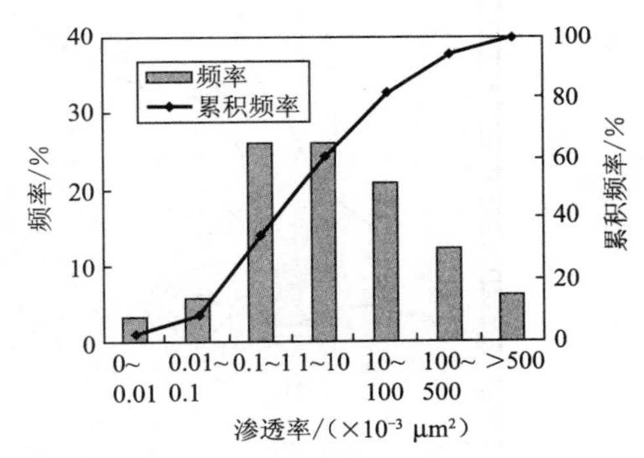

图 5-3-16　惠民凹陷沙四上亚段孔隙度和渗透率分布直方图

平面上，沙四上亚段储层孔隙度最大值出现在钱斜 141 井，最小值出现在商 745 井，渗透率最大值在钱斜 502 井，最小值同样出现在商 745 井。孔渗平面展布在凹陷边缘呈现不规则的扇形，在凹陷中部呈现近东西向的条状。孔渗值分别以钱斜 141 井、商 45 井和盘 45 井等为中心呈放射状向四周逐渐减小(图 5-3-17、图 5-3-18)。本层段储层物性分布与沉积微相和砂体展布也有着紧密地联系，(扇)三角洲河道、河口砂坝和砂坝砂体表现出了良好的储集性能，孔渗等值线在此处排列也非常地密集，孔渗变化梯度大；远砂坝和扇中前缘砂体发育区物性中等；席状砂和砂滩砂体分布地区物性较差。

(五) 沙三下亚段孔隙度和渗透率分布

根据 982 块样品的分析结果，惠民凹陷沙三下亚段储层孔隙度分布在 0.3%～25.3%之间，平均为 11.1%，孔隙度频率曲线为双峰型，峰值分别位于 0.3%～5%和 10%～20%两个区间内；渗透率在(0～6 595.92)×10^{-3} μm^2 之间，平均为 107.86×10^{-3} μm^2，频率曲线呈现双峰型，主峰在(1～100)×10^{-3} μm^2 之间(图 5-3-19)。

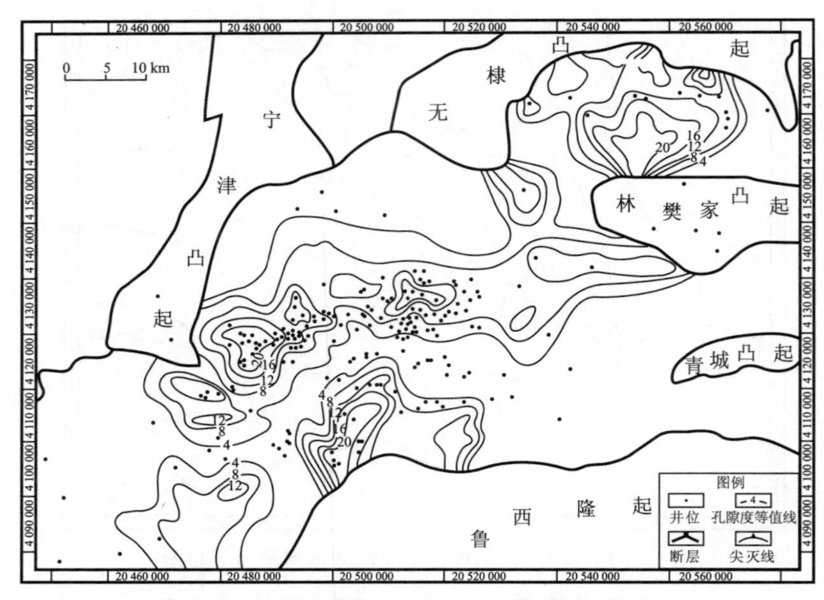

图 5-3-17　惠民凹陷沙四上亚段孔隙度平面分布图

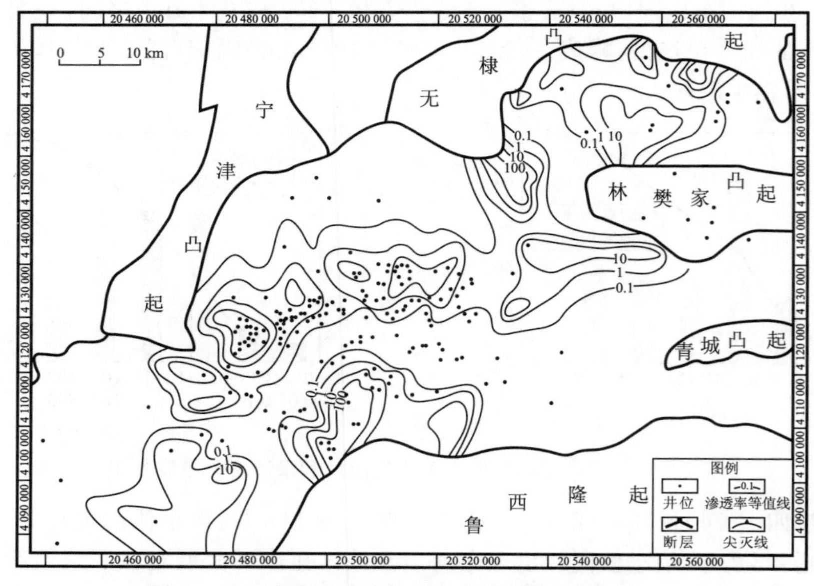

图 5-3-18　惠民凹陷沙四上亚段渗透率平面分布图

惠民凹陷沙三下亚段储层物性相比沙四上亚段明显变差，孔隙度和渗透率最大值都出现在夏 520 井，孔隙度最小值出现在商 743 井，渗透率最小值出现在阳 29 井。孔隙度和渗透率平面展布特征在凹陷西部同时呈现两个规模较大的扇状，孔隙度平面图中两扇体边缘有部分的重合，孔隙度和渗透率值均沿三角洲分流河道砂体向两侧分流间砂体逐渐降低(图 5-3-20、图 5-3-21)，与砂体沉积微相及其展布趋势表现出了很强的相关性。(扇)三角洲河道和河口砂坝砂体分布部位物性最好，远砂坝和扇中前缘砂体分布区物性中等，薄层砂体及河道间砂体分布地区物性最差。

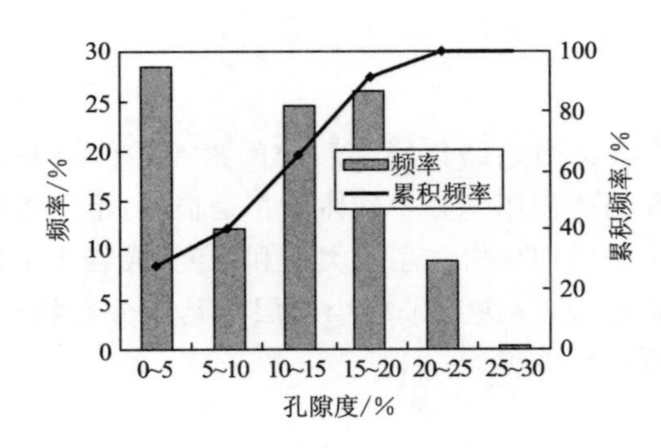

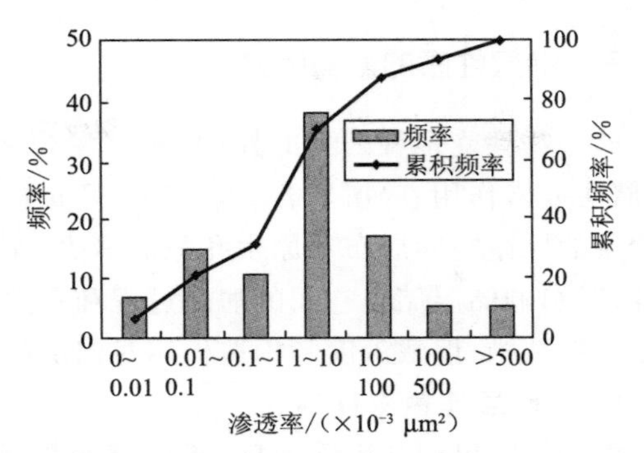

图 5-3-19　惠民凹陷沙三下亚段孔隙度和渗透率分布直方图

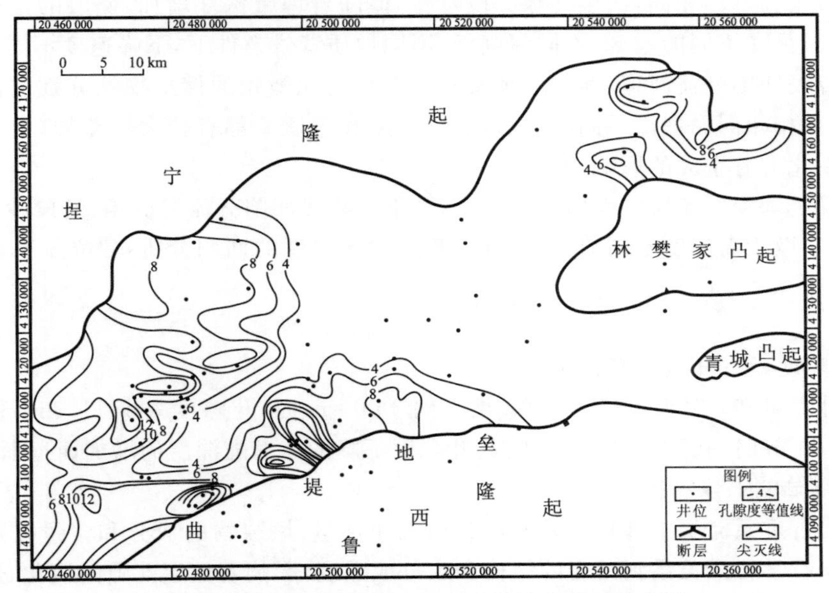

图 5-3-20　惠民凹陷沙三下亚段孔隙度平面分布图

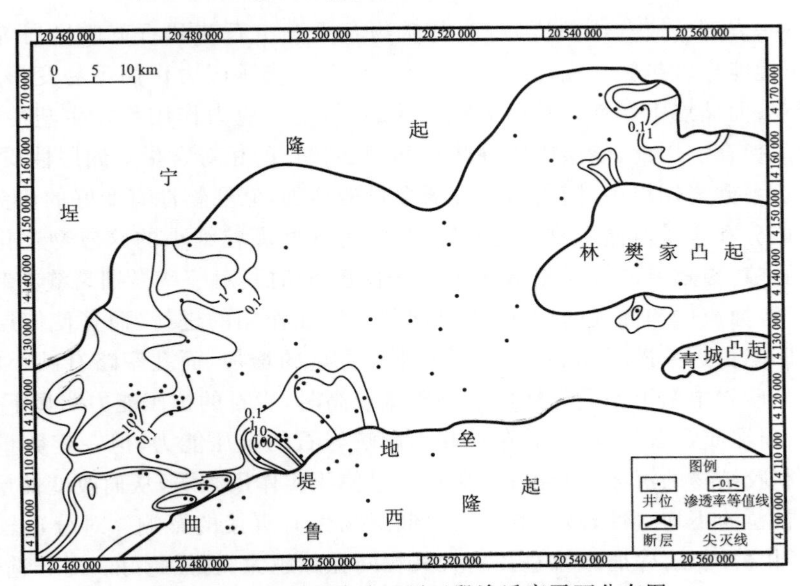

图 5-3-21　惠民凹陷沙三下亚段渗透率平面分布图

三、储层性质的影响因素

储层物性受多种因素的控制，研究发现，影响惠民凹陷储集层性质的因素有砂体沉积微相、储层成岩作用、碎屑岩岩石学特征、埋藏深度和构造作用。其中砂体微相是根本，不仅控制着储层的原始空间展布和原生孔隙的多少，而且影响后期成岩作用的类型和强度；成岩作用是条件，既影响储层储集空间的演化过程和孔隙结构特征，又决定了现今储层的具体分布特征；砂岩岩石结构、埋藏深度和构造作用对储层的改造也很关键。

（一）储层埋藏深度

根据对惠民凹陷不同地区、不同沉积微相储层物性随埋藏深度的变化研究发现，尽管地区、相带、岩石类型不尽相同，次生孔隙分段发育，但随着埋藏深度增加，储层的孔隙度和渗透率不断下降，只是在不同的地区、不同深度段、不同地质背景条件下，下降速度不同而已。

通过对惠民凹陷分流河道、河口砂坝及砂坝三种沉积微相的储层物性分别进行详细的对比研究，发现微相相同而埋深不同的砂岩，其孔隙度和渗透率都有较大的差异，由此可见埋深对储层孔渗变化有着重大的影响。

为准确确定埋深对储层物性影响的大小，分别对惠民凹陷分流河道相、河口砂坝相和砂坝相储层，即同一微相而深度不同的储层，进行孔隙度与深度的回归分析，建立了孔隙度和深度的回归方程：

$$\Phi = 87.078 \times \exp^{-0.0006H}$$

式中：Φ 为孔隙度，%；H 为埋藏深度，m。

由上式计算可知，当埋深从 2 000 m 增大到 3 000 m 时，孔隙度减少 11.83%；而从 3 000 m 增大到 4 000 m 时，孔隙度减少 6.49%，孔隙度下降的速率随深度的增加而逐渐变小。

（二）碎屑岩岩石学特征

惠民凹陷古近系储层中砂岩的碎屑成分构成和含量、填隙物的成分和含量以及颗粒的大小和分选等岩石学特征关系到砂岩的结构和成分成熟度，影响着储层孔隙的演化，进而对储层物性有着重要的作用。

在碎屑岩中，岩石的成分成熟度越高，其矿物几乎全由石英和石英质岩屑等刚性组分组成，储层的抗压性能也就越强。在埋藏压实过程中，石英受压应力作用不易变形，有利于储层粒间孔隙的保存；而储层中塑性颗粒组分抗压性能弱，受压应力作用易发生塑性变形，不利于储层粒间孔隙的保存。因此，储层中刚性颗粒和塑性颗粒的相对含量对储层性质有重要影响。在惠民凹陷古近系砂岩储层中，随着石英碎屑含量的增加，储层物性有变好的势头。

填隙物的成分和含量对储层物性也有影响，因为这些颗粒细小的碎屑物及化学沉淀物质一方面是充填孔隙，更重要的方面是堵塞和充填喉道，同时其对一些微细裂缝亦起着堵塞和充填作用，阻碍了溶蚀流体和油气的运移，不仅抑制了溶蚀作用的进行，而且使储层渗透率大大降低。在惠民凹陷古近系砂岩储层中，随着填隙物含量的增加，面孔率略有减小的趋势，物性也随之降低。当砂岩中粘土基质等塑性组分含量较高时，岩石的抗压能力明显下降，不利于粒间孔隙的保存；当泥质含量较低时，其存在并不影响岩石的抗压能力，但一定数量的泥质薄膜的存在可以抑制胶结物的沉淀，而且由于颗粒支撑使压实作用减弱，从而改变储层物性。

由于碎屑颗粒的不均一性，砂岩的粒度对储层物性有直接的影响。对分选较好的砂岩来说，物性与粒径相关明显，碎屑颗粒直径越大其粒间孔隙越大，物性越好。对分选性差的砂岩，这一规律则严重地受到碎屑分选程度的干扰。因此，储层性质与粒径和分选的关系较为密切。

通过对惠民凹陷不同层位同一沉积体系中砂岩粒径与孔渗关系的研究(图 5-3-22)可以看出：无论是在沙三下亚段三角洲沉积砂体中还是在沙四上亚段滩坝沉积砂体中，储集岩孔隙度、渗透率与砂岩粒径都表现出了明显的相关性，砂岩粒径越大其孔渗值越大，对应此储集层的物性就越好。

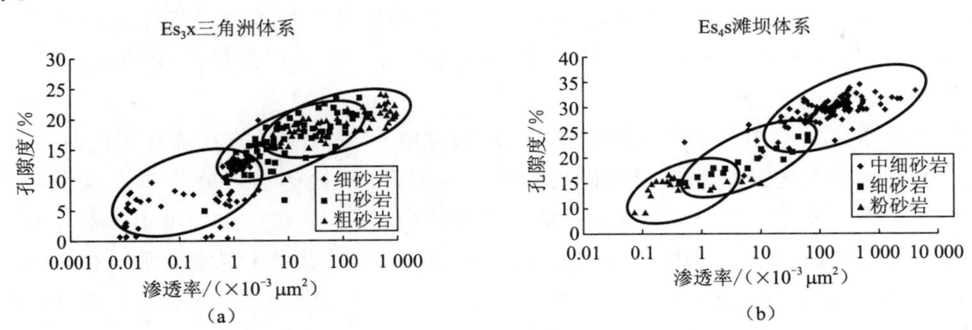

图 5-3-22　惠民凹陷不同粒级砂岩孔隙度-渗透率关系图

(a) 沙三下亚段；(b) 沙四上亚段

(三) 储层成岩作用

影响惠民凹陷储层物性的成岩作用主要包括压实作用、胶结作用和溶蚀作用。压实作用及胶结作用降低储层孔隙度、渗透率，使物性变差，而溶蚀作用提高储层孔渗值，使物性得以改善。

1. 压实作用对储层性质的影响

随埋藏深度的增加，惠民凹陷孔二段—沙三下亚段储层孔隙度和渗透率不断下降，砂岩颗粒由点-线接触逐渐变为线接触、凹凸接触，甚至出现缝合接触。由此可见，压实作用对惠民凹陷储层性质有着重要的影响。这里通过压实作用减孔量定量评价压实作用对储层性质的影响。压实作用减孔量($COPL$)的公式为：

$$COPL = OP - \frac{(100 \times IGV) - (OP \times IGV)}{100 - IGV} \tag{1}$$

其中　　负胶结物体积 IGV = 杂基体积 + 胶结物体积 + 粒间孔体积　　(2)

$$\text{原始孔隙度 } OP = 20.91 + 22.9/\sigma \tag{3}$$

公式(3)中 σ 为特拉斯克分选系数。

据 227 个粒度分析资料统计，研究区内压实作用减孔量($COPL$)介于 0.53%～31.89%之间，平均为 14.86%。除阳信洼陷的孔一段储层和禹城地区沙四下亚段储层以胶结作用减孔为主外，其他地区均以压实作用减孔为主。中央隆起带和临南洼陷的孔店组及沙四段储层、阳信洼陷和滋镇洼陷的沙四上亚段储层压实作用减孔量较大，禹城地区的孔一段储层、阳信洼陷的沙四下亚段储层和南部斜坡带的沙四上亚段储层胶结减孔较小。

2. 胶结作用对储层性质的影响

胶结作用的实质就是各类成岩矿物的形成和沉淀，是降低储层孔隙度和渗透率的一个重要因素，特别是中、晚期胶结作用，可使储层变差。惠民凹陷深层储层胶结物成分主要包括碳酸盐矿物、自生石英以及粘土矿物。凹陷内砂岩成岩演化程度较高，相应胶结作用较为强烈，储层胶结物含量一般为 6%～18%，大大降低了储层物性。这里通过胶结作用减孔量定量评价胶结作用对储层性质的影响。胶结作用减孔量($CEPL$)的公式为：

$$CEPL = (OP - COPL) \times \frac{CEM}{IGV}$$

式中：CEM 是指现存胶结物体积，用占岩石总体积的百分数表示。

据 227 个粒度分析资料统计，惠民凹陷胶结作用减孔量（$CEPL$）介于 1.4%～28.3%之间，平均为 9.18%。研究区内只有阳信洼陷的孔一段储层和禹城地区沙四下亚段储层以胶结作用减孔为主，相对来说，中央隆起带和临南洼陷的孔店组及沙四段储层胶结减孔量较大，其余地区都较小。

碳酸盐是本区储层中最为常见的胶结物，包括方解石、白云石、铁方解石和铁白云石，是对储层的性质影响最大的胶结物。根据矿物的形成时间，碳酸盐矿物可分为早期碳酸盐矿物和晚期碳酸盐矿物。早期碳酸盐矿物，主要是方解石和白云石，其在一定程度上抑制了后期压实压溶作用，既起到保存原生孔隙的作用，也为次生孔隙的形成提供了易溶物质。但如果含量很高，特别是在储层中形成基底胶结结构，则完全封堵了孔隙和喉道，不利于后期酸性孔隙水的混合对储层的改造，从而形成低渗透型储层。晚期碳酸盐矿物，主要是（含）铁方解石和（含）铁白云石，其将溶蚀作用形成的次生孔隙再次充填，使储层孔隙度和渗透率大大降低。

考虑到碳酸盐胶结物含量较高，差不多是其他各种胶结物的总和，胶结作用对储层物性的影响主要由碳酸盐产生。为确定胶结作用对储层性质的影响，对惠民凹陷古近系深层储层中，微相相同、埋深在同一较小深度变化范围内（近似看作埋深相同，消除压实作用的影响）大量样品的碳酸盐含量和孔隙度的变化关系进行了细致的研究，最终建立了孔隙度和碳酸盐含量的回归方程：

$$\Phi = -0.0352X_c^2 + 0.5349X_c + 16.117$$

式中：Φ 为孔隙度，%；X_c 为碳酸盐含量，%。

当 X_c 从 10%变化到 20%时，孔隙度下降 5.21%。由此二次回归方程，当 X_c 在 0～7.6%之间变化时，孔隙度是逐渐增加的；当 X_c 大于 7.6%时，孔隙度随 X_c 的增大而减少，证明了碳酸盐含量对储层孔渗影响的两面性。

石英次生加大也是惠民凹陷较为常见的胶结作用现象，主要发育于沙三下亚段—孔二段成岩演化程度高、埋藏较深的储层中。石英次生加大边在 10～50 μm 之间，含量为 0.5%～6%，一般减孔 1%～3%，对储层孔隙度影响不大，但如果堵塞了喉道，储层渗透性则会有明显的下降。从自生石英含量和面孔率关系图（图 5-3-23）上可以看出，当自生石英含量小于 1%时，面孔率不是很高；含量在 1%～3%之间时，面孔率达到了 30%以上。当含量大于 3%时，面孔率则又下降到 20%以下。这是因为自生石英含量较少时并未起到抗压的作用，而含量过大时又填充了粒间孔隙，使面孔率下降。总的来说，自生石英含量和面孔率表现出了一定的负相关性。

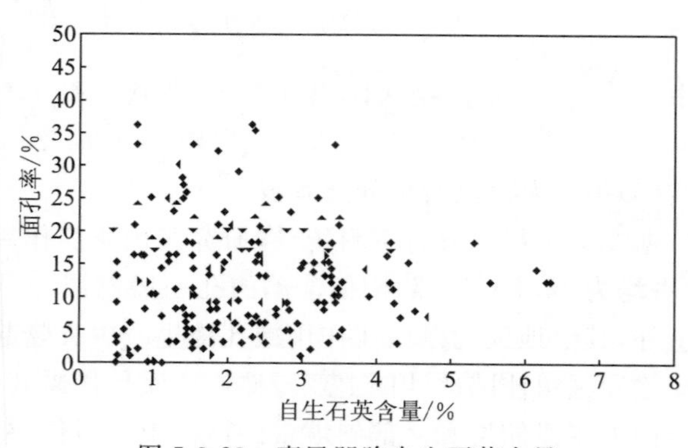

图 5-3-23　惠民凹陷自生石英含量与岩石面孔率关系图

粘土矿物是影响砂岩储层的另一重要因素，砂岩中粘土矿物（尤其是自生矿物）含量的多少、成分的差异、产状的不同都会影响到储集性能的优劣。长石在向高岭石蚀变过程中脱出

Na^+，Mg^{2+}，SiO_2 等组分，使体积减小，形成大量高岭石晶间微孔隙；同时高岭石一般呈书页状、蠕虫状均匀地分散于粒间，这就决定了含高岭石的砂岩面孔率相对较高，而且不会对储层渗透率产生多少影响。研究区绿泥石主要以绿泥石环边的形式生长在颗粒表面，它的生成占据了孔隙空间，使面孔率降低，同时由于其覆盖在颗粒表面，堵塞孔隙喉道，使渗透率下降，但对原生粒间孔的保存也起到了有利的作用。当伊利石随着埋深加大含量增加时，岩石面孔率随之降低，更重要的是伊利石呈片状将粒间孔隙喉道分割，阻碍流体的运移，使储层的渗透性变差。

3. 溶蚀作用对储层性质的影响

研究区内溶蚀作用较普遍，其作用主要是形成大量的次生孔隙，使储层物性好转。发生溶蚀的岩石组分有：长石颗粒、碳酸盐、泥质岩屑、火山岩岩屑及粘土基质等。长石的溶蚀特别强烈，呈现残骸状，甚至形成铸模孔。溶蚀作用宏观上主要受区域构造背景和洼陷平面位置的控制，微观上主要受岩性控制。在断裂密集发育，断层持续活动的地区，如中央隆起带，酸性水活跃，溶蚀作用强烈。同时颗粒较粗、分选好、泥质含量低的砂岩溶蚀作用也相对较强。惠民凹陷溶蚀作用主要发生在中央隆起带和南部斜坡带。从惠民凹陷孔隙度、渗透率和深度的关系图(图 5-3-8)可以看出，实际孔渗变化曲线与正常孔渗曲线有一定的差异，由此说明之所以本区孔二段—沙三下亚段储层出现 1 600～2 400 m 和 2 800～3 600 m 两个次生孔隙发育带，溶蚀作用对储层性质的改善起到了不可磨灭的作用，溶蚀作用最多可使砂岩孔隙度增大 10%左右。

4. 砂体微相

沉积微相控制了惠民凹陷内储层的形成、演化和砂岩的岩石结构，影响了后期成岩作用的类型和强度，导致不同微相储层物性具有明显的差异。砂体微相是惠民凹陷深层储层物性的根本控制因素。

惠民凹陷古近系深层发育有三角洲、滩坝、冲积扇、末端扇和辫状三角洲沉积，主要的砂体微相有分流河道、河口砂坝、砂滩、辫状河道、远砂坝等类型。其中分流河道和河口砂坝砂体离物源较近，砂体厚度大，砂岩颗粒较粗，分选、磨圆较差，岩屑含量相对较高，孔隙度、渗透率较大，物性较好；而砂滩、前缘砂席砂体厚度较薄，砂岩粒度相对变细，分选、磨圆相对变好，但泥质含量增高使物性变差。

惠民凹陷孔二段储层主要发育末端扇沉积，砂体微相有分流水道、近水道漫溢、远水道漫溢及泥滩等。从孔隙度和渗透率关系图(图 5-3-24a)中可以看出，各砂体微相孔渗分布范围有一定的重叠，这主要是由储层内非均质性造成的。虽然末端扇各微相砂体物性不太好，相对来说，分流河道和近水道漫溢砂体物性最好，远水道漫溢中等，泥滩最差。

研究区孔一段储层仍是发育末端扇沉积，主要砂体微相有分流河道、近水道漫溢、远水道漫溢和泥滩等。从孔隙度和渗透率关系图(图 5-3-24b)中可以看出，其孔渗分布有较大部分的重叠，层内非均质性严重。分流河道砂体物性最好，水道漫溢砂体次之，泥滩最差。

沙四下亚段发育辫状河扇和冲积扇沉积等，辫状河扇包括了辫状河道、砂坝和分流间湾等微相砂体，冲积扇则包含了扇中辫状水道及漫流沉积等。在辫状河扇体系中，辫状河道砂体物性最好，河道砂坝中等，分流间湾最差。冲积扇体系中扇中辫状河道砂体的物性较好，漫滩砂体的物性较差。

惠民凹陷沙四上亚段发育有三角洲和滩坝沉积等，三角洲沉积体系中包括分流河道、河口砂坝、远砂坝和席状砂等。滩坝体系主要包括砂坝和砂滩等。由孔渗相关性图(图 5-3-25a)可

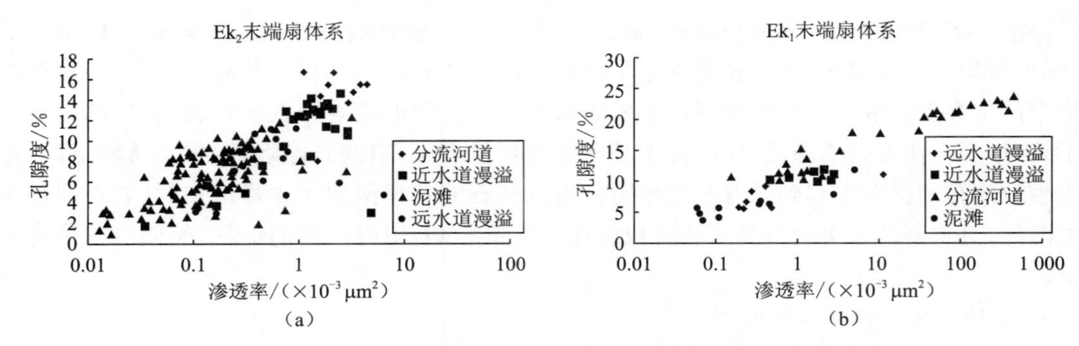

图 5-3-24　孔二段(a)和孔一段(b)末端扇砂体孔隙度和渗透率相关性图

以看出,三角洲分流河道砂体的物性最好,其孔渗值主要分布在高孔隙度、渗透率区间内,河口砂坝和远砂坝砂体物性中等,前缘砂席砂体物性最差,这种类型砂体的孔隙度和渗透率主要分布在低值区间内。滩坝体系中,砂坝砂体物性要好于砂滩砂体(图 5-3-25b)。

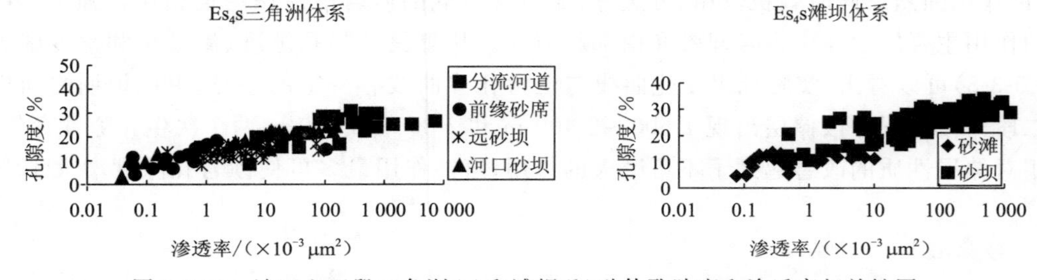

图 5-3-25　沙四上亚段三角洲(a)和滩坝(b)砂体孔隙度和渗透率相关性图

沙三下亚段主要发育三角洲沉积,主要的砂体微相有分流河道、河口砂坝、远砂坝、前缘砂席及分流河道间等。在各种类型砂体中,以三角洲分流河道砂体物性最好,河口砂坝和远砂坝砂体物性中等,席状砂和河道间砂体物性最差。

惠民凹陷孔二段—沙三下亚段储层性质明显受到沉积作用的影响,不同砂体微相由于沉积成岩作用的差异,导致了储层不同的储集性能,但需要指出的是,这种物性差异并不完全是沉积条件所造成的,而是很大程度上受控于成岩作用和成岩演化程度。

由以上分析可知,微相对砂体物性有着不可磨灭的影响。为进一步分析砂体微相对物性影响的大小,以深度变化 200 m 为极限,将埋深变化 200 m 以内的储层近似看作深度对其物性的影响力相等,对惠民凹陷不同深度段内,相近埋深条件(目的是刨去埋深对储层物性的影响)但微相不同的砂体的物性进行了对比研究,发现在每个深度段内,有一些不同微相的砂体的物性分布范围非常相近,如 2 000～2 200 m 深度段内的三角洲分流河道和滩坝中砂坝砂体、2 500～2 700 m 深度段内的扇三角洲辫状河道与三角洲分流河道及远砂坝砂体、3 000～3 200 m 深度段内三角洲分流河道、河口砂坝与滩坝中的砂坝砂体及 3 500～3 700 m 深度段内末端扇分流河道与三角洲河口砂坝。但同时在有些深度段内不同微相砂体的物性又有较大的差别,如 2 500～2 700 m 深度段内的三角洲分流河道砂体与三角洲前缘漫滩砂体、3 000～3 200 m 深度段内三角洲河口砂坝与三角洲前缘砂席砂体及 3 500～3 700 m 深度段内末端扇分流河道与末端扇远水道漫溢砂体(图 5-3-26)。因此刨去埋深的影响,将惠民凹陷孔二段—沙三下亚段储层按微相分为两个集团,第一集团包括(扇)三角洲分流河道、河口砂坝和远砂坝,末端扇分流河道,滩坝体系的砂坝,辫状河扇辫状河道及冲积扇扇中辫状分支河道等微相砂体;第二集团有(扇)三角洲河道间、席状砂、分流河道间及漫滩,末端扇水道漫溢,冲积扇扇中漫滩和扇端漫滩及滩坝体系中的砂滩等微相砂体。在同一埋深条件下，集团内各种微相砂体的物性是相近的，孔隙度相差不到5%；集团间不同微相的砂体物性则有较大的差异，孔隙度变化大致在6%～10%之间。

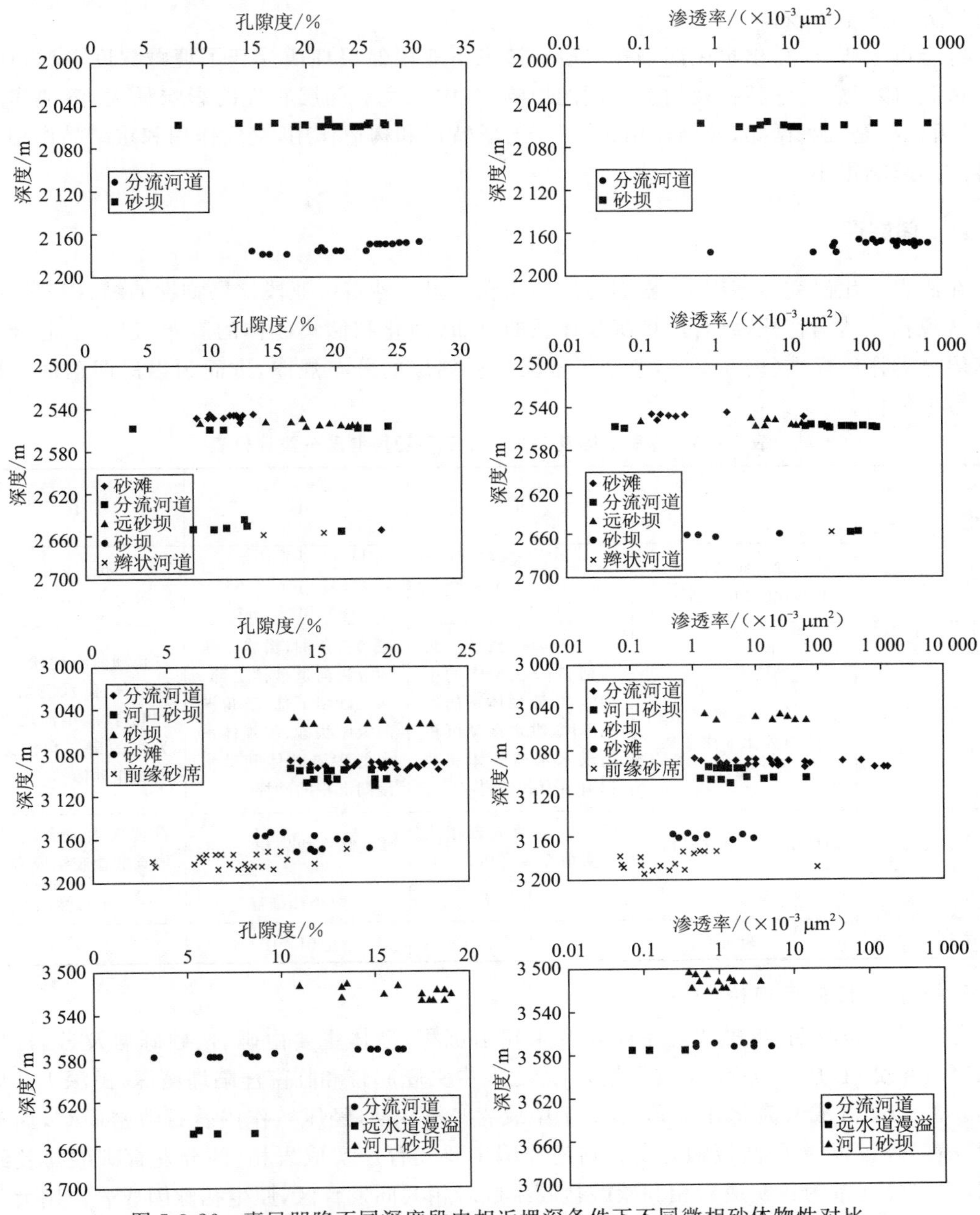

图 5-3-26 惠民凹陷不同深度段内相近埋深条件下不同微相砂体物性对比

5. 构造作用

惠民凹陷内发育有众多的伸展断层，有些断层规模巨大，甚至横跨整个凹陷，同时在构造应力、上覆地层载荷压应力以及盆地抬升的作用下岩石破裂产生一系列的裂缝。断层的发育及构造裂隙的产生对研究区储层性质有着不可忽视的影响。规模巨大的断层断穿了不同时期的沉积地层，不仅可以为油气资源提供一定的储集空间，更重要的是为溶蚀流体和油气运移提供了渗流通道，大大提高了储层渗透率。同时溶蚀流体的进入，促进了溶蚀作用进行，为次生孔隙的形成提供了先决条件，起到了改善储层物性的作用。小型的构造裂隙，尽管为储层提供的新增储集空间有限，但却沟通了各类孔隙，特别是沟通了粘土矿物间的微孔隙，在提高储层渗透率方面功不可没。

综合以上研究，得出惠民凹陷孔二段—沙三下亚段储层性质受到了埋藏深度、成岩作用、沉积微相、砂岩岩石学特征及构造作用的影响，其中深度对储层物性的影响最大，溶蚀作用次之，然后依次是沉积微相、胶结作用、砂岩岩石学特征和构造作用，交代作用和重结晶作用对储层性质的影响很小。

四、储层评价

在成岩演化研究的基础上，根据惠民凹陷孔二段—沙三下亚段储层物性的纵、横向分布规律及微观孔隙结构特征，结合区域沉积体系的分布、演化和储集砂体的展布，建立了适合本区的储层分类评价标准(表 5-3-3)，总结了各段优质储层的分布规律，进而为惠民凹陷油气勘探提供参考依据。

表 5-3-3　惠民凹陷孔二段—沙三下亚段储层分类评价表

参数＼类型	Ⅰ	Ⅱ	Ⅲ	Ⅳ
常规物性	$\Phi>20\%$，$K>100\times10^{-3}\ \mu m^2$	$17\%<\Phi<23\%$，$10\times10^{-3}\ \mu m^2<K<100\times10^{-3}\ \mu m^2$	$11\%<\Phi<16\%$，$1\times10^{-3}\ \mu m^2<K<10\times10^{-3}\ \mu m^2$	$\Phi<12\%$，$K<1\times10^{-3}\ \mu m^2$
沉积相带	(扇)三角洲、辫状三角洲水下分流河道微相正韵律砂体下部	(扇)三角洲、辫状三角洲河口砂坝主体的中细砂岩、滩坝体系的砂坝砂体、洪水漫湖沉积的洪水水道砂体和冲积扇扇中砂砾岩	(扇)三角洲、辫状三角洲分流河道砂体上部、河口砂坝下部、三角洲前缘席状砂、滩坝体系中的砂滩砂体和洪水漫湖沉积的砂坪	三角洲前缘席状砂、砂滩砂体、洪水漫湖沉积的混合坪、以泥质砂岩为主的扇三角洲远端扇亚相砂体
成岩相带	塑性组分溶蚀成岩相	压实弱溶蚀成岩相或压实填充成岩相	压实填充成岩相	石英次生加大成岩相或碳酸盐胶结成岩相
孔喉结构	大孔粗喉	中孔中喉	中小孔细喉	小孔微喉
储渗性能	好	较好	中等	差

(一) 孔二段储层评价

孔二段沉积时期，惠民凹陷主要发育末端扇沉积，砂体主要由砾岩、砂砾岩及砂岩组成。储层碎屑粒度粗，成分复杂，泥质含量高，加之在中央隆起带和临南洼陷埋藏深，民深 1 井埋深达到 5 000 m，其成岩演化程度高，多属于中成岩 A—B 期，经压实作用岩石致密固结，局部见裂缝发育，颗粒以线-凹凸接触为主。临南洼陷主要发育压实成岩相，部分发育碳酸盐胶结成岩相，中央隆起带为压实成岩相和碳酸盐胶结成岩相共同发育区，原生孔隙因成岩作用大量的消失，次生孔隙不发育，孔隙组合为少量的粒间、粒内溶孔及杂基内微孔，孔喉结构多为小孔微喉型，储层物性较差，孔隙度一般小于 10%，渗透率也非常低(图 5-3-27)。研究区内钻遇孔二段的井多为Ⅳ储层，因此，孔二段储层绝大部分属于Ⅳ类储集层，但在盘 59 井区，储集岩胶结物、杂基及部分碎屑颗粒发生广泛的溶蚀，为塑性组分溶蚀成岩相，孔隙以次生粒间孔为主，多见长石的粒内溶孔和铸模孔，储层储集渗流能力得到大大的改善，该类地区则属于Ⅱ—Ⅰ类储层。

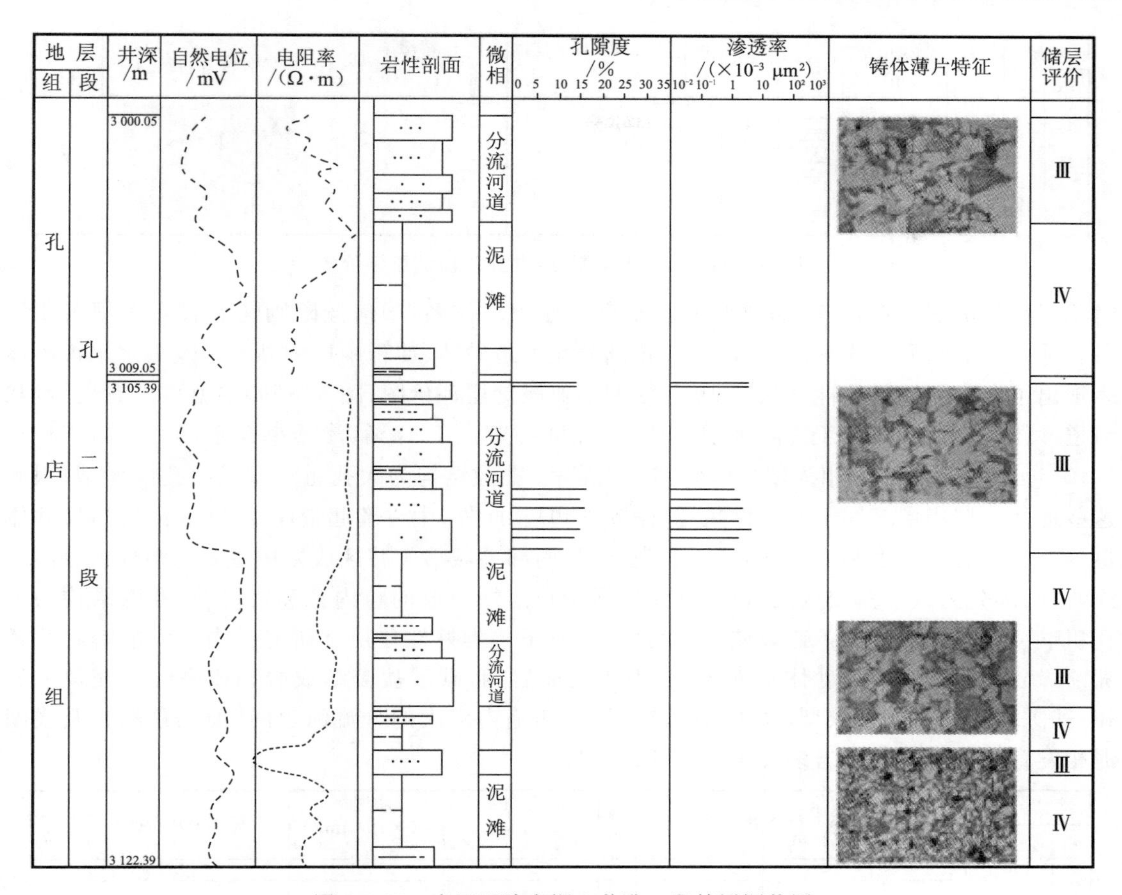

图 5-3-27　惠民凹陷盘深 2 井孔二段储层评价图

（二）孔一段储层评价

惠民凹陷孔一段储层广泛发育末端扇沉积，物性比孔二段好，各地区间储层性能有明显的差异，中央隆起带埋藏深度仍较大，储层成岩演化较高，主要为碳酸盐胶结成岩相、压实成岩相和二氧化硅胶结成岩相。孔隙类型有杂基内微孔和少量的次生粒间孔，喉道主要为片状喉道或弯片状喉道，储层物性较差，孔隙度小于 8%，渗透率小于 $1\times10^{-3}\ \mu m^2$，属于Ⅳ类储层。临南洼陷孔一段储层粘土基质含量高，成岩相主要为压实成岩相，常见因压实作用产生的裂缝，局部层段为塑性组分溶蚀成岩相、方解石胶结成岩相和高岭石充填成岩相。总体上来说，储层物性较差，多属于Ⅲ—Ⅳ类储层，从夏 30 井孔一段储层评价图（图 5-3-28）中也可以看出，即使是水下分流河道相的砂体，由于强烈的成岩作用影响，储层的储集渗流能力特别差。凹陷西禹城地区塑性组分普遍发生溶蚀，常见长石和岩屑的溶蚀现象，成岩相为塑性组分溶蚀成岩相，孔隙度一般大于 13%，渗透率大于 $10\times10^{-3}\ \mu m^2$，属于Ⅱ—Ⅲ类储层。阳信洼陷和西部肖 6 井区孔一段储层埋藏浅，塑性组分溶蚀强烈，见铸模孔和特大孔出现，孔隙结构为中孔中喉型，储层孔渗值较高，多属于Ⅱ—Ⅰ类储层。阳 10 井孔一段储层发育的沉积微相有水下分流河道、近水道漫溢及远水道漫溢等，虽然水道漫溢和泥滩相砂体多属于Ⅳ类储层，但从整体上看，其仍属于Ⅱ类较好储集层。

（三）沙四下亚段储层评价

沙四下亚段沉积时期，惠民凹陷西侧、宁津凸起、无棣凸起和鲁西隆起的前端，广泛发育着

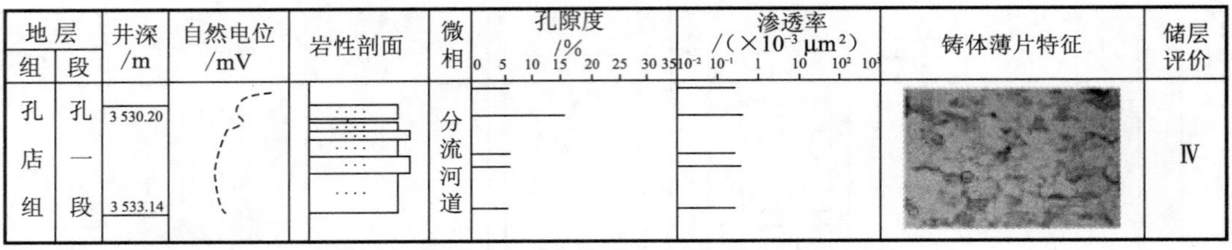

图 5-3-28　惠民凹陷夏 30 井孔一段储层评价图

辫状三角洲沉积体系，在南部斜坡带还发育有冲积扇体系，阳信洼陷则还发育有滩坝沉积体系。随着碎屑物质的大量注入，辫状三角洲分流河道砂体、冲积扇扇中砂砾岩及洪水水道砂体表现出了良好的储层物性。从阳 19 井沙四下亚段储层评价图(图 5-3-29)中就可以看出：辫状河道砂体的物性明显好于漫滩沉积砂体，孔隙度一般大于 15%，渗透率介于(9.77～106.28)$\times10^{-3}\ \mu m^2$ 之间，成岩相为塑性组分溶蚀成岩相，孔隙结构为大孔粗喉型或中孔中喉型，因此这些地区的储集层多属于Ⅱ类储集层(图 5-3-30)。此外，中央隆起带商 45 井区河口砂坝砂体也具有较高的孔隙度和渗透率，属于Ⅱ类储层；西部禹城禹 4 井区成岩相主要为塑性组分溶蚀成岩相，部分为碳酸盐胶结成岩相，常见碎屑颗粒溶蚀形成的粒内孔和铸模孔，孔隙结构为大孔粗喉型。该井区沙四下亚段储层物性极好，属于Ⅰ类好储集层。研究区内广大的辫状三角洲前缘砂席砂体和滩坝砂体物性较差，为压实成岩相、碳酸盐胶结成岩相或高岭石充填成岩相，孔隙结构为小孔细喉型，属于Ⅲ类储集层。凹陷内广大的分流河道间、前三角洲相及浅湖泥相发育区的泥质粉砂岩多属于Ⅳ类差储集层。

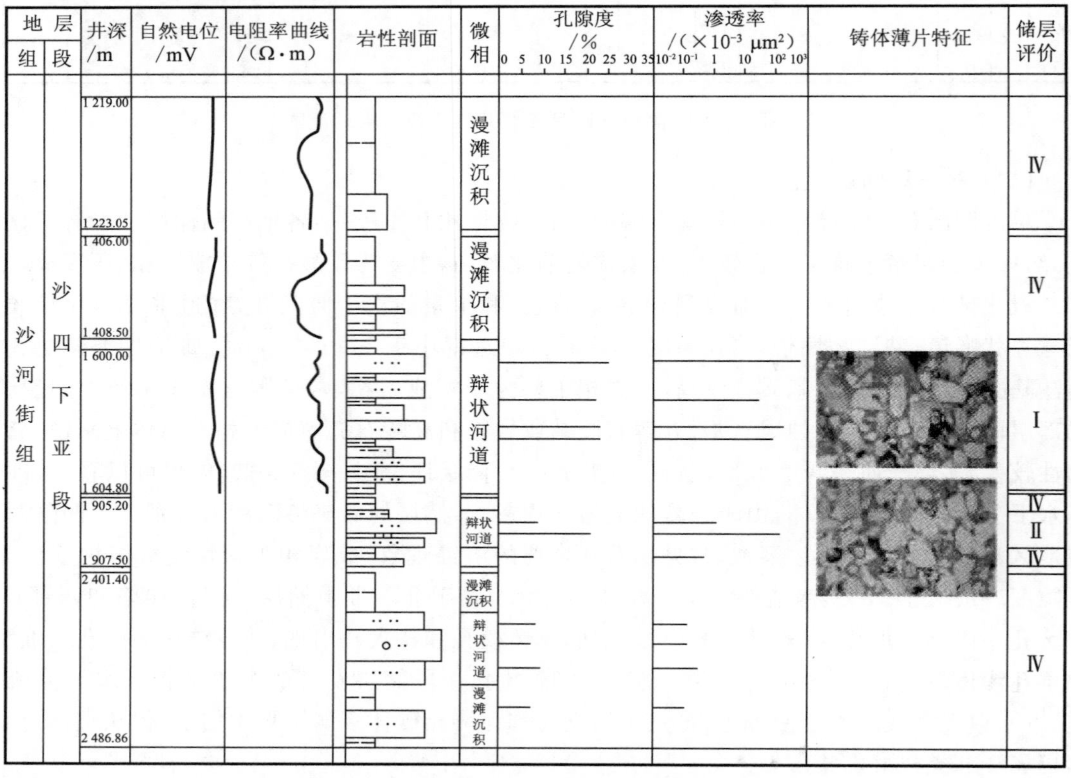

图 5-3-29　惠民凹陷阳 19 井沙四下亚段储层评价图

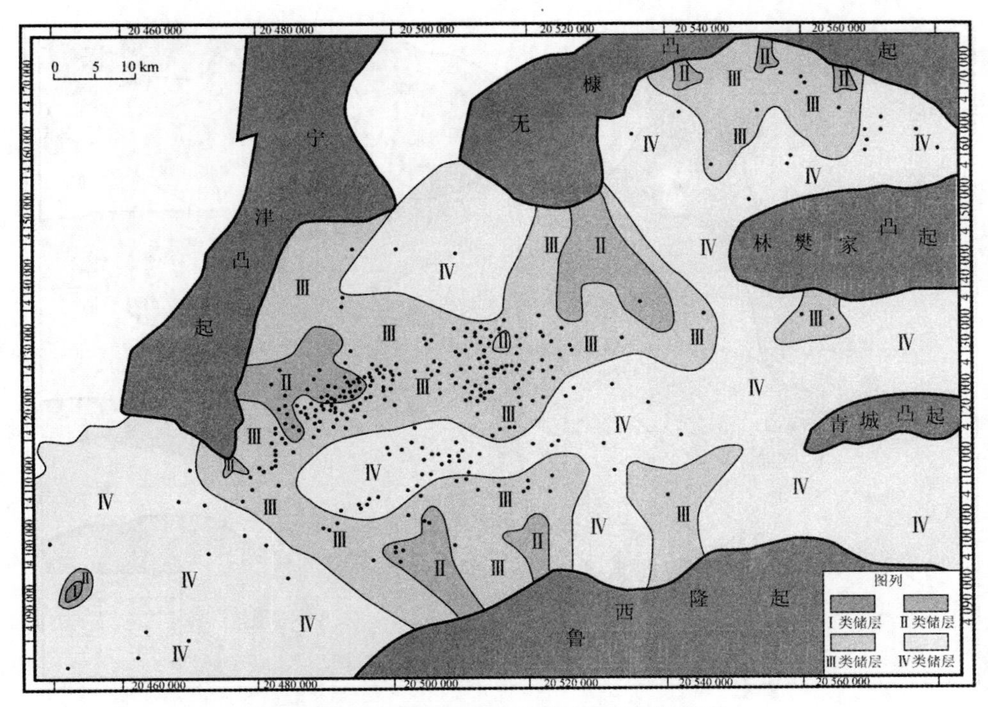

图 5-3-30　惠民凹陷沙四下亚段储层评价图

（四）沙四上亚段储层评价

惠民凹陷沙四上亚段储层发育有（扇）三角洲沉积和滩坝沉积，凹陷中部是滩坝体系的集中发育区。储层类型的平面展布与凹陷内沉积体系有一定的联系（图 5-3-31）。在凹陷边缘靠近凸起或隆起前端的（扇）三角洲分流河道和河口砂坝砂体及滩坝沉积体系中的砂坝砂体都具有较高的孔渗值，孔隙度一般大于 15％，渗透率在（10～100）$\times 10^{-3}\ \mu m^2$ 之间，呈现中—高孔中—高渗的特点。孔隙结构为中孔中喉型，成岩相以塑性组分溶蚀成岩相为主。夏 47 井局部发育压实成岩相，见裂缝；临深 1 井则还发育有碳酸盐胶结成岩相，整体来看这些地区属于Ⅱ类较好储集层。在河道砂体和砂坝砂体的中心部位，储集岩的物性更好，表现出高孔高渗的特点。成岩相为塑性组分溶蚀成岩相，孔隙结构为大孔粗喉型，为Ⅰ类好储集层。三角洲前缘席状砂体和砂滩砂体发育区，孔隙度和渗透率都较低。如临 82 井和夏 50 井的孔渗值明显低于分流河道砂体发育的钱斜 502 井，孔隙结构为中小孔细喉型，成岩相为碳酸盐胶结成岩相，阳 8 井还发育高岭石充填成岩相，街 203 井区主要为二氧化硅胶结成岩相，多属于Ⅲ类储集层。凹陷内其余地区为Ⅳ类储层发育区。

（五）沙三下亚段储层评价

沙三下亚段沉积时期，惠民凹陷三角洲沉积特别发育，曲堤地垒北侧的夏 52 井—夏 520 井—夏 53 井区为三角洲分流河道相砂体，成岩相是塑性组分溶蚀成岩相，孔隙度在 20％左右，渗透率介于（318.61～1 320.05）$\times 10^{-3}\ \mu m^2$ 之间，具有高孔高渗的特点，孔隙结构为大孔粗喉型，属于Ⅰ类储层。夏 33 井—夏 326 井—夏 323 井区、夏 97 井区及盘深 3 井区的三角洲分流河道和河口砂坝砂体孔渗值有所下降，孔隙度分布在 15.72％～18.82％之间，渗透率在（52.81～226.77）$\times 10^{-3}\ \mu m^2$ 之间，属于Ⅱ类储层（图 5-3-32）。夏 105 井—夏 510 井、里 1 井、阳 3 井—阳 32 井等的广大三角洲前缘席状砂孔隙结构为中小孔细喉型，孔隙度和渗透率较低，多属于Ⅲ类中等储层。夏 105 井和夏 510 井的储层评价图很好地反映了此类储层的无形

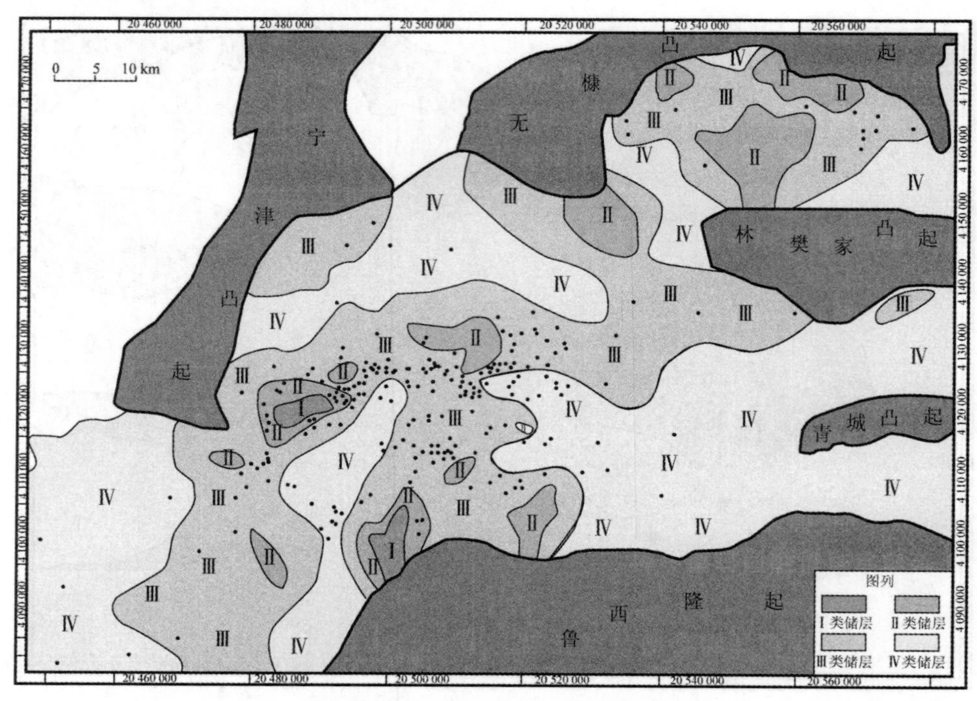

图 5-3-31　惠民凹陷沙四上亚段储层评价图

特点(图 5-3-33、图 5-3-34)。滋 2 井区、临 81 井区、夏 460 井区、阳 29 井区及商 742 井—商 743 井—商 745 井区为前三角洲或深湖—半深湖沉积,孔隙度小于 7%,渗透率在 1.26×10^{-3} μm^2 以下,属于Ⅳ差储层。

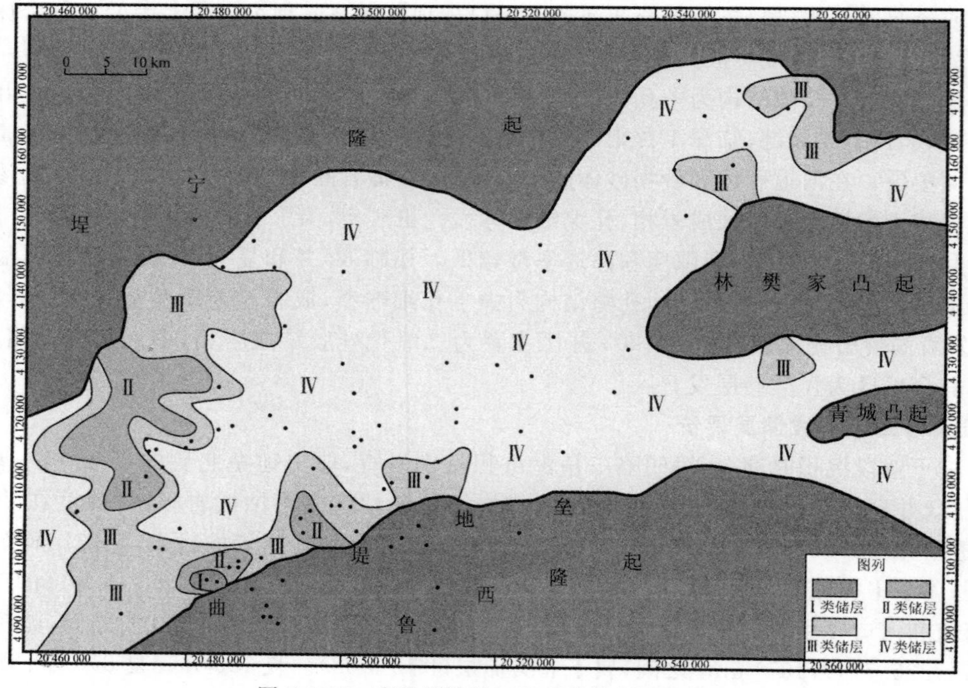

图 5-3-32　惠民凹陷沙三下亚段储层评价图

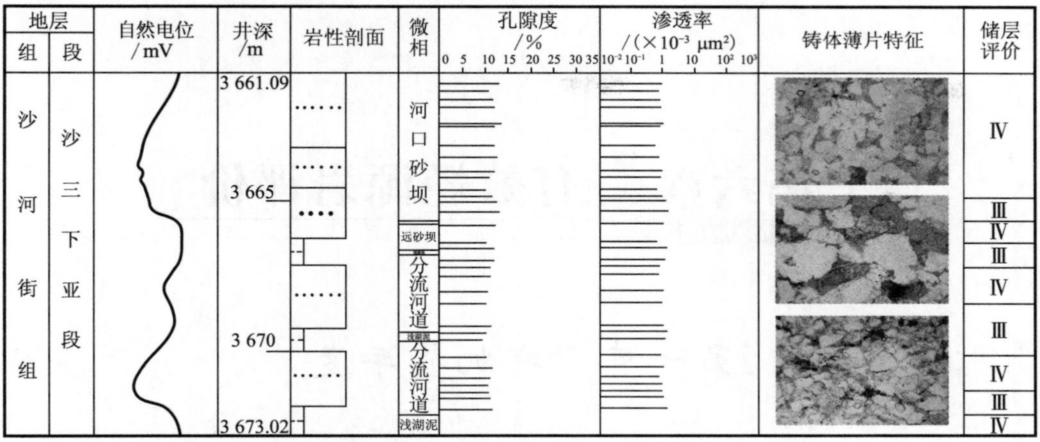

地层 组 段 | 自然电位 /mV | 井深 /m | 岩性剖面 | 微相 | 孔隙度 /% 0 5 10 15 20 25 30 35 | 渗透率 /（×10⁻³ μm²）10⁻² 10⁻¹ 1 10 10² 10³ | 铸体薄片特征 | 储层评价

沙河街组　沙三下亚段

3 661.09　3 665　3 670　3 673.02

河口砂坝　远砂坝　分流河道　浅湖泥　分流河道　浅湖泥

Ⅳ Ⅲ Ⅳ Ⅲ Ⅳ Ⅲ Ⅳ Ⅲ Ⅳ

图 5-3-33　惠民凹陷夏 105 井沙三下亚段储层评价图

地层 组 段 | 自然电位 /mV -100 100 | 自然伽马 /API 0 150 | 井深 /m 3 024.4 | 岩性剖面 | 微相 | 孔隙度 /% 0 5 10 15 20 25 30 35 | 渗透率 /（×10⁻³ μm²）10⁻² 10⁻¹ 1 10 10² 10³ | 毛管压力曲线特征 | 储层评价

沙河街组　沙三下亚段

3 040.33

河口砂坝　浅湖泥　浅湖泥　远砂坝　远砂坝　远砂坝　远砂坝　远砂坝

压力/MPa　100 10 1 0.1 0.01　汞饱和度/%　100 90 80 70 60 50 40 30 20 10 0

Ⅱ Ⅲ Ⅳ Ⅱ Ⅳ Ⅲ Ⅳ Ⅲ

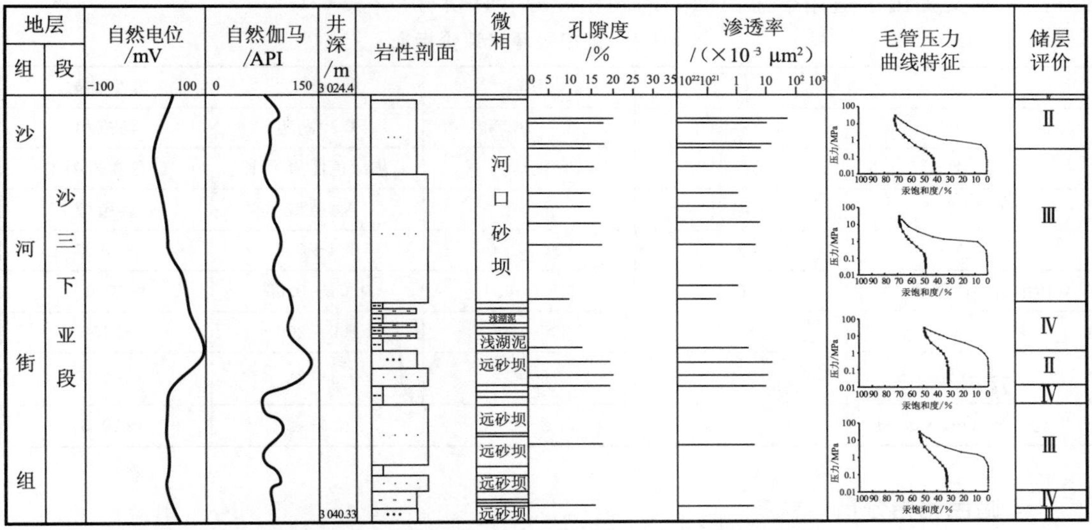

图 5-3-34　惠民凹陷夏 510 井沙三下亚段储层评价图

第六章 有效烃源岩评价

Chapter six

第一节 有机质丰度

根据中华人民共和国石油与天然气行业标准 SY/T 5735—1995《陆相烃源岩地球化学评价方法》，本文提出了适用于惠民凹陷的湖相烃源岩评价标准(表 6-1-1)。

表 6-1-1 湖相烃源岩评价标准

等 级	好	中等	差	非生油岩
沉积相	半—深湖相	浅—深湖相	滨浅湖相	河流相
岩 性	灰黑色泥岩	灰色泥岩为主	灰绿色泥岩为主	红色泥岩为主
干酪根类型	腐泥型	混合型	腐殖型	腐殖型
TOC/%	>1.0	0.6～1.0	0.4～0.6	<0.4
氯仿沥青“A”含量/ %	>0.1	0.05～0.1	0.01～0.05	<0.01
$HC/(10^{-6})$	>500	200～500	100～200	<100
$\frac{HC}{TOC}$/%	>6	2～6	1～2	<1
生烃潜量/($mg \cdot g^{-1}$)	>6	2～6	0.5～2	<0.5

一、暗色泥岩分布

惠民凹陷沙四上亚段暗色泥岩含量较高(图 6-1-1)，为 53.34%，以深灰色、灰色和紫色为主，单层厚度一般为 0.5～10 m，最厚为 48 m。阳信洼陷沙四上亚段烃源岩最厚，以阳 23 井为中心累计厚度可达 500 m。临南洼陷沙四上亚段烃源岩累计厚度可达 150 m。泥岩厚度主要以阳信洼陷和临南洼陷为中心呈北东东向展布。泥岩厚度由洼陷中心向盆地边缘逐渐变薄。

二、有机质丰度特征

(一) 残余有机碳含量(TOC)分布

临南洼陷沙四上亚段暗色泥岩有机碳含量介于 0.4%～2.0%之间，平均为 0.73%。该段进入有效烃源岩范围的样品不多，且未发现大于 5.0%的高有机质丰度烃源岩。总体上本段属于中等—好烃源岩。惠民凹陷孔店组烃源岩只采集到两块暗色泥岩(盘深 3 井)，有机碳含量小于 0.4%，属于非烃源岩。

阳信洼陷沙四上亚段暗色泥岩有机碳含量分布于 0.42%～3%之间，平均为 1.02%。本区有机碳含量分布比临南洼陷同层位高(图 6-1-2)，进入有效烃源岩范围的样品比临南洼陷有所增加，总体上本段属于中等—好烃源岩。

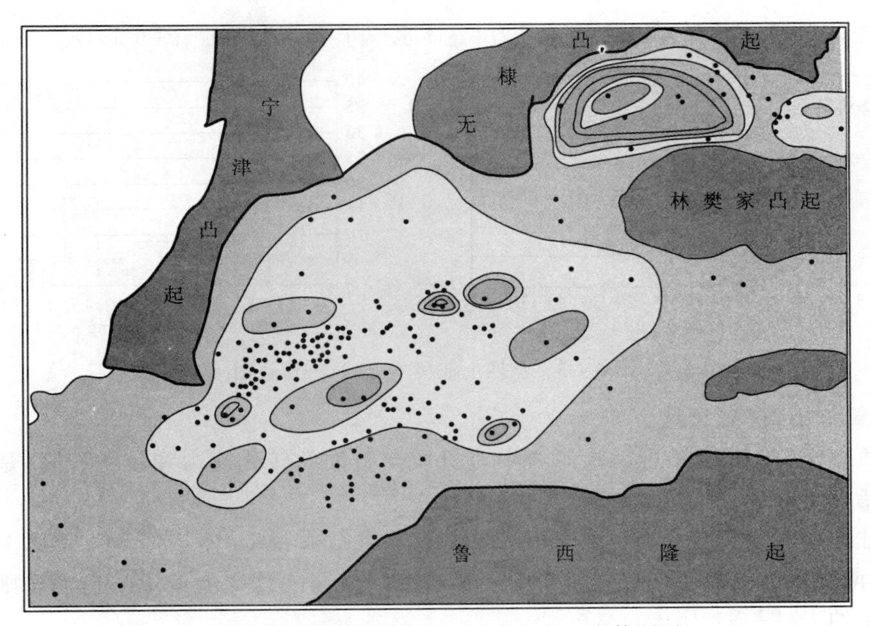

图 6-1-1　惠民凹陷沙四上亚段暗色泥岩等厚图

滋镇洼陷沙四上亚段暗色泥岩有机碳含量分布于0.2%～2%之间，平均为0.47%，含量大于1.0%的样品较少，说明该段暗色泥岩生烃能力差，属于非烃源岩。

林樊家凸起孔二段暗色泥岩有机碳含量介于0.06%～1.3%之间，平均为0.42%，该段生烃条件较差，总体上属于非生油岩。

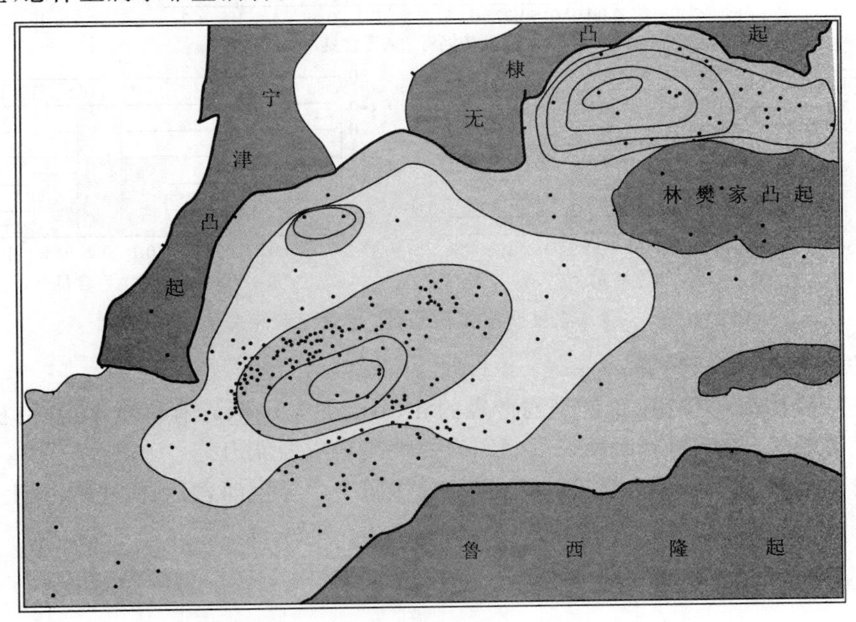

图 6-1-2　沙四上亚段 *TOC* 等值线图

（二）热解生烃潜量(S_1+S_2)分布

生烃量是指烃源岩热解（rock-eval）分析中的游离烃(S_1)与热解烃(S_2)的和，是烃源岩评价的有效指标之一。

临南洼陷沙四段暗色泥岩生烃潜量显示，该段具有一定的生烃潜力，主体属于中等生油岩。阳信洼陷沙四段具有较好的生烃潜力，整体也属于中等生油岩(图 6-1-3)。

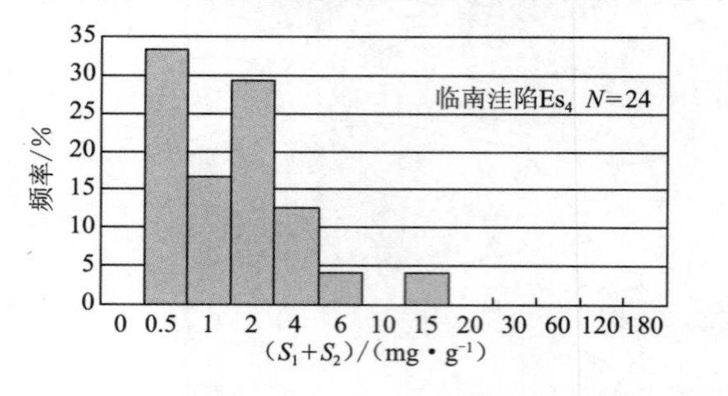

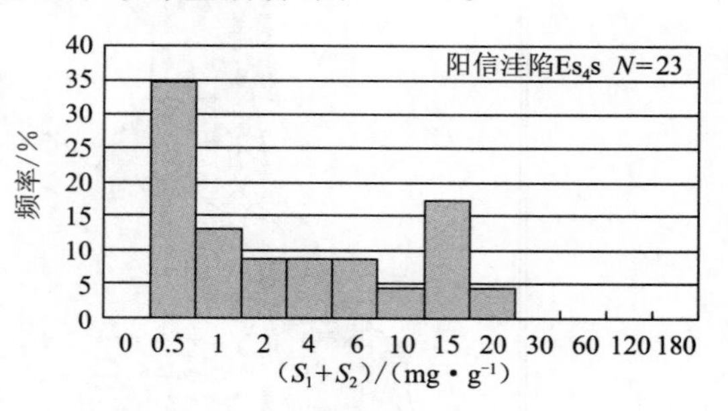

图 6-1-3　沙四上亚段 S_1+S_2 等值线图

(三) 氯仿沥青“A”含量分布

岩石氯仿沥青“A”含量可反映源岩中有机质向石油的转化能力和转化程度，是烃源岩评价的重要指标之一。

临南洼陷沙四上亚段暗色泥岩氯仿沥青“A”含量分布说明，本段烃源岩整体上属于中等生油岩，临南洼陷孔二段暗色泥岩属于非生油岩。阳信洼陷沙四上亚段暗色泥岩则总体属于好—最好生油岩(图 6-1-4)。

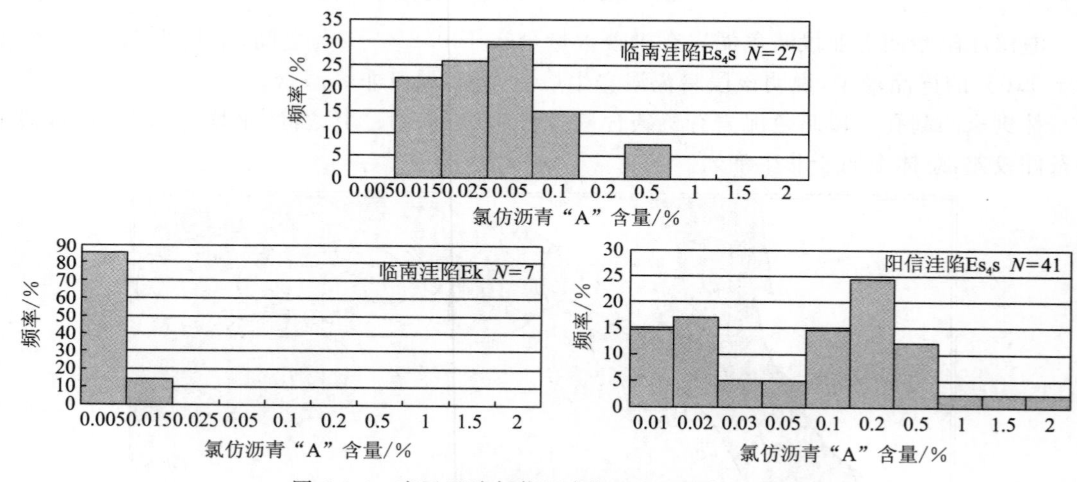

图 6-1-4　惠民凹陷氯仿沥青“A”含量频率分布图

(四) 总烃含量(*HC*)分布

总烃是指氯仿沥青“A”中饱和烃与芳烃的和，其含量与烃源岩有机质丰度、有机质类型及热演化程度等相关，从不同侧面反映了烃源岩的性质与成烃能力。

泥岩总烃含量显示，临南洼陷沙四上亚段整体属于中等生油岩，阳信洼陷沙四上亚段则整体属于好生油岩(图 6-1-5)。

三、有机质类型

本文对沙四上亚段烃源岩进行了干酪根显微组分、干酪根元素、热解氢氧指数、有机碳同位素、氯仿沥青“A”族组成及甾萜烷分布特征等多方面的综合研究。

(一) 烃源岩显微组分

阳信洼陷沙四上亚段烃源岩类型主要为Ⅰ型腐泥型干酪根，Ⅱ和Ⅲ型腐殖型干酪根含量较少(图 6-1-6)。

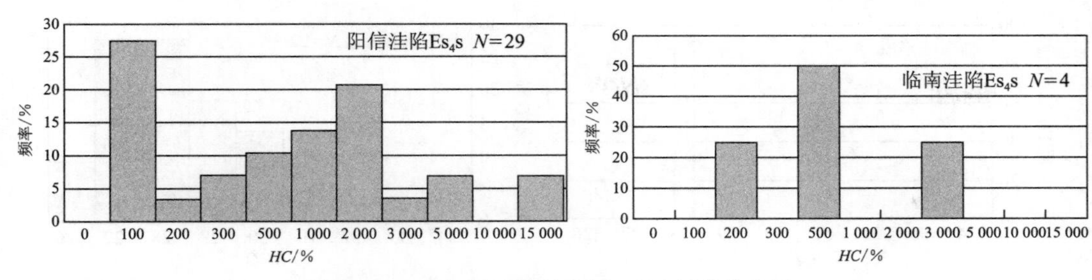

图 6-1-5 惠民凹陷总烃含量（HC）频率分布图

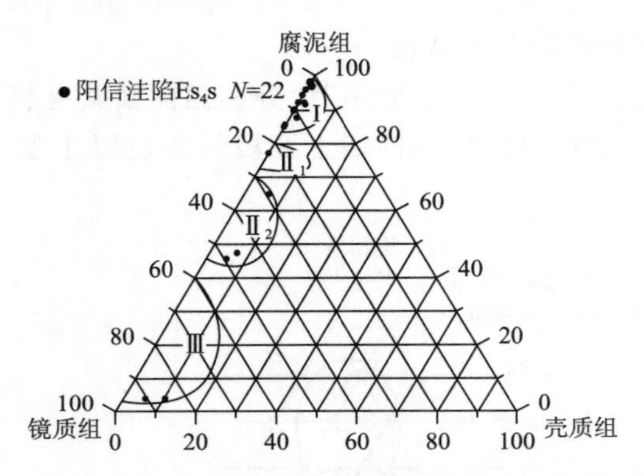

图 6-1-6 烃源岩干酪根显微组分组成三角图

（二）热解氢-氧（I_H-I_O）图解

生油岩快速评价中应用最广的是 rock-eval 评价仪获得的热解烃（S_2）和热解气（S_3）参数，近而可分别转换为氢指数（I_H）和氧指数（I_O）。

根据 Espitalie 对生油岩的评价标准（图 6-1-7），临南洼陷沙四上亚段烃源岩以Ⅱ$_1$ 和Ⅱ$_2$ 型为主，孔店组暗色泥岩以Ⅲ型腐殖型为主。阳信洼陷沙四上亚段烃源岩以Ⅱ型混合型为主，Ⅰ型次之。滋镇洼陷烃源岩以Ⅱ型有机质为主。

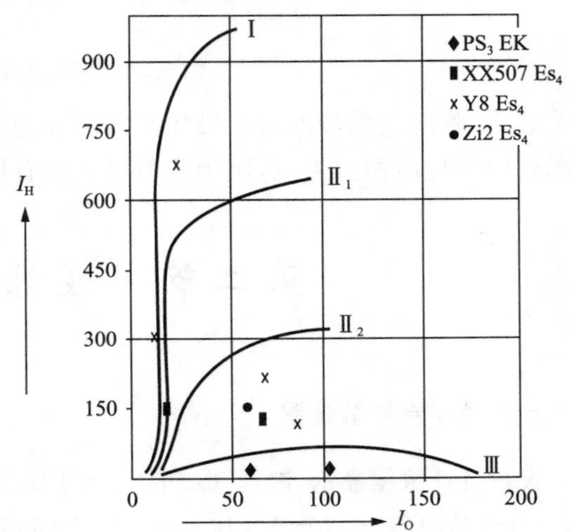

图 6-1-7 惠民凹陷沙四上亚段烃源岩热解 I_H-I_O 关系图

（三）烃源岩有机碳同位素分析

大量研究表明，源岩热演化过程中干酪根碳同位素值改变不明显，因而成为划分有机母质类型的辅助指标。以藻类植物为主的腐泥型干酪根碳同位素组成偏轻，一般小于－28‰，来源于陆生高等植物的腐殖型干酪根碳同位素组成偏重，一般大于－25‰，混合型母质介于二者之间。

临南洼陷孔店组有机碳同位素值分布在－28.6%～－28.9%之间，绝大多数泥岩属于Ⅰ型母质，这与其他方法所划分的结果不一致。阳信洼陷沙四上亚段有机碳同位素值分布介于－31%～－26.8%之间，绝大多数属于Ⅰ型腐泥型干酪根（图 6-1-8）。

（四）烃源岩氯仿沥青“A”特征

烃源岩中的可溶有机质是源岩有机质整体的一部分，其组成特征在一定程度上也反映着

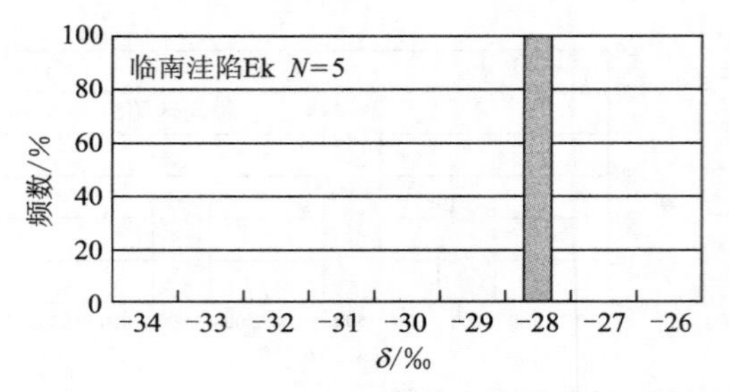

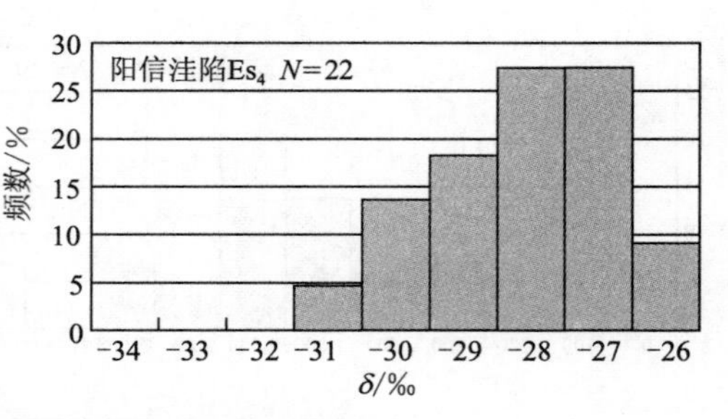

图 6-1-8　惠民凹陷暗色泥岩有机碳同位素频率分布图

源岩有机质类型和原始有机质的基本特征。

临南洼陷沙四上亚段烃源岩氯仿沥青"A"组分三角图及其有机质类型划分显示，临南洼陷烃源岩有机质类型为Ⅱ₁型，阳信洼陷沙四上亚段烃源岩以Ⅰ型为主，次为Ⅱ₁型，少量为Ⅱ₂型(图 6-1-9)。

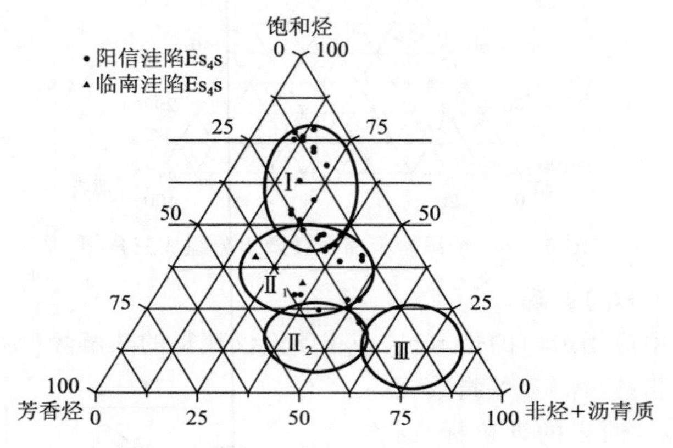

图 6-1-9　氯仿沥青"A"族组分三角图

总之，临南洼陷沙四上亚段烃源岩以Ⅱ型混合型有机质为主，次为Ⅲ型有机质。阳信洼陷烃源岩以Ⅰ型腐泥型为主，次为Ⅱ型混合型有机质。

第二节　烃源岩热演化特征

一、烃源岩热解峰温

大量统计数据显示，源岩 T_{max} 的生烃门限值为 435 ℃，低演化阶段的 T_{max} 分布范围为 435～440 ℃；成熟阶段 T_{max} 介于 440～460 ℃之间；T_{max} 大于 460 ℃时进入高演化阶段。

阳信洼陷沙四上亚段厚度为 200～1 800 m，沙四下亚段为 200～1 000 m，各层段热演化程度差异很大。阳信洼陷 14 口钻井统计结果显示(图 6-2-1)，沙三下亚段烃源岩热解峰温分布在 428～435 ℃之间，处于低演化阶段，沙四上亚段烃源岩热解峰温分布在 421～454 ℃之间，基本上处于成熟演化阶段。

临南洼陷沙四上亚段厚度为 200～400 m，沙四下亚段为 200～500 m。沙四上亚段 3 块样品 T_{max} 介于 435～440 ℃之间，其余样品 T_{max} 介于 440～442 ℃之间，样品已经达到成熟阶段(图 6-2-2)。

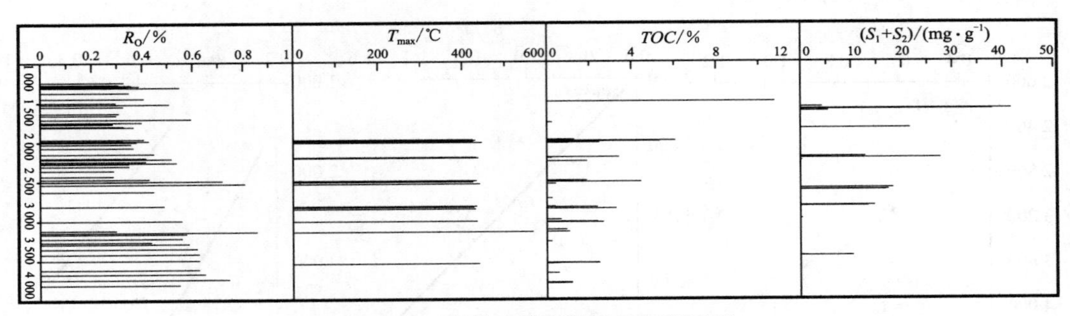

图 6-2-1 阳信洼陷烃源岩热解剖面图

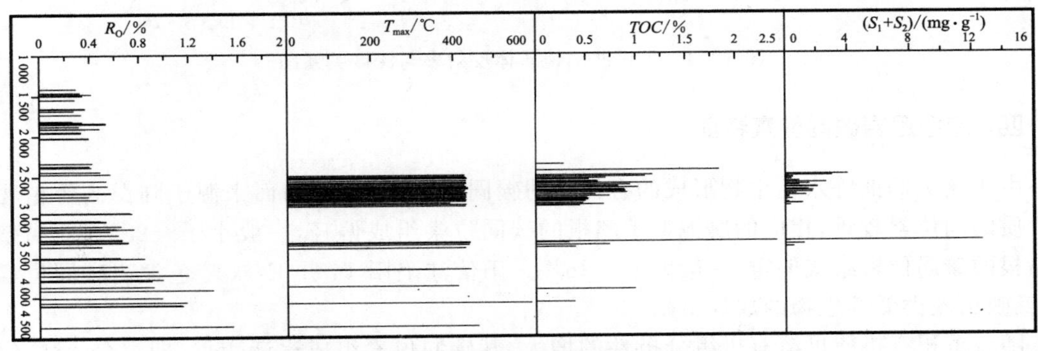

图 6-2-2 临南洼陷烃源岩热解剖面图

二、烃源岩转化率

一般认为，A/TOC（氯仿沥青含量/有机碳含量）反映了原始有机质向沥青转化的程度，当该值达到 5%时，有机质开始进入成熟生油门限。

临南洼陷 A/TOC 在 2 800 m 左右达到 5%，并显示出突然升高的特征，说明沙四上亚段在此时开始进入成熟生油门限。阳信洼陷 A/TOC 在 2 000 m 左右达到 5%，在 2 500 m 处达到 15%，说明沙四上亚段此时处于高成熟演化阶段（图 6-2-3）。

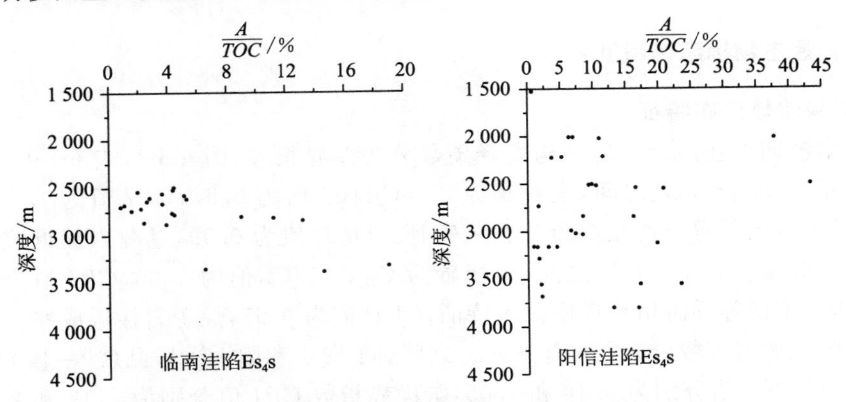

图 6-2-3 临南洼陷和阳信洼陷烃源岩转化率剖面图

三、镜质体反射率(R_o)

暗色泥岩镜质体反射率(R_o)显示，临南洼陷沙四上亚段已进入生烃高峰，孔店组已进入热演化高成熟阶段，阳信洼陷沙四上亚段则处于热演化成熟阶段（图 6-2-4）。

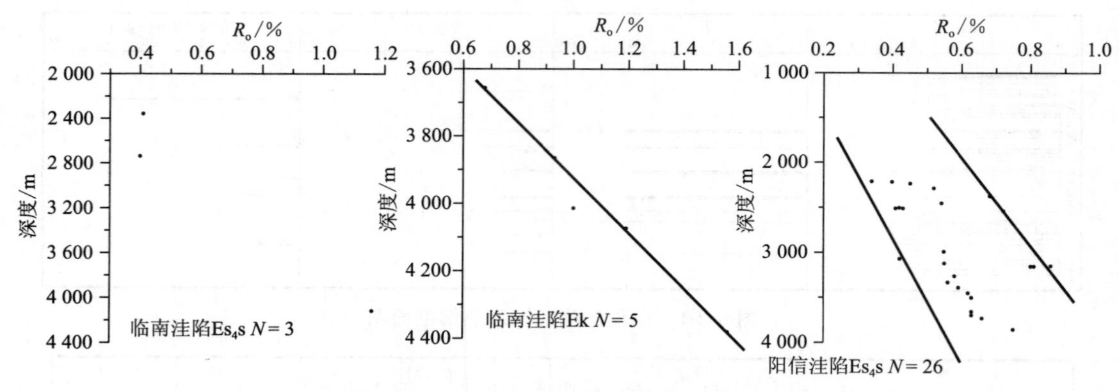

图 6-2-4 惠民凹陷镜质体反射率与深度关系图

四、暗色泥岩碳同位素特征

由于藻类等低等水生生物形成的有机质的碳同位素组成较轻，而来源于陆源高等植物的有机质的同位素较重，相应的腐泥型干酪根的碳同位素组成偏轻，一般小于－28‰，而腐殖型干酪根的碳同位素组成偏重，一般大于－26‰。阳信洼陷阳 14 井 Es_3x 暗色泥岩碳同位素偏轻，反映出藻类低等生物的成烃贡献。

随着沉积有机质可溶有机组分极性的增大，其碳同位素组成逐渐变重，即组分 $\delta^{13}C$ 值的正常分布规律为饱和烃＜芳烃＜非烃＜沥青质，如阳 8 井(3 119，3 118，3 124 和 2 441 m)、阳 23 井(3 019 和 3 016 m)和阳 30 井(2 368 m)。阳 8 井大部分暗色泥岩有机质 $\delta^{13}C$ 值分布规律为饱和烃＜非烃＜沥青质＜芳烃，饱和烃多数 $\delta^{13}C$ 值小于－28‰，表明有机质输入有低等藻类生物的贡献。

第三节 烃源岩生物标志物特征

一、饱和烃生物标志物特征

(一) 正构烷烃分布特征

惠民凹陷沙四上亚段烃源岩正构烷烃碳数分布差异很大(图 6-3-1，表 6-3-1)。滋 2 井烃源岩碳数分布在 nC_{11}～nC_{32} 之间，主峰碳为 C_{17}，C_{21}^-/C_{22}^+ 值为 2.54，*CPI* 值为 1.22，奇碳数占优势，指示了丰富的低等浮游植物母质输入特征。*OEP* 值为 0.99，烃源岩接近成熟。夏 511 井烃源岩碳数分布在 nC_{11}～nC_{35} 之间，主峰碳为 C_{22}，C_{21}^-/C_{22}^+ 值为 1.05，*CPI* 值为 1.11，奇碳数占优势，指示了低等浮游植物母质输入特征；*OEP* 值为 0.97，烃源岩接近成熟。

阳信洼陷烃源岩碳数分布在 nC_{11}～nC_{35} 之间，阳 32-1 和阳 101 样品(沙一段)主峰碳分别为 C_{25} 和 C_{23}，C_{21}^-/C_{22}^+ 值分别为 0.48 和 1.05，碳优势指数 *CPI* 值分别为 1.17 和 2.10，指示了陆源高等植物母质输入特征；*OEP* 值分别为 1.12 和 1.23，烃源岩处于成熟阶段。阳 27-2 样品主峰碳为 C_{17}，C_{21}^-/C_{22}^+ 值为 16.73，碳优势指数 *CPI* 值为 1.25，指示了低等浮游植物母质输入特征；*OEP* 值为 0.99，显示出成熟有机质特征。

(二) 类异戊间二烯烃的分布特征

滋 2 井、阳 32 井烃源岩样品 Pr/Ph 值介于 1.13～1.55 之间，呈姥鲛烷优势，偏淡水—微

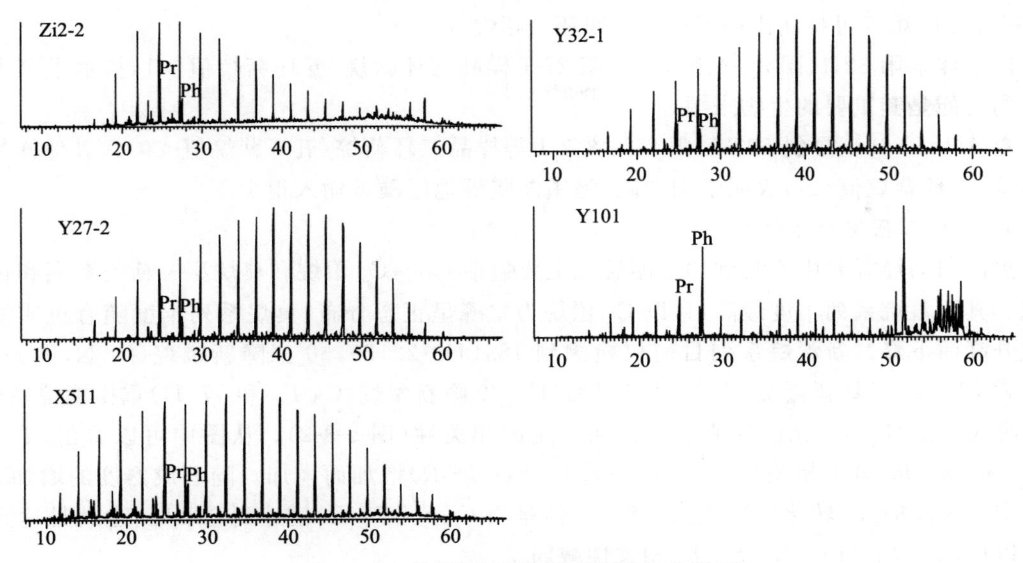

图 6-3-1 沙四段烃源岩饱和烃气相色谱图

咸水还原环境（表 6-3-1）。阳 27 井和夏 511 井 Pr/Ph 值介于 0.91～0.97 之间，植烷占微弱优势，指示了微咸水还原环境。阳 101 井（沙一段）样品 $Pr/nC_{17}>1$，$Ph/nC_{18}>1$，Pr/Ph 值为 0.38，植烷占优势，指示了盐湖还原环境。

表 6-3-1 烃源岩异戊间二烯比值

名 称	滋 2-2	阳 32-1	阳 32-2	阳 32-3	阳 27-1	阳 27-2	阳 101	夏 511
Pr/nC_{17}	0.49	0.33				0.66	2.00	0.25
Ph/nC_{18}	0.33	0.23				0.82	3.93	0.26
Pr/Ph	1.55	1.13	1.09	1.13	1.00	0.91	0.38	0.97
OEP	0.99	1.12				0.99	1.23	0.97
CPI	1.22	1.17				1.25	2.10	1.11
主峰碳	17	25				17	23	22
碳数分布	11～32	11～35				12～33	11～31	11～35
C_{21}^{-}/C_{22}^{+}	2.54	0.48				16.73	1.05	1.05

（三）萜烷类特征

1. 倍半萜类

滋镇洼陷滋 2 井 C_{19} 双环二萜烷含量最高，C_{20} 劳丹烷次之。临南洼陷盘深 3-1、盘深 3-2、夏斜 507-1 样品 8β(H)-升补身烷含量最高，C_{20} 劳丹烷＋C_{19} 三环二萜烷含量次之，8β-补身烷含量很少；夏斜 507-2 样品 C_{19} 三环二萜烷含量最高，8β(H)-升补身烷含量较少。夏 511 井 8β(H)-升补身烷含量最高，8β-补身烷含量次之。

阳信洼陷阳 32 井样品 8β(H)-升补身烷含量最高，8β(H)-补身烷含量次之。阳 8-1、阳 8-2 样品 8β(H)-升补身烷含量最高，C_{20} 劳丹烷＋C_{19} 三环二萜烷含量次之；阳 8-3、阳 8-4 样品 8β(H)-升补身烷含量最高，C_{15}-双环倍半萜烷含量次之。

2. 三环二萜烷

惠民凹陷沙四段烃源岩中长链三环二萜烷，呈倒“V”字形分布，以 C_{21} 或 C_{23} 为主峰，在

C_{26}-三环二萜烷旁可检测出明显的 C_{24}-四环二萜烷。

阳信洼陷阳 32-1、阳 32-2、阳 32-3、阳 27-1 样品三环萜烷/五环萜烷值＞1，指示了藻类等微生物可能是其重要的生物来源。

夏 511、田 301、夏斜 507-1、阳 8-2、滋 2-1 等样品三环萜烷/五环萜烷值＜0.1，其他样品三环萜烷/五环萜烷值＜1，表明临南洼陷、滋镇洼陷等地区藻类输入很少。

3. 五环三萜烷分布特征

惠民凹陷烃源岩中检测到的三萜烷类主要包括 C_{27}～C_{35} 藿烷和莫烷型三萜类系列和伽马蜡烷。其中藿烷系列丰度最高，且以 C_{30} 藿烷为主峰呈正态分布；莫烷系列丰度随有机质演化程度升高而下降。新藿烷系列目前仅检测到 18α(H)-22,29,30 三降新藿烷(C_{27}N, T_s)；17α(H)-22,29,30 三降新藿烷(C_{27}N, T_m)；18α(H)-30 降新藿烷($C_{29}T_s$)和 17(H)重排藿烷系列。

惠民凹陷 T_s/T_m 比值与成熟度存在一定的相关性(图 6-3-2)。从图中可以看出，T_s/T_m 与 $C_{29}S/(S+R)$ 呈正相关性，T_s/T_m 随着 $C_{29}S/(S+R)$ 增加而增加。随着成熟度的增加，T_m 向稳定性较高的 T_s 转化，T_s/T_m 值增大。但是当 $C_{29}S/(S+R)$ 值达到 0.5 时，也就是达到热平衡以后，T_s/T_m 与 $C_{29}S/(S+R)$ 相关性减弱。

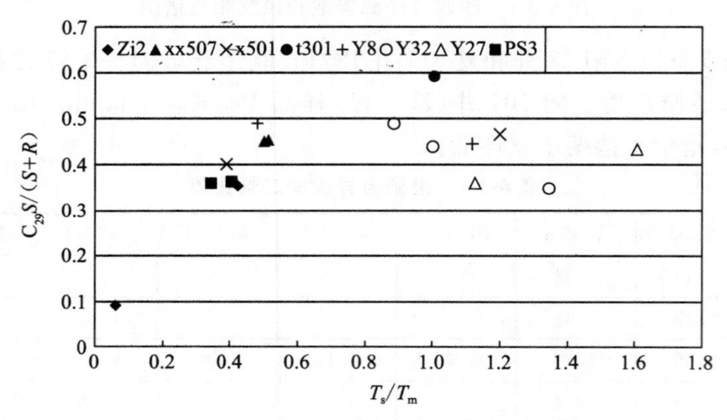

图 6-3-2　T_s/T_m 与 $C_{29}S/(S+R)$ 相关图

虽然惠民凹陷藿烷分布形态都相似，但也有所不同：

① 滋 2-1 沙三下亚段样品三环萜烷/五环萜烷为 0.074，滋 2-2 沙四上亚段样品为 0.18，显示出滋镇洼陷 Es_3x 和 Es_4s 藻类的输入差异。

② 滋 2-1 沙三下亚段样品伽马蜡烷指数很低，为 0.045，而滋 2-2 沙四上亚段样品较高，为 0.177，指示出沙四上亚段比沙三下亚段盐度高。

③ 阳信洼陷洼子里伽马蜡烷指数高，阳 8-1 样品甚至达到 0.814，而同层位的阳 32 井样品伽马蜡烷指数都很低，介于 0.18～0.25 之间，说明阳信洼陷深层沉积盐度高。

④ 临南洼陷夏斜 507-2 样品伽马蜡烷指数最高，为 0.542，夏斜 507-1 样品则相对减小，为 0.220，夏 511、田 301 都小于 0.1，说明临南洼陷沙四上亚段湖相沉积存在咸水分层。

⑤ 盘深 3-1、盘深 3-2、田 301、夏斜 507-1、夏斜 507-2、阳 8-1 和滋 2-2 样品中检测出微弱含量的 γ-羽扇烷。

⑥ 阳信洼陷阳 8-3 和阳 8-4 样品中检出了奥利烷。

(四) 甾烷类特征

1. 短侧链甾烷类

由图 6-3-3 可见，甾烷在 C-17 位上有一长侧链，规则甾烷类其长度由 C_8～C_{11}，即为 C_{27}～

C_{30}甾烷。现将侧链长度比 C_8 短的，即 $C_{19}\sim C_{26}$ 的甾烷归于短侧链甾烷类，其中较常见的为孕甾烷系列。

惠民凹陷泥岩中孕甾烷系列丰度相对低，但是不同地区差异很大。大多数样品中($C_{21}+C_{22}$)/($C_{27}-C_{29}$)($\alpha\alpha\alpha+\alpha\beta\beta$)甾烷值介于1%～13%之间，阳信洼陷阳32和阳27泥岩该值很高，在15%～25%之间。由于阳32和阳27演化程度都不高，而且阳8井同层位深层演化程度高的(阳8-3、阳8-4)比浅层(阳8-1、阳8-2)的该值要高，说明烃源岩中孕甾烷系列相对丰度的变化与有机质成熟度之间似有联系，即孕甾烷系列的形成受有机质的影响，$C_{27}\sim C_{29}$规则甾烷在热力作用下发生侧链开裂而产生次生的孕甾烷等短侧链甾烷。

2. 规则甾烷系列

惠民凹陷烃源岩 $C_{27}\sim C_{29}$ 具有明显不同的分布模式(图6-3-3)。阳32井、阳27井 Es_4 烃源岩呈"V"形，表明临南洼陷Ek和 Es_4、滋镇洼陷 Es_3、阳27井烃源岩富含 C_{29} 甾烷，而惠民南斜坡，阳信洼陷阳8井浅层，阳32井、阳27井 Es_4 烃源岩富含 C_{27} 甾烷。较高含量的 C_{29} 甾烷

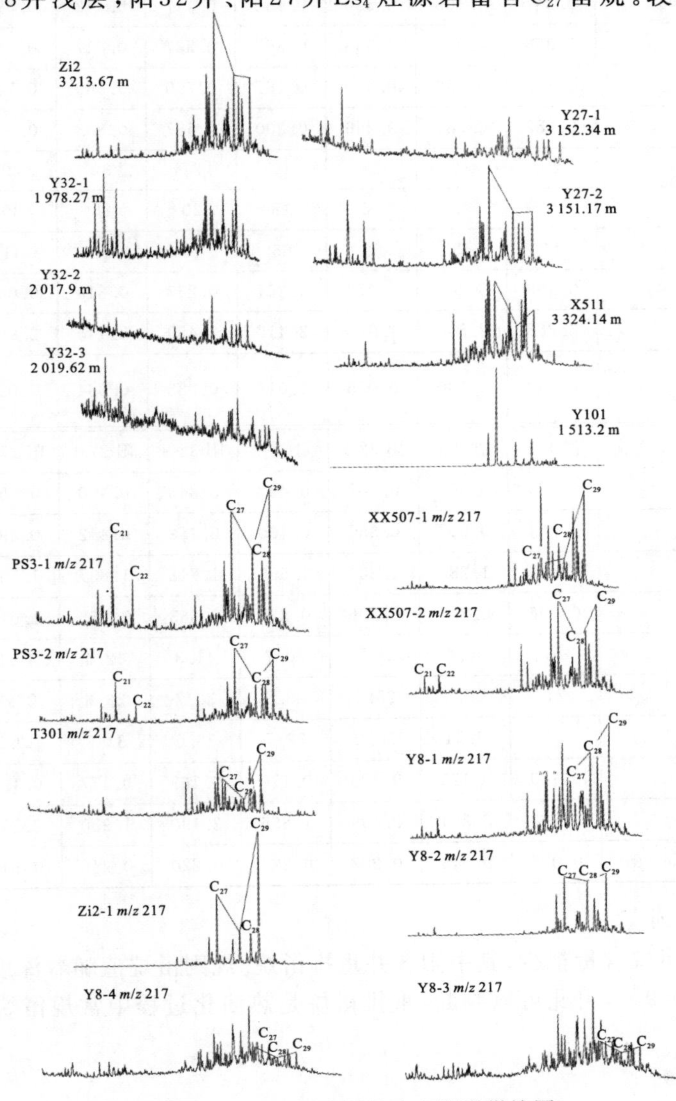

图6-3-3　惠民凹陷深层暗色泥岩甾烷图

说明临南洼陷 Ek 和 Es_4 烃源岩有机质生源构成中陆源高等植物贡献大，虽然夏 511 井烃源岩有低等生物输入，但是陆源输入也占很大比例，总体上临南洼陷 Ek 和 Es_4 烃源岩还是以陆源高等植物输入为主。阳信洼陷阳 8 井浅层，阳 32 井、阳 27 井 Es_4 烃源岩有低等浮游生物输入优势，但 C_{27} 和 C_{29} 含量相差不是很大，推测有陆源高等植物的输入。

3. 甾烷的成熟度特征

临南洼陷孔店组盘深 3-1 样品显示低成熟特征（表 6-3-2），而盘深 3-2 样品显示成熟特征。滋镇洼陷 Es_3 和 Es_4 样品都属低成熟特征。阳信洼陷 Es_4 也发现低成熟特点，沙一段样品阳 101 则显示未成熟特征。其他样品都已达到成熟阶段，个别样品 $C_{29}\alpha\alpha S/(S+R)$ 值（田 301）都达到热平衡值。

表 6-3-2 惠民凹陷甾烷化合物参数数据表

名 称	盘深 3-1	盘深 3-2	田 301	夏斜 507-1	夏斜 507-2	阳 8-1	阳 8-2	阳 8-3	阳 8-4
$C_{29}\alpha\alpha S/(S+R)$	0.347	0.408	0.586	0.452	0.447	0.442	0.398	0.487	0.395
$C_{29}\beta\beta/(\beta\beta+\alpha\alpha)$	0.356	0.357	0.333	0.367	0.337	0.317	0.283	0.482	0.538
$\alpha\alpha\alpha 20RC_{27}/C_{29}$	0.753	0.756	0.510	0.167	0.790	0.369	0.748	0.736	0.912
$\alpha\alpha\alpha 20RC_{28}/C_{29}$	0.682	0.584	0.256	0.200	0.587	0.833	0.946	0.503	0.492
C_{27}/%	29	32	25	15	37	32	29	45	29
C_{28}/%	27	23	16	18	20	23	30	22	31
C_{29}/%	44	45	59	66	43	45	41	33	40
Dia/Reg	0.108	0.205	0.373	0.391	0.253	0.319	0.049	0.587	0.956
C_{21}/C_{22}	2.268	2.544	1.957	2.417	2.499	3.145	2.950	1.675	2.146
$(C_{21}+C_{22})/[(C_{27}-C_{29})(\alpha\alpha+\beta\beta)]$	0.140	0.100	0.055	0.017	0.033	0.034	0.022	0.045	0.073
名 称	滋 2-1	滋 2-2	阳 32-1	阳 32-2	阳 32-3	阳 27-1	阳 27-2	阳 101	夏 511
$C_{29}\alpha\alpha S/(S+R)$	0.089	0.351	0.482	0.432	0.343	0.430	0.359	0.066	0.464
$C_{29}\beta\beta/(\beta\beta+\alpha\alpha)$	0.254	0.357	0.556	0.400	0.452	0.442	0.396	0.228	0.519
$\alpha\alpha\alpha 20RC_{27}/C_{29}$	0.488	1.282	1.300	1.556	1.712	1.837	1.564	4.235	1.413
$\alpha\alpha\alpha 20RC_{28}/C_{29}$	0.296	0.891	0.806	0.835	0.683	0.958	1.016	0.945	0.687
C_{27}/%	26	40.9	38.5	40.7	41.3	42.4	42.0	66.1	41.8
C_{28}/%	21	26.6	25.4	26.6	30.7	26.3	27.5	16.5	22.3
C_{29}/%	53	3.24	36.0	32.7	28.0	31.3	30.5	17.4	36.0
Dia/Reg	0.109	0.125	0.135	0.110	0.168	0.177	0.126	0.000	0.113
C_{21}/C_{22}	1.783	2.204	2.199	1.856	2.190	1.950	2.252	1.413	1.654
$(C_{21}+C_{22})/[(C_{27}-C_{29})(\alpha\alpha+\beta\beta)]$	0.006	0.044	0.208	0.220	0.220	0.248	0.146	0.002	0.046

4. 重排甾烷系列

惠民凹陷重排甾烷含量很少，其中阳 8 井重排甾烷/规则甾烷值随着深度增加，比值增高，而深层 R_o 值已达 0.9%，由此可以判断，重排甾烷是热演化过程中常规甾烷发生甲基重排转化而成。

5. 甲基甾烷系列

尽管甲基甾烷丰度不高，但它在惠民凹陷烃源岩中普遍存在。一般认为，4-甲基甾烷源自藻类或细菌。有研究认为，在中国超盐度环境下陆相生油岩生成的原油中4-甲基甾烷含量低于源自淡水或微咸水环境下生油岩生成的原油。

二、芳烃生物标志物特征

烃源岩芳烃主要由萘(N)、菲(Ph)、联苯(Bi)、屈(CH)、芘(Py)、芴(F)、氧芴(OF)、硫芴(SF)、三芳甾烷(TA)等系列的烷基苯取代同系物组成。一些主要芳烃化合物含量的变化反映了不同沉积环境形成的烃源岩及其芳烃组成上的差别。

(一) 萘系列化合物

惠民凹陷芳烃系列中萘系列化合物含量仅低于菲系列化合物(除阳32-2)。其中三甲基萘(TMN)相对含量很高(50%左右)，同时，三甲基萘和四甲基萘的比值TMN/TeMN也较高，为1.31～7.22，这都说明烃源岩成熟度较高。

(二) 菲系列及甲基菲指数

菲系列化合物在芳烃馏分中最为常见。在二甲基菲化合物中2,10-DMP;2,5-DMP和1,7-DMP相对丰度可反映原油母质的性质。阳27-22样品10-DMP;2,5-DMP和1,7-DMP呈阶梯型分布，其余样品2,10-DMP;2,5-DMP和1,7-DMP呈“V”形分布(图6-3-4)。

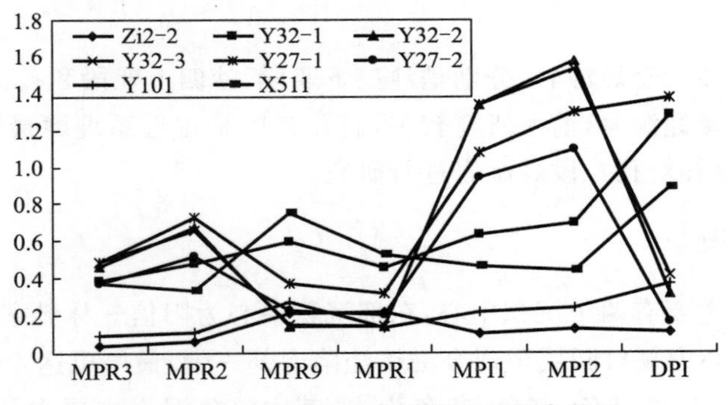

图6-3-4 惠民凹陷暗色泥岩甲基菲参数图

(三) 芴、氧芴和硫芴系列化合物

惠民凹陷不同沉积环境的烃源岩“三芴”系列组成存在很大差异(图6-3-5)，其中以硫芴含量变化最为显著。样品中三芴系列组成出现两类情况：一类以阳信洼陷(阳101井和阳27井)和滋镇洼陷(滋2井)沙四段烃源岩为代表，硫芴系列含量高，反映了高盐度还原环境；另一类以惠民南斜坡沙四段烃源岩(夏511井)为代表，芴系列含量高，反映了弱氧化的淡水湖相沉积环境。

(四) 三芳甾烷系列化合物

分析样品中只有夏511和滋2两块样品检出了较完整的$m/z231$,$m/z245$系列。阳信洼陷烃源岩未检出三芳甾烷，表明了其演化程度较高。

(五) 其他系列化合物

样品中还含有少量惹烯(Re)、苯并荧蒽(BFL)、苯并芘(BP)、萤蒽(FL)、苯并芴(BF)等系列化合物。

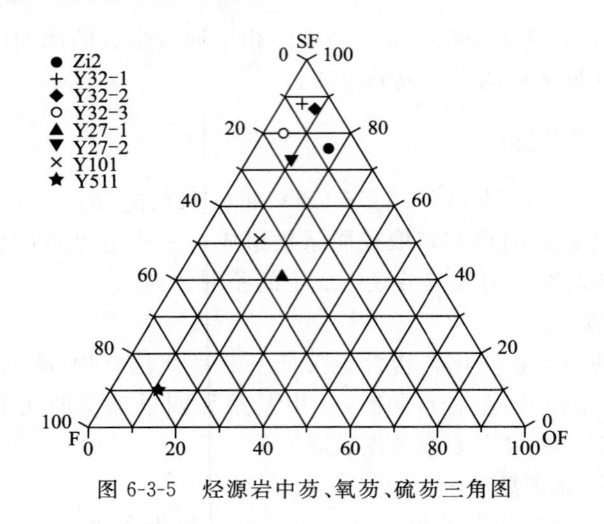

图 6-3-5　烃源岩中芴、氧芴、硫芴三角图

第四节　孔店组烃源岩分布与评价

惠民凹陷主要存在三套烃源岩，分别是沙三下亚段、沙四上亚段和孔二段烃源岩。沙三下亚段和沙四上亚段两套烃源岩，前人研究较多，而孔二段是古近系埋藏最深的一套烃源岩，目前研究较少，本节主要针对孔二段烃源岩进行研究。

一、暗色泥岩分布

惠民凹陷孔店组主要有两个沉积中心，东部沉积中心为阳信—林樊家地区北部，最厚可达 5 000 m；西部沉积中心为夏口断层至现今滋镇洼陷南部一带，最厚可达 4 000 m。据统计孔店组泥岩含量达 55.1%，以棕红色、红色、灰色为主，其中暗色泥岩主要为孔二段中部的灰色泥岩段。根据地震反射特征推测，孔二段烃源岩应较发育。例如过林 2 井的 537.8 剖面，连续的强振幅段正好和灰色泥岩段相对应，是灰色泥岩层的反射特征（图 6-4-1），且此强反射层向林 2 井北部延伸，说明在林樊家地区北部发育深水沉积，具有烃源岩形成的良好条件。同样在惠民凹陷西部的沉积中心，即夏口断层以北至现在的滋镇洼陷南部一带，其地震剖面也存在席状强振幅段，说明西部沉积中心在孔二段中期也存在深水沉积，具备形成良好烃源岩的条件。图 6-4-2 为孔二段暗色泥岩分布预测图。

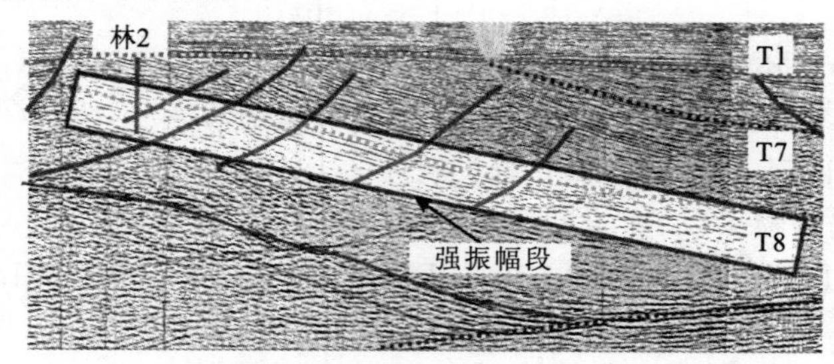

图 6-4-1　惠民凹陷林樊家地区孔二段暗色泥岩反射特征

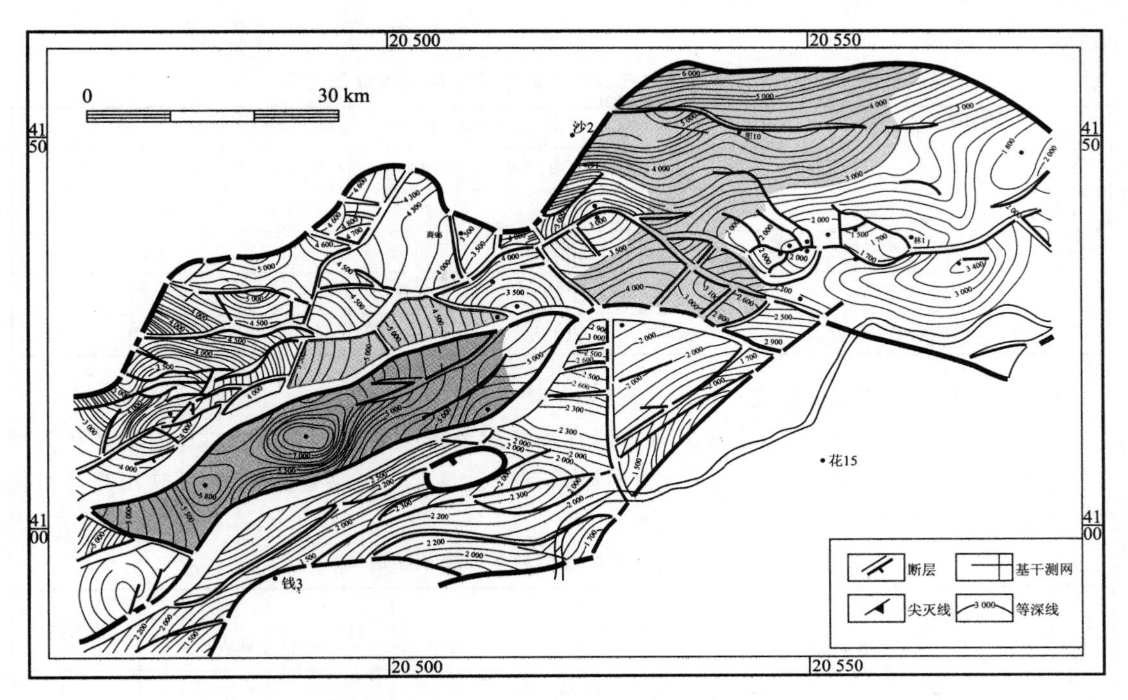

图 6-4-2　惠民凹陷孔二段泥岩分布预测图

二、有机质丰度特征

惠民凹陷孔二段烃源岩有机质丰度中等，亦有相当的体积，所以具有一定的生烃潜能。林2井孔二段暗色泥岩 *TOC* 达0.8%，属于中等丰度的烃源岩，而林2井位于林樊家沉积区的南部边缘，因此林2井北部的较深水暗色泥岩有机质丰度会更高。盘河地区盘深3井不同深度的3块岩心样品分析结果显示(表6-4-1)，所取泥岩样品为较差烃源岩，不具备良好的生油潜力。但盘深3井位于惠民凹陷孔店组西部沉积区域的边缘部位，属于滨浅湖区，其东南部位的深水区可能会存在良好的烃源岩。

表 6-4-1　盘深3井孔二段有机质丰度评价

井深/m	有机质丰度参数				烃源岩级别
	有机碳含量/%	氯仿沥青“A”含量/%	$(S_1+S_2)/(mg \cdot g^{-1})$	总烃含量/%	
3 865.3	0.14	0.001 9	0.09	44.11	非烃源岩
4 073.5	0.33	0.001 9	0.04	23.53	差烃源岩
4 378.0	0.32	0.001 5	0.04	37.03	差烃源岩

三、有机质类型

(一) 干酪根显微组分

盘深3井4块烃源岩岩心样品的干酪根显微组分含量特征为：“壳质组＋腐泥组”相对含量小于50%，“镜质组＋惰质组”大于50%，干酪根鉴定为Ⅲ和$Ⅱ_2$型(表6-4-2)，说明孔二段沉积时盆地边缘有较多的陆源高等植物碎屑输入。另外，林2井在2 010 m见到植物叶脉，含炭屑；在2 090 m，2 250 m，2 430 m均见到1～1.5m厚的煤，说明林樊家地区也有较多陆源高等植物碎屑的输入。

表 6-4-2　盘深 3 井孔二段泥岩干酪根显微组分及类型

井深/m	岩　性	干酪根显微组分						类　型
		镜质组/%	壳质组/%	惰质组/%	腐泥组/%	(镜+惰)/%	(腐+壳)/%	
3 655.6	灰色泥岩	59.0	2.0	0	39.0	59.0	41.0	Ⅱ₂
3 865.3	灰色泥岩	61.0	0.22	0	39.0	61.0	39.0	Ⅱ₂
4 073.5	灰色泥岩	97.7	0.3	0	2.0	97.7	2.3	Ⅲ
4 378.0	灰黑色泥岩	95.0	0.0	0	5.0	95.9	5.0	Ⅲ

(二) 烃源岩可溶组分组成

盘深 1 井和盘深 3 井孔二段泥岩氯仿沥青族组成分析结果显示(表 6-4-3),饱和烃和芳烃含量不高,饱芳比一般介于 1~2 之间,说明原始有机生源母质以腐殖型为主,反映出高等植物生源大分子聚合物的输入。

表 6-4-3　孔二段泥岩氯仿沥青族组成

井　号	样品深度/m	族组成				总烃/%	(非烃+沥青质)/%	饱芳比
		饱和烃	芳烃	非烃	沥青质			
盘深 1	4 014.0	32.19	16.44	48.64	0	48.63	48.64	1.95
盘深 1	4 014.5	16.30	9.50	72.30	1.90	25.80	74.20	1.72
盘深 1	4 016.0	23.80	11.90	61.60	2.60	35.70	64.20	2
盘深 1	4 020.0	35.10	6.10	52.80	6.10	41.20	58.90	5.75
盘深 3	3 655.0	28.90	27.80	27.80	27.80	56.70	55.60	1.04
盘深 3	3 865.5	28.60	26.40	26.40	27.40	55.00	53.80	1.08
盘深 3	4 073.5	28.90	25.30	25.30	26.40	54.20	51.70	1.14
盘深 3	4 378.0	28.70	27.70	27.70	29.20	56.40	56.90	1.04

(三) 有机质母源类型

饱和烃中的类异戊二烯烷烃是生物标志物,主要由 nC_{15}~nC_{21} 类异戊二烯烷烃组成。规则的类异戊二烯烷烃中姥鲛烷(Pr)和植烷(Ph)的含量较为重要,其 Pr/Ph 值的高低标明了植物生源的来源环境,因此,Pr/Ph,Pr/nC_{17},Ph/nC_{18} 常常用于区别烃源岩沉积环境和有机母质类型。盘深 3 井烃源岩样品 Pr/Ph 值介于 0.15~0.42 之间,Ph/nC_{18} 介于 0.42~0.51 之间,指示了还原环境;Pr/Ph-Pr/nC_{17}-Ph/nC_{18} 三角图反映出孔二段烃源岩为咸水—半咸水沉积环境(图 6-4-3)。

综上所述,孔二段烃源岩以高等植物成分为主要生物来源。

(四) 烃源岩热演化特征

惠民凹陷的地温梯度为 3.2 ℃/ 100 m,生油门限深度为 2 400 m,镜质体反射率 R_o 为 0.35%时就具备了烃类的生成条件(图 6-4-4)。孔二段烃源岩埋藏一般大于 3 500 m,已经进入成熟或高成熟阶段。

盘深 3 井 5 块样品深度范围为 3 655.0~4 378.0 m,远大于生油门限深度,且镜质体反射率 R_o 为 0.68%~1.56%,为成熟或过熟阶段,已具备了生烃的温度条件。盘深 1 井孔二段暗色泥岩 R_o 为 1.0%,林 2 井为 1.31%~1.39%,成熟度较高,已进入生气阶段。整体来看,孔二段烃源岩成熟度较高，已经进入生气阶段。

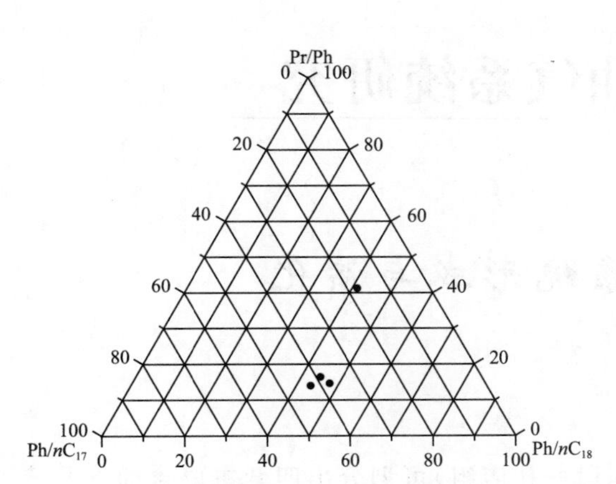

图 6-4-3　惠民凹陷孔店组 Pr/Ph-Pr/nC_{17}-Ph/nC_{18}三角图

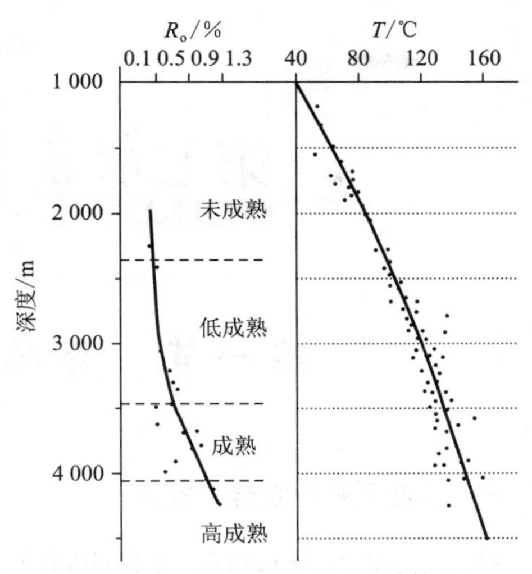

图 6-4-4　惠民凹陷地温与成熟度随深度变化的关系

第七章 含油气系统研究

Chapter seven

第一节 含油气系统形成与演化

一、含油气系统划分与描述

根据生、储、盖分布情况，惠民凹陷深层(沙四段—孔店组)可划分出四套主要含油气系统(含油气系统可靠性等级见表7-1-1)。

表 7-1-1 含油气系统可靠性等级的定义

确定程度	标记符	判别标准
已知的	(!)	油源对比
可能的	(.)	缺少油源对比，地球化学资料显示出油气的成因
推测的	(?)	仅存在一般地质或地球物理证据

临南洼陷含油气系统(!)：以临南洼陷沙三下亚段、沙四上亚段泥岩为生油层，沙四段为储集层，沙三中下亚段泥岩为盖层，构成临南洼陷含油气系统。临南洼陷储集条件较好，砂岩在盆地内广泛发育，孔隙度一般为20%～25%，渗透率大于50×10^{-3} μm^2，封闭条件较好，在几个砂岩组上有比较稳定和一定厚度的泥岩盖层(图7-1-1、图7-1-2)。

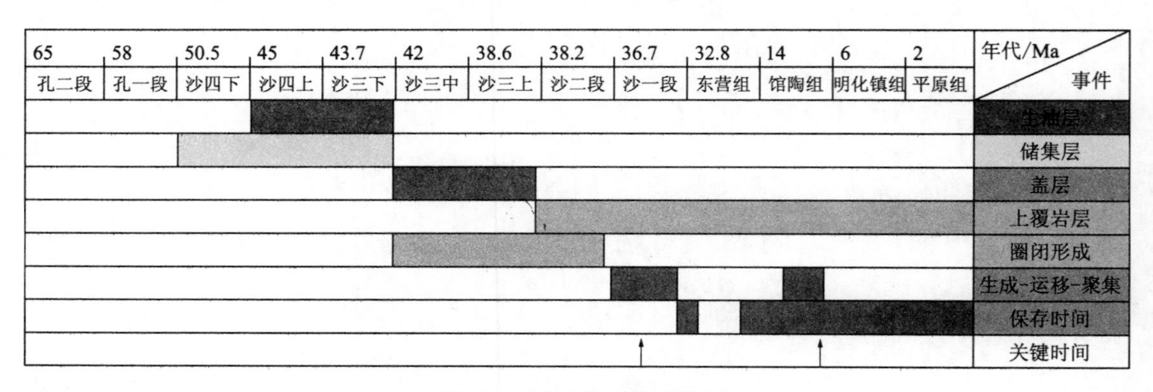

图 7-1-1 含油气系统事件图

阳信洼陷含油气系统(!)：以阳信洼陷沙三下亚段、沙四上亚段泥岩为生油层，沙四段为储集层，沙三中下亚段泥岩为盖层，构成阳信洼陷含油气系统。

滋镇洼陷含油气系统(.)：滋镇洼陷内沙三下亚段、沙四上亚段发育了较厚的暗色泥岩，沙四段为储集层，沙三中下亚段泥岩为盖层构成滋镇洼陷含油气系统(图7-1-1、图7-1-2)。

临南洼陷孔店组含油气系统(?):以临南洼陷孔二段泥岩为生油层,孔店组和沙四段为储集层,馆陶组泥岩为区域盖层,沙四上亚段、沙三下亚段泥岩为局部盖层。惠民凹陷孔二段储层由于埋深大,成岩演化程度高使其孔渗值普遍很低。孔二段孔隙度在0.65%～16.7%之间,平均为7.07%,渗透率绝大部分在10×10^{-3} μm^2以下。

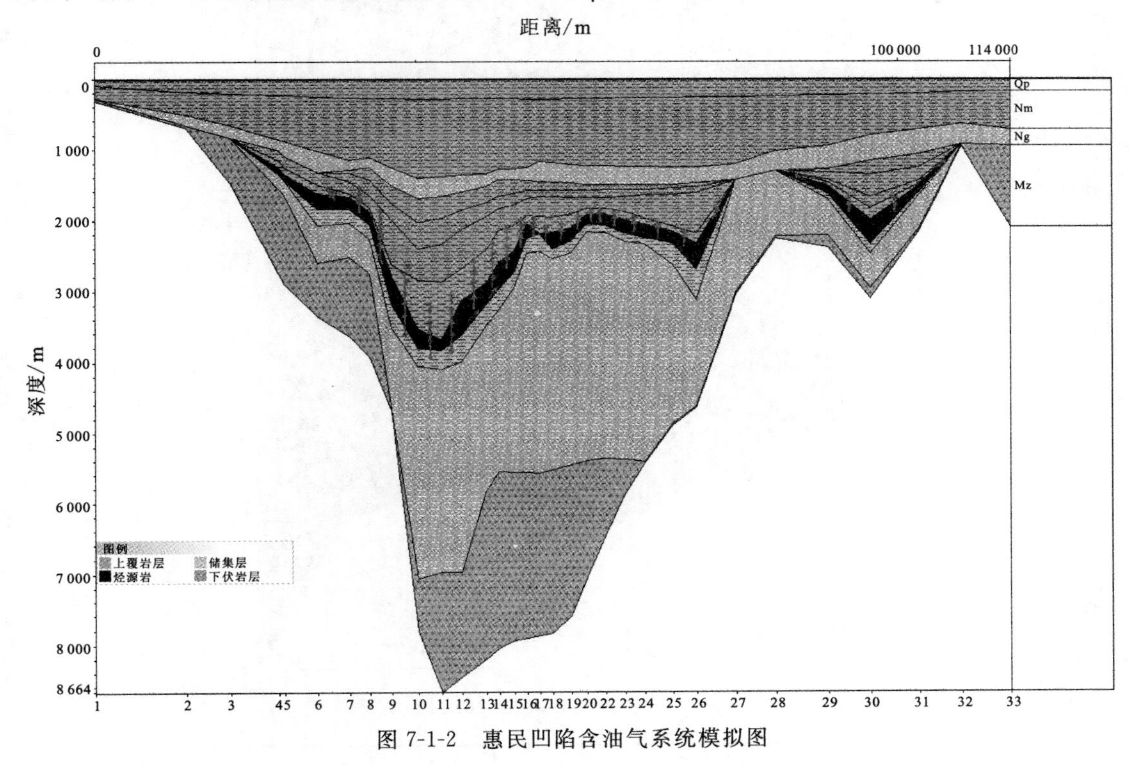

图 7-1-2 惠民凹陷含油气系统模拟图

二、油气成藏时间与演化

临南洼陷烃源岩分布广泛,从洼陷中部至隆起部位均发育沙三下亚段和沙四上亚段优质烃源岩,生烃周期长,生油门限为2 200 m(图7-1-3),生烃时间出现在沙二段沉积中期(距今38 Ma),此时沙四段烃源岩达到生烃门限。油气充注时间在沙一段沉积时期(图7-1-4),这时生烃灶大量排烃,东营组由于喜山运动地层抬升被剥蚀,沙四段生烃减少但没有终止。馆陶组—明化镇组沉积时期生烃量加大,沙三下亚段达到生烃门限,开始排烃,在这一阶段,沙四段低成熟烃源岩开始排烃,生成的低熟油与成熟油混合进入储层中。

沉积体系研究表明,惠民凹陷有三套大的区域盖层,沙三中下亚段沉积的深湖相油页岩、泥岩,沙一段—东营组深湖—半深湖相暗色泥岩,新近系馆陶组和明化镇组沉积的灰绿色泥岩,在全区广泛分布,平均厚度约300 m。在各组中特别是沙三段中,还发育众多局部盖层,厚度为2～10 m。本区盖层具有三种封闭机制,即毛细管封闭、异常压力封闭、烃浓度封闭,其中馆陶组和明化镇组是毛细管封闭;沙一段—东营组盖层在毛细管封闭的基础上增加了异常压力封闭;沙三中下亚段深湖相油页岩封闭性包括了这三种机制。

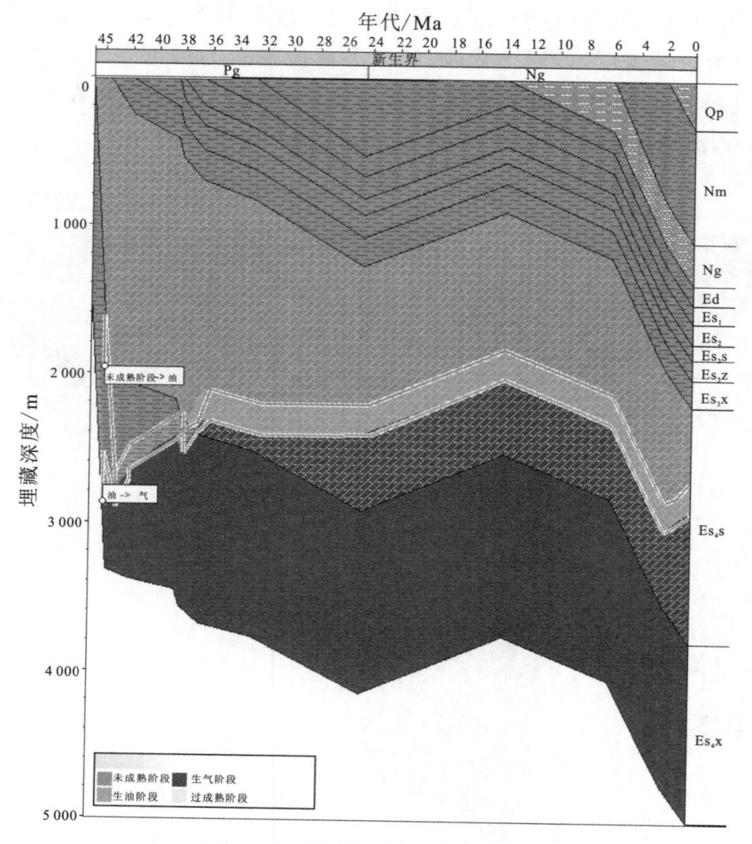

图 7-1-3　含油气系统生烃时间图

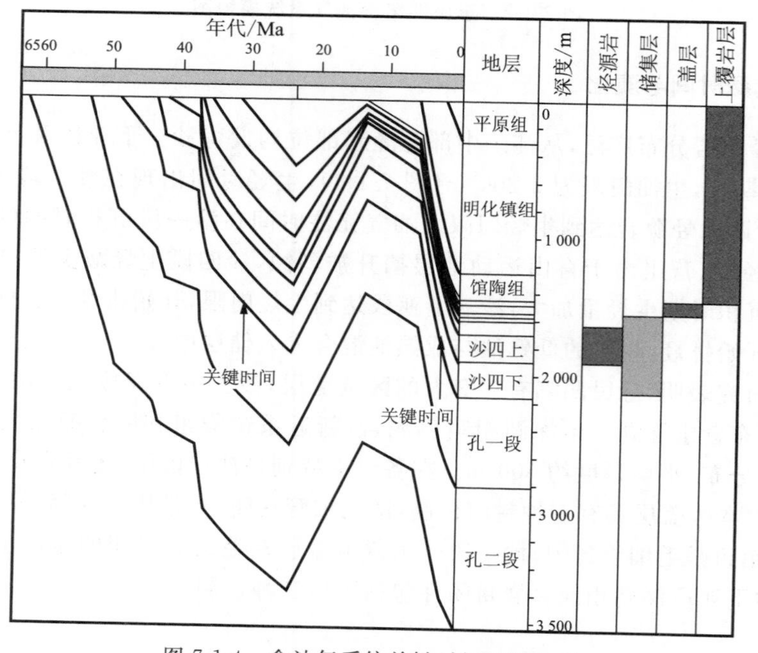

图 7-1-4　含油气系统关键时间埋藏史图

第二节　流体包裹体研究

一、惠民凹陷油气包裹体特征

根据10块样品的显微观察，油气包裹体在样品中分布比较广泛(图7-2-1)，透光下颜色以淡褐色、褐色为主，荧光照射下发黄绿色；多数分布于石英颗粒次生加大边中，部分分布于愈合的石英裂缝或微晶石英中，少量分布于蚀变的长石颗粒内部，大小介于5～30 μm之间，形状多为椭圆形和圆形，次为不规则状或伸长状。如图7-2-2所示，油气包裹体均一温度有两个分布区间，分别是80～90 ℃和100～110 ℃。对应埋藏史曲线可知，油气注入时间分别为距今32 Ma和5 Ma。

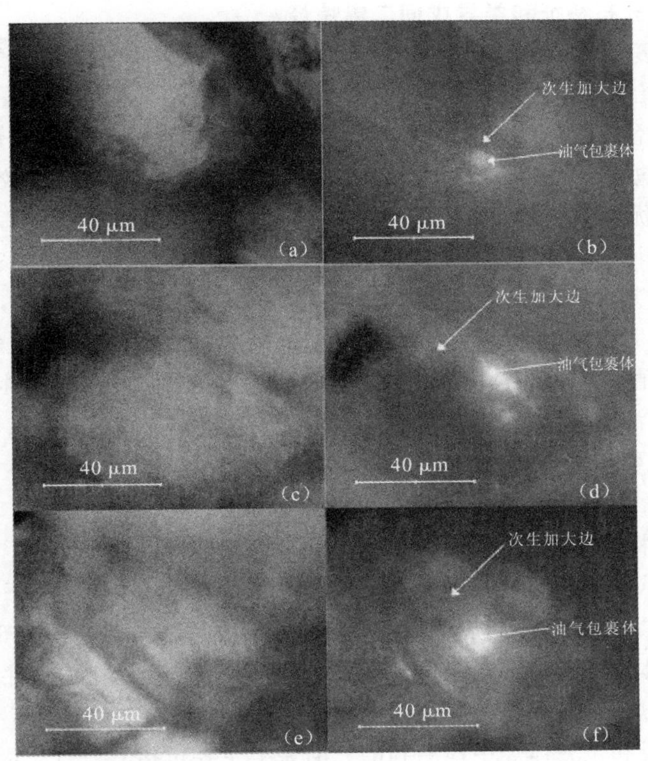

图7-2-1　惠民凹陷油气包裹体照片

(a)商52井，透光；(b)商52井，荧光；(c)夏斜507-1，透光；
(d)夏斜507-1，荧光；(e)临深1-2，透光；(f)临深1-2，荧光

10个油砂储层烃组分主要以饱和烃为主，其含量介于58%～85%之间。由于油砂样品在岩心库存放多年，饱和烃和芳烃等轻烃组分挥发较严重，因此初始的饱和烃和芳烃含量应该比现今高。各油砂样品中油气包裹体的饱和烃和芳烃含量比较低，主要为非烃和沥青质，二者含量介于59.8%～81.5%之间，与国内外的同类研究相比，含量相对偏高，主要是因为油气包裹体总量很少，在抽提和柱层析组分分离过程中饱和烃和轻芳烃容易挥发。

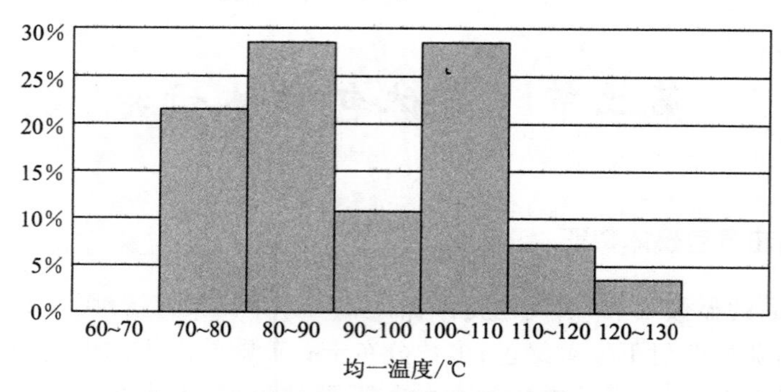

图 7-2-2 惠民凹陷沙四段包裹体均一温度

二、储层烃和包裹体烃特征

(一)正构烷烃分布特征和类异戊间二烯烷烃

所有样品的包裹体气相色谱图都显示"UCM"鼓包,都遭受了强烈的生物降解,这主要是由于东营期地层的抬升,但是正构烷烃都保存良好,说明包裹体烃可能是早期遭受降解的烃类和晚期聚集的轻质烃类的叠加。包裹体烃都检测出了微量的γ-,β-胡萝卜烷,指示了还原含盐的湖相沉积环境。包裹体烃和储层烃主峰碳一般为C_{12}~C_{36},相对丰度较高的碳主要集中在C_{15}~C_{35},烃类奇偶优势不明显,*OEP* 值为1~1.5,*CPI* 值为1.03~1.82。成熟油储层烃(C_{29}甾烷$20S/(20S+20R)>0.4$)Pr/Ph值明显高于包裹体烃,为0.969~1.332,指示了偏淡水—微咸水还原环境;成熟油储层烃相对于包裹体烃C_{21}^-/C_{21}^+较高,$C_{21}^-/C_{21}^+<1$,烃类普遍具有后峰群优势,说明陆生高等植物输入占优势。而低熟油储层烃却恰好相反。夏斜96井储层烃相对于包裹体烃Pr/Ph值和C_{21}^-/C_{21}^+都较低,包裹体正构烷烃分布具有双峰群特征,且以C_{17}和C_{25}为主峰,说明早期原油母源输入具有浮游植物和陆源高等植物的双重贡献;而正构烷烃呈单峰型,主峰碳为C_{21},说明后注入油气相混合。盘45井储层烃相对于包裹体Pr/Ph值较高,Pr/Ph值都大于1,指示了弱还原沉积环境。

(二)萜烷分布特征

三环萜烷碳数从C_{18}至C_{30}连续分布(C_{27}缺失),呈倒"V"形,在C_{26}-三环二萜烷旁可检测出明显的C_{24}-四环二萜烷,三环萜烷/五环萜烷值<1,表明惠民凹陷油气母源藻类输入很少。储层烃相对于包裹体烃的三环萜烷/五环萜烷值明显偏低,其中夏斜96井储层烃高于包裹体的三环萜烷/五环萜烷值,这可能与热成熟演化有关。

惠民凹陷储层烃和包裹体烃中检测到的三萜烷类主要包括C_{27}~C_{35}藿烷和莫烷型三萜类系列和伽马蜡烷。C_{24}四环萜烷/C_{26}三环萜烷(C_{24}Te/C_{26}TT)的相对丰度在惠民凹陷烃类中也存在明显的差异。临南洼陷储层烃的C_{24}Te/C_{26}TT比值为2.0~4.0,而包裹体烃则为1.2~2.0,储层烃相对于包裹体的C_{24}Te/C_{26}TT都较高。阳信洼陷储层烃相对于包裹体的C_{24}Te/C_{26}TT值较低。

储层烃相对于包裹体烃C_{29}藿烷/C_{30}藿烷值较高,反映了油气充注阶段原油母质输入的变化,夏斜507-1样品该比值较低,可能是受到成熟度影响所致。

临南洼陷储层烃伽马蜡烷的相对含量低,G/C_{30}值为0.06~0.15,一些样品含量几乎检测不到,储层烃相对于包裹体烃的G/C_{30}值较低,包裹体烃中的伽马蜡烷的相对含量很高,G/C_{30}值为0.09~0.18。阳信洼陷阳101样品储层烃和包裹体烃G/C_{30}值较高,分别为0.23和

0.22,储层烃和包裹体烃伽马蜡烷含量相差不大。随着成熟度的增加,17α(H)-三降藿烷 T_m 逐渐消失,而 18α(H)-三降藿烷 T_s 相对浓度增加。钱斜 141、阳 101 和夏 47 样品储层烃相对于包裹体烃 T_s/T_m 较低,夏斜 507、临深 1、夏斜 96 和商 52 样品储层烃相对于包裹体烃 T_s/T_m 较高。

(三)甾烷分布特征

本区储层烃和包裹体烃中 C_{27}～C_{29} 规则甾烷具有明显不同的分布模式。夏斜 507-2、临深 1-1、夏斜 96 样品储层烃中甾烷 C_{27},C_{28} 和 $C_{29}\alpha\alpha\alpha R$ 三峰构成"V"形,反映其母质输入中高等植物和水生生物均很丰富,具有陆相湖盆混合母质特征。钱斜 141、夏 47、夏斜 507-1、临深 1-2、盘 45 储层烃和商 52(储层烃和饱和烃)样品甾烷呈"L"形分布,反映其母质输入中以低等水生生物藻类输入为主,并有高等植物参与。钱斜 141、夏 47、夏斜 507-1、夏斜 507-2、临深 1-1、临深 1-2、盘 45、夏斜 96 包裹体烃和阳 101(储层烃和包裹体烃)都呈"反 L"形,反映其母源输入中有高等植物输入。

重排甾烷在惠民凹陷普遍存在,但其含量都很低。大部分储层烃相对于包裹体烃的重排/规则甾烷值高,阳 101 井和商 52 井则相反。无论是包裹体烃还是储层烃,样品成熟度越高,重排甾烷/规则甾烷值越大。样品中甲基甾烷丰度尽管不高,但它在沙四段普遍存在。其中沙四段储层烃相对于包裹体烃 4-甲基甾烷含量较高,临深 1 样品则较低。

临深 1、商 52、盘 45 和阳 101 井储层烃 C_{29} $S/(S+R)<0.4$,属于低熟油,而包裹体 C_{29} $S/(S+R)>0.4$,属于成熟油。原油成熟度明显低于相应的包裹体烃类组分的成熟度,说明沙四段早期油气注入的是成熟油,后期又有低成熟原油注入,即沙四段沉积时期至少有两期油气注入。

三、油气充注机理

临南洼陷储层中包裹体烃与深层沙四段烃源岩具有亲缘性,其共同特征是 C_{29} 规则甾烷明显富集(商 52 井除外),而贫 C_{27} 和 C_{28} 甾烷和低伽马蜡烷含量。惠民凹陷包裹体中烃类普遍遭受了降解,东营组沉积初期沙四段烃源岩已经达到生烃门限,生成的成熟油气沿断层垂向运移,遇到圈闭聚集成藏。东营组沉积中期,由于喜山运动造成地层抬升,大气水淋滤携带细菌进入储层中,原油遭受降解。现今储层中油气是晚期注入的油气和早期遭受降解原油的混合。

阳信洼陷阳 101 样品储层烃和包裹体烃与沙三段烃源岩生物标志物具有相似性,C_{27},C_{28},C_{29} 规则甾烷成"反 L"形分布,C_{29} 甾烷含量占优势,伽马蜡烷指数>0.2,反映了微咸水沉积环境。临南洼陷沙四段储层烃与沙四段烃源岩具有亲缘性,这是由于晚期和早期注入的原油混合所致。临南洼陷样品储层烃伽马蜡烷含量很低,有的样品甚至检测不到伽马蜡烷,指示了淡水—微咸水沉积环境。馆陶组—明化镇组沉积时期沙三段烃源岩生成的油气进入沙四段储层,虽然油源来自同一套烃源岩,但是不同埋深可相差数十米甚至上百米,造成了不同部位储层中原油成熟度的差异。临近洼陷中心附近的储层烃成熟度很高,个别样品已达到热平衡状态(夏斜 96 井),位于中央隆起带上的储层烃成熟度则相对较低,个别样品为低熟油(商 52、临深 1 和盘 45 井)。

惠民凹陷低熟油的形成主要有以下几条重要原因:① 沙三段烃源岩中存在富含藻类的有机质富集层,是形成低熟油的物质基础;② 富含有机酸、钾离子、铝离子的地层流体加速了粘土矿物的成岩演化,促进了低熟油的生成;③ 可溶有机质是形成低熟油的主要物质。结合包裹体均一温度和精细埋藏史曲线,可知惠民凹陷油气成藏时间有两期注入:一期为沙一段沉积时期,此时期沙四段烃源岩已经达到成熟,成熟油气充注到储层中;二期为馆陶组—明化镇组沉积时期，这时沙三段烃源岩生成的低熟油和成熟油都相继注入邻近的储层中，后期和早期注入的原油相混合。因此，惠民凹陷低熟油成藏具有晚生、晚排、成藏期晚、运移距离短等特点。

第三节　原油地球化学特征

一、沙三下亚段原油特征

（一）饱和烃生物标志物特征

沙三下亚段原油正构烷烃呈单峰态分布（图 7-3-1），无奇偶优势，*OEP* 值接近 1，说明沙三下亚段样品以低等水生生物输入为主。异戊间二烯烷烃变化比较大，样品 Pr/Ph 都大于 1，夏斜 943-1 样品 Pr/Ph 达 2.06，指示了淡水弱还原沉积环境。

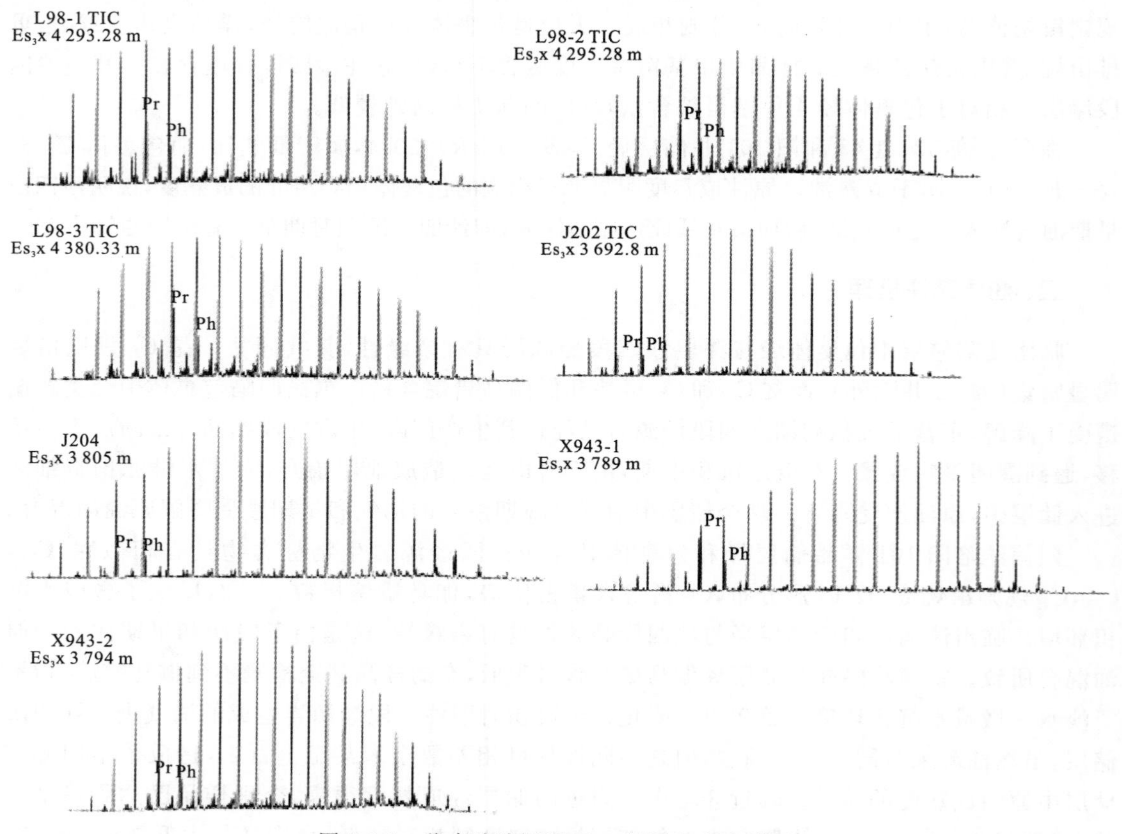

图 7-3-1　临南洼陷深层 Es_3x 原油气相色谱图

烷基环己烷分布形式与正构烷烃分布相似（图 7-3-2），呈单峰态分布，碳数分布范围为 C_8～C_{27}，主峰碳为 C_{11}，C_{12}，C_{15}，C_{20}。街 202、街 204 和夏斜 943-1 样品以偶碳数占优势，其他样品奇偶优势不明显。

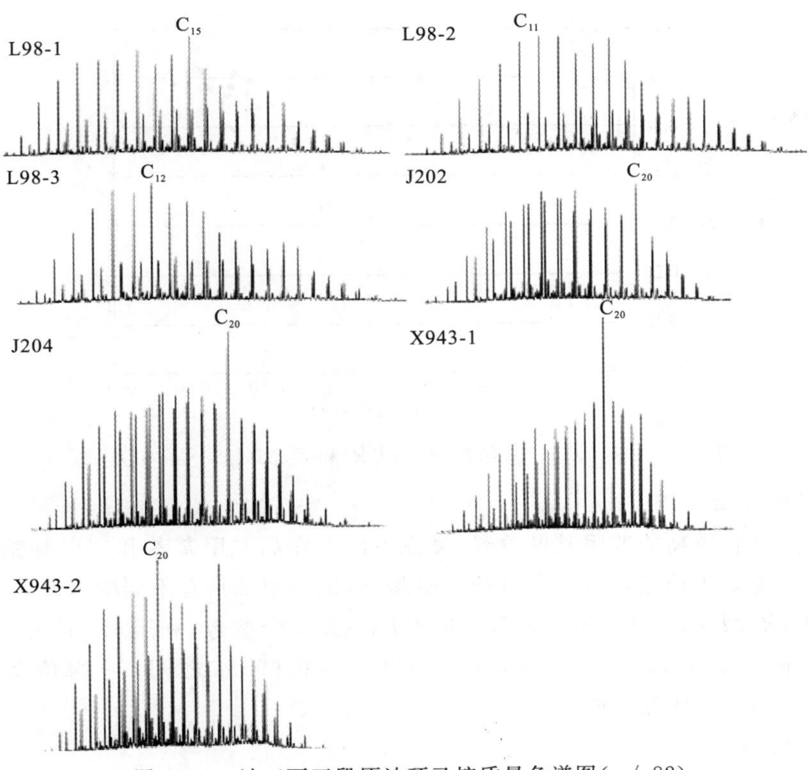

图 7-3-2 沙三下亚段原油环己烷质量色谱图($m/z82$)

(二) 萜类化合物

1. 倍半萜类

C_{14}～C_{16}补身烷系列在惠民凹陷原油中普遍存在,临 98 井样品 8β 补身烷/8β(H)-升补身烷值较高,夏斜 943 较低,街 202 和街 204 样品比值最低。

2. 三环萜烷和四环萜烷系列

临南洼陷临 98 井(4 293～4 380 m)三环萜烷含量非常丰富,三环萜烷/五环萜烷值为 0.69～1.23。

3. 三萜烷类

T_s/T_m 值随深度的增加而增加,表明沙三下亚段原油成熟度已经达到高成熟演化阶段。萜烷中还富含 $C_{29}T_s$ 和 17α-重排藿烷,指示出其主要源于弱氧化环境的湖相烃源岩。沙三下亚段原油伽马蜡烷含量低,G/C_{30}H 值为 0.04～0.17,指示了淡水湖相沉积环境。

(三) 甾烷类化合物

临 98 井深层含有丰富的 C_{21}孕甾烷和 C_{22}升孕甾烷,C_{21}/C_{22}孕甾烷值为 1.64～5.58,这除表明成熟度较高外,也显示了水生生物有机质的参与。沙三下亚段深层原油以 C_{27},C_{28}和 C_{29}规则甾烷为主,同时还有一定量的重排甾烷。深层 C_{27}甾烷具有明显优势,C_{28}甾烷含量最低,这表明水生低等生物是沙三段深层原油有机质的主要贡献者。从甾烷成熟度参数分布情况看(图 7-3-3),沙三下亚段原油都已进入高成熟阶段。

(四) 芳烃生物标志物特征

惠民凹陷原油芳烃馏分中检出了 20 多种单体化合物,主要为萘、菲、屈、芘、芴、氧芴、硫芴、三芳甾烷等系列化合物。

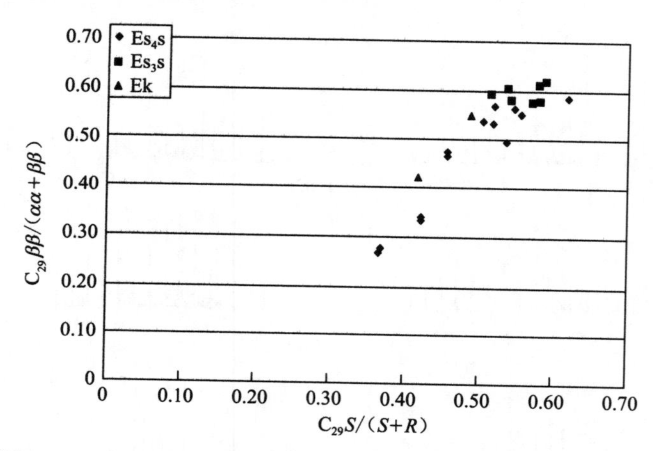

图 7-3-3　惠民凹陷 C_{29} 甾烷 $S/(S+R)$ 和 $C_{29}\beta\beta/(\beta\beta+\alpha\alpha)$ 相关图

1. 萘系列化合物

街 202 样品具有较高的四甲基萘含量，夏斜 943-1 样品二甲基萘和三甲基萘含量几乎相等，而临 98 井和街 204 样品具有高含量的三甲基萘，说明原油具有不同的来源。

计算了 DNR，MNR，$TMNr$，$TeMNr$ 和 $PMNr$ 共 5 个参数，利用 DNR 和 TNR 换算的 R_o 值分别分布在 0.604%～0.869% 和 0.771%～0.995% 之间，平均值为 0.721% 和 0.869%，表明原油处于成熟阶段。

2. 菲系列化合物

临 98 井和夏斜 943-1 样品菲系列化合物含量大小顺序为甲基菲＞二甲基菲＞三甲基菲＞菲＞乙基菲。街 202、夏斜 943-2、街 204 和夏 47 井样品菲系列化合物含量大小顺序为二甲基菲＞甲基菲＞三甲基菲＞菲＞乙基菲。

菲系列去甲基化指数（$DeMI_1$ 和 $DeMI_2$）可用来判别样品有机质的演化程度。一般认为，当去甲基化指数大于 1.00 时，有机质经历过较强烈的去甲基化过程。沙三段原油的 $DeMI_1$ 值分布区间很广。夏 47 井、街 202 井、街 204 井和夏斜 943-2 样品 $DeMI_1$ 值分布在 0.36～0.93 之间，说明本区原油去甲基化作用较弱。相反地，临 98 井和夏斜 943-1 样品 $DeMI_1$ 值分布在 1.17～1.55 之间，说明深层原油经历了较强烈的去甲基化作用。

沙三段原油甲基菲指数 MPI_1 值为 0.428～0.628，计算得到的 R_o 值为 0.657%～0.777%，表明原油已处于高成熟阶段。用于反映沙三下亚段原油成熟度的甲基菲参数 MPI_1，MPI_2，MPR_2，DPR_4 与 DPR_2 都具有很好的正相关性。

3. 芴系列化合物

夏 47 井样品 SF＞F＞OF，说明夏 47 井原油母质为还原沉积环境。深层沙三段与浅层沙三段的芴系列含量分布不同，街 202、临 98-1、夏斜 943-1 和街 204 等样品 F＞SF＞OF，说明沙三段深层原油母源为弱还原沉积环境。

4. 三芳甾烷系列化合物

沙三段原油中检出了 m/z231 和 245 三芳甾烷系列，不同地区原油三芳甾烷成熟度参数 C_{26}-TA20S/(20S+20R)差别很大，夏 47 井成熟度参数低，而深层临 98、夏斜 943 等井成熟度参数很高。随着 $C_{29}S/(S+R)$ 的增加，三芳甾烷成熟度参数也逐渐增加。$C_{29}S/(S+R)$ 值最大为 0.59，已达到热平衡状态，说明深层原油处于高成熟阶段。当 $C_{29}S/(S+R)$ 达到热平衡时，三芳甾烷成熟度参数还有增加的趋势，因此可以用三芳甾烷来表示原油高热演化阶段的成熟度。浅层夏 47 井 $C_{20}/(C_{20}+C_{26})$ 值较低，深层街 202 井、临 98 井 $C_{20}/(C_{20}+C_{26})$ 值为 0.44～0.90，即随着热演化程度的增加，高碳数的三芳甾烷逐渐向低碳数的三芳甾烷转化。

5．二苯并噻吩系列化合物

二苯并噻吩去甲基指数（*DDI*）和二苯并噻吩甲基重排指数（*DMI*）可以用来研究有机硫的热演化作用。如图 7-3-4 所示，*DDI* 和 *DMI* 投点分布在一个约 45°角延伸的线性区域中，表明二苯并噻吩的去甲基作用和异构化作用是近同步变化的。

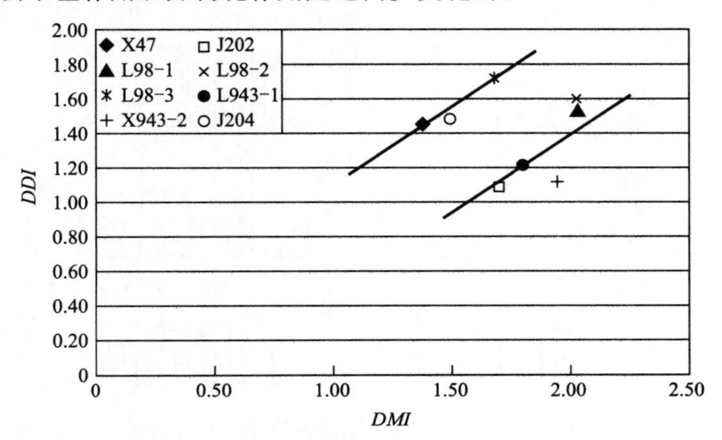

图 7-3-4 沙三下亚段原油 *DDI* 与 *DMI* 参数分布图

二苯并噻吩/菲（*DBT/P*）可以表征原油成油母质的沉积环境，在强还原环境尤其是海相碳酸盐地层中，该比值>1.0，湖相沉积比值<1.0。惠民凹陷沙三段原油 *DBT/P* 值很小，约为 0.042～0.094，表明深层沙三段原油母质主要形成于淡水—微咸水湖相的弱氧化环境。

6．其他系列化合物

沙三下亚段油砂抽提物还检出了屈、联苯、二苯并呋喃、芘、萤蒽、苯并[a]芴和苯并[b]芴等少量芳烃化合物。

二、沙四上亚段原油特征

（一）饱和烃生物标志物特征

在饱和烃气相色谱图上可以清晰地检测出正构烷烃和植烷系列类异戊间二烯烷烃的分布特征（图 7-3-5）。正构烷烃碳数分布在 C_{15}～C_{31} 之间，多呈单峰形态分布，主峰碳为 C_{21} 或 C_{23}，奇偶优势不明显，*OEP* 和 *CPI* 值都接近 1，显示出较高的热演化程度。C_{21}^{-}/C_{22}^{+} 介于 0.35～0.93 之间，碳数分布具有后峰群优势，可能是受到热成熟演化影响。本区具有丰富的陆源高等植物和水生低等生物输入。

本区夏 501、临深 1、盘 45、盘深 2、商 52-1 和阳 101 样品 Pr/Ph 分布在 0.53～0.67 之间，说明其原油母源沉积环境为还原环境；夏斜 507 井、夏斜 96、钱斜 141 和商 52-2 样品 Pr/Ph 比值分布在 1.12～1.23 之间，反映原油母质沉积在弱还原环境。

1．萜烷类生物标志物特征

惠民凹陷沙四段原油中普遍存在补身烷骨架的二环倍半萜烷，但含量较低，分布模式为 $C_{16}>C_{15}>C_{14}$，以 8β(H)-升补身烷为主峰。阳 101 井和盘 45 井 8β 补身烷含量较高，其他样品含量较少。沙四上亚段原油中的长链三环萜烷碳数范围为 C_{19}～C_{29}，C_{28}～C_{29} 含量较低，缺失 C_{27}，富集的成分是 C_{19}～C_{26}，以 13β(H)14α(H)构型为主。三环萜烷/五环萜烷值介于

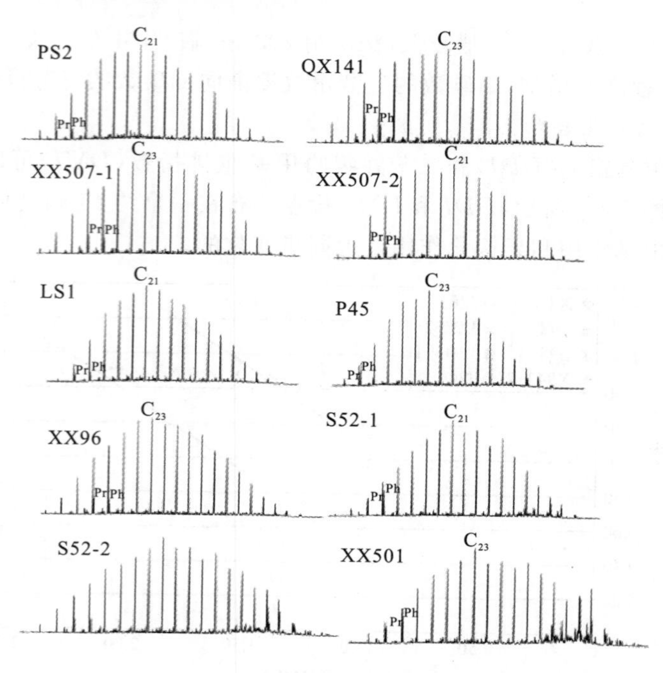

图 7-3-5　沙四上亚段原油正构烷烃分布特征

0.070～0.439 之间，商 52-2 三环萜烷/五环萜烷值最低，为 0.07，阳 101 三环萜烷/五环萜烷值最高，为 0.439。沙四上亚段原油中五环三萜烷均以 17α(H)藿烷系列为主，其次是 17β(H)21α(H)莫烷系列。

T_s/T_m 和 $C_{31}S/(S+R)$ 比值通常作为成熟度参数。在惠民凹陷，该比值与成熟度存在一定的相关性。T_s/T_m 随着 $C_{31}S/(S+R)$ 增加而增加；随着成熟度的增加，T_m 向稳定性较高的 T_s 转化，T_s/T_m 比值增大。但是当 $C_{31}S/(S+R)$ 值达到 0.6 以后，即达到热平衡后，二者相关性减弱。

阳 101 井具有较高的伽马蜡烷值，其他沙四段原油样品含量较低，说明阳信洼陷沙四段原油母质沉积在咸水还原湖泊环境，临南原油母质沉积在微咸水—淡水湖泊环境。

2. 甾烷类生物标志物特征

沙四上亚段原油中甾烷系列化合物以规则甾烷为主(图 7-3-6)，$\alpha\alpha\alpha RC_{27}$，$C_{28}$ 和 C_{29} 规则甾烷呈“L”形分布，$C_{27}/C_{29}>1$，C_{27} 规则甾烷占优势，反映出整个沉积过程中以低等水生生物贡献为主。原油中孕甾烷的含量较低，C_{21}/C_{22} 孕甾烷普遍大于 1。

商 52-2 和夏 501 样品 $C_{29}S/(S+R)$ 比值小于 0.4，原油属于低熟油范畴。夏斜 96、盘深 2、钱斜 141、夏斜 507、临深 1 和商 52-2 样品 $C_{29}S/(S+R)$ 值大于 0.5，说明原油已达到高成熟阶段，处于热平衡状态。盘 45 和阳 101 样品 $C_{29}S/(S+R)$ 值分别为 0.46 和 0.42，说明原油处于成熟阶段。

(二) 芳烃生物标志物特征

沙四段原油中检测到的多环芳烃主要包括萘、菲、芘、联苯、芴、荧蒽、二苯并噻吩、二苯并呋喃、三芳甾烷等系列化合物，并且以三环的菲系列、两环的萘系列和三芳甾烷系列含量最高。商 52-1 和夏 501 样品芳烃含量顺序为菲＞三芳甾烷＞萘＞屈。其他芳烃化合物含量顺序为菲＞萘＞三芳甾烷。

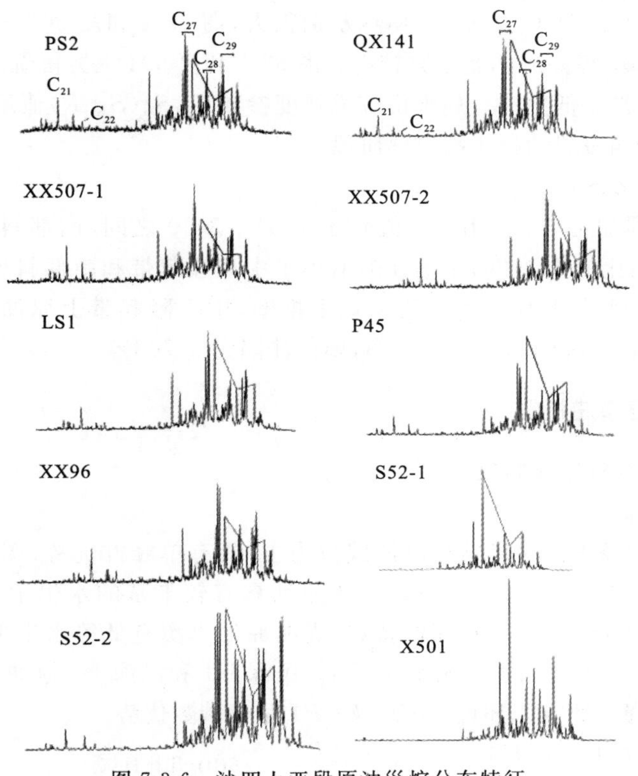

图 7-3-6 沙四上亚段原油甾烷分布特征

1. 萘系列化合物

盘深 2、夏 501、商 52-1、盘 45 和临深 1 样品萘系列含量顺序为四甲基萘＞三甲基萘＞五甲基萘＞二甲基萘，夏斜 507-2、阳 101、夏斜 96 、商 52 和钱斜 141 样品萘系列含量顺序为三甲基萘＞四甲基萘＞二甲基萘＞五甲基萘。

计算了 *DNR*，*MNR*，*TMNr*，*TeMNr* 和 *PMNr* 共 5 个参数，利用 *DNR* 和 *TNR* 换算的 R_o 值分别分布在 0.580%～0.809% 和 0.720%～0.891% 之间，平均值为 0.691% 和 0.799%，表明原油处于成熟阶段。

2. 菲系列化合物

钱斜 141 井和商 52-2 样品菲系列化合物含量大小顺序为甲基菲＞二甲基菲＞三甲基菲＞菲＞乙基菲。其他样品菲系列化合物含量大小顺序为二甲基菲＞甲基菲＞三甲基菲＞菲＞乙基菲。

盘 45、临深 1、盘深 2、夏斜 507-2、商 52-1、夏斜 96、夏 501 和商 52-2 样品 $DeMI_1$ 和 $DeMI_2$ 值小于 1，说明原油去甲基化作用较弱；钱斜 141 和阳 101 井 $DeMI_1$ 和 $DeMI_2$ 值大于 1，说明原油经历了强烈的去甲基化作用。沙四段原油 MPI_1 值为 0.404～0.801，计算得到的 R_o 值为 0.643%～0.880%，表明原油已处于成熟阶段。

3. 芴系列化合物

夏斜 507-1 样品硫芴含量少，芴含量与硫芴含量相当，说明夏斜 507-1 原油母质形成于弱还原沉积环境。其他沙四段样品硫芴含量高，反映了原油母质形成于富硫还原性沉积环境。

4. 三芳甾烷系列化合物

沙三段原油中检出了 m/z231 和 245 三芳甾烷系列。不同地区原油三芳甾烷成熟度参数

C_{26}-TA20S/(20S+20R)和C_{20}/(C_{20}+C_{26})差别很大，商52-1和夏501三芳甾烷成熟度参数低，而盘深2、夏斜507等井成熟度参数较高。商52-1和夏501三芳甾烷成熟度参数低且富含三芳甾烷，说明二者都是低熟油。规则甾烷成熟度参数C_{29} S/(S+R)值最大为0.618，已达到热平衡状态，说明沙四段原油处于高成熟阶段。

5. 二苯并噻吩化合物

中央隆起带上段原油4-/1-MDBT值介于1.01～3.50之间，南部斜坡带上介于1.21～4.61之间，阳信洼陷比值为2.26，阳信洼陷值小于中央隆起带和南部斜坡带。按罗健提出的R_o与二甲基二苯并噻吩比值之间的关系式来推断，中央隆起带上原油R_o值为0.649%～0.736%，南部斜坡带为0.643%～0.763%，阳信洼陷为0.703%。

三、孔店组深层原油特征

(一) 饱和烃生物标志物特征

1. 正构烷烃特征

民深1-1井饱和烃正构烷烃碳数以低碳数为主，具有单峰群优势(图7-3-7)，碳数分布在C_{14}～C_{28}之间，C_{17}为主峰碳，$C_{21}^{-}/C_{22}^{+}>1$，表明原油具有较丰富的水生生物和藻类母质输入。民深1-2正构烷烃碳数分布具有双峰群特点，表明原油母源有低等水生生物和陆源高等植物输入，碳数分布在C_{14}～C_{32}之间，主峰碳为C_{18}。民深1-1和民深1-2原油Pr/Ph<1，反映了原油母源沉积环境为强还原沉积环境，*OEP*及*CPI*呈奇碳数优势。

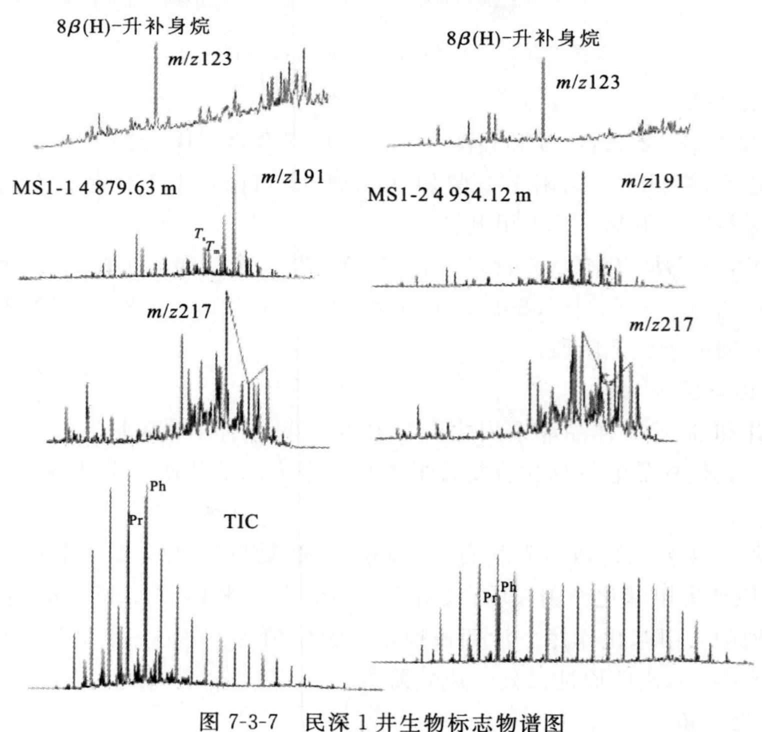

图7-3-7 民深1井生物标志物谱图

2. m/z191萜烷特征

民深1-1和民深1-2二环倍半萜烷(m/z123)都以8β(H)-升补身烷为主峰，后者含量较高。民深1-1样品富含三环萜烷，三环萜烷/五环萜烷值为0.617。两样品伽马蜡烷/C_{30}藿烷值为0.16～0.06，反映出原油母质来源于微咸水沉积环境。

3. m/z217 甾烷特征

民深 1-1 和民深 1-2 成熟度参数 $C_{29}S/(S+R)$分别为 0.42 和 0.49，原油达到成熟状态。两样品 $C_{27}\alpha\alpha\alpha20R$，$C_{28}\alpha\alpha\alpha20R$，$C_{29}\alpha\alpha\alpha20R$ 呈近“L”形分布，表现出以水生生物输入为主的特征。

(二) 芳烃生物标志物特征

孔店组原油样品芳烃化合物组成与分布特征非常相似，均检出了萘、菲、芴、联苯、氧芴、屈、荧蒽和芘、北、三芳甾烷和苯并藿烷系列生物标志物。芳烃化合物以两环的萘系列和三环的菲系列含量最高，呈现成熟原油的分布特征。多环的二苯并噻吩、二苯并呋喃、芴、芘和荧蒽含量较低，其他多环芳烃化合物仅微量出现。

1. 萘系列化合物

民深 1-1 样品萘系列含量顺序为三甲基萘＞四甲基萘＞二甲基萘＞C_3-萘；民深 1-2 样品萘系列含量顺序为四甲基萘＞三甲基萘＞五甲基萘＞C_3-萘。利用 DNR 和 TNR 换算的 R_o 值分别分布在 0.576％～0.951％ 和 0.722％～1.586％之间，平均值分别为 0.764％和 1.154％，表明原油处于成熟阶段。

2. 菲系列化合物

民深 1-1 样品菲系列化合物含量大小顺序为甲基菲＞二甲基菲＞菲＞三甲基菲＞乙基菲。民深 1-2 样品菲系列化合物含量大小顺序为二甲基菲＞甲基菲＞菲＞三甲基菲＞乙基菲。民深 1 两块样品 $DeMI_1$ 值分布在 1.42～1.53 之间，说明深层原油经历了较强烈的去甲基化作用。MPI_1 值为 0.51～0.431，计算得到的 R_o 值为 0.659％～0.706％，表明原油已处于成熟阶段。

3. 芴系列化合物

民深 1 井样品 SF＞F＞OF，说明民深 1 井原油母质形成于还原沉积环境。

4. 三芳甾烷系列化合物

沙三段原油中检出了 m/z231 和 245 三芳甾烷系列。规则甾烷成熟度参数 $C_{29}S/(S+R)$ 值最大为 0.49，说明孔店原油处于高成熟阶段。深层民深 1 井 $C_{20}/(C_{20}+C_{26})$三芳甾烷比值为 0.422～0.570，说明随着热演化程度的增加，高碳数的三芳甾烷逐渐向低碳数转化。

5. 二苯并噻吩化合物

孔店组原油都检测到了甲基二苯并噻吩和二甲基二苯并噻吩系列化合物，民深 1 样品的 $DMDR_2$ 值分别为 1.02 和 1.18，相应的 R_o 值分别为 0.713％和 0.73％，说明民深 1 井原油都已达到成熟阶段。

6. 其他系列化合物

民深 1 井油砂抽提物还检出了屈、联苯、二苯并呋喃、芘、萤蒽、苯并[a]芴和苯并[b]芴等少量芳烃化合物。

四、原油物理性质

惠民凹陷沙四段原油密度为 0.845 8～0.890 8 g/cm³。粘度变化范围主要在 6～800 mPa·s，多数样品含蜡量大于 10％，凝固点值为－10～40 ℃。从下向上粘度和密度由大变小，凝固点由低变高，含蜡量由高变低。平面上，距离生油洼陷近的原油其密度和粘度低，位于洼陷边缘及周围隆起区的原油比较稠。

第四节　油源对比

一、阳信洼陷油源对比

阳信洼陷原油的共同特征是萜烷中以 C_{30} 17α(H)21β(H)藿烷为主峰，伽马蜡烷含量高；长链三环萜烷范围 C_{19}～C_{29}，C_{28}～C_{29} 含量较低，以 13β14α 构型为主，以 C_{21} 或 C_{23} 为主峰；三降藿烷(T_s，T_m)含量较少，低 C_{30} 重排藿烷和 C_{29} T_s，五环三萜烷随碳数增加含量逐渐减少(图 7-4-1～图 7-4-3)。甾烷中以 $\alpha\alpha\alpha RC_{27}$ 规则甾烷为优势，其分布为 $\alpha\alpha\alpha RC_{27}>\alpha\alpha\alpha RC_{29}>\alpha\alpha\alpha RC_{28}$。4-甲基甾烷含量极少，或者检测不到。重排甾烷含量较低，一般小于 0.2。孕甾烷 C_{21}/C_{22} 大于 1。

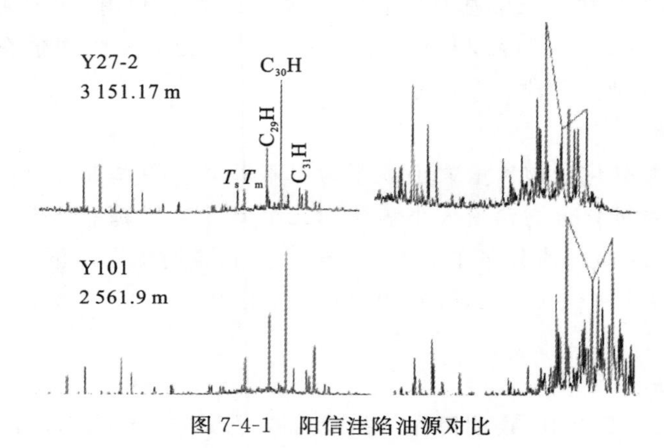

图 7-4-1　阳信洼陷油源对比

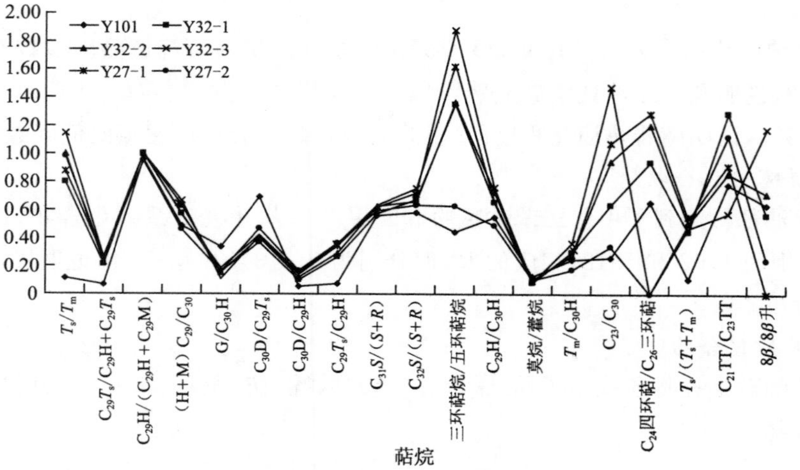

图 7-4-2　阳信洼陷沙四段原油萜烷分布对比图

阳信洼陷沙四段原油和烃源岩芳香烃含量分布相似。阳 101 井原油与阳 32 井、阳 27 井暗色泥岩芳香烃含量曲线趋势一致(图 7-4-4)，只是阳 101 井三芳甾烷的含量比阳 27 井、阳 32 井的三芳甾烷含量高，这可能是由于低成熟度油气混源注入造成的。

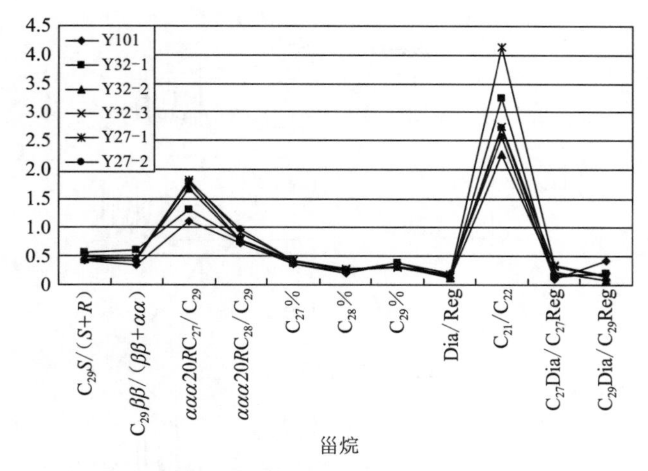

图 7-4-3 阳信洼陷沙四段原油甾烷分布对比图

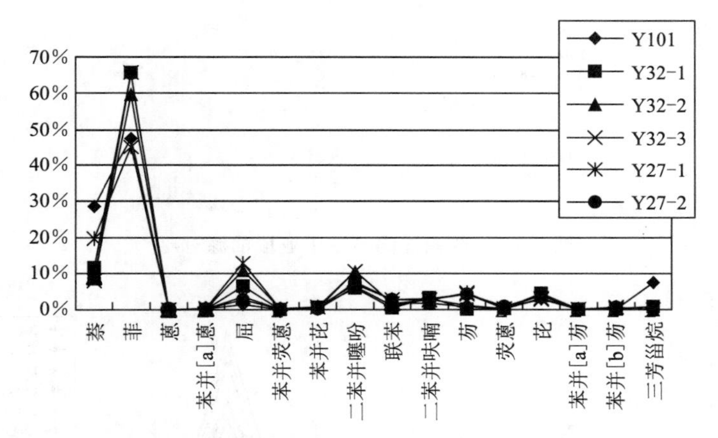

图 7-4-4 阳信洼陷原油芳香烃化合物分布对比图

二、临南洼陷油源对比

(一) 沙三下亚段原油对比

沙三下亚段储层油与暗色泥岩在生物标志物分布与组成上具有很强的可比性(图 7-4-5、图 7-4-6)。芳香烃化合物含量主要是以菲系列为主,其次为萘系列,少量的屈系列、二苯并噻吩系列和芴系列等。商 547 样品萘系列含量高于菲系列,说明其受有机质类型和成熟度影响较大。夏 47 井和街 202 井具有较高含量的三芳甾烷,这说明可能有低熟油气充注。

(二) 沙四上亚段油源对比

沙四段原油检测出成熟油和低熟油。低熟油为商 52-1、夏 501 井,甾烷成熟度参数 $C_{29}S/(S+R)$分别为 0.368 和 0.365。沙四段原油与沙四段烃源岩具有可比性(图 7-4-7),饱和烃色谱参数 C_{21}^{-}/C_{22}^{+}小于 1,Pr/Ph 介于 0.53～1.51 之间,反映出原油母质沉积环境为还原—弱还原沉积环境。沙四段成熟油伽马蜡烷含量低,低成熟原油伽马蜡烷含量较高。成熟油三降藿烷 T_s/T_m 值介于 0.663 1～1.946 之间,三环萜烷含量较低。在甾烷化合物中,规则甾烷呈“L”形分布,C_{27}/C_{29}规则甾烷大于 1,这表明原油母源以低等水生生物输入为主。规则甾烷成熟度参数 $C_{29}S/(S+R)$介于 0.365～0.618 之间,$C_{29}\beta\beta/(\beta\beta+\alpha\alpha)$介于 0.266～0.585 之间。重排甾烷含量很少。沙四段原油和暗色泥岩芳香烃化合物也表现出极强的亲缘性(图 7-4-8)。

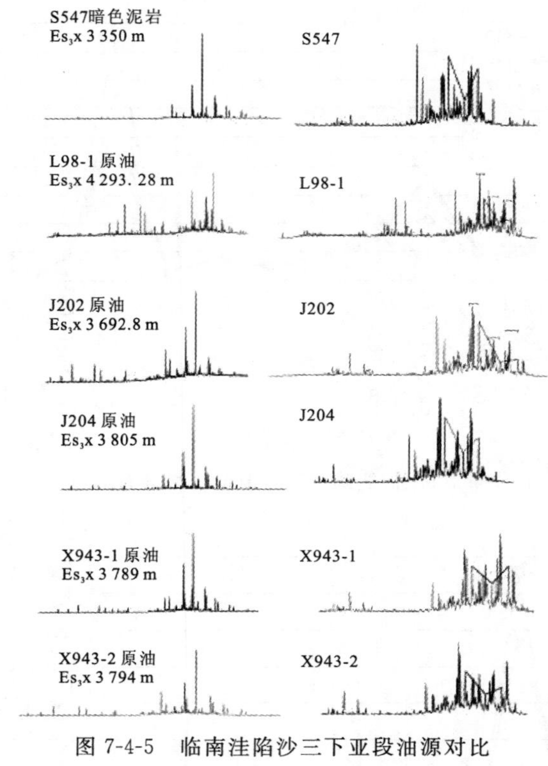

图 7-4-5　临南洼陷沙三下亚段油源对比

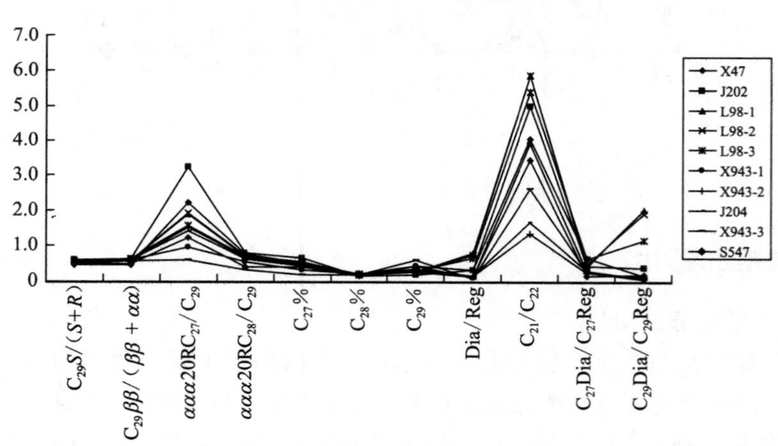

图 7-4-6　临南洼陷沙三下亚段原油甾烷分布对比图

（三）孔店组油源对比

孔店组原油与沙四段暗色泥岩生物标志物分布特征极为相似(图 7-4-9)，其共同特征是具有较高含量的三环二萜烷，$C_{30}\alpha\beta$ 藿烷为主峰，T_s 和 T_m 含量少。在甾烷中，C_{27} 规则甾烷占优势，重排甾烷含量较高。甾烷成熟度参数 $C_{29}\,S/(S+R)$ 和 $C_{29}\,\beta\beta/(\beta\beta+\alpha\alpha)$ 分别为 0.418～0.489 和 0.422～0.550，说明孔店组原油处于成熟阶段。孔店组原油与沙四段泥岩在香烃化合物分布中也有相似性(图 7-4-10)。因此，孔店组原油来自沙四段暗色泥岩。

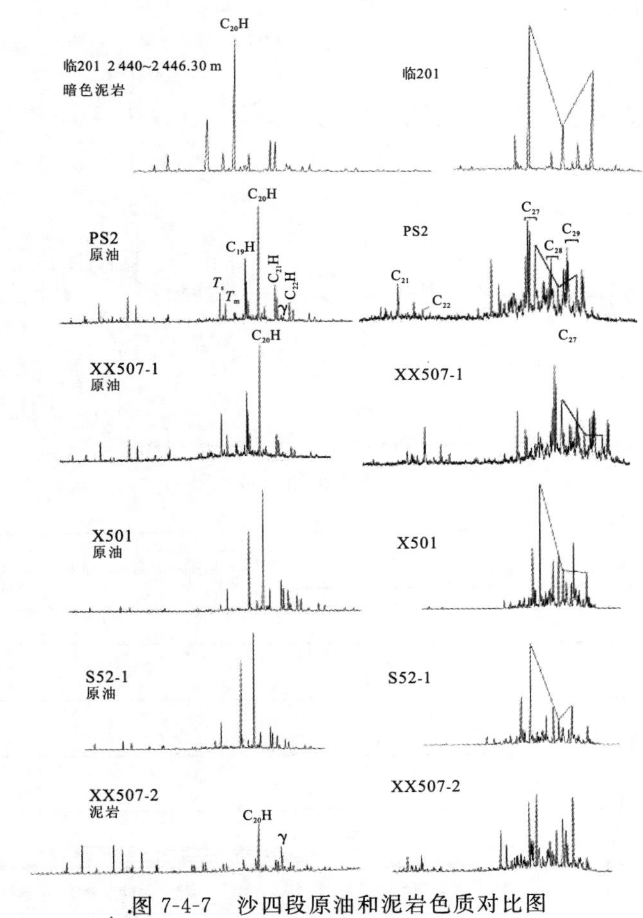

图 7-4-7　沙四段原油和泥岩色质对比图

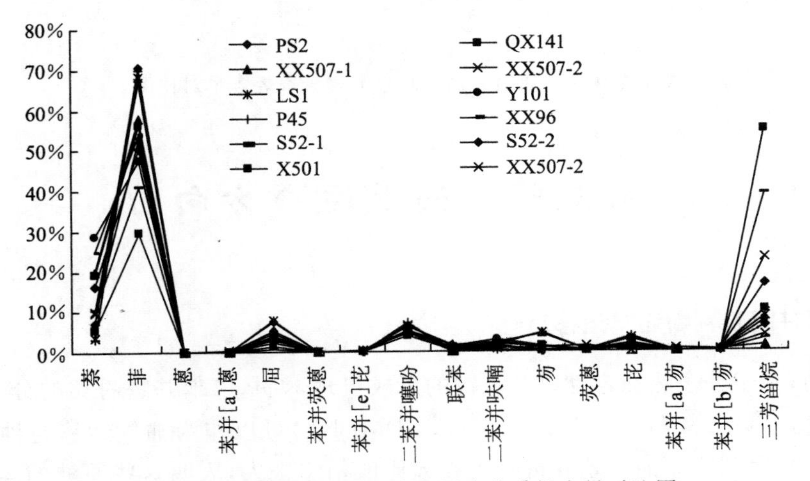

图 7-4-8　沙四段原油和暗色泥岩芳香烃含量对比图

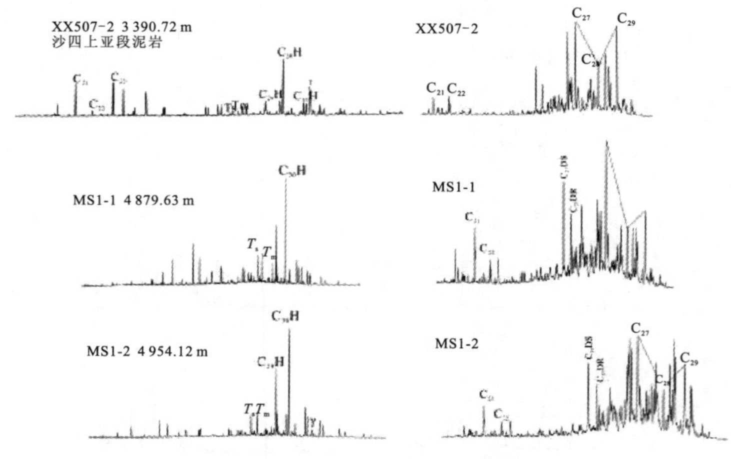

图 7-4-9 孔店组油源对比图

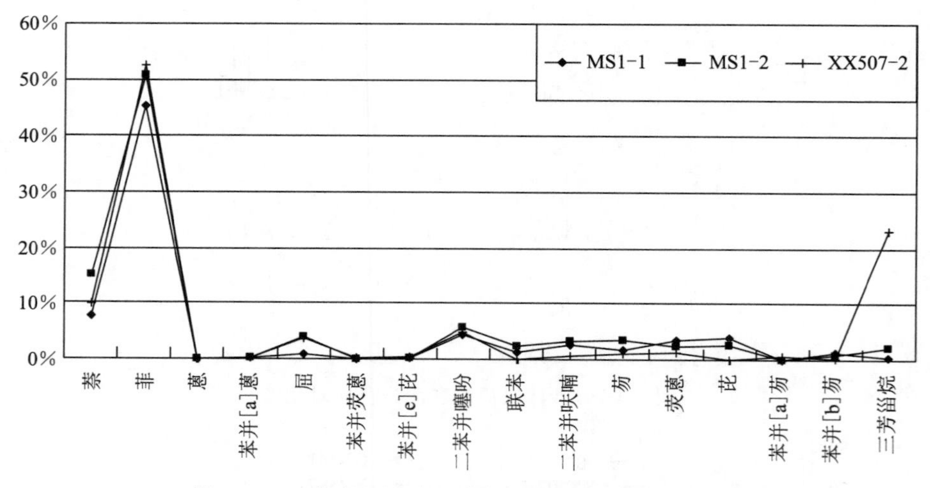

图 7-4-10 孔店组原油和暗色泥岩芳香烃含量对比图

第五节 油气运移方向

一、二苯并噻吩判断油气运移方向

研究认为，基于分子热稳定性以及氢键的形成机理，烷基二苯并噻吩类的分子参数(例如 4/1-MDB 以及 2,4-/1,4-DMDBT 和 4,6-/1,4-DMDBT)可以作为油气运移与油藏充注途径的示踪参数。惠民凹陷原油二苯并噻吩类参数比值相差很大，表明这些原油的运移路径和距离不同(图 7-5-1～图 7-5-3)。临近营子街断层的 4-/1-MDBT 参数值较低，如临深 1 和夏 501 等井，该比值为 1.21，表明油气经过了长距离的运移。商 52 井比值最小，说明其油气运移距离最长。虽然临深 1 井距离临南洼陷很近，但是其 4-/1-MDBT 值比盘深 2 井低，这可能是由于油气优先充注盘深 2 井后再充注临深 1 井。另外，临南洼陷油气具有沿着断层走向优势运移的特征。

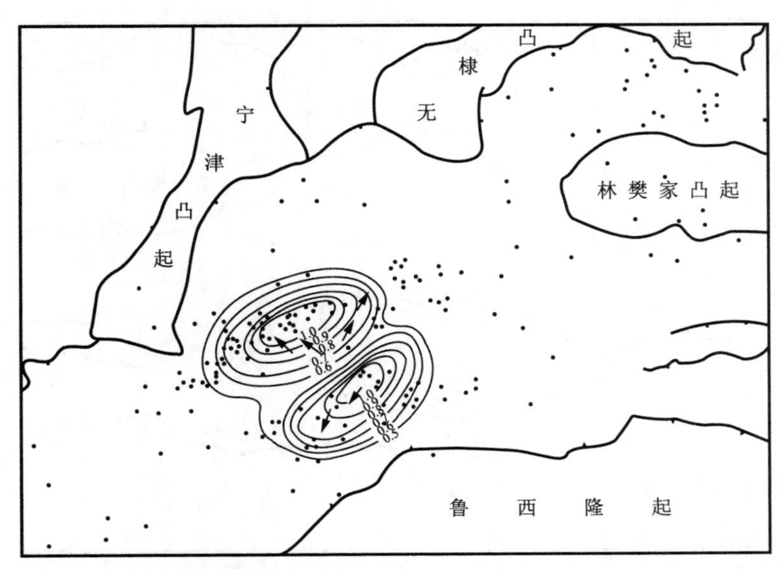

图 7-5-1 惠民凹陷沙四上亚段 4,6-/1,4-DMDBT 等值线图示踪石油充注途径

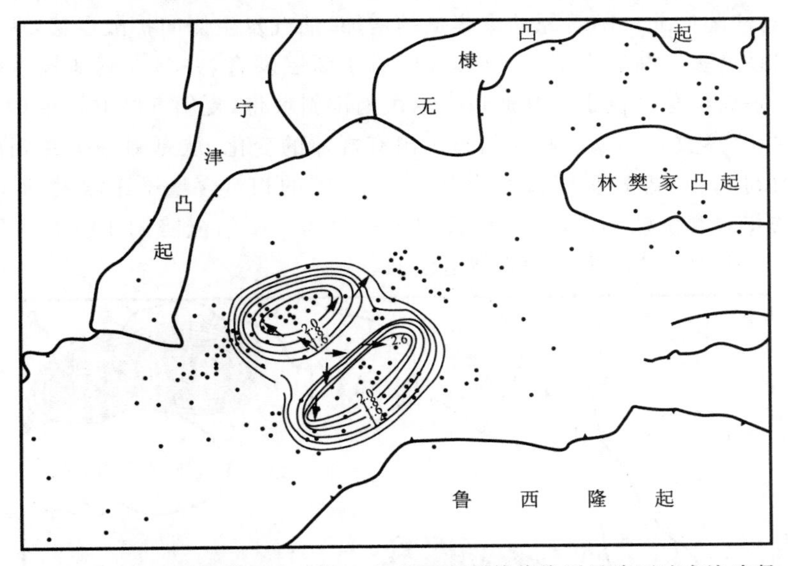

图 7-5-2 惠民凹陷沙四上亚段 4 /1-DMDBT 等值线图示踪石油充注途径

二、含氮化合物判断油气运移方向

利用含氮化合物的绝对浓度和烷基咔唑类化合物的比值变化,可研究原油在区域上的运移和充注方向。原油或生油岩抽提物中,含氮化合物常以稠环芳香杂环化合物的形式存在,主要有两种结构类型:含吡咯氮结构特征的中性含氮化合物和含吡啶结构的碱性含氮化合物,其中前者为主要成分。因此,本节中主要讨论原油样品中中性含氮化合物的分布特征。

惠民地区原油中含氮化合物参数值等值线长轴方向与断层走向一致,显示出油气运移方向的规律性(图 7-5-4)。在惠民凹陷中央隆起带上,盘 45 井和临深 1 井含氮化合物浓度较高。它们的 1-/(2+3)甲基咔唑、1,8-二甲基咔唑/2,7 二甲基咔唑、1,8-二甲基咔唑/1,3 二甲基咔唑、1,8-二甲基咔唑/1,6 二甲基咔唑比值低,表明盘 45 井和临深 1 井距离油源区最近,其运移

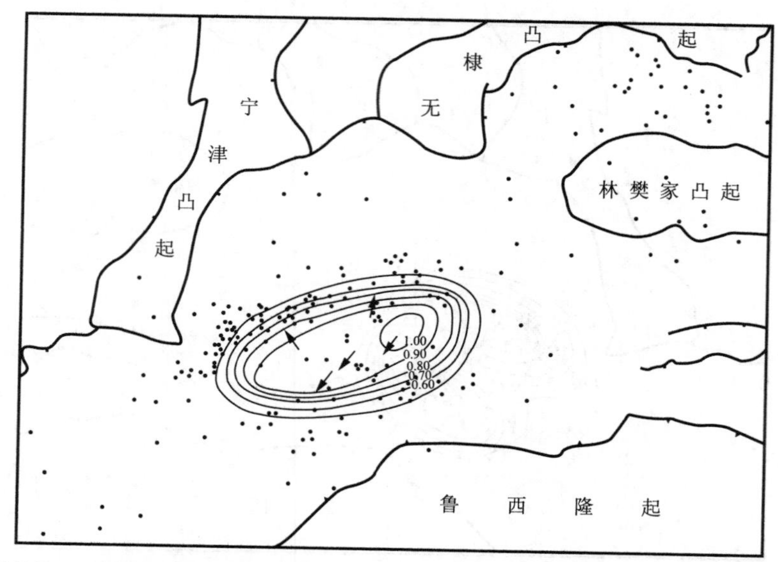

图 7-5-3 惠民凹陷沙四上亚段 2,4 /1,4-DMDBT 等值线图示踪石油充注途径

和注入方向是自洼陷向北。随着原油聚集量的增加，油气发生侧向扩散运移，从而有效含油面积增加，含油层系增多。断层发育史表明，该区后生断层发育，并与大量油气运移有良好的配置关系，为油气垂向运移提供了良好通道。惠民南部斜坡带，夏斜 507 井原油中含氮化合物浓度最高。烷基咔唑参数 C_3/C_2 咔唑比值显示出有规律的变化，从夏斜 507 井到商 52 井，其比值由 0.72 增加到 0.94，即较高碳数的同系物 C_3-咔唑的相对含量迅速增大，而较低碳数的同系物 C_2-咔唑的相对含量减小，显示出较长的运移距离。阳信洼陷阳 101 井含氮化合物浓度最高，这可能由于阳 101 井距离生油岩较近所致。

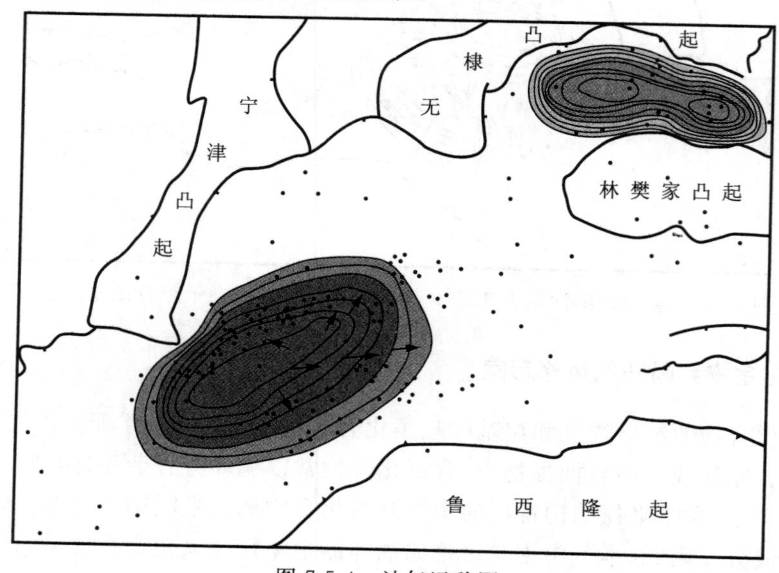

图 7-5-4 油气运移图

第六节　含油气系统控制因素及成藏模式

一、断裂输导体系

(一) 断裂体系

临南地区处于鲁西南断裂体系，区内断层很发育，以正断层为主，大断层主要沿基底断层新生活动，同时也产生了许多新生盖层断层。洼陷主体受近东西向和北东东向断层的控制，在断块活动过程中还形成了大量的近东西向断层。

1. 断层的平面展布

根据临南洼陷的断层平面和组合特征，可以将其分为雁列断层、羽列断层、近东西向平行断层和北东东向平行断层四种组合形式(图 7-6-1)。

雁列断层呈斜列分布，以临商断裂带最明显，该断裂带总体为北东东走向，由一系列近东西向的断层左斜列组成。自西向东可以分为唐庄、马寨、田家和商河四段。

羽列断层是临南洼陷内的主要断层组合方式，主要表现为洼陷内的近东西向小断层与北东东向的临邑和夏口断层斜交，以马寨、田家、田口和孟家寺地区最典型。

平行断层有两组，一组由一系列近东西走向的断层平行分布，主要表现在商河地区，由一系列走向近东西向、倾向向南的断层构成断阶。另一组由一系列北东东走向的断层平行展布，主要分布在夏口断层以南的广大地区。

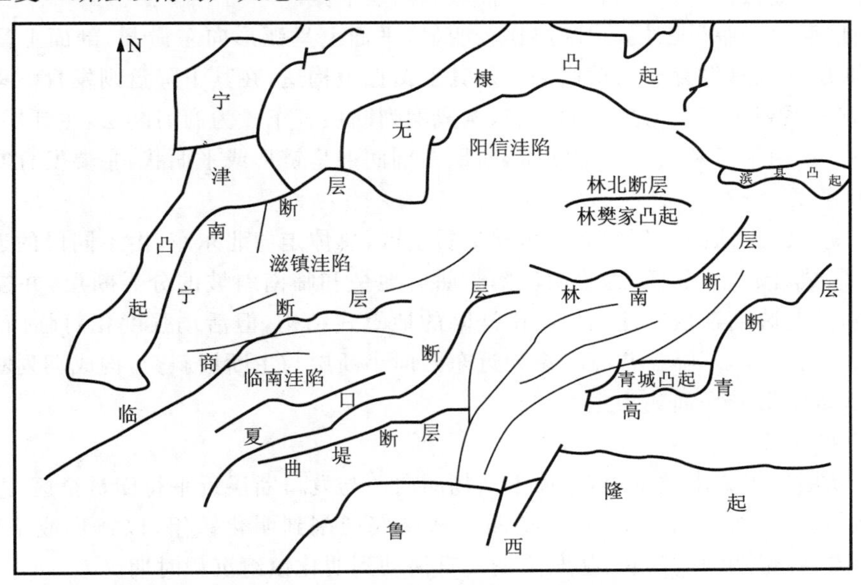

图 7-6-1　惠民凹陷断层分布图

2. 断层的剖面组合形态

临南洼陷一条断裂带往往是由几条断层或由一条断层与多条分支断层构成。断层的剖面组合形态主要有马尾状、羽状、阶梯状、花状和“Y”字形等形态，构成复杂的连通体系(图 7-6-2)。

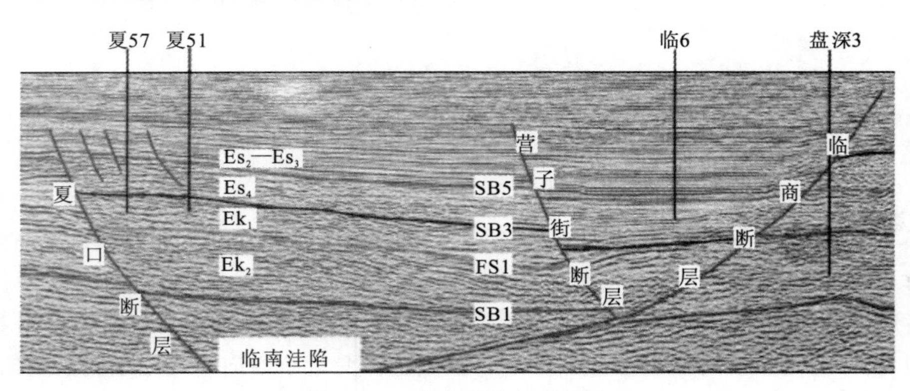

图 7-6-2 临南洼陷主要断层

(二)主要断层特征

在临南洼陷的众多断层中,对含油气系统影响最大的断层有三条:临商断层、夏口断层和营子街断层。

1. 临商断层

平面上临商断层自唐庄以北东、北东东弧形弯曲延伸到商河一带转为近东西向,总体呈北东东向横贯全区,倾向南南东。临商断层为中央凸起与临南洼陷的分界断层,并对临南洼陷的形成演化起主要控制作用。剖面上主断层主要为铲形或座椅式,并常伴生有次级小断层,与主断层构成马尾状、羽状或“卷心菜”状。断层向上达明化镇组,向下断开基底,控制了明化镇组以下中、新生代地层的沉积。断层上升盘主要为断块油藏和不整合油藏,断层下降盘以逆牵引背斜油藏和岩性油藏为主,同时有火山岩油藏和断块油藏。

临商断层西段为临邑断层,主断层比较明显,平面上呈弧形向东撒开,剖面上呈铲形或座椅式,在主断层上升盘发育鼻状单面潜山及其上覆披覆构造,在其下降盘则发育滚动背斜或鼻状构造,并有一系列小断层与主断面斜交,构成羽列断层。东段为商河断层,主断层不太明显,实际上是由一系列平行断层构成的断阶,断层在剖面上呈铲形或平面状,主要发育断块构造。

2. 夏口断层

平面上夏口断层从禹城到斜庙锯齿状横贯全区,总体走向北东东,由不同段的近东西向和北东向断层组成,倾向北北西,为临南洼陷与曲堤地垒和临南斜坡的分界断层,并控制临南洼陷的形成演化,与临商断层一起构成临南洼陷的地堑式结构,但活动强度相对临商断层较小。在走向为北东的区段,下降盘常有一系列近东西向小断层与主断层斜交,构成羽列断层。剖面上,夏口断层以铲形或平面式为主。

3. 营子街断层

营子街断层位于临南洼陷内,平面上从杨庙向西与夏口断层近平行横贯全区,总体走向近东西,向北倾向北北西。剖面上,营子街断层从基底切割到明化镇组,以铲形或平面式为主。尽管断距不太大,但活动时间长,从断陷期一直活动到明化镇组沉积时期。

营子街断层分布在深洼陷内部,对构造演化的控制作用不是很大,只是以规模较大而列为三级断层。但该断层对流体的垂向输导作用可能很大,特别是在缺乏有效流体输导系统的临南洼陷的深洼内,对油气垂向运移有重要作用。在营子街附近,断层带有些地震反射不太清晰带,有可能是超压流体垂向运移扰动的结果。

4. 白桥断层

白桥断层为一条南北走向西掉断层,对本区东西分带起着重要的控制作用,北与夏口断层相交,向南延伸,在区内长达 40 km。该断裂对本区的构造形态和地层沉积有重要的控制作用。

5. 齐河断层

齐河断层为一条北北东向转向东西向的北掉大断层,平面长度 50 km 左右,是临南斜坡的南部边界断层和鲁西隆起的北部边界。该断层断距具有两头大、中间小的特征,是一条长期活动、断至新生界新近系明化镇组的断层,对本区的沉积具有重要的控制作用。

6. 仁风断层

仁风断层是一条北东走向北西掉的反向正断层,向西南交于白桥断层,向东北延伸至工区,区内长约 21 km,它对地层的厚度变化、构造形态和油气富集具有一定的控制作用。

(三)油气的二次运移方式

1. 侧向运移

侧向运移在沙四段和孔店组含油气系统中表现得最为突出,沙三段、沙四段和孔店组内部的砂体是油气运移的主要通道,此时断层作用表现为侧向或顶部封堵,运移途中遇到断块、滚动背斜、洼陷边缘的扇体、断鼻即为有利圈闭,如临深 1 断块油气藏主要是侧向运移所形成的(图 7-6-3)。

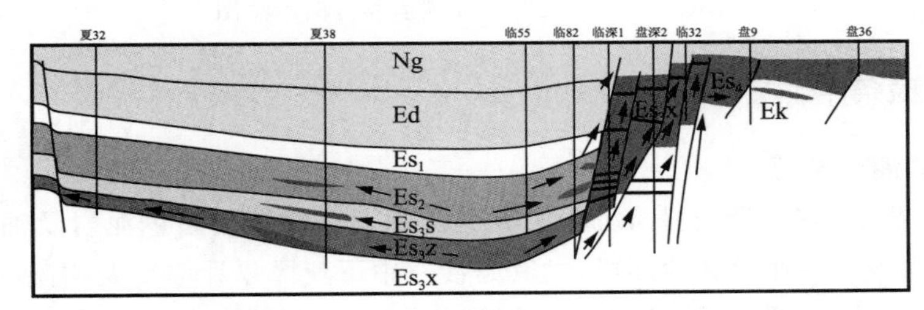

图 7-6-3 含油气系统侧向运移模式图

2. 垂向运移

垂向运移是本区最重要的运移方式。最明显的垂向运移证据是断层下降盘沙三段、沙四段油气可以向上运移至上升盘沙四段、孔店组中。

临邑断裂带西段断层为铲形或座椅式,其运移模式表现为垂向运移模式;东段商河断层呈帚状撒开,构成一系列断阶,运移模式为阶梯状侧向—垂向复合运移模式。源岩中的油气沿伸入源层中树枝状砂体为主运移输导网络作侧向运移,至断层后沿断层面垂向运移。穿过断层面进入另一侧储集层继续侧向运移,形成阶梯状或螺旋状运移方式,形成商河油田油气成条成带的分布特征(图 7-6-4)。

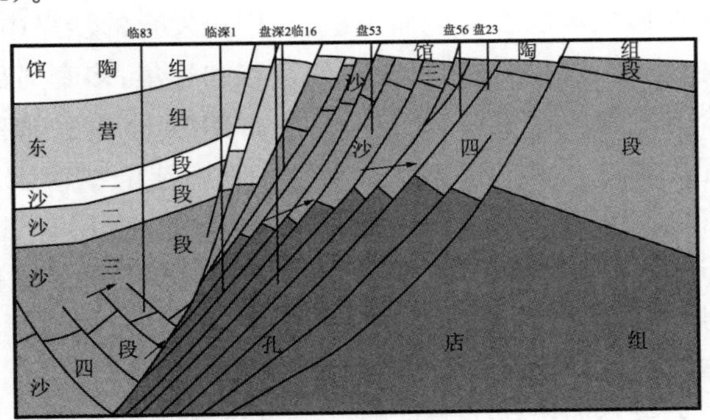

图 7-6-4 垂向运移模式图

3. 油气二次运移方向

临南洼陷油气沿着储层和断裂系统向上运移，并由盆地生油中心向断陷中的低凸起带、斜坡带和盆地边缘的地层、岩性储集体中运移，尤其断陷盆地中长期发育的古隆起、古凸起等构造是油气运移的主要指向。因此，二次运移的方向是受盆地内凹陷区的相对位置及其发育历史所控制。本区中央隆起带和南部斜坡带以及曲堤地垒位于构造的高位置，是油气运移聚集的有利位置，而这些地区也正是临盘油田、商河油田、临南油田及曲堤油田所在位置(图 7-6-5)。

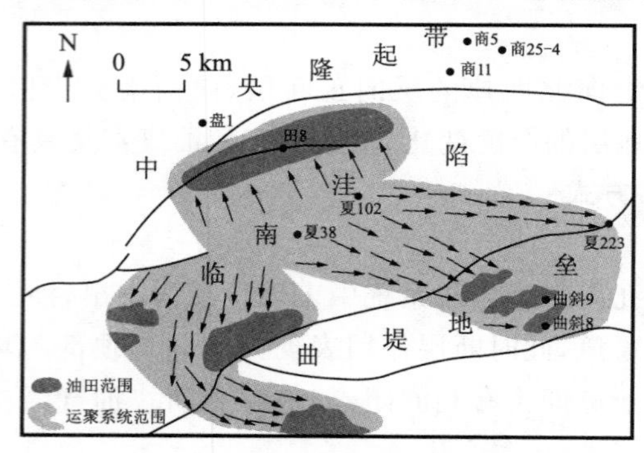

图 7-6-5 惠民凹陷油气运移方向示意图

二、油气成藏条件

(一) 充足的油气资源

本区古近系湖泊体系广泛发育，沉积了大套深湖—半深湖相暗色泥岩及油页岩作为烃源岩，主力生油层为沙三下亚段和沙四段，尤其是沙三中下亚段累计厚度大，有机质丰度高，类型好，多为Ⅰ型和Ⅱa 型，成熟度高，生排烃时间较长，可达 10 Ma，为临南洼陷油气成藏提供了良好的物质基础。

(二) 多种类型的沉积砂体

惠民凹陷沙四段储集层有滩坝砂体、三角洲、冲积扇、扇三角洲砂体和辫状河扇砂体。沙四段沉积时期惠民凹陷经历了一个干旱环境→水体扩张→最大湖泛的完整过程。季节性和阵发性水体所携带的碎屑物汇入盆地形成了该时期多种沉积体系。沉积砂体厚度一般在 100～150 m 之间，几个比较大的砂岩厚度中心基本呈环带状分布在凹陷边部。凹陷南部主要是盘河、商河、兴隆寺—江家店以南储层比较发育。

(三) 多套生储盖组合

纵向上沉积的旋回性形成本区多套生储盖组合，广泛发育的沙三中下亚段、沙一段—东营组、馆陶组—明化镇组三套区域盖层控制了油气的运移和聚集；多套局部盖层形成了众多次级有利圈闭。生储盖组合方式在本区主要有三类：自生自储型、下生上储型、上生下储型，反映了成藏条件空间上的匹配关系。其中自生自储型发育在临南洼陷沙四段内部，沙四上亚段为烃源岩层，同层位的边缘砂岩为储层，沙三上亚段泥岩、油页岩为盖层；下生上储型是指沙三下亚段、沙四上亚段油气通过断层向上运移，在断层上升盘沙四段中聚集成藏；上升下储型是沙三段为源层，沙四段为储层，如曲堤、临盘油田沙四段就是这种成藏组合。

(四) 有利输导体系

古近系砂体、断层、不整合面组成了本区油气运移的输导系统。古近系砂体成朵状和鸟足状深入洼陷中心，为从源岩排出的油气提供了侧向运移通道，在早期圈闭中聚集成藏。

三、油气运聚成藏模式

(一) 侧向运聚砂控成藏模式

侧向运聚砂控成藏模式受含油气系统的控制，只有自源含油气系统才能形成此种模式(图7-6-6)。该模式与岩性相变及断层侧向封堵相关，如临南油田宽缓带主要表现为这种成藏模式。沙四段、沙三段沉积时期由于湖盆扩张与收缩，三角洲产生进退，使前三角洲与三角洲前缘相带交错出现。沙三段成熟生油岩排出的油气首先进入朵状砂体，沿砂层向低势区运移，并在夏口断层下降盘的双丰、兴隆寺等沙四段储层中聚集，形成了现今的临南油田。

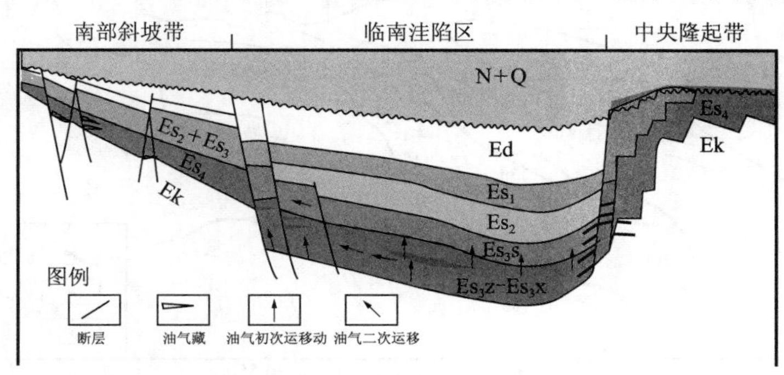

图 7-6-6　侧向运聚砂控模式

(二) 垂向运聚断控成藏模式

垂向运聚断控成藏模式主要受断层控制，洼陷中的成熟源岩生成的油气沿切穿源层的油源断层向高部位运移(图 7-6-7)，并在断层两侧合适的圈闭中聚集成藏。后期的断裂活动使流体以混相涌流方式运移，导致油气多次聚散，形成极为复杂的油气分布态势。其特点是含油气层位多，上下叠置，含油气段长。此种模式分布广，形成的油气藏多，主要沿临邑断层、商河断层分布，并成为洼陷油气藏的主体。

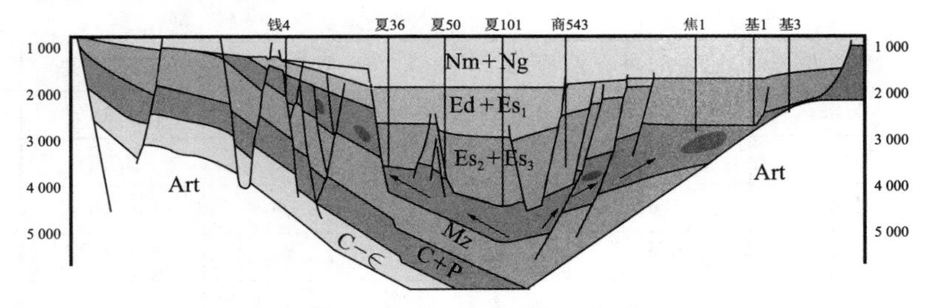

图 7-6-7　垂向运聚断控成藏模式

四、孔店组成藏条件与成藏模式

(一) 输导体系

1. 断裂输导体系

结合对惠民凹陷古近系构造特征的研究，在详细分析各主要断层的基础上认为，能够对孔二段油气进行输导的主要断层为夏口断层、临商断层、林樊家地区断层体系及这些断层的次生断层(图 7-6-8)。

夏口断层孔店组沉积时期活动最为强烈，控制了孔店组的沉积，沙四段沉积时期有所减弱，沙三段沉积时期活动又得到加强。根据 Lindsay 提出的断层泥岩涂抹系数计算方法得到

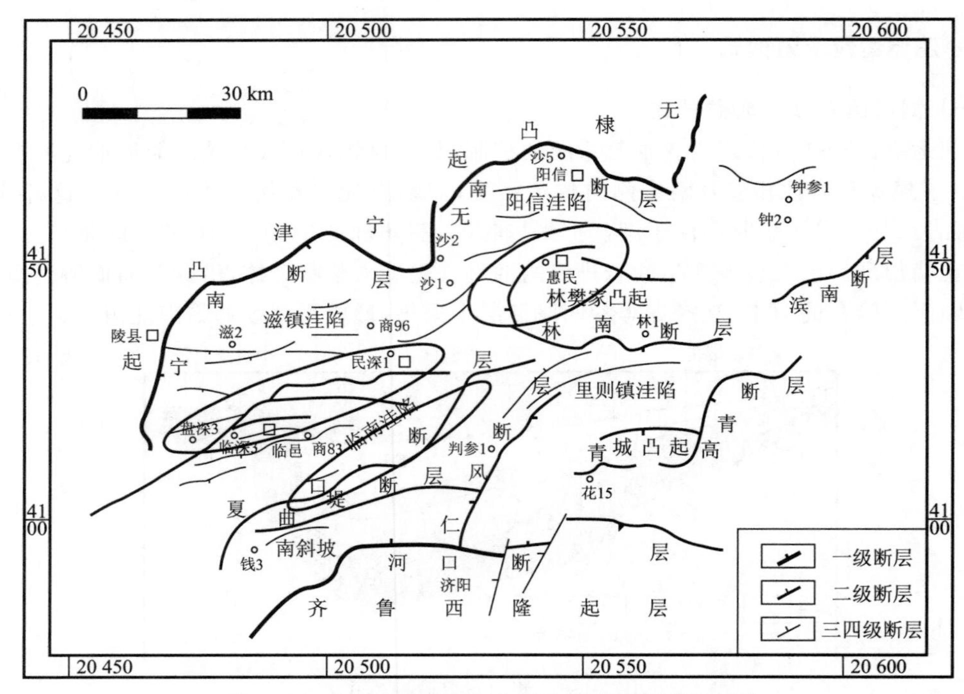

图 7-6-8　惠民凹陷孔店组主要油气输导断裂分布图

夏口断层不同层位泥岩涂抹系数，可以看出，夏口断层东段活动性强于西段（表 7-6-1），这种活动性的强弱直接决定了夏口断层横向上的封闭性，其涂抹程度东段比西段差，断层封闭性横向差异很好。由于夏口断层西段封闭性好，所以于下盘位置形成临南油田；而夏口断层东段封闭性差，所以油田分布于上盘的曲堤地区。

表 7-6-1　夏口断层各层位泥岩涂抹系数表

层　位	西　部		东　部			
	夏 32 井	夏 36 井	夏 27 井	夏 21 井	夏斜 92 井	夏 221 井
Ed	1.52	1.44	1.28	1.13	1.16	2.19
Es_1	3.31	2.76	2.54	3.65	2.06	1.97
Es_2	2.63	7.62	1.78	2.05	2.10	2.23
Es_3	5.44	3.95	10.04	8.12	1.45	—
Es_4s	—	19.56	3.71	5.43	—	—

夏口断层在不同深度（层位）的封闭性也有差异。以夏 32 井点为例，泥岩涂抹系数自上而下由小变大，说明此处夏口断层的封闭性随深度的加深而变差。在沙三段以上地层的断层段，其封闭性好（涂抹系数小于 5）。夏口断层东段断层活动封闭性相对较差，为孔二段烃类的向上运移提供了良好条件，孔二段油气甚至可沿夏口断层运移到浅层。

临商断层位于滋镇洼陷与临南洼陷之间，断层南倾，平面上延伸长度达 80 km，西段走向北东，中段走向近东西，东段走向北东东。临商断层在盘深 2 井以东地区分为三支呈向东撒开、向西收敛的形态。该断层及其分支断层共同构成了临商断裂背斜带（即中央隆起带），成为惠民凹陷中油气最为富集的一个构造带。临商断层形成于古近纪始新世中期，向下断至基底，持续活动到第四纪。临商断层在孔店组沉积时期开始活动，到沙四段沉积时期活动最为强烈。

断层多南倾，每条断层的平面形态呈弧形，断距自下而上变小。主断层及其伴生断层，自北向南阶梯状排列。临商断裂东西存在差异，西部顺向断层和反向断层均较发育，形成“花式构造”(图 7-6-9a)，东部主要发育顺向断层(图 7-6-9b)。因此东部断层的活动性要好于西部，东部油气运移强度也要强于西部。由于临南洼陷沙四段、沙三段的埋深要大于中央隆起带上孔店组的埋深，因此临商断层不但沟通了孔二段烃源岩与孔一段、沙四段的储层，同时也沟通了沙四上亚段、沙三下亚段的烃源岩与孔一段、沙四段储层。民深 1 井孔店组岩心裂缝中有油迹显示，但岩心样品中却没有丰富的烃类聚集，这说明在民深 1 井孔店组的断层曾经是烃类运移的通道。

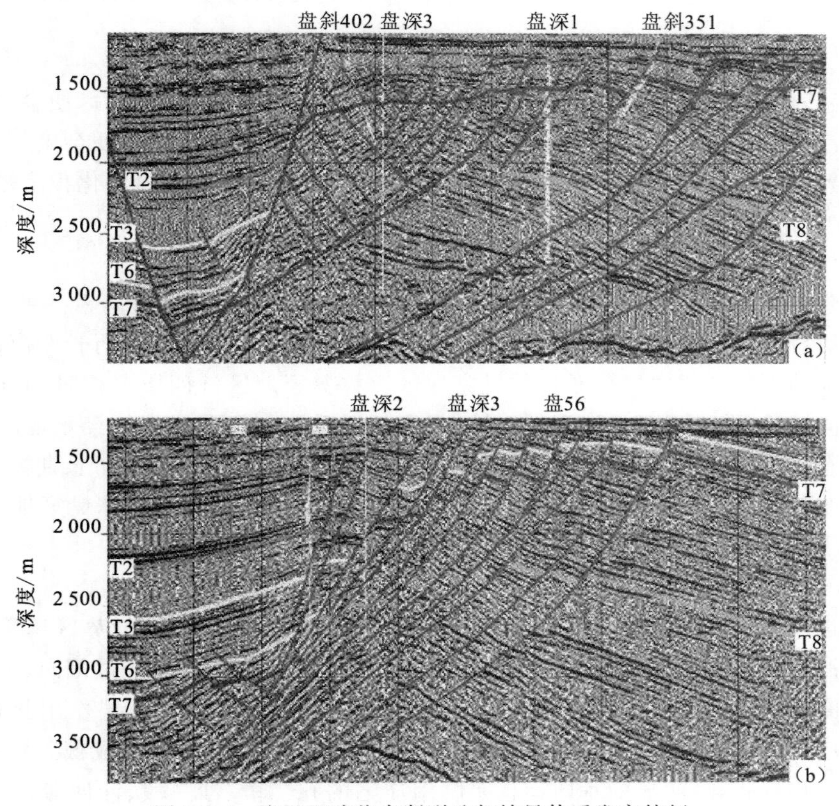

图 7-6-9 惠民凹陷临商断裂油气输导体系发育特征

林樊家构造是一个在古、中生界低凸起上发育起来的继承性正向构造，主要受林南断层和林北断层控制，这些断层(尤其是林南断层)在中生代末期已经产生。孔店组沉积时期林樊家地区受南部林南大断层的影响，南、西部被抬高，向北、东倾伏，地层由北、东至南、西逐层剥蚀，呈上倾迭瓦状。其构造形态为新近系提供了较好的披覆构造背景。该断层控制了林樊家构造的形成、发育及孔店组以上地层的沉积。处于断层上升盘的林樊家地区无沙河街组和东营组沉积。除去上述断层外，林樊家地区还发育一系列小断层。孔店组埋藏较浅，小断层直接对孔店组进行切割，为孔二段烃类向上运移提供了良好的通道(图 7-6-10)。

2. 骨架砂体输导体系

骨架砂体是指惠民凹陷孔店组末端扇相和辫状三角洲的河道砂体，例如末端扇相的补给水道和分流水道砂体、辫状三角洲的分流河道砂体。不同类型的砂体，其储集性能各有差异，但其孔隙半径和喉道半径所引起的毛细管阻力与油气在泥岩中运移所受到的阻力相比要小得

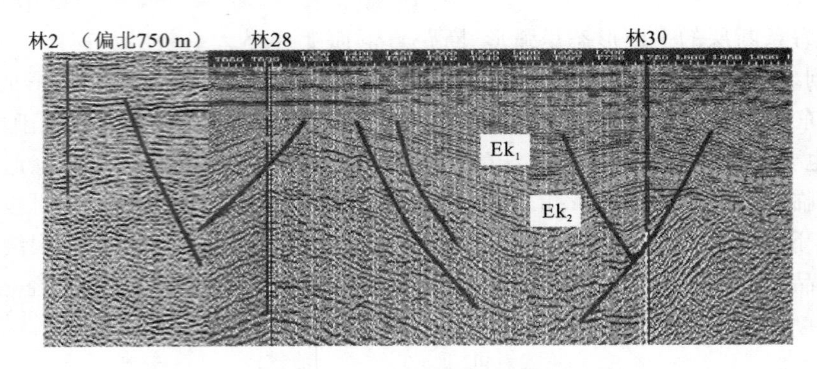

图 7-6-10　林樊家地区断裂输导体系发育特征

多，因此骨架砂体容易成为油气运移的“高速公路”。油气进入骨架砂体后，便会以水-烃两相流体的形式沿骨架砂体向低势区砂体运移，在遇到良好聚集条件的时候，便会聚集成藏。孔二段烃源岩成熟度较高，可生成大量气。虽然惠民凹陷孔店组的砂体成岩演化程度较高，物性相对较差，但孔店组的砂体仍能够很好地成为烃类运移和聚集的载体。

3．不整合面输导体系

惠民凹陷孔一段和孔二段的分界面存在区域不整合，其在林樊家地区和中央隆起带都有存在，孔二段烃源岩生成的油气向上运移到不整合面后，可沿不整合面进行长距离的运移。而在孔一段顶部的不整合面主要分布在林樊家地区。林樊家地区沙四段沉积时期全面抬升，地层向东北方向倾伏，孔店组遭受强烈的剥蚀，直到新近系馆陶组沉积将林樊家地区覆盖，因此孔店组与馆陶组存在非常明显的不整合。该不整合面下部的孔店组遭受了长期剥蚀、淋滤，其物性得到了改善，而馆陶组披覆在孔店组之上，形成了良好的盖层，因此林樊家地区的不整合面非常有利于油气的运移和聚集。

4．输导体系的组合

油气通过砂体、断层、不整合面等组成的立体输导体系由高势区向低势区运移，输导体系的组合对于油气运移是非常关键的(图 7-6-11)。在输导体系中油气要经过侧向、垂向运移，最终到达有利圈闭聚集。侧向运移在孔店组骨架砂体中表现较为突出，断层作用此时表现为侧向或顶部封堵，运移途中遇到断块、滚动背斜、洼陷边缘的扇体、断鼻即可成藏。垂向运移是本区最重要的运移方式，最明显的垂向运移是临南洼陷的孔二段、沙三段、沙四段油气可以沿临商断层的断面向上运移至上升盘沙四段、孔店组储层中。

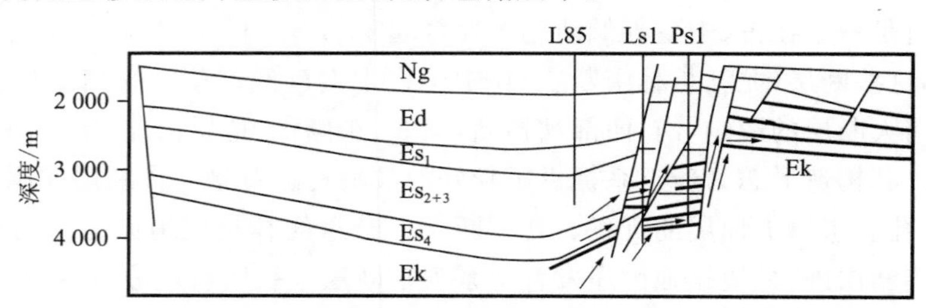

图 7-6-11　惠民凹陷深层油气输导体系组合模式

临商断层东部呈帚状撒开，构成一系列断阶，运移模式为阶梯状侧向—垂向复合运移模式。源岩中的油气沿伸入源层中树枝状砂体为主运移输导网络作侧向运移，至断层后沿断层面垂向运移，穿过断层面进入另一侧储集层继续侧向运移，形成阶梯状或螺旋状运移方式。这也是中央隆起带油气成条成带分布特征的原因。

油气运移总是沿着流体势降低、阻力最小的通道。而实际上控制油气运移方向和通道的因素非常复杂。临南洼陷油气沿着砂体和断裂系统向上运移，由盆地生油中心向断陷中的低凸起带、斜坡带和盆地边缘的地层、岩性储集体中运移。断陷盆地中长期发育的古隆起、古凸起等构造是油气运移的主要指向。

（二）圈闭条件

圈闭的形成时间代表了油气藏可能形成的最早时期。惠民凹陷孔店组具备形成多种类型油气藏的条件。惠民凹陷孔店组的主要圈闭类型为：构造圈闭、岩性圈闭、成岩圈闭和构造-岩性圈闭四种主要类型。惠民凹陷经历了古近系强烈断陷，从馆陶组沉积开始，研究区的构造活动明显减弱，构造趋于稳定，由早期的裂陷转为此时的全面拗陷。

1．构造圈闭

主要的构造圈闭位于盘河、商河、林樊家地区。对盘河地区来讲，盘河构造是惠民凹陷中央隆起带构造幅度最大、破碎程度最高的大型复式背斜构造。背斜长轴方向为北东东走向，为两组倾向相对的近东西向次级断层切割，形成"包心菜"大型复式背斜构造。盘河构造是典型的棋盘格式断裂体系，发育于盘河古隆起上，即现今盘河油田分布的地区。该体系主要是由八条北东向断裂和六条近东西向断裂组成，两组断层相互切割，将盘河古隆起分割成40多个不规则的菱形或三角形断块，最大断块面积仅有1.5 km^2，而最小的断块面积不足0.1 km^2。各个断块的长轴方向多为北东向，短轴呈北西方向延伸，表明曾发生了南北向的压扭运动。盘河古隆起分布在临邑断裂带的上升盘，古近系孔店组裂隙也较发育并遭受强烈的风化和剥蚀淋滤，砂岩中溶蚀缝洞较发育，成为油气聚集的良好储层。棋盘格式断裂体系中的两组断裂相互切割，形成众多的断块，在断块的高部位常成为油气聚集的场所。孔店组虽然埋藏较深，但仍可形成较为有利的构造圈闭（图7-6-12）。

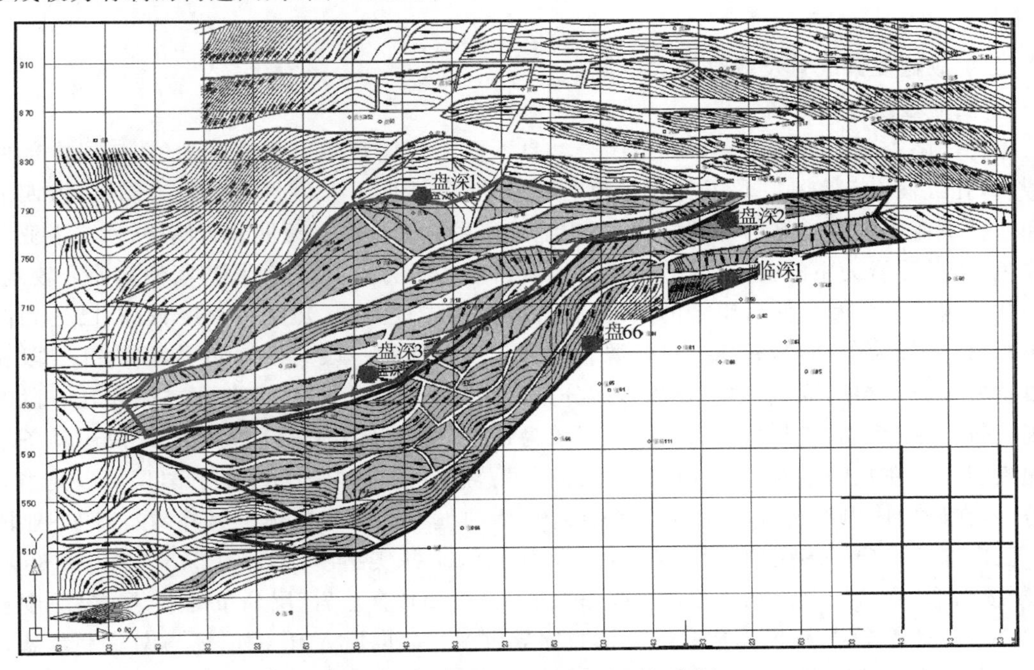

图7-6-12 盘河地区T8构造圈闭特征

2. 岩性圈闭

惠民凹陷孔店组的岩性圈闭主要受沉积与同生构造的共同控制，一旦沉积和成岩作用结束，圈闭就可形成，其形成时间与地层圈闭形成时间相似。孔店组的岩性圈闭主要发育在凹陷的深部，随湖平面的升降，沉积的砂体也呈现退积或进积模式，砂体上下可能被泥岩所包围，这样便形成孤立的砂体，成岩作用后形成岩性圈闭。孔店组沉积时期湖平面升降次数较少，大部分时间为干旱气候，所以形成的岩性圈闭较少。

3. 成岩圈闭

成岩作用是造就砂岩烃类圈闭的一个重要营力，在沉积物埋藏期间的成岩作用可以产生次生孔隙，形成有利的储集条件；强烈的胶结作用创造的封堵条件，也是构成油气圈闭的一个基本因素。成岩圈闭的形成需要砂岩单元的各部分在埋藏期间对成岩作用有不同的反应。

惠民凹陷孔店组以末端扇相沉积为主，其中中部亚相分布范围最广，中部亚相砂体组成相对单一，相变特点不显著，具有结构成熟度较高的特点，在断裂不发育的部位成岩因素对圈闭的形成具有重要的作用。这种受成岩作用控制的成岩圈闭可以导致低部位含油性好于高部位等一系列异常的成藏现象。预测这种圈闭主要在末端扇中部亚相发育，且在断裂相对较少的区域。

4. 复合圈闭

受构造、岩性和地层等多种因素共同控制所形成的圈闭为复合圈闭，一般有构造-岩性圈闭和构造-地层圈闭。孔店组复合圈闭一般分布在背斜的两侧或盆地的边缘部位。盘河和商河背斜的北部，末端扇砂体被后期形成的背斜控制，易形成构造-岩性圈闭；在林樊家地区及青城凸起北部，有剥蚀现象出现，且断裂体系也较发育，发育在不整合面之下的含油气范围受到断层切割后容易形成构造-地层圈闭，如果盆地中心的油气能够运移到该类型圈闭中便可成藏。

(三) 成藏要素配置及成藏模式

1. 生储盖组合的配置

惠民凹陷古近系存在多套生储盖组合。自下而上生储盖的发育情况为：孔二段中部发育烃源岩，孔二段上部和孔一段发育大规模的砂岩储层，沙四下亚段也发育砂岩储层，沙四上亚段和沙三下亚段发育良好的烃源岩，沙三中上亚段发育大规模三角洲砂岩储层，沙二下亚段存在棕色、灰色泥岩为主的盖层，沙二上亚段至东营组一般为砂泥岩互层出现，储集能力较差。

孔店组处于多套生储盖组合的底部，孔二段烃源岩埋藏深，热演化程度较高，已达到高成熟阶段，以产气为主；而紧邻孔二段烃源岩的为孔二段和孔一段的砂岩储层，因为孔二段和孔一段主要发育末端扇沉积，中部亚相砂体分布广泛，粒度相对均一，因此孔二段和孔一段的储层规模较大，虽然成岩演化程度较高，储层较为致密，但对于孔二段生成的气来说还具备较好的储集能力。在孔店组内部，没有区域性的厚泥岩盖层，但其内部致密的砂岩层可以充当局部的盖层，在砂岩体内部还常出现小的成岩圈闭，为油气有利的聚集体。另外，在沙四下亚段和孔一段内部还发现了多层的“膏盐岩”层。例如民深1井实钻沙四段(井深2 656～3 890 m)时，断续钻遇“膏盐岩”层，孔一段(井深3 942～4 803 m)“膏盐岩”层分布集中，层多，厚度较大(表7-6-2)。“膏盐岩”层的形成除与湖泊收缩导致湖盆盐度增大有关外，还与湖盆发育鼎盛期外来物源中大量的碳酸盐岩及其风化产物进入湖盆导致淡水湖盐度逐渐增大有关，是两种因素共同作用的结果。“膏盐岩”层物性极差，具有非常好的封堵能力，因此“膏盐岩”层可称为孔店组的局部盖层。除去孔店组内部存在局部盖层外，沙四上亚段和沙三下亚段的泥岩层也具备良好的封堵能力,这两套地层泥岩厚度大,分布广,而且还具有良好的生烃能力,因此可以成为惠民凹陷孔店组甚至整个凹陷深层油气良好的盖层。

表 7-6-2　民深 1 井孔一段"膏盐岩"层发育特征

序　号	井　深/m	厚　度/m	"膏盐岩"含量/%
1	3 942.0～3 948.0	6	5～10
2	3 962.0～4 006.0	44	5～10
3	4 042.0～4 161.0	119	15～25
4	4 201.0～4 215.0	14	10～15
5	4 265.0～4 345.0	80	20～25
6	4 386.0～4 415.0	29	25～35
7	4 428.0～4 435.0	7	20～25
8	4 475.0～4 598.0	123	20～30
9	4 624.0～4 718.0	94	25～30
10	4 766.0～4 803.0	37	15～20

虽然在地层顺序上孔店组位于古近系最底层,但由于大断裂的影响,在许多地区孔店组的埋深要小于沙四段甚至沙三段。当这种情况存在时,沙四段和沙三段的生油层有可能成为孔店组储层的生油层。例如在临商断裂带附近,临南洼陷内临商断层上盘的沙四上亚段、沙三下亚段的生油层和临商断层下盘的孔店组对接,这样沙四上亚段和沙三下亚段生成的油气可以运移到孔店组中成藏。由此可见孔店组油气藏的油气可能来自孔二段,也可能来自沙四上亚段和沙三下亚段,这与孔店组油气藏所处的构造位置有重要关系。

2. 输导体系与圈闭的匹配关系

油气藏的形成离不开输导体系和圈闭,但两者不能是孤立存在的,只有两者在时间和空间上形成良好的配置时才能形成油气藏。

由输导体系分析可知,惠民凹陷孔店组储层中主要的输导体系为砂体和断裂,而主要的圈闭为构造圈闭、成岩圈闭和复合圈闭。其中构造圈闭和断裂输导体系是最为重要的组合,这在惠民凹陷中央隆起带部位最为明显。孔店组砂体在临商断裂的切割下形成多个圈闭,成棋盘状分布于中央隆起带之上,只要油气源充足便可成藏;而临商断裂体系向下延伸很深,加之临南洼陷内沙四上亚段和沙三下亚段埋深均大于中央隆起带上孔店组的埋深,因此临商断裂体系直接沟通了孔二段、沙四上亚段、沙三下亚段三套生油岩,中央隆起带上孔店组的构造圈闭具有非常有利的成藏条件。临商断裂西段的断裂多为"花式构造",而东段多为顺层断裂,活动性要强于西段,分析可知,在西部"花式构造"的反向断块易形成有利的油气聚集体,而在东部顺层断裂油气一般聚集在构造的高部位处。

整体来看孔店组储层较为致密,在断裂发育较少的地区,孔二段源岩生成的气可首先运移到与其邻近的孔店组致密砂岩中。砂岩孔渗都非常小,在孔隙中气体受到的浮力小于界面的阻力和毛细管阻力,因此气体不能上浮,随着气体的增多,气体把致密砂岩中的水逐渐排替出去。分析表明在孔店组致密储层中应存在较大规模的致密砂岩气。在这种状况下砂体为主要的输导体系。在大规模的砂岩体中常存在成岩圈闭,成岩圈闭是气体大量聚集的良好场所。如果遇到断层,则气体会向上快速逃逸,在上方有利圈闭中成藏。

3. 成藏模式

对孔店组构造、储层、烃源岩等各种成藏条件进行研究后认为,孔店组应存在两种成藏模式，一种为多源供烃—断裂输导—构造圈闭聚烃成藏模式；另一种为单源供烃—砂体输导—致密砂岩聚烃成藏模式。

(1) 多源供烃—断裂输导—构造圈闭聚烃成藏模式

该类成藏模式主要出现在中央隆起带。孔店组沉积时期，中央隆起带附近沉积了大规模的末端扇中部亚相砂体，砂体分选好，粒度较细，虽然成岩演化程度较高，但由于靠近临商大断裂，溶蚀作用相对发育。因此虽然孔店组储层整体物性较差，但在中央隆起带附近仍存在次生孔隙相对较发育的部位(图 7-6-13)。在构造运动中，孔店组砂体被断层切割呈棋盘状分布在中央隆起带之上，形成了多个构造圈闭。临南洼陷存在孔二段、沙四上亚段、沙三下亚段三套烃源岩，且都进入了生油门限。孔二段更是进入了生气阶段，在临商断裂的连通下，三套烃源岩生成的油气能够非常顺畅向上运移，当遇到隆起带上孔店组的构造圈闭时便聚集成藏。目前中央隆起带上已发现了大量沙四上亚段及沙三段的油气藏，且储量丰富。分析认为，中央隆起带孔店组也具备一定规模的储量。另外，临南洼陷南部的夏口断裂发育较早，且控制了孔店组的沉积，虽然下盘孔店组储层较薄，但由于断层沟通了孔二段、沙四上亚段和沙三下亚段三套烃源岩，因此也具此种成藏模式。

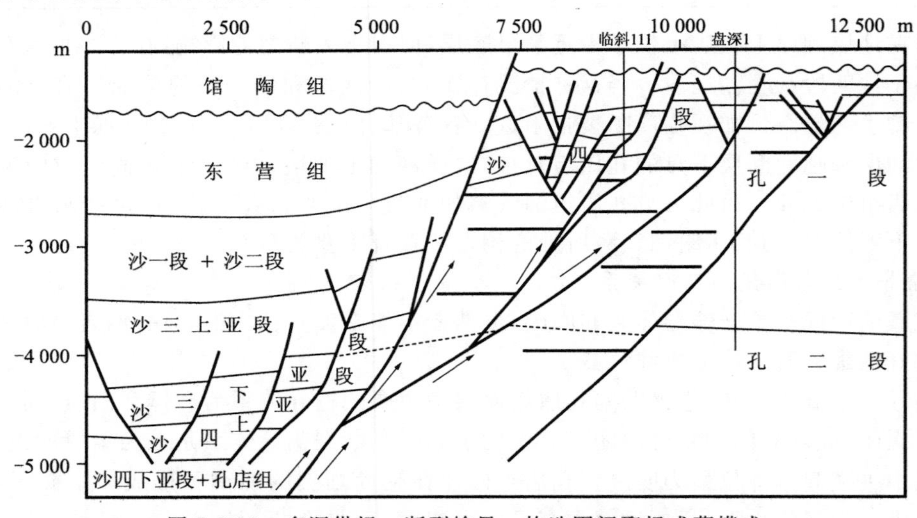

图 7-6-13 多源供烃—断裂输导—构造圈闭聚烃成藏模式

(2) 单源供烃—砂体输导—致密砂岩聚烃成藏模式

该类型成藏模式存在于断裂发育相对较弱、砂体规模较大的地区，例如在中央隆起带的北部、阳信洼陷南部的孔店组储层中。阳信洼陷孔店组埋深大，主要为来自北部无棣凸起的末端扇中部亚相沉积，砂岩厚度大，分选好，粒度小，经成岩演化后已成为致密砂岩层。孔二段烃源岩已达高成熟阶段，生成的气体首先注入与其紧密接触的孔二段致密砂岩中。由于砂岩较致密，在孔隙中气体受到的浮力小于界面的阻力和毛细管阻力，因此气体不能上浮，随着气体的增多，气体把致密砂岩中的水逐渐排替出去，逐渐形成气水倒置的现象。这种成藏模式具有“深盆气”的成藏特征，因此在孔店组形成的这种致密砂岩气储量极其可观(图 7-6-14)。

据统计，惠民凹陷的气油比随着深度的增加而增大，商深 1 井孔一段 3 151.0～3 303.6 m，电测解释气水同层 8.4 m/3 层，含气水层 24.4 m/5 层，这均说明孔店组气藏存在的可能性。同时在相对均一的砂岩层内常存在成岩圈闭，成岩圈闭在致密砂岩中的物性相对较好，极易被充满，因此成岩圈闭可称为致密砂岩气藏的“甜点”。如果在气藏形成后有断裂延伸至致

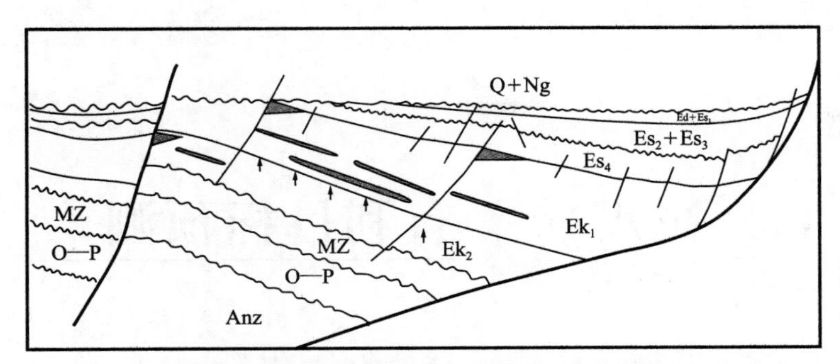

图 7-6-14　单源供烃-砂体输导-致密砂岩聚烃成藏模式

密砂岩气藏中，则气体将不受毛细管力和界面阻力的束缚，沿断裂面快速向上运移，在上层的有利圈闭中再次成藏。

第八章 有利目标预测

Chapter eight

在层序地层学、沉积体系、储层成岩作用、油气成藏动力学研究及油气成藏条件等研究的基础上，结合惠民凹陷孔店组—沙三下亚段的构造特征分析，对该区的有利目标进行了预测。

第一节 沙三下亚段有利区预测

一、夏70井—夏53井—夏32井区

该区位于双丰三角洲前缘地带，储层在临南洼陷北带(夏70、夏502、夏223等井区)较为发育，是惠民地区进行深层勘探的重点层系。沙三下亚段储层累计厚度一般为25～45 m，砂地比一般为0.3～0.5，砂泥岩配置总体上较为有利，且砂岩物性较好。分流河道与河口砂坝砂体孔隙结构为大孔中喉型，孔隙度一般为15%～20%，渗透率为$(10\sim100)\times10^{-3}\ \mu m^2$，储层条件比较优越。该套储层在兴隆寺的夏70、双丰的夏33、夏53等井均钻遇，并成为夏70井、夏53井区的主力含油层系之一。

从圈闭条件上看，区内断裂系统复杂，断块破碎，形成了一系列的有利圈闭，构造背景较为有利。但从油气运移方式上看，区内的多数断层断距较小，多数只断至沙二段。结合砂岩与泥岩的配置比例，综合分析认为，研究区的油气运移应主要以侧向运移为主，且运移距离有限。从目前该区的油气分布上看，油气多数集中在临近洼陷周围的有利部位，呈环带状分布(图8-1-1)。因此，本区沙三下亚段的油气勘探重点应立足油源，针对不同亚段的储层展布特征，选取有利部位，就近勘探，以取得最大的勘探效益。

目前该区已钻遇沙三下亚段油层，如临近夏70块的夏72井—斜1井在沙三下亚段井段3 640.4～3 646.4 m试油，日产油12.8 t。

二、夏50井—夏223井区

该区北部紧邻临南生油洼陷，具有得天独厚的油源条件，油气可就近聚集成藏。从构造条件看，沿夏口断裂带发育大程庄、兴隆寺、双丰—田口、江家店、瓦屋五大正向构造背景。夏口断裂北东(NE)走向，与近东西(EW)走向的3,4级断层组成西部撒开东部收敛的帚状断裂体系，这些断层既可形成断块圈闭，又为油气疏导提供有利通道。江家店地区东西部圈闭发育明显不同，江家店鼻状构造带以发育顺向及反向屋脊断块为主，夏502断层以南主要发育一系列反向屋脊，以北主要发育顺向断块。瓦屋鼻状构造带则以发育顺向断鼻及反向断鼻为主，南部为顺向断鼻发育带，北部则主要发育一系列小型的反向断鼻。研究表明，无论反向断层还是顺向断层，断层的封堵性对沙三下亚段的油气成藏极其重要。从沉积条件看，该区存在三大物

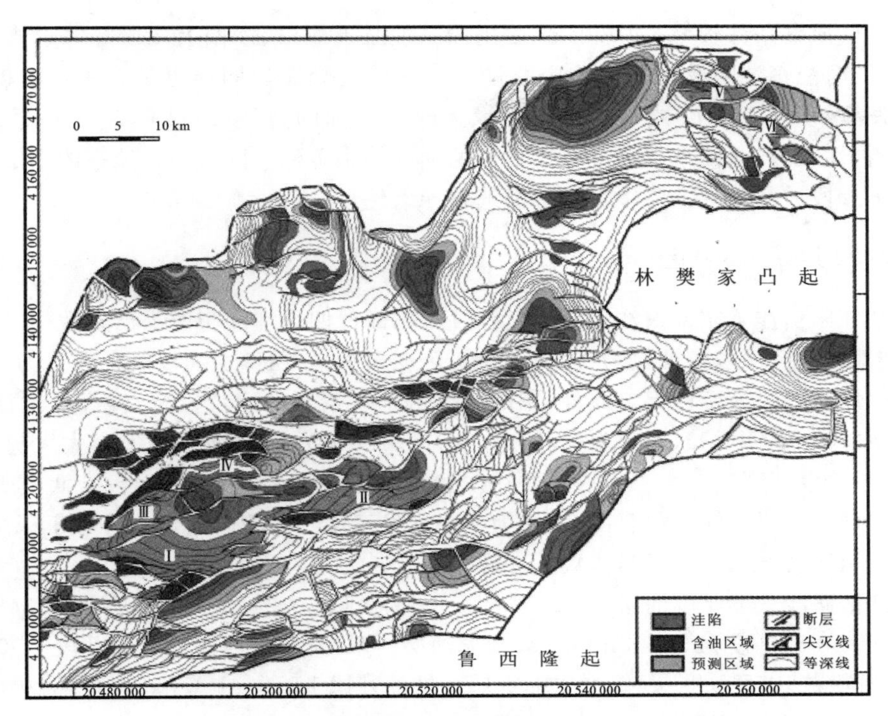

图 8-1-1 惠民凹陷沙三下亚段有利区预测图

源，即双丰三角洲、江家店扇三角洲和瓦屋扇三角洲体系。其中双丰三角洲规模大，发育时期长，江家店扇三角洲和瓦屋扇三角洲体系相对规模小，发育时期短。

目前已有多口探井钻遇沙四上亚段和沙三下亚段油层，如夏斜 502 块沙三下亚段已上报探明储量 508×10^4 t，夏斜 502 块南部的夏斜 507 井在沙四上亚段、沙三下亚段均钻遇油层；江家店地区东部的夏 46 井在沙三下亚段—沙四上亚段钻遇油层 7.0 m/3 层。

三、街 202 井—街 204 井区

该区沙三下亚段位于双丰三角洲前缘地带，主要发育了物源来自西北部的盘河砂体。沉积物主要为灰色、灰白色细砂岩和深灰色泥岩、油页岩、页岩互层，反映出较深水沉积环境。岩石类型以中细粒岩屑长石砂岩为主，粒度相对较粗。碎屑成分以石英、长石和变质岩屑为主，其中石英含量高，一般为 45%～50%，成分成熟度中等，分选性好及储层物性较好，孔隙度一般为 15%～25%，渗透率一般为(5～1000)$\times10^{-3}$ μm^2。该区紧邻生油洼陷，沙三段下亚段沉积时期是主要排烃区。二次运移的疏导系统是砂层、断层及不整合面。圈闭条件比较有利，双丰砂体受营子街断层的切割，形成多个有利圈闭。

四、田 5 井—田 301 井区

田 5 井—田 301 井区位于临北断阶带，是油气运移和聚集的有利指向区。由于中央隆起带北东向断裂体系的强烈活动，派生了一系列的低序次断裂体系——帚状断裂体系，在临商结合部形成了临北断阶带。临北断阶带是由临邑断层的分支断层，即一系列的近东西向延伸弧形断层向西收敛，向东撒开形成，四条主要断层断面南倾，并且由北向南阶梯式下掉。临北断阶带处于洼陷油气运移的主要指向上，来自临南洼陷的油气，自南向北，由低向高阶梯式运移，在有利断块中聚集成藏。

该区油气成藏条件较好，油源充足，临南洼陷沙三下亚段、沙四上亚段烃源岩既可提供充足的油源，同时滋镇洼陷及临南洼陷中心沙三下亚段的烃源岩同样也具有一定的供油能力。该区储层发育，沙三下亚段处于三角洲前缘至前三角洲的过渡带，砂体含量一般为10%～40%，储层物性较好，为油气成藏准备了良好的油气储集条件。同时各种级别的断层及各类砂体为沙三下亚段成藏条件准备了良好的油气疏导条件。

五、阳29井—沙3井区

该区紧邻阳信洼陷东部次洼，沙三段沉积后，东部沙四段埋深与西部已大致相当。而且东部次洼泥岩以褐色、深灰色油页岩、油泥岩及灰色泥岩为主，西部次洼以灰色泥岩为主，说明东部次洼的生烃能力要好于西部。此外，东部次洼由于岩浆岩的广泛发育，提高了地温梯度(东部为(3.4～4.0) ℃/100 m，西部为(3.1～3.28)℃/100 m)，从而使生烃潜力大大提高。综上所述，生烃洼陷以东部次洼为主。沙3井在沙三段钻遇了大套的含砾砂岩、玄武质砾岩、细砂岩，地层整体向南倾斜，沙3井至阳29井为浊积岩发育区。浊积岩透镜体分布于深洼陷带，夹于厚层深湖相泥岩、油页岩之中，成藏条件有利。

该区已钻遇沙三下亚段油层，阳29井沙三下亚段2 380～2 390 m，日产油5.54 t，原油相对密度为0.958 3，粘度为5 538 mPa・s，为稠油层。阳14井在沙三下亚段井段1 955～2 067 m，见油斑细砂岩10.5 m/8层，解释含油水层。试油井段1 955～1 957 m，日产油0.09 t，日产水20.8 m^3，原油相对密度为0.961 3，粘度为5 947 mPa・s，试油结论为油、水同层。

六、阳161井、阳24井、阳25井区构造高部位

该区分布于岩浆岩发育区，油藏类型以背斜油藏、岩性油藏为主。由于岩浆喷发形成的大型水下高地，即背斜构造，是相对低势区，也是油气运移的有利指向区。岩浆岩气孔、晶间孔、构造裂缝等具有良好的储集性能，形成岩浆岩构造背景下以各种岩浆岩作为主要储层的岩浆岩油气藏。此外，岩浆岩也可以作为侧向封堵层，形成岩浆岩遮挡油气藏。

阳161井位于阳信洼陷东部岩浆岩发育带，沙三下亚段1 608～1 980 m见油斑玄武岩220 m/5层，荧光120 m/7层。解释油、水同层95 m/3层，含油水层113 m/3层。试油1 678～1 698 m，抽1 400/48，日产油0.002 t，日产水5.2 m^3。原油相对密度为0.950 2，粘度为1 194 mPa・s。试油结论为含油水层。该井打在了岩浆岩的低部位，岩浆岩的高部位应是油气聚集的有利场所。

阳24井位于阳信洼陷东部，沙三下亚段1 735～1 766 m见8.5 m/3层稠油油斑玄武岩，解释为含油水层。试油1 735～1 766.1 m，日产水0.5 m^3。试油结论为干层。常规试油对稠油层效果不佳，建议改进工艺重新试油。阳24井钻遇岩浆岩的低部位，建议布井钻探岩浆岩高部位的含油气情况。

第二节　沙四上亚段有利区预测

一、钱斜141井—夏224井区和夏50井—夏47井区

钱斜141井—夏224井区和夏50井—夏47井区沙四上亚段位于三角洲前缘亚相带，该

区沿夏口断裂带下降盘自西向东存在两大正向构造单元，即江家店鼻状构造带和瓦屋鼻状构造带，是临南洼陷油气运移的有利指向区和富集区。沙四上亚段沉积时期，该地区自西向东发育三大物源体系，即双丰三角洲、江家店三角洲和瓦屋三角洲，其中江家店三角洲及瓦屋三角洲构成了江家店地区沙四段的主要储集体。沙四上亚段砂岩最大厚度在 70 m 以上，储层物性较好，孔隙度范围为 5.0%～30.5%，平均为 16%，渗透率一般为(1～3 118.4)$\times10^{-3}$ μm^2，平均为 218$\times10^{-3}$ μm^2。从储盖配置条件看，沙三中亚段深湖相泥岩—沙三下亚段油页岩、沙三下亚段底部的稳定暗色泥岩与沙四上亚段三角洲砂体构成了两套非常有利的储盖组合。

从圈闭发育条件看，东西部具有明显不同的特点，江家店鼻状构造带以发育顺向及反向屋脊断块为主，夏 502 断层以南主要发育一系列反向屋脊，以北主要发育顺向断块。瓦屋鼻状构造带则以发育顺向断鼻及反向断鼻为主，南部为顺向断鼻发育带，北部则主要发育一系列小型的反向断鼻。同时，由于沙四上亚段砂体具有纵向上多期砂体相互叠置，横向上互不连通的特点，与断层、古地形配合非常有利于构造-岩性圈闭的形成。断层断距大小与地层发育特征对圈闭成藏具有非常重要的控制作用。断层断距大小在平面上存在明显的变化，断层断距大小一般在 50～180 m 之间。从地层发育特征看，沙三下亚段砂体上、下均存在大套稳定的暗色泥岩集中段，其中沙三下亚段下部泥岩集中段厚度在 40～120 m 之间，沙三下亚段砂岩集中段厚度一般在 70～190 m 之间，与该区断层断距大小大致相当。也就是说，沙三下亚段砂体基本上正好能被断层错开，从而与其上、下的泥岩集中段相对接。由于沙三下亚段上部油页岩—沙三中亚段泥岩集中段、沙三下亚段下部泥岩集中段的存在，反向屋脊和反向断鼻对沙四上亚段成藏均比较有利。

目前该区已有多口探井钻遇沙四上亚段油层，如夏斜 507 井在沙四段均钻遇油层，该井沙四段 3 352～3 422 m 井段解释油层 19.3 m/6 层，油、水同层 10.4 m/2 层；江家店地区东部的夏 46 井在沙四上亚段钻遇油层 7.0 m/3 层。此外，夏 509 井、夏 510 井均在沙四段钻遇油层，位于该块东部的夏 50 井—斜 5 井也在沙四段见到油气显示，说明油源不成问题。在储层预测图上(图 8-2-1)，该区处于有利储层发育相带，建议对该块进行钻探。

二、禹城北夏 70 井—夏斜 703 井区

夏 70 井—夏斜 703 井区构造背景比较复杂，构造上位于临南生油洼陷、禹城洼陷和肖南洼陷三洼结合部，其北部的唐庄、东南部的兴隆寺—田口及西南部的大程庄三个正向构造在该区交会，形成了禹城北地区“三沟会三梁”的独特构造格局。由于该区处在三大构造交会区，应力相对集中，断裂比较发育。整体上主断层以北掉或南掉为主，构成一系列近东西向展布的顺向断阶、反向屋脊或地垒。

该区储层比较发育，沙三段存在两个方向的物源，即来自北部陵县凸起的肖庄砂体和来自南部的双丰三角洲砂体，沙四上亚段主要发育滩坝沉积。从储盖配置条件来看，夏 70 井—夏斜 703 井区砂岩含量在 20%～50%之间，孔隙度为 4%～12%，储盖配置合理，是比较有利的储集相带。禹城北地区东北部毗邻临南生油洼陷中心，在惠民凹陷西部油势图处在低势区，是临南洼陷油气运移的有利指向区，因此油源条件有利。

总体来看，禹城北夏 70 井—夏斜 703 井区具备比较有利的成藏背景。位于禹城北三维与临南三维结合部的夏 70 井在沙三段钻遇油层 64.5 m/23 层，油、水同层 5.8 m/2 层，含油水层 14.4 m/6 层，油干层 3.6 m/2 层，且油层物性较好，预示着该区具有较大的勘探潜力。

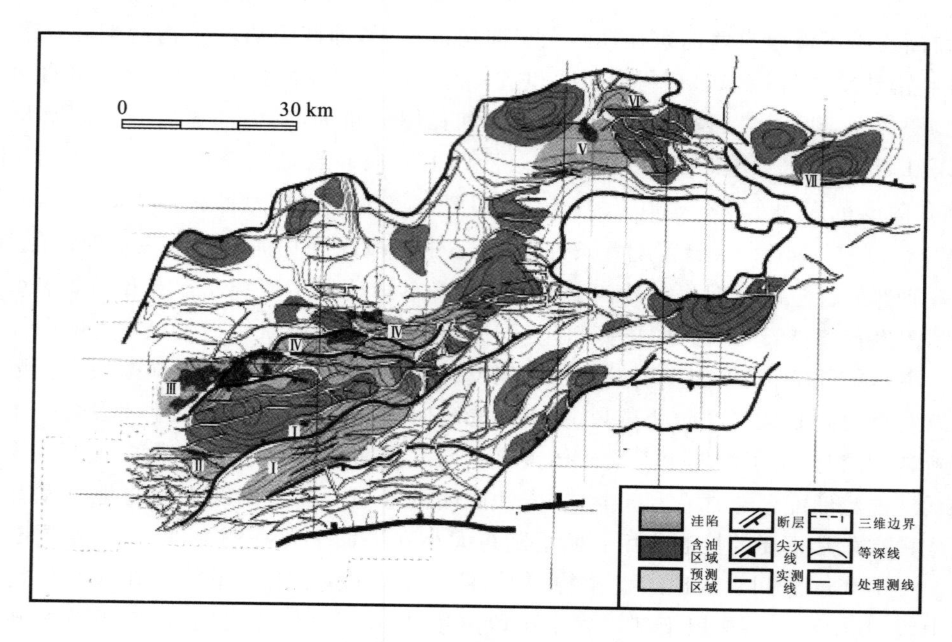

图 8-2-1　惠民凹陷沙四上亚段有利区预测图

三、盘 3 井—商 549 井区

临南洼陷沙四上亚段暗色泥岩样品测试与统计结果表明，有机碳含量介于 0.4%～2.0%之间，平均为 0.73%；生烃潜量分布在 0.13～12.72 mg/g 之间，平均值为 1.7 mg/g；暗色泥岩氯仿沥青“A”含量介于 0.015%～0.5%之间，平均达到 0.05%；临南洼陷沙四上亚段暗色泥岩总烃含量介于(110～2 970)$\times10^{-6}$之间，平均为 952$\times10^{-6}$；总体上本段属于中等—好烃源岩。

盘 3 井—商 549 井区沙四上亚段位于盘河背斜构造，是油气运移和聚集的有利指向区。该区油气成藏条件较好：油源充足，临南洼陷沙三段、沙四上亚段烃源岩可提供充足的油源，同时滋镇洼陷及临南洼陷中心沙四段的烃源岩同样也具有一定的供油能力。该区储层发育，沙四上亚段发育滩坝沉积体系，砂体含量一般为 20%～50%，储层物性较好，孔隙度为 4.6%～38.7%，平均为 15.2%，渗透率一般为(0.5～4 385)$\times10^{-3}$ μm^2，平均为 68$\times10^{-3}$ μm^2，为油气成藏准备了良好的油气储集条件。同时各种级别的断层及各类砂体为沙四段成藏条件准备了良好的油气疏导条件。

四、商 642 井—夏 42 井区和商 24 井—商 1 井区

商 642 井—夏 42 井区和商 24 井—商 1 井区位于临商帚状断裂体系的东部撒开端，是中央隆起带两大正向构造单元之一，是临南洼陷油气运移的有利指向区。一系列近东西向断层将商河背斜切割形成了一系列顺向断阶和反向屋脊。来自临南洼陷的油气通过断层和储层运移到商河地区，不仅可以在沙三段以上的中浅层富集成藏，同时也能在深层沙四段成藏。

商 642 井—商 42 井区沙四上亚段发育滩坝沉积，该区商 9 井见油层，商 642 井、商 17 井、商 611 井、商 58 井、夏 42 井、夏 44 井有油气显示。从砂地比及储盖配置条件看，该区砂岩含量在 20%～40%之间，砂泥比较合理，储层物性较好，孔隙度为 2.6%～28.6%，平均为

11.6%，渗透率一般为(0.5～757)$\times10^{-3}$ μm^2，平均为16.3$\times10^{-3}$ μm^2。从储盖组合看，沙四段上部沙三下亚段以发育大套的暗色泥岩和油页岩为主，既可作为盖层，又可作为良好的侧向封堵层。从圈闭发育条件看，该地区沙四段主要发育反向屋脊/地垒、顺向断鼻和断块两种圈闭类型，其中反向屋脊/地垒由于存在沙三段暗色泥岩集中段作为侧向封堵层，油气成藏条件最为有利。

五、阳101井—阳32井区

阳信洼陷沙四上亚段暗色泥岩有机碳含量分布于0.42%～3%之间，平均为1.02%；氯仿沥青“A”含量分布于0.002 8%～1.699 4%之间，平均为0.183 1%；总烃含量介于(130.26～12 164.66)$\times10^{-6}$之间，平均为2 200$\times10^{-6}$；总体属于好—最好生油岩。

阳101井—阳32井区位于三角洲前缘地带，砂岩含量为30%～60%，主要发育三角洲前缘的水下分流河道、河口砂坝、河道间席状砂的微相砂体，储层单层厚度最大为15 m，一般为0.5～5 m。洼陷带为半深湖—深湖沉积体系，含砂率可达30%，主要发育有席状砂及浊积砂体等，储层单层厚度最大为8 m，一般为0.5～4 m。储层类型较多，厚度较薄。物性统计表明，孔隙度为3.7%～26.6%，平均为15.6%，渗透率一般为(0.5～7 570)$\times10^{-3}$ μm^2，平均为50$\times10^{-3}$ μm^2，为中等储层。从获油流井及解释油层井来看，油气主要聚集在三角洲前缘亚相的储层中，因此前缘亚相为本区有利的勘探相带，但三角洲沉积微相控制不同类型的砂体展布。

该区油气藏成藏条件较为有利。首先该带处于惠城鼻状构造带的最高部位，具有长期捕获油气的有利条件。其北部低部位的阳27井、阳30井、阳32井均见到了良好的油气显示，说明有过油气运移的过程，而且它们之间为三角洲前缘沉积，砂体比较发育，因此油气可以通过三角洲前缘亚相砂体向南运移。本区独特的地质条件决定了油气成藏的特点：侧向运移是油气主要的运移方式，自储自盖是油气成藏的主要类型，沙四段是油气富集的主要层系。洼陷沙四段烃源岩生成的油气，主要以三角洲砂体为运移通道，运移到有利的构造位置，以三角洲前缘砂体为储层，其上发育的湖相泥岩为盖层，形成自储自盖的油气成藏组合。因为是侧向运移为主的油气运移模式，所以决定了油气主要富集于沙四段。

2002年12月，阳101井于沙四段获得日产20.2 t的工业油流，上报控制石油地质储量1 005$\times10^4$ t。近期完钻的阳103井也在相应层段见到了良好的油气显示，解释油层7层14.3 m，有效厚度10.7 m。惠城鼻状构造的上端阳32块、阳30块、阳12块等见到油气显示，显示油气运移的迹象。

六、阳9井—阳201井区

阳9井—阳201井区位于阳信洼陷北部断裂陡坡带，沙四上亚段为扇三角洲扇中亚相带，与洼陷带距离油源近、储层较发育、储盖组合良好，具有较好的成藏条件。通过地震相、测井相、岩性特征等分析，该区岩性以含砾砂岩、细砂岩、粉细砂岩为主，砂岩物性较好，孔隙度为5%～15%，是一套有利的储集层。

该区位于劳家店断裂带的二台阶，受二级断层控制形成的牵引背斜圈闭，主要目的层为沙四上亚段的扇三角洲砂体。二级断层的断裂作用使沙四上亚段的烃源岩与上部砂体连系起来，成为了油气运移的良好通道。该目标位于扇三洲扇中亚相，储层发育，砂体呈弱反射特征，砂体夹层为强振幅反射的岩浆岩，上部砂体由北向南逐渐超覆于该构造岩浆岩之上，同时砂体与上部沙三段形成气富集条件。

七、流钟地区

本区位于滨县凸起北带，沙四上亚段砂砾岩扇体比较发育，紧邻生油洼陷，油源条件非常丰富，同时断层有效地沟通了砂体与烃源岩，沙四上亚段—沙三中下亚段生成的油气主要沿断层、连通砂体及向地层上倾方向运移，最终在构造位置较高的地区聚集成藏。

第三节　沙四下亚段有利区预测

一、临96井—临7井区

临96井—临7井区位于临商断层西段上升盘，油气非常富集，该区盘深2井获工业油流。油气成藏具备以下有利条件：油源充足，临南洼陷沙三段、沙四上亚段烃源岩可提供充足的油源，同时滋镇洼陷及临南洼陷中心沙四段的烃源岩同样也具有一定的供油能力。储层发育：该区沙四下亚段发育辫状河扇沉积体系，砂体含量一般为20%～40%，为油气成藏准备了良好的油气储集条件。油气疏导条件有利：盘河构造东西存在差异，西部顺向断层和反向断层均较发育，形成“花式构造”，东部主要发育顺向断层。西部反向断层与顺向断层组成花式背斜，油气首先在反向断块富集。

盘河构造沙四下亚段钻遇探井极少，对该套层系圈闭充满度、断层封堵性等认识存在不确定因素，且局部地区深层地震资料仍然较差，影响了小断块的精细解释，因此钻探具有一定的风险。

二、临208井—夏42井区、商42井—商80井区

临208井—夏42井区和商42井—商80井区位于临商帚状断裂体系的东部撒开端，是中央隆起带两大正向构造单元之一，是临南洼陷油气运移的有利指向区。一系列近东西向断层将商河背斜切割形成了一系列顺向断阶和反向屋脊。来自临南洼陷的油气通过断层和储层运移到商河地区，可在深层沙四段成藏。

该区沙四下亚段发育辫状河扇沉积，辫状河道砂体比较发育。临208井—夏42井区商61井和商58井见油气显示，商42井—商80井区商41井、商42井和商45井见油气显示。该区储层比较发育，为两大辫状河扇沉积的交汇，储层物性较好，孔隙度为8.1%～22.3%，平均为14.79%，渗透率一般为$(0.6\sim207)\times10^{-3}\ \mu m^2$，平均为$18.4\times10^{-3}\ \mu m^2$。从储盖组合看，沙四段上部沙三下亚段以发育大套的暗色泥岩和油页岩为主，既可作为盖层，又可作为良好的侧向封堵层。从圈闭发育条件看，该地区沙四下亚段主要发育顺向断鼻和断块两种圈闭类型，以顺向断阶为主，油气沿主断裂为优势运移通道，油气向北含油层位依次变浅，油气成藏条件较有利。

三、阳1井—阳103井区

阳1井—阳103井区沙四下亚段主要位于扇三角洲扇中部位，阳1井沙四下亚段见油气显示。该区两面临洼，油源条件丰富。储集层主要由中—厚层状的粉细砂岩和细砂岩组成，储

层单层厚度最大为 20 m，一般为 1～5 m。物性统计表明，孔隙度一般为 5%～30%，渗透率一般为$(1～150)\times10^{-3}$ μm^2，为中等储层。纵向上砂层夹于湖相暗色泥岩、油页岩之中或与之互层，并被火山岩所穿插，具备良好的成藏条件。东部洼陷沙三段、沙四段是一个深洼陷，油页岩和泥岩厚度为 400～500 m。据分析有机质含量丰富，是一套有利的生油岩。由于火山岩的存在，提高了东部地区的地温梯度((3.5～4.4) ℃/100 m)，加速了有机质向石油的转化。夹于厚层生油岩中的砂体无疑是油气向上、向外运移的必经通道，生储盖层配置有利，有圈闭存在则易于形成油气聚集。

四、阳 16 井—阳 25 井区

阳 16 井—阳 25 井区沙四下亚段位于扇三角洲扇中部位，受二级断层控制形成的牵引背斜圈闭，主要目的层为沙四段的扇三角洲砂体，该区阳 25 井区沙四下亚段已见油气显示。二级断层的断裂作用使沙四上亚段的烃源岩与上部砂体连系起来，成为了油气运移的良好通道。该目标区砂砾岩储层发育，储层物性较好，砂体夹层为强振幅反射的岩浆岩，上部砂体由北向南逐渐超覆于该构造岩浆岩之上，同时沙三段暗色泥岩对下覆构造圈闭具有较好的封盖条件，因此该目标具有较好的油气富集条件(图 8-3-1)。

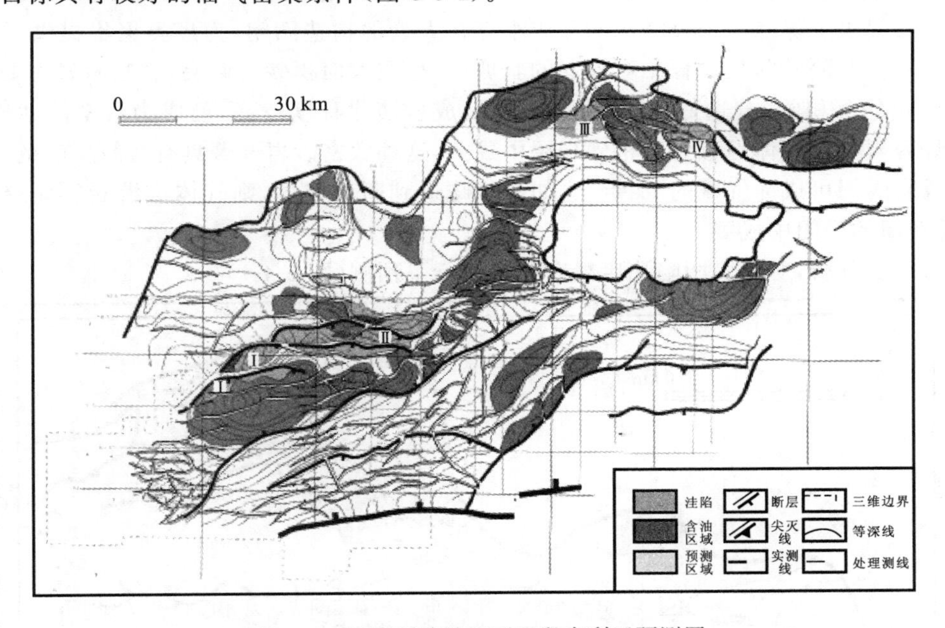

图 8-3-1 惠民凹陷沙四下亚段有利区预测图

第四节 孔店组有利区预测

通过对惠民凹陷孔店组构造、沉积、储层成岩演化、烃源岩等各个成藏基本要素的研究，对孔店组整体有了一个较清晰的认识，综合分析各种因素，研究其相互之间的关系，可对孔店组有利的成藏区域进行预测。

孔二段沉积早期，惠民凹陷发育末端扇和辫状三角洲沉积，砂体主要由砂砾岩及砂岩组成，砂岩中粉砂岩含量较高。孔二段沉积中期水体相对较稳定，在夏口断层以北至滋镇地区南

部以及林樊家北部地区水体相对较深，为深湖相，发育了烃源岩。地化资料表明，孔二段的热演化程度较高，早已进入生气的门限，烃源岩能够生成大量的气。

孔二段埋藏深，民深1井埋深达到了5 000 m，其砂岩成岩演化程度高，多属于中成岩B期，岩石致密固结，局部见裂缝发育，颗粒以线-凹凸接触为主。临南洼陷主要发育压实成岩相，部分发育碳酸盐胶结成岩相，中央隆起带为压实成岩相和碳酸盐胶结成岩相共同发育区，断层附近也有不稳定组分溶蚀相发育。原生孔隙因成岩作用大量的消失，次生孔隙不发育，孔隙组合为少量的粒间、粒内溶孔，孔喉结构多为小孔微喉型，储层物性较差，孔隙度一般小于10%，渗透率也非常低，孔二段储层大部分属于Ⅳ类储集层。孔一段广泛发育末端扇沉积，物性较孔二段有所好转，各地区间储层性能有明显的差异。孔一段储层埋藏深度仍较大，储层成岩演化较高，主要为胶结成岩相、压实成岩相和不稳定组分溶蚀成岩相。孔隙类型为次生粒间孔和微孔隙，喉道主要为片状喉道或弯片状喉道，储层物性较差，孔隙度小于15%，渗透率小于$10\times10^{-3}\ \mu m^2$。因此孔一段储层大多属于Ⅲ类储层，但在不稳定碎屑溶蚀强烈的地区可能出现Ⅱ类储层，例如惠民凹陷禹北地区存在Ⅱ类储层。

惠民凹陷的临商断层、夏口断层及林北断层等能够成为烃类垂向运移较有利的通道，末端扇和辫状三角洲的河道砂体可成为烃类横向输导的通道，这些输导体系为孔二段烃源岩生成的烃类运移提供了保障。中央隆起带孔店组存在大量的构造圈闭，为烃类聚集提供了良好的场所。另外在凹陷的断裂发育相对较弱的斜坡处，存在大面积砂岩储层，这些砂岩主要为末端扇中部亚相的沉积物，分选好，粒度小，埋藏深，成岩演化程度较高，已成为致密的砂岩储层。孔二段烃源岩生成气体运移到致密砂岩层中成藏，这种致密砂岩气藏具有“深盆气”的特征，而其中的成岩圈闭可成为气藏的“甜点”。如果气藏遭到断层破坏，则气体可沿断裂面继续向上运移，并在新的圈闭中成藏。

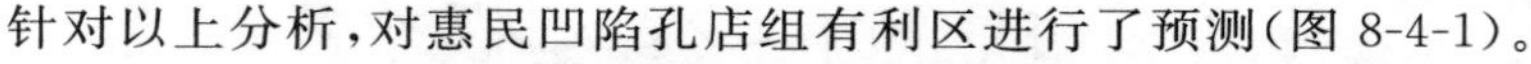

针对以上分析，对惠民凹陷孔店组有利区进行了预测(图 8-4-1)。

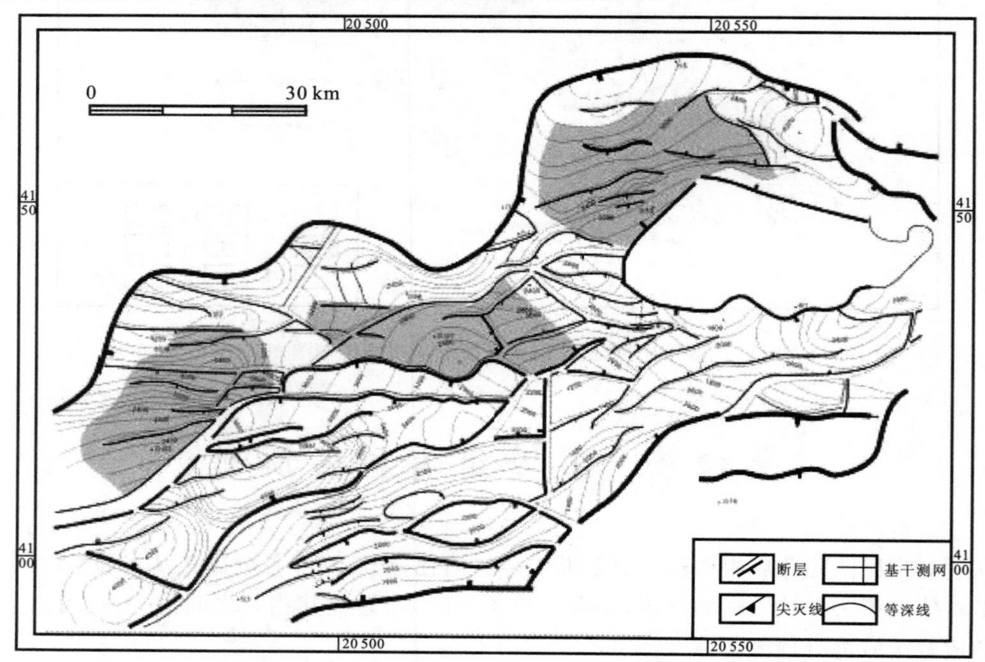

图 8-4-1　惠民凹陷孔店组有利区预测图(T7 构造顶面)

第九章 结　论

Chapter nine

(1) 惠民凹陷中生界北西向断层控制了凹陷的沉积，古近系北西向断层停止活动后，北东向断层控制了凹陷的沉积。孔店组沉积时期是古近系构造特征向第三纪构造特征转换的主要转型期。通过对凹陷内一、二级断层活动速率和主干测线的平衡剖面分析认为，控制孔店组沉积的断层为夏口断层、宁南断层和无南断层。虽然齐河断层是惠民凹陷南部的边界断层，但活动较弱，夏口断层是南部主要的控盆断层。夏口断层为主要在孔店组沉积时期和沙三段—沙二段沉积时期活动，断层上陡下缓，其下降盘是惠民凹陷西部的沉降中心，而宁南断层为大型铲形基底滑脱断层，整体向南缓倾，与夏口断层形成了簸箕形盆地，夏口断层以南地区整体抬升且趋势平缓。惠民凹陷东部无南断层与宁南断层性质相似，东部沉积中心位于林樊家地区北部。整体来看，孔店组充填体为一个从夏口断层上盘向北西方向逐渐减薄的楔形体，夏口断层与齐河断层之间为一个薄层沉积。孔店组沉积时期沉积中心主要位于夏口断层向北至滋镇南部一带，以及林樊家地区的北部。沙四段沉积时期，盆地北部宁南、无南断层活动仍然剧烈，盆地整体变为北断南超形态，凹陷西部临商断层形成，把惠民凹陷西部分割成滋镇洼陷和临南洼陷，中央隆起带形成；此时期凹陷东部林樊家低凸起形成，孔店组遭受剥蚀。

(2) 综合运用岩性、电性、地震等资料对惠民凹陷深层进行了高分辨率层序地层学研究，建立了各段高分辨率层序地层格架。LSC1 旋回时期沉积的地层，沿夏口断层以南临南洼陷带至阳信洼陷中部一带厚度较大，在阳信洼陷中部厚度最大，阳信洼陷中部和临南洼陷是该时期的两个沉积中心，在凹陷内地层具有西厚东薄的特点。至 LSC2 旋回发育时期，沉积中心向北迁移，沉积的地层在临南洼陷北部至阳信洼陷北部一带，以及北部滋镇洼陷地区，凹陷内地层东厚西薄。LSC3 沉积时期，北部滋镇洼陷和临南洼陷临邑、唐庄地区沙三下亚段厚度较大。层序 LSC1 形成于盆地断陷初期，湖盆水体较浅，气候干旱，物源供给充足，向盆内推进，可容空间/沉积物通量(A/S)$\ll 1$，基准面以下降为主，上升期持续时间短，构成一个超长期下降半旋回。层序 LSC2 形成时期，盆地进一步断陷，水体不断扩张，气候经历了干旱—潮湿的转变。随着盆地的断陷和湖水的扩张，A/S 值由小于 1 逐渐变为大于 1，总的来说构成一个可容纳空间不断增大的上升半旋回。层序 LSC3 发育时期，湖盆强烈断陷，湖水大范围扩张，物源向盆地边缘退缩，可容纳空间达到最大，$A/S \gg 1$，基准面明显上升，与 LSC2 旋回叠加构成一个超长期上升半旋回，形成全区明显的最大湖泛面，沉积了较厚的暗色泥岩、油页岩。

(3) 通过硼含量及其他元素的变化规律分析，孔店组—沙三下亚段沉积时期干旱程度和古盐度有如下变化趋势：孔一段沉积时期＞孔二段沉积时期、沙四下亚段沉积时期＞沙四上亚段沉积时期＞沙三下亚段沉积时期。孔一段古盐度值为 26.3，按传统的分类标准，属于半咸水的多盐水范围。沙四下亚段古盐度值平均为 18.4，属于半咸水的中盐水和多盐水范围。沙四上亚段古盐度值平均为 16.7，属于半咸水的中盐水和多盐水范围。沙三下亚段古盐度值平均为 12.1，属于半咸水的少盐水至多盐水范围。通过古气候指数的计算以及对元素的变化规律分析可以看出，孔一段沉积时期，古气候指数为0.195，多数属于极干燥气候。沙四下亚段沉积时期，古气候指数平均为0.30，属于干燥气候。沙四上亚段沉积时期，古气候指数平均为0.42，属于干燥气候或半干燥气候。沙三下亚段沉积时期，古气候指数变化范围为0.10～0.87，多数属于半干燥气候或潮湿气候。

（4）通过分析各井的稀土元素可以看出，整个凹陷的稀土元素配分模式曲线具有相似性，说明了它们有同源性。沙三下亚段滋2井与临深1井地区具有相同的物源，而夏47井、夏960井、夏941井、夏510井和夏105井等地区的物源相同。沙四上亚段滋2井、盘45井和临201井地区具有相同的物源；临南洼陷钱斜5井、钱斜10井、夏47井、夏960井、夏斜98井和商52井地区具有相同的物源；阳信洼陷阳8井、阳101井地区具有相同的物源。沙四下亚段临南洼陷钱斜10井、钱402井与夏30井地区具有相同的物源。阳信洼陷阳12井、阳8井稀土元素配分曲线存在差别，说明阳12井、阳8井物源区可能不同。孔一段临南洼陷夏23井、禹9井地区具有相同的物源；中央隆起带盘深3井、临深1井、临57井、肖6井地区的物源来自陵古1井附近凸起。通过Ce的负异常分析可知，惠民凹陷孔一段至沙三下亚段沉积时期古沉积环境主要表现为还原性，还原性强度为沙三下亚段＞沙四上亚段＞沙四下亚段＞孔一段。

（5）通过对地震相、钻井岩心、测井资料的分析认为，惠民凹陷孔店组主要发育末端扇沉积，局部地区发育辫状三角洲沉积。由构造演化可知，宁南断层、无南断层虽然在孔店组沉积时期活动性较强，但随着向南延伸，断层面变缓呈坡坪状，在此平缓的地形上发育了分支频繁、沉积物相对较细的末端扇沉积；夏口断层以南地形平缓，也发育大范围的末端扇沉积。孔二段沉积时期，季节性降雨形成的洪水在宁津凸起南部形成末端扇沉积，在靠近隆起处为末端扇的近端亚相，辫状河道为末端扇的补给水道，沿斜坡向南延伸。经过长距离的运移后水流逐渐减小，河道频繁改道并分叉，粗粒碎屑物逐步沉积。由于供给水量的减少，河道冲蚀作用减小，水流呈片状向四周散开，只有少量河流延伸到达临商断层南部的凹陷最深处。在孔二段沉积中晚期，气候相对湿润，在临商断裂和夏口断裂之间的地堑区出现了较深水的沉积，在东部林樊家地区有较深水的沉积，主要物源来自北部无棣凸起和东部的滨县凸起，同样在当时的气候条件下发育了末端扇沉积，林樊家地区主要发育了末端扇的中部亚相沉积，沉积物多以中细砂岩为主，砾岩少见。惠民凹陷东部孔二段水深最深处位于林樊家地区的西北部。

孔一段沉积时期与孔二段沉积时期相比，惠民凹陷西部稳定水体面积减小，并稍微向北迁移。由于临商断层的活动，中央隆起带开始发育，一个沉降中心开始向两个过渡，但仍以临商断层以南为主要沉降中心。此时，埕宁隆起提供物源，在北部斜坡区形成大范围末端扇沉积。其西部的物源区提供的碎屑物质在间歇性洪水作用下向东或东南延伸范围也较大。在商河地区北部也存在稳定水体，来自无棣凸起的碎屑物质可被间歇性水流携带进入该稳定水体。林樊家地区南部地层有所抬升，稳定水体区域北移，来自东部滨县凸起的物源减少，主要为来自无棣凸起的碎屑物质形成末端扇沉积。在惠民凹陷的南部，地势相对平坦，来自鲁西隆起的碎屑物质形成了呈片状分布的末端扇中部亚相沉积，碎屑物质相对较细，砂泥岩互层发育。

（6）沙四段沉积时期，惠民凹陷经历了一个干旱环境→水体扩张→最大湖泛的完整过程。季节性和阵发性水体所携带的碎屑物汇入盆地形成了该时期的冲积扇、扇三角洲、三角洲、辫状河和滨浅湖滩坝等多种沉积体系。沙四下亚段沉积时期，北部基山大断层为主要控盆断裂，沉降中心位于北部阳信洼陷和滋镇洼陷，泥岩厚度由盆地边缘向洼陷内逐渐增大。该时期气候干旱，盆地整体水域较小。在靠近边界断层临近物源区，形成辫状河扇、冲积扇和扇三角洲等沉积体系。辫状河扇沉积主要分布在中央隆起带、滋镇洼陷、里则镇洼陷北部地区；冲积扇主要分布在惠民凹陷南斜坡地区。此外，在阳信洼陷北部陡坡带发育扇三角洲沉积，阳信洼陷南部斜坡带发育滩坝沉积体系。

沙四上亚段沉积时期盆地边界断层活动加大，并具有一定的波动性，盆地整体水域逐渐扩大加深，在沙四段沉积末期达到最大，气候由沙四下亚段的干旱变成沙四上亚段的潮湿。沙四上亚段沉积中心位于滋镇洼陷和阳信洼陷，阳信洼陷地层厚度最大。沙四上亚段沉积时期，在靠近边界断层临近物源区发育扇三角洲、三角洲沉积，区域上主要存在西北、东北、南部三大物源方向。进入湖盆内部的陆源碎屑在湖水的再次改造下形成滨浅湖的滩坝。通过详细的岩心观察与描述，结合录井与测井资料，惠民凹陷沙四上亚段滩坝沉积主要集中在中央隆起带、滋镇洼陷南部、临南洼陷北部和里则镇洼陷北部等地区；三角洲沉积分布在惠民凹陷南斜坡和阳信洼陷南部等地区；扇三角洲沉积主要分布在阳信洼陷北部陡坡带、滋镇洼陷北部等地区。

沙三下亚段沉积时期为湖泊深陷期，断裂活动强烈，地形高差进一步扩大，湖盆水体加深，面积增大，水体能量较强，物源供应充足。该时期夏口断裂开始活动，曲堤断层不发育，从鲁西隆起到夏口断裂带基本上是一个平缓的斜坡。从东西向构造发育剖面上地层基本上为等厚沉积。来自鲁西隆起的沉积物，在夏口断层以北的洼陷区，形成三个砂体厚度中心，即双丰三角洲、江家店三角洲和瓦屋三角洲。其中双丰三角洲规模大，发育时期长，江家店三角洲和瓦屋三角洲体系相对规模小，发育时期短。在西北地区，来自埕宁隆起的陆源碎屑在盘河地区和滋镇洼陷内聚集，形成较大范围的三角洲沉积。阳信洼陷北坡沙三下亚段沉积时期为湖泊深陷期，坡陡水深，断裂活动强烈，沿凸起边缘构造坡折带发育近岸水下扇沉积体系。

(7) 通过运用铸体薄片、扫描电镜、电子探针、X 射线衍射以及阴极发光等技术手段对惠民凹陷深层储层进行了成岩作用研究，发现该区砂岩储层经历了复杂的成岩演化，主要的成岩作用包括压实作用、压溶作用、胶结作用和溶蚀作用等。胶结物的主要类型有高岭石、绿泥石、伊利石、伊/蒙混层等粘土矿物以及碳酸盐、石英、长石、硫酸盐、黄铁矿等。由于受到埋藏成岩的影响，绿泥石、伊利石和石英含量是随着深度的增加逐渐增多的，蒙脱石和混层矿物的含量逐渐减少，同时长石则多发生了钠长石化。在埋深 1 600～2 400 m 和 2 800～3 600 m 内分别存在一个次生孔隙发育带，主要是由长石溶蚀产生，还包括碳酸盐、岩屑等。根据惠民凹陷深层储层成岩变化的特点，结合自生矿物分布和形成顺序、有机质成熟度及古地温，可确定研究区孔店组和沙四下亚段主要处于中成岩 A 期；沙四上亚段除中央隆起带和南部斜坡带处于早成岩 B 期外，其余地区都处于中成岩 A 期；沙三下亚段则主要处于早成岩 B 期。根据影响本区储层物性的主要成岩作用类型，可将其划分为塑性组分溶蚀成岩相、压实弱溶蚀成岩相、压实填充成岩相、碳酸盐胶结成岩相和石英次生加大成岩相五种类型，成岩相区的分布与沉积体系展布存在着不可分割的联系。

(8) 惠民凹陷深层储层发育的孔隙类型有粒间孔、粒内孔、铸模孔、特大孔、裂隙和微孔隙，其中以粒间孔和粒内孔为主。根据砂岩中不同的孔隙和喉道组合，划分出了大孔粗喉、中孔中喉、中小孔细喉及小孔微喉四种孔喉结构类型。储层物性平面分布与其沉积微相和砂休展布的趋势关系明显，一般来说，(扇)三角洲及辫状三角洲河道、冲积扇辫状水道和砂坝砂体发育部位物性较好，而砂滩、席状砂、河道间及漫流沉积砂体分布区物性较差。研究区储层性质受到埋藏深度、砂岩岩石结构、成岩作用、砂体微相及构造作用的影响，其中埋深的影响最大，溶蚀作用次之，然后依次是沉积作用、胶结作用、砂岩岩石学特征和构造作用。惠民凹陷孔二段多属于Ⅳ类储层；孔一段在中央隆起带和临南洼陷仍多属于Ⅳ类储层，在禹城地区和阳信洼陷则多属于Ⅱ类储层；沙四下亚段辫状河扇、冲积扇及扇三角洲辫状河道砂体发育部位多属于Ⅱ类储层，而前缘席状砂、河道间、漫流及砂滩砂体分布区多属于Ⅲ类储层，其余地区则属于Ⅳ类储层；沙四上亚段(扇)三角洲河道和河口砂坝砂体发育区多为Ⅱ类储层，(扇)三角洲前缘砂席、河道间、远砂坝及砂滩砂体分布地区多属于Ⅲ类储层，其余地区则属于Ⅳ类储层；沙三下亚段三角洲河道砂体分布区多属于Ⅱ类储层，前缘砂席和河道间砂体发育部位多属于Ⅲ类储层，而广大的前三角洲和深湖—半深湖沉积区多属于Ⅳ类储层。

(9) 对惠民凹陷深层孔店组—沙四段进行了详细的有机质丰度、有机质类型和有机质热演化程度等有机地球化学特征分析，确定了有利生油层段，结合富有机质有效烃源岩的地层展布与规模，进行了油砂、包裹体和各层段烃源岩生物标志化合物组分特征分析与精细油源对比，明确了惠民凹陷油源。为了深入了解油气运移方向及油气运移路径，首次运用二苯并噻吩和含氮化合物判断油气运移方向。利用包裹体均一温度结合精细埋藏史曲线，明确了惠民凹陷油气成藏时间。通过以上综合研究，取得了以下多方面的成果和认识：

阳信洼陷沙四上亚段烃源岩最厚，可达 500 m，其次是临南洼陷累计厚度可达 150 m。临南洼陷和阳信洼陷沙四上亚段暗色泥岩有机碳含量高，总体上属于中等—好烃源岩。阳信洼陷生烃潜力大于临南洼陷。临南洼陷沙四上亚段烃源岩以Ⅱ型混合型有机质为主，次为Ⅲ型有机质。阳信洼陷烃源岩以Ⅰ型腐泥型为主，次为Ⅱ型混合型有机质。滋镇洼陷暗色泥岩沉积环境为淡水弱还原环境。阳信洼陷和临南洼陷暗色泥岩沉积环境为淡水还原环境。阳信洼陷沙四段暗色泥岩沉积环境含盐度高，伽马蜡烷指数可达 0.8。临南洼陷沙四段含盐度较低。临南洼陷和阳信洼陷沙四段暗色泥岩具有低等水生生物和陆源高等植物双重输入贡献。

惠民凹陷深层已发现的原油生物标志物和碳同位素有较大变化，可划分为沙三型、沙四成熟型和沙四低熟型三种类型。沙三下亚段原油以低等水生生物输入为主，Pr/Ph＞1，原油母源沉积环境为淡水弱还原环境。伽马蜡烷含量低，G/C_{30} 比值介于 0.04～0.14 之间。$C_{29}S/(S+R)$分布范围为 0.52～0.60，沙三下亚段深层原油都已进入高成熟阶段。三环萜烷含量非常丰富，三环萜烷/五环萜烷值为 0.69～1.23。沙四段成熟油母源具有丰富的陆源高等植物和水生低等生物输入。Pr/Ph 介于 0.53～1.23 之间，三环萜烷含量少，$C_{29}S/(S+R)$值大于 0.4，部分样品 $C_{29}S/(S+R)$值大于 0.5，说明原油都已达到高成熟阶段。沙四段低熟油 $C_{29}S/(S+R)$值小于 0.4，Pr/Ph 小于 1，母源沉积环境为还原沉积环境，伽马蜡烷稍高，G/C_{30} H 大于 0.1。低熟油芳烃化合物中多富含三芳甾烷。低熟油多分布在构造高部位，如中央隆起带和南部斜坡带。

结合包裹体均一温度和精细埋藏史曲线确定惠民凹陷沙四段油气充注时间为距今 32 Ma 和 5 Ma，也就是沙一段沉积时期和明化镇组沉积时期。沙一段沉积时期沙四段烃源岩已经达到成熟，成熟油气充注到储层中，早期充注的原油遭受了降解。二期为馆陶组—明化镇组沉积时期，这时沙三段烃源岩生成的低熟油和成熟油都相继注入邻近的储层中，后期注入的油气和早期注入的原油相混合。孔店组原油与沙四段暗色泥岩生物标志物分布特征极为相似，这说明孔店组原油来自沙四段烃源岩。孔店组原油与沙四段泥岩在芳烃化合物分布中也有相似性。芳香烃系列化合物含量顺序为菲系列＞萘系列＞二苯并噻吩系列＞屈系列＞芘系列。运用二苯并噻吩和含氮化合物判断油气运移方向。临南洼陷油气具有沿着断层走向优势运移的特征。油气成藏条件为充足的油气资源，多种类型的沉积砂体，多套生储盖组合和有利输导体系。油气运聚模式为侧向运聚砂控成藏模式和垂向运聚断控成藏模式。

(10) 孔二段的烃源岩演化程度高，已达到生气阶段。综合分析各种成藏因素认为孔店组存在两种成藏模式。一种为多源供烃—断裂输导—构造圈闭聚烃成藏模式，主要出现在临南洼陷两侧大断层的附近，特别是在中央隆起带部位，临南洼陷沙三下亚段、沙四上亚段和孔二段三套烃源岩生成的油气沿临商断裂向上运移到上盘的孔店组储层中成藏。另一种是单源供烃—砂体输导—致密砂岩聚烃成藏模式，在断裂发育较弱的凹陷边缘部位，孔店组的砂岩储层整体较致密且厚度大、分布范围广，孔二段生成的气持续地注入其上部的孔店组致密砂岩中。由于砂岩致密，在孔隙中气体受到的浮力小于界面的阻力和毛细管阻力，因此气体不能上浮，随着气体的增多，气体把致密砂岩中的水逐渐排替出去，逐渐形成气水倒置的现象。这种成藏模式具有“深盆气”的成藏特征，由于致密砂岩规模较大，孔店组形成的这种致密砂岩气储量极其可观。

(11) 在层序地层学、沉积体系、储层成岩作用、油气成藏动力学研究及油气成藏条件等研究的基础上，结合惠民凹陷孔店组—沙四段的构造特征分析，对该区的有利目标进行了预测。

参考文献

[1] 沉积构造与环境解释编著组.沉积构造与环境解释.第一版.北京:科学出版社,1984,1-53.

[2] 陈海红,张先平,叶加仁.济阳坳陷滋镇洼陷构造特征.海洋石油,2005,25(2):27-32.

[3] 邓宏文.美国层序地层研究中的新学派——高分辨率层序地层学.石油天然气地质,1995(2):90-97.

[4] 冯增昭,王英华,刘焕杰.中国沉积学.北京:石油工业出版社,1994,458-481.

[5] 蒋有录,翟庆龙,荣启宏,等.东营凹陷博兴地区油气富集的主要控制因素.石油大学学报(自然科学版),2004,27(4):11-15.

[6] 姜在兴,操应长.砂体层序地层及沉积学研究——以山东惠民凹陷为例.北京:地质出版社,2000.

[7] 赖志云,张金亮.中生代断陷湖盆沉积学研究与沉积模拟实验.西安:西北大学出版社,1994.

[8] 李丕龙,姜在兴,马在平,等.东营凹陷储集体与油气分布.北京:石油工业出版社,2000.

[9] 林壬子.油气勘探与油藏地球化学.北京:石油工业出版社,1998.

[10] 刘宝珺,张锦泉.沉积成岩作用.北京:科学出版社,1992.

[11] 刘宝珺.沉积岩石学.北京:地质出版社,1980.

[12] 刘孟慧,赵澂林.东濮凹陷下第三系砂体微相和成岩作用.东营:华东石油学院出版社,1988.

[13] 罗蛰潭,王允诚.油气储集层的孔隙结构.北京:科学出版社,1986.

[14] 毛凤鸣,张金亮,许正龙.高邮凹陷油气成藏地球化学.北京:石油工业出版社,2002.

[15] 覃克,赵密福.惠民凹陷临南斜坡带油气成藏模式.石油大学学报(自然科学版),2002 26(6):21-24.

[16] 任安身,杜公谨.济阳坳陷构造特征与油气勘探.北京:石油工业出版社,1989.

[17] 施继锡,李本超,傅家谟,等.有机包裹体及其与油气的关系.中国科学(B),1987,3:318-325.

[18] 宋明水.东营凹陷南斜坡沙四段沉积环境的地球化学特征.矿物岩石,2005,25(1):67-73.

[19] 王书宝,钟建华,陈志鹏.惠民凹陷新生代断裂活动特征研究.地质力学学报,2007,13(1):86-97.

[20] 吴崇筠,薛叔浩.中国含油气盆地沉积学.北京:石油工业出版社,1993:224-236.

[21] 裘怿楠,薛叔浩.中国陆相油气储集层.北京:石油工业出版社,1997:279-329.

[22] 张春荣.济阳坳陷下第三系生油洼陷.复式油气田,1996,3(3):37-41.

[23] 张金亮.高邮凹陷阜三段沉积相分析.青岛海洋大学学报,2002,32(4):591-596.

[24] 张金亮.乌尔逊凹陷大磨拐河组近岸水下扇储层特征.石油学报,1991,12(3).

[25] 张金亮,常象春.石油地质学.北京:石油工业出版社,2004.

[26] 张金亮,戴朝强,张晓华.末端扇——一种新的沉积作用类型.地质论评,2007,53(2):170-179.

[27] 张金亮,司学强.断陷湖盆碳酸盐与陆源碎屑混合沉积.地质论评,2007,53(4):448-453.

[28] 张金亮,寿建峰,赵澄林,等.东濮凹陷沙三段的风暴沉积.沉积学报,1988,6(1):50-57.

[29] 张金亮,俞惠隆.我国东部几个含油气盆地浅水湖泊砂体成因的认识.石油与天然气地质,1989,10(1):43-47.

[30] 张金亮,张鑫.胜坨地区沙河街组沙四上亚段砂砾岩体沉积相与油气分布.沉积学报,2008,26(3):1-9.

[31] 张金亮,赵英,赖伟庆.河间油田砂岩油藏剩余油分布研究.西安:陕西科学技术出版社,1995.

[32] 张金亮,王宝清.河间油田东营组滩坝沉积.地质科学(英文版),1995,4(4).

[33] 张金亮,常家春,刘宝珺,等.苏北盐城油气藏流体历史分析及成藏机理.地质学报,2002,76(2):254-260.

[34] 张金亮,沈凤,赖志云,等.早期油藏地质研究及油藏表征.西安:西北大学出版社,1993.

[35] 张金亮.砂岩油藏开发地质研究.西安:陕西科学技术出版社,1996.

[36] 张林晔,刘庆,张春荣,等.陆相断陷盆地成烃与成藏组合关系研究——以胜坨油田为例.沉积学报.2004,22(B06):8-14.

[37] 张善文,隋风贵,王永诗.济阳坳陷下第三系陡岸沉积模式.沉积学报,2001,19(2):219-223.

[38] 张鑫,张金亮.东营凹陷南坡沙河街组四段砂岩地球化学特征.地质科学,2007,42(2):303-318.

[39] 张鑫,张金亮.胜坨地区沙三下亚段砂砾岩体沉积特征及沉积模式.石油学报,2008,29(4):530-535.

[40] 张勇,赵密福,宋维琪.惠民凹陷临南斜坡带油气纵向运移及其控制因素.石油勘探与开发,2000,27(6):21-22.

[41] 张志坚,张文淮.有机包裹体的研究现状.地质科技情报,1995,14(3):39-43.

[42] 赵澄林,张善文,袁静,等.胜利油区沉积储层与油气.北京:石油工业出版社,1999.

[43] 赵俊兴,田景春,蔡进功.惠民凹陷南坡古中生代沉积体系特征及时空演化.沉积与特提斯地质,2002,22(1):46-53.

[44] 郑德顺,吴智平,李凌,等.惠民凹陷中生代和新生代断层发育特征及其对沉积的控制作用.石油大学学报(自然科学版),2004,28(5):6-13.

[45] 郑浚茂,庞明.碎屑储集岩的成岩作用研究.武汉:中国地质大学出版社,1989.

[46] 周书欣,赖特 V P,普拉特 N H,等.湖泊沉积体系与油气.北京:科学出版社,1991.

[47] 中国石油学会石油地质委员会.国外浊积岩和扇三角洲研究.北京:石油工业出版社,1985:1-63

[48] 朱筱敏,信荃麟,张晋仁.断陷湖盆滩坝储集体沉积特征及沉积模式.沉积学报,1994,12(2):20-28.

[49] 朱炎铭,秦勇,王猛,等.矿物流体包裹体分析及其在石油地质研究中的应用.中国矿业

大学学报,2005,34(2) :183-187.

[50] Albani A E, Cloutier R, Candilier A M. Early diagenesis of the Upper Devonian escuminac formation in the Gaspé Peninsula, Quebec sedimentological and geochemical evidence. Sedimentary Geology,2002,146:209-223.

[51] Amorosi A, Marchi N. High-resolution sequence stratigraphy from piezocone tests: An example from the Late Quaternary deposits of the southeastern Po Plain. Sedimentary Geology, 1999,128:67-81.

[52] Blair T C. Sedimentology of gravely Lake Lahontan highstand shoreline deposits, Churchill Butte, Nevada, USA. Sedimentary Geology, 1999,123:199-218.

[53] Carrol A R, Bohacs K M. Stratigraphic classification of ancient lakes:Balancing tectonic and climatic controls. Geology,1999,27(2) :99-102.

[54] Stow D A V,Braakenburg N E,Xenophontos C. The Pissouri Basin fan-delta complex,southwestern Cyprus. Sedimentary Geology, 1995, 98:245-262.

[55] Rasmussen H . Nearshore and alluvial facies in the Sant Llorencdel,Munt depositional system:Recognition and development. Sedimentary Geology, 2000: 138.

[56] Hunt J M. Generation and migration of petroleum from abnormally pressured fluid compartments. AAPG Bulletin,1990, 74:1-12.

[57] Tanaka J,Maejima W. Fan-delta sedimentation on the basin margin slope of the Cretaceous,strike-slip Izumi Basin,southwestern Japan. Sedimentary Geology, 1995, 98.

[58] Karlsen D A, Nedkvitne T, Larter S R. Hydrocarbon composition of authigenic inclusions:Application elucidation of petroleum reservoir filling history. Geochim. Cosmochim. Acta. 1993,57:3 641-3 659.

[59] Marray R C. Hydrocarbon fluid inclusions in quartz. AAPG Bulletin, 1957, 41:950-952.

[60] Richards M, Bowman M. Submarine fans and related depositional system Ⅱ : Variability in reservoir architecture and wireline log character. Marine and Petroleum Geology, 1998, 15:821-839.

[61] Machlus M,Enzel Y,Goklstein S L,et al. Reconstructing low level of Lake Lisan by correlating fan-delta and lacustrine deposits. Quaternary International, 2000,73/74.

[62] Michael H. Sequence stratigraphy of a lagoonal estuarine system—an example from the Lower Permian Rio Bonito Formation, Paraná Basin, Brazil. Sedimentary Geology, 2003, 162:305-331.

[63] Mount J F. Mixed siliclastic and carbonate sediments:A proposed first 2 order textural and compositional classification. Sedimentology,1985(32):435-442.

[64] Mount J F. Mixing of siliclastics and carbonate sediments in shallow shelf environments. Geology,1984(12) :432-435.

[65] Molenaar N,Martinius A W. Fossiliferous intervals and sequence boundaries in shallow marine, fan-deltaic deposits(Early Eocene, southern Pyrenees, Spain). Palaeogeography,Palaeoclimatology,Palaeogeography, 1996, 121.

[66] Pinow O V, Sahagian D L, Shurygin B N. High-resolution sequence stratigraphic

analysis and sea-level interpretation of the middle and Upper Jurassic strata of the Nyurolskaya depression and vicinity (southeastern West Siberia, Russia). Marine and Petroleum Geology, 1999, 16:245-257.

[67] Pan C C, Zhou Z Y. Application of fluid method to the evaluation of hydrocarbon potential in Junger basin. Experimental Petroleum Geology, 1990,13 (4) :399-407.

[68] Montgomery P, Farr M R, Franseen E K. Constraining controls on carbonate sequences with high-resolution chronostratigraphy: Upper Miocene, Cabo de Gata region, SE Spain. PALAEO, 2001, 176:11-45.

[69] Robinson S G. Early diagenesis in organic-rich turbidite and pelagic clay sequence from the Cape Verde Abyssal Plain, NE Atlantic: Magnetic and geochemical signals. Sedimentary Geology, 2000, 143:91-123.

[70] Boggs S, Jr. Principles of sedimentology and stratigraphy. Merrill Publishing Company, 1995.

[71] Nishikawa T, Ito M. Late Pleistocene barrier-island development reconstructed from genetic classification and timing of erosional surfaces, paleo-Tokyo Bay, Japan. Sedimentary Geology, 2000, 137:25-42.

[72] Blair T C. Sedimentology of gravely Lake Lahontan highstand shoreline deposits, Churchill Butte, Nevada, USA. Sedimentary Geology, 1999, 123:199-218.

[73] Wescott W A. Diagenesis of Cotton Valley sandstone(Upper Jurassic), East Texas: Implication for tight gas formation pay recognition. AAPG Bulletin 1983, 67(6) : 1 002-1 013.

[74] Zhang J L, Zhang X. Fan-delta and related turbiditic deposits on the steep slope of Dongying depression, Bohai Bay basin. Journal of China University of Geosciences, 2007, 18:314-316.

[75] Zhao H T, Parnell J, Longstaffe F J. Digenesis Of analcime-bearing reservoir sandstones: The Upper Permian Pingdiguan formation, Junggar basin, northwest China. Journal of Sedimentary Research, 1997, 67(3) :486-498.

analysis and analysis of [illegible] of the Middle and Upper Jurassic strata in the Nyurolskaya depression and vicinity (southeastern West Siberia, Russia). Marine and Petroleum Geology, 2000, 17: 255-2[illegible]

[67] Pan C, Zhou Z Y. Application of fluid method to the evaluation of hydrocarbon potential in [illegible] basin. Experimental Petroleum Geology, [illegible], [illegible]

[68] Montgomery P, Farr M R, Franseen E K. Constraining controls on carbonate sequences with high-resolution chronostratigraphy: Upper Miocene, Cabo de Gata region, SE Spain. PALAEO3, 2001, 175: 11-45.

[69] Robinson S A. Early diagenesis in an organic-rich turbidite and pelagic clay sequence from the Cape Verde Abyssal Plain, NE Atlantic: magnetic and geochemical signals. Sedimentary Geology, 2000, 143: [illegible]

[70] Boggs S Jr. Principles of sedimentology and stratigraphy. Merrill Publishing Company, 1995.

[71] Nakagawa T, Ito M. Late Pleistocene barrier-island development, reconstructed from genetic classification and timing of erosional surfaces, paleo-Tokyo Bay, Japan. Sedimentary Geology, 2000, 133: 25-42.

[72] Blair T C. Sedimentology of gravelly Lake Lahontan highstand shoreline deposits, Churchill Butte, Nevada, USA. Sedimentary Geology, 1999, 123: 199-218.

[73] Wescott W A. Diagenesis of Cotton Valley sandstone (Upper Jurassic), East Texas: implication for tight gas formation pay recognition. AAPG Bulletin, 1983, 67(6): 1002-1013.

[74] Zhang J L, Zhang X. Fan-deltas and related turbidite deposits on the steep slope of Dongying depression, Bohai Bay basin. Journal of China University of Geosciences, 2004, 15: 314-316.

[75] Zhao H, Parnell J. Longitudinal & lateral heterogeneity of lacustrine reservoir sand bodies: the Upper Permian Pingdiquan formation, Junggar basin, northwest China. Journal of Sedimentary Research, 1997, 67(?): 158-169.